上海科技专著出版基金资助项目

地下工程施工对历史建筑影响的研究与实践

阳吉宝 著

U0334201

 同济大学 出版社
TONGJI UNIVERSITY PRESS

内 容 提 要

本书围绕地下工程施工对邻近历史建筑扰动影响问题,系统阐述了城市历史建筑保护要求以及地下工程设计与施工新技术,力图解决地下空间开发利用与历史建筑保护之间的矛盾。全书介绍了最新发展的可最大限度减小地下工程施工对周边环境影响的地下工程设计与计算理论,以及施工新技术、新工艺,有助于地下工程设计与施工新理念、新技术的发展与推广运用,对城市建设发展中的历史建筑保护具有指导意义。

本书可供地下空间开发利用与历史建筑保护领域从事研究、设计、施工和营运管理的人员学习参考。

图书在版编目(CIP)数据

地下工程施工对历史建筑影响的研究与实践 / 阳吉宝著. —上海:同济大学出版社,2019.11
ISBN 978-7-5608-8779-1

Ⅰ.①地… Ⅱ.①阳… Ⅲ.①地下工程-工程施工-影响-古建筑-保护 Ⅳ.①TU-87

中国版本图书馆 CIP 数据核字(2019)第 226693 号

地下工程施工对历史建筑影响的研究与实践
阳吉宝 著

责任编辑:李 杰
责任校对:徐春莲
封面设计:张 微

出版发行　同济大学出版社　www.tongjipress.com.cn
　　　　　(地址:上海市四平路1239号　邮编:200092　电话:021-65985622)
经　销　全国各地新华书店、建筑书店、网络书店
排　版　南京新翰博图文制作有限公司
印　刷　大丰科星印刷有限责任公司
开　本　787 mm×1092 mm　1/16
印　张　20.5
字　数　512 000
版　次　2019 年 11 月第 1 版　2019 年 11 月第 1 次印刷
书　号　ISBN 978-7-5608-8779-1
定　价　128.00 元

前 言

FOREWORD

城市历史建筑是城市历史的沉淀和文脉的延伸,是展现城市历史的活化石。城市地下空间开发不可避免地要与城市历史建筑发生关联,为此引发了城市地下空间开发对历史建筑影响的问题,诸如此类的工程案例也屡屡见诸报刊。工程实践向人们提出新挑战、新课题,在开发地下空间的同时对受影响的历史建筑进行有效保护是功在当代、利在千秋的历史使命,开展地下空间开发对历史建筑影响的分析和保护理论研究,总结对历史建筑保护的成功经验,对地下空间开发利用过程中所遇到的历史建筑保护问题具有指导作用和重大的历史意义。

从设计与施工角度来看,地下工程开发主要涉及基坑工程、盾构(顶管)工程的设计与施工。所以,本书主要讨论基坑工程、盾构(顶管)工程对邻近历史建筑的影响,以及关于历史建筑保护的设计和工程措施。

本书系统阐述了地下工程施工对历史建筑的影响,在查明历史建筑目前使用状况、受荷情况、地质条件以及其保护等级的基础上,提出地下工程施工时历史建筑的变形控制标准,采用数值模拟方法分析基坑工程和盾构(顶管)工程的施工对历史建筑的影响,进而提出地下工程设计与施工要求,建议采用先进、科学、环保的施工新技术减小地下工程施工对邻近历史建筑的扰动和影响。最后通过工程实例介绍邻近历史建筑的基坑工程设计与施工控制全过程。

本书由上海市政工程设计研究总院(集团)有限公司阳吉宝教授级高级工程师主笔。全书分为8章;前言和结束语由阳吉宝执笔;第1章由上海城市管理职业技术学院谢石连教授执笔;第2章由上海市房屋建筑设计院有限公司李瑞礼教授级高级工程师执笔;第3章由阳吉宝、李昌宝[上海市政工程设计研究总院(集团)有限公司工程师]执笔;第4章和第5章由上海理工大学张治国副教授执笔;第6章由阳吉宝、陈凯和陆善佳(上海市建工设计研究院有限公司工程师)执笔;第7章由阳吉宝、陈志博(上海市建工设计研究院有限公司工程师)和钟正雄(上海岩土工程勘察设计院有限公司高级工程师)执笔;第8章由阳吉宝、李昌宝执笔;全书由阳吉宝汇总、统编。

本书在编写过程中,得到上海建筑装饰(集团)有限公司陈中伟副总工程师、同济大学黄宏伟教授等的关心与大力支持,在此谨向他们致以衷心的感谢。书中引用了一些单位和个人的研究成果、工作总结和学位论文,著者在此表示深切谢意。书中存在的不足之处,敬请读者批评指正。

著 者

2019 年 8 月

目 录

CONTENTS

1 绪 论

城市是一定地域范围内的空间实体,它的产生、形成与发展都存在内在的空间秩序和特定的空间发展模式,城市各物质要素空间分布特征及其不同的地理环境会演变为不同风格的城市形态。

城市空间是城市范围内社会、生态以及基础设施等各大系统的空间投影及空间关系的总和,它是决定城市集聚效益的重要因素,同时也决定了城市各构成要素关系的合理性和运营的有效性。城市空间系统可以从各要素的空间位置、集聚程度以及城市空间形态几个方面考察分析。

城市的空间集聚程度也是城市空间构成中的一个重要方面。城市从本质上看就是一种人类活动的集聚方式的空间载体。城市空间集聚程度过低,城市运营效益必然不高,城市的优越性也就无法体现;然而,如果城市空间的密度过高,反过来会影响城市系统的正常运行。

城市空间形态是城市总体规划形式和分布密度的综合反映。它是城市平面和高度的三维形态。

城市地下空间是指城市地表以下以土层或岩体为主要介质的可开发利用的空间领域,或指在城市地面以下土层或岩体中修建各种类型的地下建筑物或结构物的工程。城市空间系统中地平面以下部分的空间,往往以地下建筑的形式出现,它常常起到弥补城市地上空间不足的作用。

城市地下空间建筑是指在自然形成的溶洞内或由人工挖掘后进行建造的建筑,泛指各种生活、生产、防护的地下建(构)筑物,也可特指某一类型的地下空间,如交通隧道及国防工程等。构筑物通常指那些仅满足使用功能要求而对室内外艺术要求不高的建筑,如各种管沟、矿井、库房、隧道及野战工事等。

城市地下空间开发利用是指从事研究和建造城市各种地下空间的规划、勘察、设计、施工和维护管理等的一门综合性应用科学与工程技术,是土木工程的一个分支。其主要目的是解决城市地面空间不足所造成的矛盾,这些矛盾主要表现在城市人口膨胀、土地紧张、能源紧缺、交通拥挤、战争与灾害的威胁等。

历史建筑是指具有一定历史、科学和艺术价值,或具有特殊的价值与意义,反映城市历史风貌和地方特色的建(构)筑物。

随着社会历史保护意识的迅速提高,历史建筑的保护与利用在我国正呈现快速发展的趋势。城市地下空间开发利用对历史建筑保护的研究就显得尤为重要。

1.1 城市地下空间开发利用概况

1.1.1 现状与发展前景

1.1.1.1 地下空间开发利用的现状

随着科技和经济的发展,城市的发展速度日益加快,无论是发达、较发达还是发展中国家的城市地下空间的开发利用都期望达到高效、文明、舒适、安全的理想目标。当然,在不同历史时期,这些目标有不同的含义和标准,以现在的认知水平来看,这些长远的目标可以具化为:①用有限的土地取得合理的最高城市容量,同时又能保持开敞的空间,充足的阳光,新鲜的空气,优美的景观和大面积的绿地与水面;②在少用或不用常规能源的前提下,为居民提供不受自然气候影响的居住和工作条件;③在自然和人为灾害的危险完全消除以前,保障所有居民的安全,使之不受灾害的威胁。为实现这些目标,必须探索、研究达到这些目标的途径和措施。地下空间是迄今尚未被充分开发的一种宝贵资源,具有巨大的潜力。开发利用地下空间在技术上已比较成熟,更重要的是开发利用地下空间可以与原有城市上部空间协调发展。由于地下空间开发利用的难度、进度,以及部分单位、企业考虑自身利益等诸多原因,我国大部分城市地下空间开发利用缺乏完整统一的规划布局,部分城市处于一种"无政府"状态,亟待建章立制、长远规划、分步实施。

1.1.1.2 城市地下空间开发利用的基本属性

城市地下空间开发利用总体上讲是环境友好工程,可以充分利用地下空间,改善地面环境,增加绿地,节约资源。城市地下空间开发利用是一门综合性、实践性很强的交叉学科,其基本属性表现在如下几个方面。

1. 综合性

城市地下空间开发利用是建造埋设在城市地面以下的土或岩层中的工程结构物。建造一项工程设施一般要经过勘察、设计和施工三个阶段,其中,设计和施工都受到地质及其周围环境的制约,如遇到历史建筑,还涉及历史建筑的保护问题。因此,在规划、设计之前必须对工程所处环境做周密调查,尤其重要的是工程地质和水文地质的勘探,并且这项工作应贯穿于整个工程建设的始终。规划、设计与施工需要运用工程测量、岩土力学、工程力学、工程设计、建筑材料、建筑结构、建筑设备、工程机械、技术经济等专业知识和洞室施工技术、施工组织等领域的知识以及计算机和工程测试等技术。因而,城市地下空间开发利用是一门涉及范围广的综合性学科。

城市地下空间作为人类活动的地下物质空间,对地下空间的空气、光和声等环境要求越来越高,也越来越关注地下空间对人的生理与心理产生的影响,为此还要求设计者具备地下空间环境的知识。由于施工条件的不同,有时还需要具备特殊施工方法的知识,如冻结法等。

2. 社会性

城市地下空间开发利用是随着人类社会发展需要而逐渐发展起来的,它所建造的工程设施应反映出各个不同年代社会经济、文化、科学技术发展的面貌与水平。根据我国规划和现代化城市功能的要求,城市地下空间开发利用应成为为我国人民创造崭新的地下物质环境,为人类社会现代文明服务的重要组成部分。

3. 实践性

城市地下空间开发利用是具有很强实践性的学科。早期的地下空间开发利用,如矿业的地下开采、铁路隧道、防空地下空间开发利用等都是通过工程实践,总结成功的经验,尤其是失败的教训发展起来的。材料力学、结构力学、流体力学以及近期有较大发展的土力学、基础工程学、岩体力学和流变力学等,是城市地下空间开发利用的基础理论学科。但地下空间开发利用是在土或岩层中,而各地的土或岩层的组分、成因与构造复杂,局部与区域地应力难以如实地确定。即使进行实验室试验、现场测试和理论分析,也有很大的局限性;荷载不能被准确核定,那么按传统的以荷载核定支承结构尺寸的设计方法,显然不宜应用。而且在工程实践中,出现的许多新现象和新因素,用已有的理论都很难解释。因此,在某种意义上,城市地下空间开发利用的工程实践常先行于理论。至今不少工程问题的处理,在很大程度上仍然依靠实践经验,如衬砌结构的设计,以工程类比为主的经验法,至今仍在广泛应用。在以工程类比为主的经验法的基础上,只有通过新的工程实践,才能揭示新的问题,也才能发展新理论、新技术、新材料和新工艺。

4. 统一性

城市地下空间开发利用是实现高效、文明、舒适和安全的现代化城市的重要组成部分。人们力争最经济地建造既安全适用又美观的地下空间工程,但工程的经济性与各项技术活动密切相关。首先表现在工程选址、总体规划上,其次表现在工程设计与施工技术的合理性和先进性上。工程建设的总投资、工程建成后的社会效益和经济效益以及使用期间的维护成本等,都是衡量工程经济性的重要依据,这些都与技术工作密切相关,必须综合考虑。

符合功能要求的城市地下空间作为一种空间艺术,首先,总体规划要与地面建筑设施有机配合与衔接,造型、通风、照明与色彩面饰、安全出口、人行活动线路等应做到协调和谐。其次,按照地下空间功能所要求的环境标准,利用附加于工程设施的局部装饰,反映出其艺术性。再次,要求工程设施的所有结构、构造、装饰等不应造成地下空间环境的污染,保证地下空间内空气新鲜、畅通、无异味,湿度、温度适宜,隔音防噪,光线明亮、照度适中,在艺术处理上流畅、典雅,使人们在心理上感到舒适。最后,要使工程设施表现出民族风格、地方色彩和时代特征。总之,地下空间应该体现出技术、经济、建筑艺术和环境的统一性,能够为城市增添新的景观,创造新的地下活动空间。

1.1.1.3　城市地下空间开发利用的特征

1. 为城市规模扩展提供了十分丰富的空间资源,是城市可持续发展的必然途径

随着国民经济现代化水平的提高和城市人口的增加,人类因居住和从事各种活动对土地的需求日趋扩大。从宏观上看,人口的增加和生活需求的增长与土地等自然条件的日益恶化和资源的逐渐枯竭引起的人类生存空间问题,已经达到了危机程度,在这种情况下,地下空间资源的开发与综合利用,为人类生存空间的扩展提供了具有很大潜力的自然资源。

目前,城市地下空间的开发深度已达 30 m 左右,据估算,即使只开发相当于城市总容积 1/3 的地下空间,就能达到全部城市地面建筑的容积。这足以说明,地下空间资源的潜力很大。

2. 具有良好的热稳定性和密闭性

岩土的特性是热稳定性和密闭性,这样使得地下空间具有良好的密闭性与稳定的温度环境,对于建造要求恒温、恒湿、超净的生产、生活用建筑非常适宜,尤其对低温或高温状态下储存物资的效果更为显著,在地下比在地面创造这样的环境容易,且造价和运营费用较低。

3. 具有良好的抗灾和防护性能

地下空间建筑有较强的防灾减灾优越性,由于地下空间处于一定厚度的土层或岩层的覆盖下,可免遭或减轻包括核武器在内的空袭、炮轰、爆破的破坏,可有效防御包括核武器在内的各种武器的杀伤破坏,同时也能较有效地抗御地震、飓风、水灾等自然灾害,以及爆炸等人为灾害。

4. 社会、经济、环境等多方面的综合效益好

在大城市有规划地建造地下各种建筑工程,对节省城市占地、节约能源(有统计数据表明,地下与地面同类型建筑空间相比,其空间内部的加热或冷冻负荷所耗能源可节省费用30%~60%)、克服地面各种障碍、改善城市交通、减少城市污染、扩大城市空间容量和提高城市生活质量等方面,都能起到极其重要的作用,是现代化城市建设的必由之路。

5. 施工条件较复杂,造价较高

地下空间建筑由于处在岩土中,因此,施工难度大且复杂,一次性投资成本高,但使用寿命长,其封闭的特性对设备要求较高,人对地下空间的适应性较差。

城市地下空间开发利用往往是在大城市形成之后进行,而且要与地面建筑、交通设施等分工、配合和衔接,因而它要通过各种岩土层、河湖、建筑物基础和市政地下管道等。修建时既要不影响地面交通与正常生活,又要使地面不沉陷、不开裂,绝对保证地面或地下空间物体与设施的安全,这就给地下空间开发利用增加了难度,为此必须有可靠的施工组织设计和可靠的技术措施来保证。一般来讲,地下空间开发利用的施工期较长,工程造价较高,但随着科技的进步,地下空间开发利用的某些局限性将会逐渐得到改善或克服。

6. 城市地下空间自然光线不足,与室外环境隔绝,对防水防潮要求较高

地下空间用于长期居住应选择地下掩土式或窑洞式建筑,全埋式地下空间建筑适用于工业、国防公共场所、民防、交通与贮存库等。

1.1.1.4 地下空间开发利用发展前景

城市地下空间开发利用的主要趋势是综合化、分层化、深层化。地下空间形成人车分流;市政管线分层分置规划,使地下功能既区分又协调,发挥各自的功能优势;城市人口集中、繁华地带交通地下化;综合管廊的建设将成为必然,实现各类管网地下化,避免各部门、各行业因利用地下空间而频繁、重复挖破地面的现象。具体体现在以下诸方面。

1. 城市可持续发展的要求

随着城镇化的进展,将出现居住在城市的人口比居住在乡村的人口还多。城市人口、地域规模、城市的生存环境和21世纪城市可持续发展的战略是当今世界的最热门话题。

城市是现代文明和社会进步的标志,是经济和社会发展的主要载体。随着我国城市化的加快,城市建设快速发展,城市规模不断扩大,城市人口急剧膨胀,许多城市不同程度地出现了建筑用地紧张、生存空间拥挤、交通堵塞、基础设施落后、生态失衡、环境恶化等问题,被称为"城市病",给人类居住条件带来很大影响,也制约了经济和社会的进一步发展,成为现代城市可持续发展的障碍。如何治理"城市病",提高居民的生活质量,达到经济与社会、环境的协调发展,成为亟待解决的重要社会课题。

改革开放以来,中国经济高速发展,促进了城市化水平的迅速提高,具体表现在城市数量增加和城市规模扩大。据国家土地管理局监测数据分析,已建城区规模扩展都在60%以上,其中有的城市呈数倍增长,其结果是占用了大量的耕地。我国人多地少,人均耕地占有面积只有世界平均水平的1/4。城市不能无限制地蔓延扩张,只能着眼于走内涵式集约发展的道路。城市地下空间作为一种新型的国土资源,适时有序地加以开发利用,使有限的城市土地发挥更大的效用,这是必然的趋势。

按照国际标准,城市人口密度为2万人/km²属于拥挤情况。上海城区平均人口密度为4万人/km²,局部地区为16万人/km²;北京城区四个区的平均人口密度为2.7万人/km²,均为超饱和状态,位于世界城市人口密度之首。随着城市经济发展和房地产开发,城市建筑和道路大规模建设,使可用于园林绿化的面积日益减少,据统计,我国城市人均绿化面积只有3.9 m²。上海市人均绿地面积7 m²,距国家制定的人均10 m²的绿化卫生标准还有相当

的差距。按联合国的建议,城市公共绿地面积应达人均 40 m²。莫斯科人均绿地面积为 44 m²,伦敦为 22.8 m²,巴黎为 25 m²。我国大中城市与国家制定的绿化卫生标准及发达国家大城市相比,差距更大。

交通拥挤、行车速度缓慢已成为我国许多城市普遍的非常突出的问题。如北京市主干道平均车速比 10 年前降低 50% 以上,而且正在以每年 2 km/h 的速度递减,市区 183 个路口中,据统计,严重堵塞的达 60%,阻塞时间长达半个小时。交通堵塞的关键在于城市人均道路面积及道路与城市面积比太低。北京城区人均道路面积 4.4 m²,道路面积占城市面积的 8.4%,北京每公里汽车拥有量 400 余辆,为发达国家大城市汽车拥有量的数倍。北京快速路面积和立交桥数量均为全国之首,即便这样,北京道路面积自改革开放以来仅增加了 60%,而同时期机动车数量却增加了 10 余倍。道路的扩展远远跟不上车辆的增长。发达国家解决城市“交通难”的经验表明,发展以地下铁道为主的高效益、低能耗、轻污染的轨道交通才是根本出路。

完善的基础设施是改善城市环境的必要条件。我国一些大城市城区普遍存在污水排放和处理设施陈旧,固体垃圾堆放在郊区,供电、通信、供水、供热公用基础设施落后于城市扩张和城市人口增加的现象,这些必然会造成城市环境的恶化。当前,城市大气污染问题日益严峻,全国 500 多座城市,大气质量达到一级标准的不到 1%。2013 年 12 月,全国大范围的雾霾强度之大、范围之广、历时之长,震惊世界、震惊国人。酸雨面积超过国土面积 40%。80% 的城市污水未经处理排入江河,城市河段水质超过 3 级标准的已占 78%,50% 以上的城市地下水受到污染,全国有 7 亿~8 亿人饮用污染物超标的水。垃圾围城现象普遍,我国年生产生活垃圾 1.46 亿吨,每年还在以 10% 的平均增长率上升。生活垃圾只有 2.3% 被处理,其余只能堆积,堆存量高达 60 多亿吨,占地 30 多万亩。发达国家城市建设的经验之一是把市政公用设施管道汇集,建立便于维修管理的多功能公用隧道——城市综合管廊。修建地下垃圾收集管道系统、垃圾焚烧厂,以减量化、无害化、资源化方式处理垃圾,是城市垃圾的根本出路和解决问题的长远目标,但投资大、周期长,对发展中国家来说难以承受。因此,在市郊接合部,利用荒地、滩涂修建符合卫生标准的大型地下堆场的解决方案被提了出来。

对于人口和经济高度集中的城市,不论是战争还是自然灾害,都会给城市带来人员伤亡、道路和建筑损坏、城市功能瘫痪等重大灾难。众所周知,地下空间开发利用具有良好的抗震、防空袭和防化学武器等多种功能,是人们抵御自然灾害和战争危险的重要场所。在城市建设过程中兼顾城市防灾修建大量平战两用的地下工程,使城市总体抗灾、抗毁伤能力有所提高,也是实现城市可持续发展的重要基础。

当今发达国家的城市已把地下空间开发利用作为解决城市人口、环境、资源三大危机的重要手段和医治“城市综合征”、实施可持续发展的重要途径。

2. 地下空间开发利用规划

城市向三维空间发展,即实行立体化的再开发,是城市中心区发展唯一现实可行的途径。城市产生之初,其发展总是沿二维延伸,只有当生产力和科学技术的发展使得人类有能力向高空和地下发展时,城市才走上三维方向综合发展的轨道。发达国家大城市中心区都曾经先出现向上部畸形发展,而后出现“逆城市化”的教训。由于城市中心区经济效益高,尤以房地产业集中于城市中心区,造成城市中心区高层、超高层建筑林立,人流、车流高度集中。为了解决交通问题,又新建高架道路。高层建筑、高架道路的过度发展,使城市中心区环境恶化,城市中心区逐渐失去了吸引力,出现了居民迁出、商业衰退的“逆城市化”现象。

城市发展的历史表明,以高层建筑和高架道路为标志的城市向上发展的模式不是城市空间最合理的模式。人类对于城市空间资源的开发利用,大致经历了以下几个阶段:地面空间→高空以及浅层地下空间→深层地下空间。在实践中形成地面空间、上部空间和地下空间协调发展的城市空间构成的新概念,即城市立体化再开发。

城市地下空间是不可多得的宝贵资源,必须进行系统科学的规划,不仅要适应当前的发展,还要适应未来长远的发展。城市地下空间开发利用是城市建设的有机组成部分,与地面建筑紧密相连成为不可分割的整体,地下空间规划要做到与地面规划的协调性与系统性,形成一个完整的体系,地上地下协同发展。在城市地下空间的开发利用中,要重点突破、协调发展,以大型骨干项目为纽带,带动地下空间建设的发展。城市地下空间开发不能只建单一的某一项工程或只考虑单一的某一项功能,而是要综合考虑各方面的需要,建成地下多功能综合体,地下和地上协调一致才能充分发挥作用。一座城市可以先确立几个大的项目,如地铁、地下商城、地下大型公共设施等,竖向分层开发与地面建筑相互呼应、相互衔接,依次带动其他单体工程的开发。大型项目预留接口,点线结合,滚动开发,逐步完善,形成由大型工程连带起来的地上地下相互联系的主体网络体系。城市地下空间开发利用都属于地下建筑,它与地面建筑有较大的不同,一旦建成则局部改变了地层结构,并将永久地保存,不像地面建筑那么容易拆除改建。隧道及地下空间开发利用建设周期长,投资大,施工困难大,必须依靠科学技术,按照基本建设的规律和程序进行。

3. 大型地下综合体、地下街是城市密集区发展的趋势

城市地面以下的空间应全面利用,这部分空间应按浅层空间考虑,深度为 0~10 m,郊区或耕地应保留一定的自然厚度,主要用于自然绿化及生态平衡,这一厚度至少为 10 m,根据地表情况甚至达到 15 m,所以郊区或乡村地下开发深度应在地表 15 m 以下。

城市浅层地下空间开发的方向应以工业与民用项目为重点,只要城市地面项目功能是合理的,地下项目应与地面项目相结合。如地面是商业服务中心,相应地,地下顶层也应是带有商业性质的项目,下层为地下交通网、车库及公用设施等。

日本城市地下空间开发利用已达到相当的规模。东京、横滨、大阪、名古屋等八座城市,地下铁路运营总里程达 500 多千米。各大城市有地下街 82 处,面积 110 万 m²。地下机动车停车场 152 个,占停车场总数的 43%,可停车 30 万辆以上,占总停车辆数的 50%。地下自行车停车场 50 个,可停放车辆 3 万辆以上。49 座城市建有综合管廊,总长 300 km。日本东京八重洲地下街,长 400 m,宽 80 m,建筑面积 69 200 m²,共三层,顶层为商业服务,中层为车库及地铁,底层为机房,管线也都设有单独的廊道。日本正向深层次、多功能的地下空间开发利用发展。

自 20 世纪 80 年代以来,我国城市地下空间开发利用遵循平战结合的原则,与城市建设相结合,以地下铁道工程为主题,陆续建成一批经济效益和社会效益明显的地下商场和地下综合体。上海结合地铁 1 号线修建的人民广场、徐家汇地下商业街,既疏散了客流,又方便了居民的购物。沈阳新客站综合开发体,鞍山、西安、石家庄、郑州、武汉、洛阳、大连、长沙等站前广场综合体,西安、吉林、长春、哈尔滨和成都的地下商业街都初具规模。哈尔滨市若干个地下商业街连成一体,形成面积为 25 万 m² 的地下城。大型地下综合体将会得到很大发展。

4. 地下铁道等城市交通的建设为地下空间开发利用的重点

目前,各国大中城市交通所出现的矛盾都是相同的,地下交通线路网对缓解城市交通拥挤和城市污染起着十分重要的作用。地下交通网主要包括地下公路交通网、地下铁道交通

网等。从 1863 年英国伦敦建成第一条 6.5 km 的地下铁道到目前全世界已有 100 多座城市建设了地铁,而且,地铁建设的总体趋势是地面、高架、地下铁道组成一体的快速交通系统。地下交通网建设深度既有浅层也有深层,在 5~30 m 不等。在日本除地铁外,正在兴建的地下 50 m 处的隧道,将以时速为 600 km 的地下飞机把东京和大阪连接起来。

随着城市的发展,海底隧道(如英吉利海峡隧道)、越江隧道(如上海黄浦江越江隧道)等,也都相应地发展起来。

5. 海底隧道

受日本青函隧道、英法海底隧道的鼓舞,在世界范围内掀起一场海底隧道热。意大利计划利用海峡隧道把本土和西西里岛连接起来;日韩两国正在筹建穿越对马海峡隧道。此外在丹麦大海峡、直布罗陀海峡、白令海峡、马六甲海峡、巽他海峡、博斯普鲁斯海峡、宗谷海峡、间宫海峡等世界许多海峡都在进行海底隧道的规划和调查。我国除对琼州海峡隧道完成可行性研究以外,不少学者提出了跨越渤海湾的南桥北隧固定联络通道的设想,跨越长江入海口连接上海—崇明的南桥北隧于 2009 年顺利通车。海峡隧道以其全天候、大运输量、低能耗、安全高效等优点,越来越引起各国工程界的重视。但由于海底隧道具有建设投资大、技术要求高、施工难度大、建设周期长等特点,需充分论证其可行性。

6. 发展具有防灾功能的地下空间

几百年的历史告诫人们,对人类威胁最大的是自然灾害、战争浩劫和生产事故三项,而地下空间开发利用对上述三项威胁都具有良好的防御性能,所以在地下空间规划时都有明确的防灾方面要求,如面积、出入口数量、垂直交通工具等。

7. 城市市政设施的地下空间开发利用

城市市政基础设施是城市的生命线系统,包括水、暖、电、气等供应及排放系统。城市基础设施必须与城市总体规划、分区规划相结合,系统考虑。管线地下综合管廊则代表了其发展方向。

8. 原有地下空间或天然洞室的利用

在城市地下空间开发利用过程中,经常有早期已开发的地下空间或天然形成的洞室,对原有的地下空间的维修、改造、处理,以及与新开发的地下空间的相互联系,自然是城市地下空间开发利用过程中的重要课题,特别是一些民防工程,其工程质量水平已达不到目前的要求水准,需经过改造才能投入使用。

天然洞室在山区城市中仍然存在,其开发利用较为经济,常开发成民用、工业、景观或军事建筑等。目前,有很多天然洞室被开发使用。

9. 发展建立水和能源等的地下贮存系统

水和能源贮存系统目前在有些国家已经有成功的经验,如天然气、热能、油的贮存等。从实际建造看,地下贮存系统具有安全、节能、经济等多种优点,它必将得到大力发展。图 1-1 所示为美国液化天然气冻土库。图 1-2 所示为瑞典的一座地下热水库,它建在 210 m 深的地下岩石中,把地面上热电站余热产生的热水存在容积为 20 万 m³ 的洞罐中,以供某大居民区使用。图 1-3 所示为美国的两种岩石蓄热库,在开挖后的洞库中全部用石碴回填,中间埋设三排管道,从当中一排管道通入热空气,流向上下两排管道,将石碴加热,利用岩石良好的蓄热性能将热能长期贮存。使用时,通入常温空气,被加热后输出。热空气可以由热电站提供,也可由太阳能收集器生产。这种蓄热库的输入和输出温度在500 ℃ 以上,可贮存 4~6 个月,造价低,容量很大。当前,地下 2 000~4 000 m 的高温岩体热能利用,正引起各国的重视。

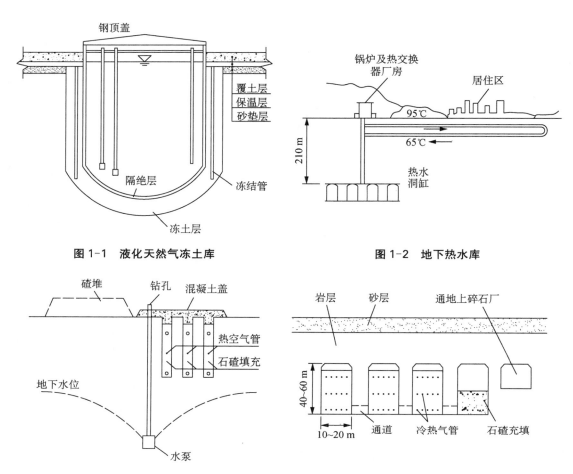

图 1-1　液化天然气冻土库　　　　　　　图 1-2　地下热水库

图 1-3　岩石蓄热库

此外,利用地下空间的密闭环境贮存和处理放射性废物的研究和试验也正在英国、瑞典和加拿大等国进行。

利用地下热稳定性好,能承受高压、高温和低温的能力,可大量储存水和能源。建造大容量水库成本过高,除必需外,应尽量利用土层中的含水层,特别是已疏干的含水层,这样,工程费用比建储水池小得多。储存低峰负荷的多余能量,供高峰时使用;储存常规能源以建立战略储备;储存间歇性生产的能源供无法生产时使用;储存天然的低密度能源,如夏季的热能、冬季的冷能等,供交替使用等都是能源储存的重要内容。可根据能源的不同性能与要求分别建造。

关于城市地下空间开发利用开拓发展的方向问题,无论在何处都应把城市地面空间与地下空间作为一个整体来统一规划,特别是在已形成相当规模的大城市,城市立体化再开发过程应是有计划、有目的地逐步实现。随着经济的发展,科学技术的不断进步,城市地下空间开发利用势必进入蓬勃发展的时期。

1.1.2　地下空间类型

城市地下空间有许多分类方法:按使用性质分类,按周围围岩介质分类,按设计施工方法分类,按建筑材料和断面构造形式分类,也有按其重要程度、防护等级、抗震等级分类等。

最常用的是按使用功能分类。

1. 按使用功能分类

城市地下空间按使用功能可分为地下交通工程、地下市政管道工程、地下工业建筑、地下民用建筑、地下军事工程、地下仓储工程等。

（1）地下交通工程：地下铁道、公路（隧道）、过街人行道以及海（河、湖）底隧道等。

城市地面交通拥挤及人流混杂的现象是现代都市最突出的交通问题。由此产生的解决城市交通矛盾的方法就是开发地下交通工程及人员集散场地。地下交通工程的开发已经成为现代大都市发展的必然结果，它主要包括地下铁道、地下公路、隧道、地下步行街及其综合公共交通设施。下沉式集散广场通常建造在人员密集的场所，如火车站、交通及商业中心地段的交叉口，它不仅分配和组织了人流的流向，同时也是立体城市的缩影。

（2）地下市政管道工程：地下给排水、通信、电缆、供热、供气管道等，以及将上述管道汇聚在一起的综合管廊。

未来的垃圾处理输送系统等很多设施将建在地下，地下管网集约化必将是城市市政公用设施的发展方向。

（3）地下工业建筑：地下核电站、水电站厂房、地下车间、地下厂房、地下垃圾焚烧厂等。

地下工业建筑通常是指人们生产、制造产品所需要的地下空间，可用于多种工业生产类型，如要求较高的精密仪器的生产，军事及航空航天工业、轻工业、手工业等工业生产，水利电力的生产等。

（4）地下民用建筑：地下居住建筑、地下商业街、地下商场、地下医院、地下旅馆、地下学校、地下文娱文化设施、地下体育设施等。

地下居住建筑主要包括覆土住宅、单建及附建式住宅、窑洞等。近几十年的经验表明，地下住所的环境应能够满足人类生活对健康的需要，特别是在气候条件恶劣的地区，地下空间内的微小气候及节能作用是十分显著的（如我国西北地区窑洞式住宅，美国的覆土建筑等）。值得指出的是，从习惯及方便人类居住的角度来说，人们还是倾向于地面空间，但当地下空间的气候环境同地面相近或优于地面的时候，从居住效果上来看并无本质差别。对地下空间来说，科学技术在气候环境上的应用是十分重要的。

地下文娱文化设施包括地下图书馆、博物馆、展览馆、影剧院等。

地下体育设施包括地下篮球场、乒乓球场、网球场、羽毛球场、田径场、游泳池、滑冰场等。

（5）地下军事工程：人防掩蔽部、地下军用品仓库、地下战斗工事、地下导弹发射井、地下机械（舰艇）库、防空指挥中心等。

（6）地下仓储工程：地下粮、油、水、药品等物资仓库，地下车库，地下垃圾堆场，地下核废料仓库，危险品仓库，金库等。

（7）地下防灾防护空间：地下空间建筑对各种自然灾害和人为灾害具有很强的综合防护能力。各国为了有效地保护有生力量、打击敌人，都修建了以战争灾害为防护对象的防护工程。地下空间建筑能有效地防御核武器空袭、炮轰、火灾、爆炸、地震等造成的破坏。例如，当原子弹低空爆炸时，在距 100 万吨级弹爆心投影点 2.6 km 处，一般地面建筑 100% 全部破坏，而承载力为 98 kPa 的地下空间可保持完好；如承载力为 294 kPa，这个距离可缩小到 1.5 km。当地下空间埋置在岩石中或土中相当深度以下、有足够厚度的岩土防护层时，则除口部需进行防护外，地下空间建筑可不受冲击波荷载作用，而是全部由岩土承受，这一点在地面即使花费很高的代价也是难以做到的。

（8）地下综合体：由城市中不同功能的地下空间建筑共同组合而形成的大型地下空间工程，行业称为城市地下综合体，简称地下综合体。实际上，地下综合体是由地下街的发展而形成的。初期的地下综合体是由地下步道系统连接两侧的商店及地面建筑的地下室组成。经过几十年地下空间开发利用的发展，地下街已与地下铁道车站、快速路车站，地下休闲广场、停车场、商场，综合管线廊道，供水发电设施，防护设施，防灾及水电设备系统控制设施进行综合，还综合了一些其他地下空间建筑。这些由多种功能集于一体的地下空间就是地下综合体。一般情况下不能认为综合体一定包括或不包括哪些工程，综合体是一个外延不明确的模糊概念。随着今后实践的发展，地下综合体的连接即可发展为地下城。

地下综合体综合了街道、公共场所与交通、管线等不同功能的构筑物，是建筑工程领域最复杂、难度最大、成本最高的建筑类型，是现阶段城市无法解决地面空间矛盾而必然出现的结果与发展趋势。

（9）其他特殊地下空间

地下空间开发利用除上述多种功能外，还包括文物、古物、矿藏、天然及人造的地下景观、洞穴的开发及应用等。

2. 按岩土介质状况分类

地下空间由于设在地面以下，所以受土质影响较大，比如岩石与土壤就有很大差别，在规划、设计、施工等方面都有很大的不同。因此，按地下空间周围岩土介质分类可以分为土中地下空间和岩石中地下空间两大类。

（1）岩石中地下空间：包括利用和改造的天然溶洞或废旧矿坑以及新建的人工洞等。天然溶洞是在石灰岩等溶于水的岩石中长期受地下水的冲蚀作用而形成的。如果地质条件较好，其形状和空间又较适合于某种地下空间，就可以适当加固和改建，这样可节省大量开挖岩石的费用和时间。新建的岩石地下空间的开发是根据使用要求和地形、地质条件进行规划的，如我国的大连、青岛、重庆等市的地下空间大多为岩层介质。

（2）土中地下空间：其外环境介质为土层。根据建造方式又可分为单建式和附建式两种：单建式是指独立在土中开发的地下空间，在地面以上不再有其他建筑；附建式是指依附于地面建筑室内地面以下部分的土层或半土层的空间，常称为半地下室或地下室。

3. 按施工方法分类

地下工程按施工方法常分为：浅埋明挖法地下工程、盖挖逆作法地下工程、矿山法隧道、盾构法隧道、顶管法隧道、沉管法隧道、沉井（箱）基础工程等。

4. 按结构形式分类

地下工程结构可以是单跨或多跨，也可以是单层或多层，通常浅埋地下结构为多跨多层框架结构。地下工程横断面可根据所处位置的地质条件和使用要求，选用不同的形状，最常见的有圆形、口形、马蹄形、直墙拱形、曲墙拱形、落地拱、联拱、穿顶直墙等。

5. 按衬砌材料和构造分类

衬砌结构材料主要有：砖、石、砌块混凝土、钢筋混凝土、钢轨（型钢、格栅拱）、锚杆、喷射混凝土、钢纤维混凝土、聚合物钢纤维混凝土等。

根据现场浇筑施工方法不同，衬砌构造形式可分为以下四种。

（1）模筑式衬砌：采用现场立模浇筑整体混凝土或砌筑砌块、条石，利用壁后孔隙进行填实和灌浆，使其与围岩紧贴。

（2）离壁式衬砌：衬砌与围岩岩壁相隔离，二者之间的间隙不充填。为了保证结构的稳定性,一般在拱脚处设置水平支撑,使该处衬砌与岩壁相互顶紧。此种衬砌可做成装配式,便于施工。离壁式衬砌多在稳定或较稳定的围岩中采用,对防潮有较高要求的各类地下仓储工程尤为适合。

（3）装配式衬砌:最典型的是盾构法隧道,其圆形隧道由若干预制好的高精度钢筋混凝土管片在盾壳保护下由拼装机装配而成。管片之间和相邻环面之间的接头用螺栓连接。根据隧道防水、地基稳定性、抗震方面的要求,有的采用单层钢筋混凝土管片衬砌,也有的在内部施加防水层和模筑混凝土,构成复合衬砌。在地下水位低、抗震设防要求不高的地区,也有的在工厂预制顶板、边墙,在现场现浇钢筋混凝土底板,借助焊接、榫槽、插筋现场装配,可以快速建造地铁区间隧道和车站。此外,在大型船坞内,分节制作隧道的管节,然后靠驳船浮运到水域现场沉放到预先开挖好的基槽内,从而形成大型的沉管隧道。

（4）锚喷支护衬砌:用锚杆喷射混凝土或者锚杆钢丝网喷射混凝土来支护围岩的一种衬砌形式。锚杆间距直径、长度、喷层厚度及强度、钢丝网间距及直径等支护衬砌的参数按围岩分类等级确定。用"新奥法"施工时,锚喷结构通常作为初次支护,根据断面收敛的测量信息。在其内圈再整体模筑二次衬砌,两次衬砌之间敷贴防水层,这种衬砌形式也称为复合衬砌。

6. 按埋置深度分类

地下空间按埋置深度可分为浅埋式地下空间（地面以下 10 m）、中埋式地下空间（地面以下 10～30 m）和深埋式地下空间（地面以下大于 30 m）。

7. 按领域分类

地下空间按领域可分为矿山、交通、水电、军事、建筑、市政地下空间等。

8. 按空间位置分类

地下空间按空间位置可分为水平式、倾斜式和垂直式地下空间。

9. 其他习惯分类

地下空间按军事术语可分为坑道式、地道式、掘开式和防空地下室等四种。坑道式一般是指岩石地下空间,地道式是指土中地下空间,掘开式是指土中单建式工程,防空地下室则指附建式地下空间。

1.1.3　环境影响

对环境影响的研究有助于解决项目层次上不能长期解决的冲突,并且能够分析大量项目的累积环境影响。从多方面详细论述环境保护和经济发展的战略性对策,使地下空间开发取得最大的经济、社会和环境效益。

环境是指围绕着人群的空间及该空间中可以直接、间接影响人类生活和发展的各种自然因素的总体。地下空间和地面建筑的环境完全不同,后者可以依靠天然采光、自然通风等获得较高质量的建筑环境,而地下空间被包围在岩石或土壤之中,这就给地下空间内部的空气质量、视觉和听觉质量,以及对人的生理和心理影响等方面带来了一定的特殊性影响。除有特殊要求的工程以外,地下空间环境一般应达到人在这种环境中能正常进行各种活动而没有不适感的舒适环境标准。在任何情况下,都不允许地下空间环境出现对人体产生致病、致伤、致死等危险的极限标准。

1. 地下空间的空气环境

建筑空气环境的指标有舒适度和清洁度。其中温度、湿度、二氧化碳浓度等是衡量空气冷热、干湿和清洁程度的主要指标。人体适宜温度范围大致为 16~27 ℃,夏季偏高,冬季偏低;室内相对湿度的舒适值在 40%~60%。日本制定的最舒适的室内温度、湿度环境标准:夏季温度 25~27 ℃,湿度 50%~60%,冬季温度 20~22 ℃,湿度 40%~50%,空气流动速度均为 0.1~0.2 m/s。我国因建筑供热和供冷均达不到发达国家水平,室内温度标准较低,一般公共建筑的设计标准为:夏季温度 27~29 ℃,冬季温度 16~20 ℃,相对湿度均为 40%~60%,室内气流速度夏季 0.2~0.5 m/s,温、湿度都较高时取大值,冬季保持在 0.1~0.2 m/s。

地下空间周围被具有较好热稳定性的岩土包围,因而在地表下一定深度的地温就趋于稳定,不再受大气温度的影响。如日本东京地表下 7 m 处,年平均地温稳定在 15.5 ℃ 左右;我国地表下 8~10 m 处的地温也基本稳定,长江流域为 17 ℃ 左右,长江以南各省达 20 ℃ 或更高,华北地区为 16 ℃ 左右,东北地区为 10 ℃ 左右。地温稳定并不等于地下空间室内温度也是恒定的,因为受引入空气温度的影响。由于建筑物周围稳定温度场的存在,将引入的地上空气温度调节到适宜的程度要比地面容易,这也是地下空间节能的主要原因之一。目前我国尚无地下空间温、湿度的统一标准,经试验研究提出,在全面空调条件下,夏季室温为 24~26 ℃,相对湿度不大于 65%,冬季室温为 18~20 ℃,相对湿度不小于 55%。清华大学童林旭教授提出在我国黄河以南冬季不供暖地区,冬季室内温度为 10~15 ℃,相对湿度在 50%~70%,夏季室温在 24~29 ℃,相对湿度为 70%~80% 较为实际。

虽然地下空间中温湿环境和气流速度等通常都能达到比较舒适的指标,但人在此环境中停留较长时间后,仍会出现头晕、烦闷、乏力、记忆力下降等不适现象,这与空气中负氧离子数量不足有关。世界卫生组织规定,清新空气的负氧离子标准浓度应不低于 1 000~1 500 个/cm³,此时人体新陈代谢活动活跃,体力及精神状态俱佳;但是如果负离子浓度过低,人体正常生活活动将发生障碍并出现各种不适。增加城市地下空间中空气负氧离子浓度的可靠方法,除适当增加新鲜风量、改善空气含尘及湿度状况外,在通风系统中增设负氧离子发生器是比较有效的。

空气的清洁度主要由氧气、二氧化碳和一氧化碳 3 种气体的含量来衡量。氧含量在正常情况下应为 21%(体积比)左右,降到 10% 以下人会出现头晕、气短、脉搏加快等不适现象,5% 为维持生命的最低限度。根据每人每小时需吸入氧气 0.018 mL 这一指标,按室内人数多少即可确定所需的新鲜风量。一氧化碳是一种有害气体,日本环境卫生标准规定空气中一氧化碳含量不超过 $1/10^5$,美国规定生产环境中一氧化碳含量不应超过 $5/10^5$,工作时间在 1 h 以内时可允许提高到 $1/10^4$。地下停车库由于汽车废气中含有较高浓度的一氧化碳,因而规定地下停车库内不超过 $1/10^4$。二氧化碳本身是无害气体,但当室内二氧化碳浓度升高超过 3% 后,将使人感到头疼、呼吸急促,影响体内的酸碱平衡。室内环境二氧化碳浓度达到 10% 以上时,会在几分钟内致人死亡。日本规定地下空间中二氧化碳浓度最高不超过 0.1%,我国一些研究成果建议浓度标准为 0.07%~0.15%,最高不超过 0.2%。人对空气中二氧化碳浓度升高的不适感,往往与含氧量减少的不适感同时发生,因此加强通风保证所需的新鲜空气量,可同时解决这两个问题。

此外,空气中的含尘量、细菌含量等也要随着环保标准要求的逐步实施,严格控制。

2. 地下空间的光环境与声环境

光与声环境可称为视觉环境与听觉环境,衡量光环境质量的指标有照度、均匀度、色彩的适宜度等。在地下空间封闭的室内环境中,保持合适的照度是必要的,光线过强或过弱都会引起视觉疲劳,因此地下空间中的照度标准,至少应不低于同类型、同规模的地面建筑。在出入口位置,白天的照度应接近天然光照度,形成一个强弱变化的梯度,使人逐步适应,而夜间则相反。地下商业建筑根据国际照度标准,百货商店营业厅内照度应为 $300\sim700$ lx,重点部位应为 $1\,500\sim3\,000$ lx。为了使地下空间内光环境尽可能接近太阳光的光谱,不宜全部采用光色偏冷的荧光灯,可夹杂白炽灯或其他光源。在色彩上宜以偏暖色调为主,避免多用灰色或蓝色,以使视觉环境呈现出和谐淡雅的色彩,使人精神舒适。

人在室内活动对声环境的要求是:声信号传递在一定距离内保持良好的清晰度,环境噪声水平低且控制在允许噪声级以下。

室内声源发出的声波不断被界面吸收和反射,使声音由强变弱的过程称为混响,反映这一过程长短的指标称为混响时间。如界面吸收的部分小、反射的部分大,则混响时间长,超过一定限度就会影响声音的清晰度;反之则混响时间短,声音的清晰度较高,但过短时声音缺少丰满度。控制和调节混响时间可根据声源频率特性,选用各种吸声材料和吸声构造。与装修相结合,通过计算与实测使其达到满意水平。

我国提出的环境噪声容许范围最高值为 $60\sim85$ dB,理想值为 $35\sim40$ dB。通过对国内几家地下商场的测定,因人员密集,往来频率高,再加上购物过程中的各种声响,噪声强度平均达 70 dB 左右,超过理想的安静标准许多。为控制噪声,一般采取隔离或封闭噪声源的方法来提高建筑结构的隔声质量,也可通过减弱噪声强度的方法,包括改进设备、增大室内吸声量以缩短混响时间,以及改变空间轮廓布置,等等。

3. 地下空间的心理环境

地下空间内部环境在人的心理上会引起一定的反应。积极反应是舒适、愉快等;不适、烦闷等则属于消极反应。若对某种环境的消极心理反应持续时间较长,或重复次数较多,可能形成一种条件反射,或形成一种难以改变的成见,称为心理障碍。由于地下空间的特点极易引起幽闭、压抑,因此应努力提高地下空间内生理环境的质量,即舒适度。具体来说,可以利用现代科技成果改善地下空间内的光和声环境,解决天然光线和景物的传输问题,如结合下沉式广场,采用斜式逐层跌落方式,以便更多地引入阳光,或用开天井的办法引入阳光;另外,通过增加建筑布置上的灵活性,可以提高建筑艺术处理的水平,以弥补地下空间心理环境的不足。

1.1.4 城市地下空间开发利用的施工方法

城市地下空间开发利用的成败关键是施工问题。施工方法的选择应根据工程性质、规模、岩土层条件、环境条件、施工设备、工期要求等要素,经技术、经济比较后确定。应选用安全、适用、技术上可行、经济上合理的施工方法。对埋置较浅的工程,在条件许可时,应优先采用造价低、工期短的明挖法施工。根据工程地质条件和周围环境,明挖法可采用敞口开挖,用钢板桩或工字钢侧壁支护。近年来,常用的地下连续墙、盖挖逆作法施工,可避免打桩的噪声与振动,减少明挖法对地面的影响。当埋深超过一定限度后,常采用暗挖法施工,暗挖最初多用传统的矿山法,直至 20 世纪中叶创造了新奥法,该法是尽量利用周围围岩的自承能力,用柔性支护控制围岩的变形及应力重分布,使其达到新的平衡后再进行永久支护,目前该法应用较广。对于松软含水地层可采用泥水加压或土压平衡式盾构施工,有时亦可采用顶管法施工,修建水底隧道除采用盾构法外,还可采用沉埋法,此法主要工序在地面进行,避免了水下作业,优点显著,应用日益广泛。在坚硬的岩层中可以用掘进机施工,非开挖技术将得到快速发展。施工方法分类见表 1-1。

表 1-1 城市地下空间开发利用施工方法分类

序号	施工方法	主要工序	适用范围
1	明挖法	(1) 敞口放坡明挖:现场灌注混凝土结构或预制构件现场装配,回填 (2) 板桩护壁明挖:现场灌注混凝土结构或预制构件现场装配,回填	(1) 地面开阔,建筑物稀少,土质较稳定 (2) 施工场地较窄,土质自立性较差 (3) 工字钢、钢板桩、灌注桩等均可作为护壁板桩,也可用连续墙护壁
2	盖挖逆作法	(1) 桩梁支撑盖挖:打桩或钻孔桩,其上架梁,加顶盖,恢复交通后,在顶盖下开挖,灌注混凝土结构 (2) 地下连续墙盖挖:修筑导槽,分段挖槽,连续成墙,加顶盖恢复交通,在顶盖保护下开挖,构筑混凝土结构	(1) 街道地面交通繁忙,土质较坚固稳定 (2) 街道地面交通繁忙,且两侧有高大建筑物,土质较差
3	浅埋暗挖法	(1) 盾构法:采用盾构机开挖地层,并在其内装配管片式衬砌,或浇筑挤压混凝土衬砌 (2) 顶进法:预制钢筋混凝土管道结构或钢结构,边开挖,边顶进 (3) 管棚法:顶部打入钢管,压注浆液,在管棚保护下开挖,立钢拱架,喷混凝土、浇筑混凝土结构	(1) 松软含水层 (2) 穿越交通繁忙的道路、铁路、地下管网和建筑物等障碍物的地区 (3) 松散地层
4	矿山法	(1) 台阶工作面法:对较坚硬稳定的岩层,分部或全断面开挖,锚喷支护或复合衬砌 (2) 导硐法:对松散不稳定的地层,采用小断面导硐分层、分次顺序开挖,临时支护,立全断面钢拱架,喷混凝土,浇筑衬砌 (3) 掘进机法:采用岩石掘进机掘进,而后进行锚喷衬砌,必要时二次衬砌	(1) 坚硬或较坚硬且稳定的地层 (2) 较松散,不稳定地层 (3) 含水率不大的各种地层
5	水域区施工法	(1) 围堰法:筑堰排水后,按明挖法施工 (2) 沉埋法:利用船台或干船坞把预制结构段浮运到设计位置处预先挖出的沟槽内,处理好接缝,回填土后贯通 (3) 沉箱(沉井)法:分段预制工程结构,用压缩空气排除涌水,开挖土体,下沉到设计位置	(1) 较浅的河、湖、海无地下补给水地区 (2) 过江、河或海 (3) 地下水位高,涌水量大,穿过湖或河流地区
6	辅助施工法(配合上述有关施工方法使用)	(1) 注浆加固法:向地层内注入凝结剂,封堵地下水并增加地层强度后再进行土岩体开挖,灌注混凝土结构 (2) 降低水位法:采用水泵将施工区的地下水位降低,以疏干工作面 (3) 冻结法:对松软含水冲积地层先钻冻结孔,安装冻结管,通过冷媒剂逐渐将地层冻结以形成冻土壁,在其保护下再开挖并构筑混凝土结构	(1) 局部地层不稳定或发生坍塌垮落,地下水流速<1 m/s 的地区 (2) 渗透系数较大的地层 (3) 松软含水率较大的地层

1.2 历史建筑概况

在我们所处的城市中,老建筑的数量往往远超过新建筑,其中有相当多的老建筑具有特殊的价值与意义,被称为"历史建筑",如北京故宫、上海外滩的"万国建筑"等。

历史建筑是具有一定历史、科学和艺术价值，或具有特殊的价值与意义，反映城市历史风貌和地方特色的建(构)筑物。

历史建筑属于世界遗产中文化遗产的范畴，是文化遗产的一种类型，是物质的、不可移动的文化遗产。

历史建筑的基本属性是有形的、不可移动的、物质性的实体，即使这个实体并非完整无缺，发生了各种情况、各种程度的损毁，也不影响其有形的、不可移动的、物质的属性。

1.2.1　历史建筑的分类

中国的历史建筑一般包括以下两种：

(1) 古历史建筑，一般指鸦片战争前的建筑，其中保存至今已列为各级重点文物保护对象的称为历史建筑。

(2) 近现代历史建筑，一般是指建成 50 年以上，且具有下列特色之一的建筑：①具有纪念意义，如重要会址、重要历史人物故居、重要历史事件发生地等；②具有文化艺术价值，反映地域(民族)或城镇历史文化风貌特点，具有独特的建筑艺术风格；③具有科学价值，建筑、结构、施工工艺及工程技术具有特色和科学研究价值。

保存至今的中国历史建筑的内容十分丰富，根据不同的分类标准可以将这些遗产划分为多种类型，以便于更全面地了解它们的特征和属性。

1.2.1.1　根据建筑性质的不同分类

1. 居住类历史建筑

这是存在数量最多的、最基本的建筑物类型，遍布全国各地，形式丰富多样。留存到现在的居住类历史建筑多是古代社会后期及近代晚期的，明代之前的大多已荡然无存。有些近现代的城市住宅保存较为完好，但是仍有很多历史时期的居住建筑没有留下实物信息。

2. 宗教类历史建筑

宗教类历史建筑在现存的历史建筑中数量十分可观，广泛分布于城市、乡野，且时间跨度大，年代久远。历朝历代都有宗教建筑的实物保存至今，包括宋、元时期的清真寺及近现代的天主教堂、基督教堂。这些宗教类历史建筑既有政府主持兴建的，也有民间修建的。比起现存的其他类型的历史建筑，宗教类历史建筑能够比较完整、系统、集中地记录不同时代的建筑施工方法、特征与风格，反映着这些时代的建筑文化和建筑传统。

3. 文化类历史建筑

文化类历史建筑是指从中央政府到地方政府的各种用于文化、教育、科技活动以及公众娱乐活动的建筑物与场所，包括国家一级的太学、国子监，由政府或者私人创办的书院、藏书楼(阁)、观象台、观星台，公众聚会及休闲的会馆、戏台、戏楼、剧场等。这类历史建筑在城市、乡村地区都有分布，就现存数量而言，其中的有些类型还是比较多的，如戏台、戏楼、剧场，在广大的农村地区还有不少实物留存。这些文化类历史建筑见证的内容涉及中国历史与社会生活的诸多方面，形象地说明了中国古代的文化与科学技术的发展水平。

4. 城市及景观、风水类历史建筑

这类建筑多是以独立状态存在的，属于公共建筑性质，所具备的功能和作用都具有多样性，具体包括钟楼、鼓楼(报时、瞭望、守卫等功能，城市标志物)、牌坊、江山形胜之处的亭台楼阁(登临、游赏、观景、休憩景观，地区性的标志物或象征物)等城市建筑与景观建筑，文峰

塔、魁星楼、风水塔等风水建筑。这些建筑散布在从城市到乡野的广大地区,是中国大地上与自然和谐共生的美好人文景观不可缺少的构成要素。

5. 祭祀类历史建筑

这类历史建筑包括古代社会里国家最高级别的太庙、太社,日、月、天、地诸坛,辟雍,从都城到地方各级城市里的文庙(兼具文化与教育功能),祭祀名山大川的岳庙、镇庙、渎庙,民间祭祀各方神灵和圣人先贤的祠庙,如城隍庙、后土庙、武侯祠之类,还有除帝王之外各宗族祭祀祖先的家庙、宗祠。

祭祀类历史建筑现存的总体数量较多,太庙、太社及天坛、地坛都只有明清两代的保存至今,文庙、城隍庙则在很多城市里都能够见到,而家庙、宗祠在聚族而居的广大乡村地区仍较为普遍地存在。

祭祀类历史建筑无论是在国家、政府,还是在民间、个人,均是极受重视的类型,所以大多代表了当时建筑技术的较高水平,用材与施工也都十分讲究。而地方性的祠庙、宗祠在构造做法和装饰上又往往带有鲜明的地方特色,能够比较典型地体现某一地域、某一时代的建筑特点与个性。

6. 政府历史建筑

政府历史建筑是指承担政府职能的各类建筑,留存到现在的政府建筑主要是中央及各级地方政府的办公建筑、衙署,还有驿站、粮仓以及贡院、考棚等,它们是古代社会国家制度的实物写照。这类历史建筑现存数量很少,相比之下,其中衙署的存量多一些,早至元代,不过大多都不完整。

7. 办公及商业类历史建筑

这类历史建筑主要是指以近现代建筑为主的各种公用性质的办公、商业及服务性建筑,包括邮政局、医院、药店、银行、商铺、百货公司、旅馆、饭店等。这类建筑一方面见证了中国社会的近代转变,另一方面也记录了现代建筑的功能、材料与技术,以及现代建筑形式在中国发生、发展的过程,见证了它们对中国古典建筑体系的巨大影响和改变。

8. 城墙及防御类历史建筑

城墙及其附属的防御类历史建筑在古代中国是非常重要的建筑类型,在城市建设史、建筑工程技术史、军事史、艺术史等诸多方面有着重要的信息价值。作为城市产生的重要标志,城墙的历史同中国古代城市的历史一样漫长悠久。城墙的功能不仅是军事防御,还起到限定地域、划分空间的作用,另外一个重要的功能是抵御自然灾害的侵袭,防洪、抗风沙等,如安徽寿县古城墙(建城始于战国,现城墙重筑于北宋熙宁年间),历代不断修筑、加固并完好地保存至今,它的重要功用之一即是防洪。还有浙江台州临海县的古城墙(始建于晋代,历代屡次修筑增建),因城与江紧邻,其瓮城和马面都做了专门的防洪设计。对于像临海这样的城市来说,城墙抵御自然灾害的能力是直接关系到城市存亡的。

普通城墙类历史建筑原本的数量是很多的,但经过近现代的城市建设,幸存下来的已经很有限了,而且大多残缺不全。现在保存完整的、规模较大的古城墙有西安明代城墙,少数小城镇里还有保存较完整的古城墙,如山西平遥。

9. 水利与交通类历史建筑

这类历史建筑包括桥梁、栈道、堰、渠、运河、近代的铁路及站房等。它们分布广泛,见证着古代工程技术与经济的发展、社会生活的演变,也见证着人类对自然的改造、利用和依赖。

这类历史建筑的一个突出特点就是它们当中很多从过去一直持续使用到了现在。很多古桥、古栈道、古运河、古堤堰直到今天都仍发挥着不可或缺的作用,且与人们的日常生活息息相关,早已融入了现代生活。

10. 宫殿类历史建筑

这无疑是古代社会每个历史时期里辉煌的建筑成就的最高代表和全面、集中的表现。但是完整保留至今的只有北京故宫(明、清)和沈阳故宫(清)两处。

11. 园林类历史建筑

园林在古代中国几乎没有单独存在的,基本上都与其他的建筑类型有重叠的部分,即使是规模巨大、真山真水的皇家苑囿,也是园林与宫殿的结合体。事实上,大部分的古代建筑都普遍包含园林的内容,只是程度不同而已,有的只是莳花种树、装点庭院,有的则经过专门的规划与设计。留存至今的古代园林大多是和住宅、书院、祠庙、佛寺、道观、衙署、坛庙、宫殿等建筑共存的,它们是各种不同的使用功能与游赏休憩功能相融合的有机整体。

园林现存数量较少,且以皇家苑囿和私家园林为主,多分布在北京和长江中下游地区,基本上都是明、清两代的。这主要是因为园林的基本构成要素大多是自然要素,它们会生长、衰老、消亡,因而需要不断地照料与维护。与建筑物相比,这些自然要素更易受到各种内、外因素的影响,是易损耗的部分,所以较难保留下来,而且较难保持原初的面貌。

12. 陵墓类历史建筑

在现存的历史建筑中,陵墓的数量相当可观,分布在全国各地。从帝王陵寝到普通墓葬,几乎涉及社会各个阶层。就时代连续性来说,除了很少几个特殊的历史时期之外,从新石器时代的氏族墓地到近代的革命烈士陵园,中国各个时代的陵墓今天基本都有实物留存。

13. 纪念性历史建(构)筑物

这类历史建筑物主要是指各种近现代的纪念物及纪念建筑物,如抗日战争、解放战争时期一些重大历史事件的发生地、发生场所,与伟人、名人有关的建筑物,如名人故居等。

14. 生产性历史建(构)筑物

这类历史建(构)筑物主要是指为各种生产劳动提供服务的建(构)筑物及设施、场地,例如各种手工业作坊、磨坊、瓷窑、砖瓦窑、酒窖、工业厂房等。其中,那些传统的手工业作坊常常还兼具住宅、店铺的功能,其实是一种集中了居住、买卖、生产加工等功能于一体的建筑综合体。

15. 城市、村、镇类历史建筑

上述各种类型的历史建(构)筑物以一定的组织方式集合成的城市、村、镇。

1.2.1.2　根据历史建筑的主要结构材料的不同分类

1. 木质历史建筑

木质历史建筑是指以木材为主体建造材料的历史建筑。这是中国古代历史建筑中最主要、最精华的部分。但是由于材质的原因,现存数量相对有限,在时间上也以唐、宋以后的居多。

2. 土质历史建筑

土质历史建筑以土材(夯土、土坯等)为主要材料。在我国现存的历史建筑中,土质建筑遗产的数量相当可观,因为夯土是中国历史上使用历史很长的、非常重要的建造材料之一。保存到现在的古代城址大部分都是夯土的,大量的建筑物遗址也多是夯土的(夯土的台基、残存的夯土或土坯墙体),还有史前的考古遗址(包括原始聚落、原始住房)、历代陵墓的封土等。秦汉及先秦时期的长城及其附属设施(如烽燧等),以及明长城的部分段落也都是以土为材料建造的。

3. 砖石(混凝土)质历史建筑

砖石质历史建筑以砖、石或混凝土为主要结构材料。由于材料的耐久性相对较好,砖石质历史建筑的现存数量较多,混凝土的历史建筑相对历时较短,作为历史建筑的相对较少。具体的建筑类型包括塔、石窟寺、桥、陵墓(地上部分、地下部分),建筑群中的附属物(如华表、经幢、碑刻等),单体建筑中的砖石部分(基础、台基、勾栏、墙体等)、城垣等。

1.2.1.3 根据历史建筑原有使用功能的延续情况分类

1. 静态历史建筑

静态历史建筑是指原有的使用功能已经失去或中断的历史建筑。

2. 动态历史建筑

动态历史建筑是指现在仍处在使用中、发挥着使用功能的历史建筑,不论这个使用功能是建筑创建时的初始功能还是在历史发展的过程中被赋予的其他功能。

1.2.1.4 根据历史建筑存在状态的不同分类

1. 单体历史建筑

单体历史建筑是指独立存在的单体建(构)筑物。大多数的单体历史建筑是由于其原属的建筑组群中的其他建筑物被破坏、损毁而成为独立留存下来的单体建筑物或构筑物,这样的情况在各种性质的历史建筑中都存在。而有的本身就是独立的建筑物或构筑物,如前述按照建筑性质所分类型中的城市及景观、风水类的历史建筑基本上都属于这种情况。

2. 组群历史建筑

由单体建筑与庭院构成的组群是中国古代建筑的基本构成方式和存在状态,不少未经历严重破坏的古代建筑还能够基本以这种原初状态保存到现在。现存的组群历史建筑在规模上有很大的差异,小的只由一个院落和几个单体建筑物组成,大的如明、清故宫,由百余个院落和几千个大大小小的单体建筑物组成。组群中的各个组成部分可能是在同一个历史时期内一次性产生、形成的,也可能是经过不同的历史时期逐渐累积形成的。

3. 历史建筑群

历史建筑群与组群历史建筑的不同之处在于组群历史建筑属于一个建筑物,而历史建筑群是由同处于一个特定空间中的若干个建筑物和建筑组群组成的,上述的单体历史建筑和组群历史建筑这两种类型就是组成历史建筑群的基本元素。

具体地说,这种历史建筑群包括历史街区、历史村镇和历史城市。它们的不同之处在于历史街区和历史村镇一般就是一个历史建筑群,而历史城市往往是由多个历史建筑群组成,这些历史建筑群因同处在历史城市这个相同的特定空间中而具备某种共性,又因为处在历史城市的不同区域而具有差异性和多样性。同时,这种历史建筑群的形成往往都是历史发展累积的结果,因此还具有时间属性上的不同。

1.2.1.5 根据历史建筑所呈现的空间形态的不同分类

1. 点状历史建筑

这是以点状的空间形态存在的历史建筑,包括独立存在的单体历史建筑和组群历史建筑。

2. 面状历史建筑

这是以面状的空间形态存在的历史建筑。历史建筑群和规模巨大的组群历史建筑都属于面状历史建筑,包括历史街区、历史城市、大型的组群历史建筑。

面状历史建筑由两方面内容组成,一是使用性质不同、存在状态不同的各种历史建筑,二是自然环境和社会文化环境。具体到不同的遗产,自然环境和社会文化环境所起的作用大小是不同的,比如对于历史街区,社会文化环境的影响可能要大于自然环境;对于历史村镇,自然环境和社会文化环境的作用同样关键;对于有些遗址,自然环境则是影响它们的主要因素。

自然环境和社会文化环境既是面状历史建筑的基本组成内容,也是决定其具体空间形态的基本因素。一个面状历史建筑,它的空间形态的形成基础可以是由城市方格网状道路系统所划分的一块形状规则的用地,可以是连绵山岗中的一个盆地,可以是被水面围合的一片不规则的用地,可以是山南水北的一块形状自由的平地,也可以是两河交汇处的一块三角洲。

3. 线状历史建筑

这是以一个线状的联系纽带组织起来的呈带状分布的历史建筑群落。它的基本组成元素包括点状历史建筑和面状历史建筑。

这个线状的联系纽带是决定历史建筑群落的空间形态的根本因素,它是具体的、物质性的,如一条河流、一条道路、一道山脉;同时,由于这个联系纽带的特性,线状历史建筑往往是跨越某一段历史时间、某一个特定空间的(可以是跨越地域的,也可以是跨越国家、跨越民族的),是在大尺度的时空中分布、存在的,所以能够更为全面、宏观、整体地展现中国的历史面貌和中华文化的特征。在现存的历史建筑中,有众多物质性的线状联系纽带,例如一些大江、大河或其中的某段流域;亦有数量可观的非物质性的联系纽带,例如以文明起源为纽带组织起散布在中国大地上的众多考古文化遗址,形成一个说明、记录中华文明起源、发展及文化源流的遗产系统;还有著名的如丝绸之路(由同一种历史活动组织起该活动路经的众多不同历史时间里的点状遗产和面状遗产,这个联系纽带从中国跨越到了中亚、西亚及欧洲地区);历史人物的活动轨迹,如玄奘西行取经的路线可以串联起沿途散布的多处遗产,类似的如徐霞客的考察、旅行路线;文化传播路径,如佛教文化从印度向中国由外而内的传播,由最初的佛教中心地向全国其他地区的传播和由中国向周边的朝鲜半岛、日本的传播,以这些路径为纽带展现佛教文化在中国的创建、发展的历史和中华文化以佛教为载体影响周边国家、民族文化的历史等。同时还将沿线的自然遗产囊括进来,形成一个更为壮观的遗产群带。

对于现存的历史建筑,理论上都可以通过各种文化的、历史的或自然的纽带联系、组织为一个整体。就中国悠久的历史、灿烂的文化和壮丽的自然而言,能够概括、提炼出很多物质性的联系纽带。这些联系纽带在数千年的时间中和广袤的空间中纵横交错,形成一个巨大的遗产网络,将现有的包括历史建筑在内的文化遗产及相关的自然遗产编织为一个整体。

1.2.2　中国历史建筑的特点

中国历史建筑作为中华文化体系中一个典型的组成部分,具有中华文化所具有的根本特性——连续性、独特性和多样性。其萌芽、发展、成熟的过程与中华文化的发展过程具有同一性,而中国历史建筑自身就是形象化、实体化的中华文化。中国历史建筑一直作为一个有机的、完整的系统被不同时代继承并传递,持续发展到近代。

留存至今的中国历史建筑还具有以下特点:

(1)类型丰富。建筑类型的丰富多样性正是社会生产力发展水平和文化、经济发达程度的真实体现。

(2)以木结构为主干,结合生土结构、砖石结构等主要的分支,在近代和现代又加入现代建筑结构的新分支,形成中国历史建筑的完整体系。这个体系由木、土、砖石等主要结构材料和承担着主体结构的防护、美化任务的非结构材料,以及相应的工艺、技术所支撑。这些工程结构技术不断发展,达到了很高的水平。

(3)尊重自然、顺应自然,与自然共存共荣。这样的环境观贯穿在建筑从营造到使用的每一个阶段中,中国的历史建筑总是时时处处表达着文化与自然的相互作用。

(4)积淀丰富。中国的历史建筑普遍积淀了十分丰富的历史文化信息。就建筑物而言,持续的使用和经常的修缮、更新在建筑上留下了不同历史阶段的时间印痕,这些时间印痕常常会叠加在一起。历史城市、历史村镇正是由于长时间持续不断或偶有间断的使用发生在同一地理位置而形成的。

1.2.3　历史建筑保护的法律法规

我国涉及历史建筑保护的法律法规主要有:《中华人民共和国文物保护法》《中华人民共和国城市规划法》《历史文化名城名镇名村保护条例》等。

各省、市、地方政府根据国家涉及历史建筑保护的法律法规结合本省、本市的实际又制定了适合各省、各市、各具体历史建筑保护的实施细则、管理办法或保护条例等,例如,《上海市名人纪念设施管理办法》《上海市名人故居保护条例》《浙江省历史文化名城保护条例》《扬州市历史建筑保护办法》《海口市历史文化名城保护管理规定》《海南省文物保护管理办法》等。

我国有关历史建筑保护的重要法规及文件列于表1-2。从文件的颁布、法律法规的健全可知,我国对历史建筑的保护日渐重视。

表1-2　　　　　　　　　我国有关历史建筑保护的重要法规及文件

序号	名称	发布机构	发布时间
1	《古文化遗址及古墓葬之调查发掘暂行办法》	中央人民政府政务院	1950年5月
2	《中央人民政府政务院关于保护古文物建筑的指示》	中央人民政府政务院	1950年7月
3	《关于在基本建设工程中保护历史及革命文物的指示》	中央人民政府政务院	1953年10月
4	《关于在农业生产建设中保护文物的通知》	国务院	1956年4月
5	《文物保护管理暂行条例》	国务院	1961年3月
6	《关于进一步加强文物保护和管理工作的指示》	国务院	1961年3月
7	《文物保护单位管理暂行办法》	文化部	1963年4月
8	《加强文物保护工作的通知》	国务院	1974年8月
9	《关于保护我国历史文化名城的请示》	国家建委、国家城建总局、国家文物局	1982年2月
10	《中华人民共和国文物保护法》	全国人大	1982年11月
11	《纪念建筑、古建筑、石窟寺等修缮工程管理办法》	文化部	1986年7月
12	《关于重点调查、保护优秀近代建筑物的通知》	建设部、文化部	1988年11月
13	《中华人民共和国文物保护法实施细则》	全国人大	1992年5月

序号	名称	发布机构	发布时间
14	《历史文化名城保护条例》	建设部、国家文物局	1993 年
15	《历史文化名城保护规划编制要求》	建设部、国家文物局	1994 年 9 月
16	《黄山市屯溪老街历史文化保护区管理暂行办法》	建设部	1997 年 8 月
17	《中国文物古迹保护准则》	国际古迹遗址理事会中国国家委员会	2000 年 10 月
18	《中华人民共和国文物保护法（修订）》	全国人大	2002 年 10 月修订
19	《文物保护工程管理办法》	国家文物局	2003 年 5 月
20	《中华人民共和国文物保护法实施条例》	国务院	2003 年 5 月
21	《全国重点文物保护单位保护规划编制审批办法》	国家文物局	2004 年 8 月
22	《全国重点文物保护单位保护规划编制要求》	国家文物局	2004 年 8 月
23	《长城保护条例》	国务院	2006 年 10 月
24	《国家考古遗址公园管理办法（试行）》	国家文物局	2010 年 1 月

1.2.4　历史建筑保护的原则

历史建筑保护应该遵循"可维护不修缮，可修缮不修复，可修复不复原，小心审慎地对待任何重建"的方针。

历史建筑保护的原则主要有：不改变原状原则、"最低限度的干预"原则、可逆性原则、必要性原则、可识别性原则和适应性原则。

1.　不改变原状原则

历史建筑，其价值就在于它是历史上遗留下来的东西，不可能再建造，一经破坏就无法挽回。因为任何一座优秀历史建筑都是在当时的历史条件下产生的。它们所反映的是当时的科学技术水平、工艺技巧、艺术风格、社会生产生活方式和风俗习惯。那个时代出现的平面布局、建筑类型、建筑材料、结构法式都是历史发展进程中留下的痕迹，是历史的产物，也是历史的见证。因此，如果某一个优秀历史建筑在维修中改变了它的原状，失去了它的历史特征，也就失去了历史建筑应有的价值。世界各国在保护历史建筑问题上，大多是根据自己国家的具体条件，如政治、经济、历史、文化以及美学观点和民族习俗等，来制定符合国情的历史建筑维护与加固原则。欧洲许多国家早在 19 世纪就已开始研究这个问题，并先后制定了有关宪章。20 世纪初，日本、俄罗斯等国也发布了保护、维修历史建筑的相关法令。

从保护历史建筑的原真性、保存现状的原则考虑，异地搬迁会使历史建筑脱离其特定的环境，使历史建筑的文化遗产价值大大降低。"古迹不能与其所见证的历史和其产生的环境分离。除非出于保护古迹的需要，或因国家或国际的极重要利益而证明有其必要，否则不得全部或局部搬迁古迹。"文物保护法规定应当尽可能实施原址保护，但也有很多关于易地搬迁的例外，关键是需要制订具体而精确的"度"和界限。《中国文物古迹保护准则》第三章第十八条明确了"只有在发生不可抗拒的自然灾害，或因国家重大建设工程的需要，使迁移保护成为唯一需要的手段时,才可以原状迁移,易地保护"。

《中华人民共和国文物保护法》作出了历史建筑应受国家保护并按历史原状保存的规定,即对核定为文物保护单位的历史建筑(包括其附属物)所作的"在进行修缮、保养、迁移时候,必须严格遵守不改变文物原状"的规定。现存历史建筑的原状,大致有下列三种情况:①现存的是创建时期的原状,尽管很不完整,但它现存的主体结构的确是创建时期的原物,且其全貌也是可以考证的。②现存的是较长时间所形成的历史建筑群,有的几十年甚至几百年才完成,如北京的故宫,是经过了明、清两个朝代,几十位帝王相继不断兴建才完成的,在单组建筑和个体建筑上,当然应以它建成时期的面貌为原状。它是明朝的建筑,就恢复它明朝的原状;是康熙、乾隆时期所建成的,就恢复它康熙、乾隆时期的原状。③现存的是历代遗留的、一切有历史意义的实物原状,即"遗存现状"。例如一些历史悠久的寺庙,它们最初建成的原状已被历史改变、重修或重建,改变的时间也较早,重建部分的价值也很大,它们的原状即是各个时代的遗存现状。

综上所述,《中华人民共和国文物保护法》关于"不改变文物原状"的提法,是经过高度概括的、具有丰富内涵和广阔覆盖面的原则性提法,不仅包含"恢复原状"与"保存现状"的含义,而且也解决了各学派学术观点的科学统一问题。《古建筑木结构维护与加固技术规范》(GB 50165—1992)作出下列具体实施性的规定:"历史建筑的维护与加固,必须严格遵守不改变文物原状的原则。原状是指历史建筑个体或群体中一切有历史意义的遗存现状。若确需恢复到创建时的原状或恢复到一定历史时期特点的原状,必须根据需要与可能,并具备可靠的历史考证和充分的技术论证。"

在维护、加固优秀历史建筑时,《古建筑木结构维护与加固技术规范》(GB 50165—1992)亦具体规定了必须保存的四个方面的内容:①保存原来的建筑形制。建筑形制包括建筑原来的平面布局、造型、艺术风格等。建筑物的整体造型是结构与艺术的统一体,许多重要纪念性建筑中,建筑艺术占有较大的比重。②保存原来的建筑结构。建筑结构法式具体表现了当时的建筑科学技术水平。建筑结构的技术水平是评价一座优秀历史建筑的科学价值的重要依据。建筑结构法式是随着社会生产力的发展和科学技术的进步而逐步发展变化的。各时代、各地区的建筑结构法式都不尽相同,它们是建筑科学发展进程的标志。建筑结构也是决定各种建筑类型的内在因素,如果在维修过程中改变了原来的结构,那么建筑的科学价值就会被破坏。对古代建筑结构法式的不足之处,只能以适当加强来弥补,并且应该尽量施于隐蔽处,使历史建筑能"带病延年",但绝不是强迫它"返老还童"。③保存原来的建筑材料。一座建筑中主体结构的质地是建筑结构分类的主要依据之一。维修历史建筑的时候,一定要保存原有的构件和材料,尽可能保存它的"本质精华"。原件必须更换时,也要用原材料来更换,原来是木材的就用木材来更换,最好是原树种木材。但是,如果用新材料对原有构件进行加固补强,且在既不损坏原构件的质地又增强了原构件力学性能的前提下,可酌情使用,如用铁箍、玻璃钢箍加固劈裂构件,用高分子材料灌注蚀空构件等。明确地讲,新材料在历史建筑维修中只能用于加强原构件,而不能用它来代替原构件。④保存原来的工艺技术。要真正达到保存历史建筑的原状,除了保存其形制、结构与材料之外,还要保存原来的传统工艺技术,只有继承传统工艺,才能正确地表达历代工程技术发展情况,才能科学地表达历代的时代特征,同时,有的工艺程序不仅是保存原来传统的需要,而且关系到历史建筑的安全与耐久。

2."最低限度的干预"原则

"所有的干预活动都是可以撤销的、可逆的,不会对古迹产生破坏的影响。"历史建筑的保护应着眼于日常的保养、维护,而不要依赖修缮,以期达到最大限度地保留历史、文化等信息的目的。《威尼斯宪章》关于保护的阐述是:古迹的保护至关重要的一点在于日常的维护。而在我们实际工作中,对历史建筑常常做得过多,以致混淆了历史的本来面目。决定历史建筑保护方式的基本方针是:"可维护不修缮,可修缮不修复,可修复不复原。小心审慎地对待任何重建。"

3. 可逆性原则

修复历史建筑时,所采取的一切措施最好是可逆的。因为加固的技术和理念是不断发展的,当前认为很好的做法在未来未必是好的,可逆性原则正是基于这种考虑,提倡所用的改造加固手段是可逆的,这样一来,在未来技术条件达到的时候,就可以更好地修复此历史建筑,同时,也防止加固方法不恰当对建筑的历史信息造成不可逆转的损害。

由于条件的限制,如经费、时间,尤其是技术,暂时还不能进行彻底加固维修的历史建筑,也可采取具有可逆性的临时加固措施。

4. 必要性原则

每一次加固和修缮,都会对历史建筑所具有的历史、艺术、科学价值造成损失。因此,历史建筑的保护应该注重平时的保养,使其尽量少受各种可避免因素的损伤。加固和维修只是在不得不实施的时候才进行,任何因保养或维修而进行的加工、修补和处理,均应尽可能减少到最低程度,每一次维修,也要尽量少地干预原有建筑的结构和构件。

5. 可识别性原则

可识别性原则强调各构件的"原装性"。如不可避免地需要更换构件时,新更换的部分和原来部分要能区分开,从而最大限度地保护原构件所携带的历史文化信息。修缮时应尽量采用传统材料和工艺,当传统技术不能解决问题时,再采用新的材料和技术。如果必须要采用现代技术,那么这些与原建筑不相符的构件应当与原结构明显地区分出来,并将维修过程中所采用的材料和技术建档保存,以备后人了解和评价。

修复过程是一个高度专业化的工作,任何不可避免的添加都必须与该建筑的构成有所区别,并且必须要有现代标记。缺失部分的修补必须与整体保持和谐,但同时必须有别于原作,修复不能歪曲其艺术或历史见证。信息、材料和技术的可识别、可读性是必须遵守的重要原则。

6. 适应性原则

在注重历史建筑的遗产价值的同时,合理地开发历史建筑的潜力,重新规划和翻新建筑,并对传统的建筑功能进行置换,促进自身"造血机能"的完善,改善客观存在的物质老化、功能衰退的问题。开发创造历史建筑的社会价值和长期的生存价值,达到可持续发展的目的,让历史建筑适应城市的发展,避免历史建筑消失在城市发展的洪流中。对各类建筑采取合适的改造方案和加固方法,通过规范改造行为,把历史和现代尽可能有机地融为一体,达到保护和发展双赢的目的。

1.3　城市地下空间规划

1.3.1　地下空间规划原则

城市地下空间开发利用具有有限性、有序性、连续性、安全性、不易重塑性以及不可逆性等特点。城市地下空间的开发利用应遵循:人在地上,物在地下;人的长时间活动在地面,短时间活动在地下;地下与地上相结合;地下空间严格分区,生产区与生活区,易燃、易爆仓储一定要严格区分开来;充分考虑安全疏散的要求;保护地下文物古迹、风景洞穴和地下水源以及各种地下管网;注意地下空间的环境保护;合理、有效、节约地利用地下空间;先近后远、先浅后深、先易后难等原则。

城市地下空间开发利用是为了保证城市的可持续发展,为了保护人类赖以生存的自然环境,尽管城市地下空间规划是城市规划的一部分,但由于地下空间规划几乎涉及所有的城市功能,需要考虑城市社会、经济、环境等各项要素,同时也是一个相对独立的、开放的大系统,需要综合考虑许多方面的问题,诸如上下部空间的协调、地下多种设施之间的协调、技术经济以及人的生理、心理问题等。在研究城市地下空间规划时,除了要符合城市总体规划必须遵循的基本原则外,具体还应遵循以下原则。

1. 可持续发展原则

城市地下空间规划作为城市总体规划的专项规划,应坚持贯彻可持续发展的原则,力求以人为中心的经济、社会、自然复合系统的持续发展,以保护城市地下空间资源、改善城市生态环境为首要任务,使城市地下空间开发利用有序进行,实现城市地上地下空间的协调发展。

可持续发展涉及经济、自然和社会三个方面,是经济可持续发展、生态可持续发展和社会可持续发展的协调统一。具体地说,在经济可持续发展方面,不仅要重视经济增长数量,更要注重和追求经济发展质量,城市地下空间规划应以改善城市地面空间物理环境,降低城市能耗,改善地面生活环境为原则,做到不重新污染和破坏自然环境,绝不能走"先污染、后治理"的老路,要加大社会环保意识,整治污染于产生污染的源头,解决污染于经济发展之中。要善于利用市场机制和经济手段来促进可持续发展,达到自然资源合理利用与有效保护、经济持续增长、生态环境良性发展的根本目的。

在生态可持续发展方面,在要求发展的同时,必须保护和改善生态环境,保证以可持续的方式使用可再生资源,使城市发展不能超出环境的承受能力。

在社会可持续发展方面,提高社会服务水平,促进社会的全面发展与进步,建立可持续发展的社会基础。此外,历史文化传统、生活方式习惯也是实现可持续发展的衡量标准和决策取舍的参照依据。

2. 系统综合原则

当今,我国的经济体制已经开始转变,城市化进入加速发展阶段,城市数量有了大幅度的增加,城市用地紧张,城市问题的严重性和普遍性在某些地区明显加剧,甚至呈现出区域化的态势。在实际工作中,空间资源的整体性和社会经济发展的连续性要求我们不能就城市论城市,而要从更宽的视野、更高的层面上寻求问题的妥善解决,需要增强城市立体化、集约化发展的观念,以促进城市的整体发展。

应将对城市环境影响较大的项目规划在地下,如交通、市政管线(水、电、气、热等)、工业、公共建筑(商店、影剧院、娱乐健身等项目)等,而将居住、公园、园林绿化、动物园、娱乐休憩广场、历史保护建筑留在地面,或将居住建筑规划在地面及浅层地下空间内。居住建筑规划在地下时,应保证阳光、通风、绿化满足相关要求。

城市的发展不是城市的简单扩大,而是体现新的空间组织和功能分工,具有更复杂多样的秩序。土地等资源的集约作用,要求城市有更多空间选择,这些双向互补的关系,既为城市增添了发展的原动力,也对城市地上、地下空间的协调发展提出了更高的要求。

城市地下空间规划的实践证明,城市地下空间必须与地上空间作为一个整体来分析研究。这样,城市交通、市政、商业、居住、防灾等才能统一考虑、全面安排,这是合理制订城市地下空间规划的前提,也是协调城市地下空间各种功能组织的必要依据。城市地下空间得到地上空间的支持,将充分发挥城市地下空间的功能,反过来会有力地推动城市地上空间的合理利用;城市地上空间发展了,城市地下空间就有它的生命力,城市可持续发展就有了坚实基础。城市的许多问题局限在城市地上空间这个点上是很难全面解决的,综合考虑城市地上空间和地下空间的合理利用,城市问题的解决就不至于陷于孤立和局部的困境之中。

城市地下空间规划必须是对城市上、下部空间的整体利用,维护和保障城市整体利益和公众的利益。城市上、下部结构的协调发展是城市地下空间规划的重要组成部分,城市下部结构对应于城市上部结构,具有从属性和制约性,它们经历着从制约到协调,再由协调到制约的演化过程。在地下空间开发利用中,辩证地协调二者的发展,以求达到城市规划结构的优化。在整体开发的同时,坚持以人为本的原则。人在地上,物在地下;人的长时间活动(如居住、办公)放在地上,短期行为(如出行、购物)放在地下;人在地上,车在地下;等等。目的是建设以人为本的现代城市,与自然相协调发展的"山水城市",将尽可能多的城市空间留给人类活动。

城市地下空间规划应结合城市防灾减灾及防护要求进行,因为地下空间对地震等各种灾害的防护,以及包括对核袭击在内的各种武器的防护具有独特的优越性。

3. 集聚原则

城市土地开发的理想循环应是在空间容量协调的前提下,土地价格上升吸引人力、财力的集中,而人力、财力的集中又再次使得土地价格上升。这种良性循环是自觉或不自觉强调集聚原则的结果。在城市中心区发展与地面对应的地下空间,用于相应的用途功能(或适当互补的功能)与地面上部空间产生更大的集聚效应,创造更多的综合效益,这就是"集聚原则"的内涵。以哈尔滨市地下空间开发利用为例,在中心区地下商业设施开发使用前,曾被不少地上相应行业的同行们排斥,怕"生意被分流",事实证明,担心是多余的,当地下商业设施投入运营后,地上商业的效益当月就有明显提升,在此之后,地上、地下相互促进,形成良好的共生关系。

4. 等高线原则

根据城市土地价值的高低可以绘出城市土地价值等高线,一般而言,土地价值高的地区,城市功能多为商业服务和娱乐办公等,地面建筑多,交通压力大,经济也最发达。根据城市土地价值等高线图,可以找到地下空间开发利用的起始点及以后的发展方向。毫无疑问,起始点应是土地价值的最高点,这里土地价格高,城市问题最易出现,地下空间一旦开发,经济、社会和防灾效益都是最高的。地下空间就沿等高线方向发展,这一方向上土地价值衰减慢,发展潜力大,沿此方向开发利用地下空间,既可避免地上空间开发过于集中、孤立的问题,又有利于有效地发挥滚动效益。

城市地下空间规划应根据地区发展水平及经济能力进行,分步实施近、中、远期规划目标,分层实行立体综合开发。

5. 远期与近期相呼应原则

城市地下空间的开发与建设对城市发展起着至关重要的作用,是一次涉及大系统、大投资的决策行为,并且在很大程度上具有不可逆性。在经济实力和技术水平尚不具备大规模开发条件时,若盲目在城市重要地段进行开发,势必会造成地下空间资源的浪费,成为今后高层次开发的障碍。由于各地经济发展不平衡,城市问题突出、经济实力较强的城市可以进行大规模的地下空间开发利用,但必须从前期决策到项目实施以及具体规划设计都要作出详细论证。即使暂无条件开发的城市也应着手前期研究,减少后期建设的盲目性,树立城市建设全局和长远的观点。

1.3.2　地下空间开发利用规划内容

（1）地下空间开发利用基础资料,如地质构造、地下矿藏、人防设施、地下管网等以及地面建设情况。

（2）地下空间开发利用战略分析和发展预测。

（3）地下空间开发利用规划体系和功能分区,包括性质、容量、深度、发展方向等。

（4）地下空间重点工程的分布、规模与布局,如地下商场、地下街、大型地下停车场、地铁等。

（5）地下空间交通体系规划。

（6）地下空间基础设施规划。

（7）地下空间环境保护规划。

（8）地下空间防灾和安全疏散规划。

（9）地下开发时序安排,近期工程建设计划。

（10）工程量和投资估算,规划实施措施。

1.3.3　历史建筑对城市地下空间开发利用的限制

2008 年实施的《中华人民共和国城乡规划法》进一步明确了城市地下空间开发利用和地下空间规划的具体要求,"城市地下空间的开发和利用,应当与经济和技术发展水平相适应,遵循统筹安排、综合开发、合理利用的原则,充分考虑防灾减灾、人民防空和通信等需要,并符合城市规划,履行规划审批手续"。

根据《中华人民共和国城乡规划法》、《中华人民共和国文物保护法》（2013 修订版）和《城市地下空间开发利用管理规定》的相关规定,应妥善处理、解决城市地下空间开发利用对历史建筑的影响。

城市地下空间开发利用如遇到原有基础设施,经常需要使原设施改线或局部改造等;如遇到历史建筑,则城市地下空间开发利用会受到一定的限制。如何开发利用好地下空间,又保护好历史建筑,就需要在城市地下空间开发利用的施工方法、施工技术、施工技巧、施工工艺等方面下功夫。

目前,城市地下空间开发利用遇到历史建筑的解决方案主要有以下几种:

（1）绕道避开:绕开历史建筑,采用避让的办法。

（2）下方经过:先将历史建筑加固,地下工程从其下方经过。

（3）侧方经过:先将历史建筑加固,地下工程从其侧方经过。

（4）加固移位:先将历史建筑加固,移至新位。

（5）变平行开发为竖向叠加开发:受历史建筑影响,平行开发地下空间受限,可改为竖向叠加开发等。

方法种种,不一一阐述,具体应用时,要根据现场情况、历史建筑的情况、城市地下空间开发利用情况、施工技术、施工力量等综合考量,全面比较,反复比选,酌情采用。

2 历史建筑调查与检测

历史建筑是社会物质和精神财富的统一体,具有历史、艺术和科学价值,是文化遗产的重要组成部分。广义的历史建筑,包括受法律保护的文物建筑、优秀历史建筑以及其他任何有遗产价值的建筑。本章所涉历史建筑特指在文物之外的有遗产价值并受法律保护的建筑。

历史建筑的内涵在强调艺术、科学和历史价值的共同基础上,也强调历史风貌和地方特色。因此,历史建筑在地方保护制度下存在多种定义。例如,上海——优秀历史建筑,天津——历史风貌建筑,哈尔滨——保护建筑,武汉——优秀历史建筑,厦门——历史风貌建筑,杭州——历史建筑,南京——重要近现代建筑,福建省——福建土楼,等等。

由国务院 2008 年 7 月批准实施的《历史文化名城名镇名村保护条例》中,历史建筑被定义为:"历史建筑,是指经城市、县人民政府确定公布的具有一定保护价值,能够反映历史风貌和地方特色,未公布为文物保护单位,也未登记为不可移动文物的建筑物、构筑物。"

2.1 历史建筑调查

2.1.1 历史沿革调查

(1)基础信息。包括建筑原名、建筑现名、建筑地址、建造年代、建筑风格、原建筑用途、建筑师、营造厂、结构形式、保护类别、保护要求、保护范围、建设控制地带、历史清单等。

(2)历史沿革。按照年代顺序,简述建筑物筹建、建设、使用、修缮、改造以及历年使用者更换的重要事件和信息。

(3)建筑人文历史背景。调查建筑建设以及相关著名人物或团体的历史背景及其当时的社会影响。

(4)历史照片的调查和分析。与之相关的历史照片应尽量收集,应分类收录能反映其城市的历史空间、建筑外貌、室内装饰、材料及细部做法的历史照片及历史明信片,同时还应尽量收集与之相关的历史标识和历史人物照片,对照片年代应尽量考证准确。重点分析不同时期历史建筑周围环境、平面、立面、结构体系、内部装饰、历史设备及建筑材料和建筑技术的历史信息和状态变化情况。

(5)历史地图、历史行号图录的调查和分析。应尽量收集与历史建筑相关的历史图纸和历史行号图录。重点分析不同时期城市空间、历史建筑、使用者所共同组成的社会生活历史面貌。

(6)建筑师及其建筑思潮。研究建筑师设计理念及当时的建筑思潮。通过研究该建筑及该建筑设计师所设计的其他作品,分析建筑所反映的建筑师的独特理念。通过研究该建筑及同时期不同建筑师的作品,分析建筑所反映的时代特点及其历史地位等。

2.1.2 原设计、施工情况调查

(1)调查建筑的形制和格局特点,主要指其布局特征、规模大小等。

（2）建筑细部的特点。包括特色空间、特色房间、雕塑、匾联、彩画、壁炉、隔断、天花、门窗、家具与陈设等。

（3）建筑技术特点。建筑的设计特征，如尺度特征、用材特点、地域手法、细部特色、特殊技术与工艺、建筑设备等。

（4）建筑的结构和构造特点。主要指结构类型和构造做法、材料等。包括基础形式，楼地面、材料与做法，墙体类型与做法，柱网尺寸与材料特色，屋架形式、材料与做法，门窗的种类及做法，等等。

（5）建筑材料、工艺和技术的历史背景。通过研究相同历史时期建筑材料、工艺和技术的历史背景，比较该建筑所反映的技术水平。

（6）历史施工日志的调查研究。研究历史施工日志，分析施工所采用的技术、措施和方法，了解施工阶段历史设计图纸和现场变更的情况，以及当时建筑材料及设备所采购的品牌。

（7）历史图纸的调查分析。应尽量收集全部的原始设计图纸。重点分析原始设计图纸所反映的历史总平面布局，建筑平面、立面、结构形式、内部装饰，建筑材料，建筑技术的设计思想、设计内容和设计特点。

（8）建筑师与营造厂等，包括：①建筑师考证，包括建筑师生平、主要作品、在历史上的地位等。②营造厂考证，包括营造厂的主要作品等。③相关人文历史背景考证，如名人典故、重要事件、活动等。

2.1.3　现状调查

大量的现状调查可在方案设计前期进行，唯有如此，才能准确了解建筑现状及与原状的差异，做出正确的保护修缮设计。现状调查的内容主要包括以下几个方面：

（1）总体及周边环境现状调查。包括是否在历史风貌保护区或风貌保护街道内、主要出入口、相邻建筑、周边道路交通、绿化等。

（2）建筑布局及外观现状调查。调查的重点应放在保护部位，其内容包括：①总体布局的调查。如多幢建筑间的关系、主建筑与附属建筑、场地的关系。②空间格局的调查。如入口位置、楼梯位置、功能空间、辅助空间等；建筑平面现状损毁和保存较好部位以及现建筑平面与现行消防规范存在的矛盾情况等。③建筑立面调查。如出入口、装饰面层、墙体、门窗、屋面及檐口、烟囱、雨水管、细部等现状损毁和保存较好的部位。

（3）建筑室内现状调查。包括楼地面、墙面、天花装饰、门窗、五金件、壁炉、楼梯、灯具等建筑室内现状损毁和保存较好的部位。

（4）结构现状调查。对有可能影响历史建筑安全和承载力的结构和构件现状进行详细的调查并予以记录。

（5）设备现状调查。可采用文字并附相应照片的方式对给排水、暖通、空调、电气等设备（如电梯、设备用房、屋顶水箱、室外雨水管、空调内外机、室内消防栓及灭火器箱等）现状进行说明，包括现有设施是否符合现行消防要求的情况说明。

（6）使用功情况调查。如屋面、地下室是否有渗漏、渗水等现象。

当调查受到限制时，可尽量先对室内外重点保护部位进行必要的调查，其他部分可在后续阶段逐步深化。在调查分析中，对那些不清楚、有争议的部分可重点调查，辨析原状和现状，以指导下一步的修缮设计。对调查结果进行分析归类，并用适当方式（如文字、表格、图示等)表述。

2.1.4 修缮、改造历史调查

应尽量收集历年使用、改建、维修的相关技术文件,了解历年使用的功能、使用的强度以及损毁、改建维修的具体部位、范围、年代及其相关情况。具体内容如下:

(1) 使用功能、使用荷载与使用环境。

(2) 使用过程中发现建筑结构存在的质量缺陷、处理方法和效果。

(3) 遭受过的火灾、爆炸以及历次暴雨、台风、地震等灾害对建筑结构的影响。

(4) 维护、改扩建、加固情况。

(5) 场地稳定性、地基不均匀沉降在建筑物上的反映。

(6) 当前工况与设计工况的差异,建筑结构在当前工况下的反映等。

2.1.5 周边环境调查

(1) 调查当前及历史上改变历史建筑场地周边环境的工程情况,如坑、槽、沟、渠、施工工程项目等。

(2) 房屋受过的自然灾害状况调查。

(3) 历史建筑所处地区的场地类别分析。

(4) 该建筑场地及周边环境土质情况(地基土液化、地层断裂带等)、不良地质作用及影响。

(5) 地下水情况、埋深及对材料的腐蚀性,地下水的升降和地面标高变化。

(6) 历史建筑周围建(构)筑物和地下基础设施的布置情况及其对拟建建筑物的影响等。

(7) 调查建筑是否邻近景区建筑,是否属于历史风貌区或特色地区建筑,以及与相关区域的关系调查说明。

2.1.6 历史图档解读

历史图档包括原始图纸、历年变化图纸、历史照片及文字资料等。历史图档解读的内容包括:

(1) 历史图档的来源及内容的描述。

(2) 历史图档与现状对比(测绘图纸及照片),对建筑平面、外立面、结构及室内装修的变化情况进行客观全面的描述。

(3) 对历史图档解读时遇到的无法调查清楚的问题可提出加强施工过程检测的要求。

2.1.7 价值评估

(1) 价值评估包括建筑的历史价值、艺术价值、科学价值和其他价值等。评估可根据前述调查并结合历史建筑的保护类别,有重点、有选择地进行。

(2) 根据对历史保护建筑破损程度及改扩建情况的详细查勘分析,评判确定建筑的保护价值。

2.2　历史建筑检测

　　历史建筑建造年代久远,历经了几十年甚至数百年的风吹日晒、气蚀雨淋,经历了时代变迁及历代人的使用,有相当数量的历史建筑已接近或超过预定的设计基准期,这些建筑在不同程度上受到损伤,其材料的物理力学性能发生退化,存在隐患,潜伏着危险,有的甚至对结构的安全构成威胁。再加上产权所有人和使用单位的不断更迭变化,建筑内部屡遭改动,加层改建杂乱无章。由于历史原因,不少建筑缺少完整的建筑档案,特别是结构设备图纸、竣工资料和历次修缮改动记录残缺不全,这给历史建筑的修缮和保护工作带来诸多困难。

　　历史建筑因其特殊的历史、文化、科学价值,一般情况下不应改变其原有的建筑风格和结构形式,在检测方法上和其他一般建筑有所区别。

2.2.1　检测原则和基本要求

　　1. 检测原则

　　(1) 应遵守现行房屋检测方面的有关政策和规定。

　　(2) 检测时以无损检测技术为主,半破损检测为辅。当二者都不适用时,才采用破损检测。但一般情况下,不容许对保护部位采用破损检测方法。

　　(3) 检测不能影响房屋的安全。

　　(4) 检测结果应能为今后房屋的修缮加固服务。

　　2. 基本要求

　　(1) 历史建筑检测,应委托具有相关检测资质的单位进行。

　　(2) 检测所用的仪器、设备及测量工具应有生产合格证、计量检定机构的有效检定合格证或自检合格证。仪器、设备及测量工具应在有效使用期内,其精度应满足检测项目的要求。

　　(3) 检测人员须是经过培训上岗的检测机构的工作人员。

2.2.2　检测与评定流程和基本内容

　　1. 检测与评定流程

　　历史建筑检测与评定流程如图 2-1 所示。

　　2. 基本内容

　　针对历史建筑的特点、保护要求和实际状况,检测与评定的基本内容如下:

　　(1) 考证历史建筑的建筑历史沿革、建筑风格、承重结构体系、维修、装饰、改扩建和使用情况等历史资料。

　　(2) 对历史建筑进行全面普查,作为对现存资料的重要补充。建立和完善历史建筑的平面、主要立面、剖面和构造详图、结构平面(包括基础平面)、结构主要构件的截面、节点详图,以及保护部位特色建筑装饰的图纸档案及必要的文字、图表、声像资料。

　　(3) 检测历史建筑承重结构所用建筑材料的现有物理力学性能。

　　(4) 检测历史建筑主要结构分部、主要构件的完损状况,如开裂、变形、磨损、腐蚀、变质、蚁害的分布范围和危害程度。

　　(5) 检测历史建筑的变形、裂缝、倾斜、不均匀沉降的现状情况。

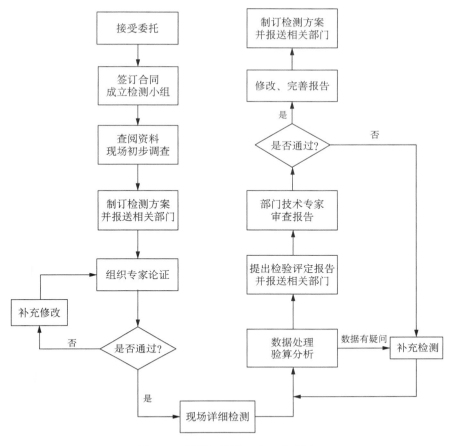

图 2-1 检测与评定工作一般程序

（6）按照已确定的保护范围和具体保护要求,检测历史建筑保护部位的现状质量。

（7）对历史建筑地基基础和上部结构承载力进行验算。若有必要,可对建筑抗震能力进行分析评估。

（8）提出历史建筑完损状况分析意见和地下空间利用的可行性建议。

2.2.3 检测方法

在对历史建筑进行保护修缮之前必须先对历史建筑进行检测,尤其是结构检测和材料检测,其中,结构检测主要包括结构损伤检测和结构体系检测,材料检测主要包括材料力学性能检测和材料化学组成分析。必须强调的是:

（1）由于历史建筑的特殊性,不论是何种检测都必须优先采用无损检测,其次才考虑半破损检测。只有在万不得已且条件允许的情况下才考虑采用破损检测手段。

（2）保护修缮历史建筑应该"继承传统工艺技术",但并不是排除使用一些现代化的施工工具和测试手段,而是要充分利用这些现代化的工具与设备,使其合理地为保护修缮历史建筑服务。

为此,本节将着重介绍适用于历史建筑保护修缮的材料检测和结构检测方法,包括现有的常规检测方法、先进的现代高科技检测手段以及历史建筑保护修缮特需检测技术,使它们能在我国的历史建筑保护修缮中发挥指导作用。

2.2.4　地质条件勘察

当无地质勘察报告时,应调查周边地质情况或进行必要的地质勘察,并结合检测上部结构是否有地基不均匀沉降产生的裂缝和变形,确定有无不良地质现象和暗浜等,也可参考同场地和地段的地质条件。

一般地质条件勘察步骤如下:

(1)搜集场地岩土工程勘察资料、地基基础设计资料和图纸、隐蔽工程的施工记录及竣工图等。

(2)对原岩土工程勘察资料,应重点分析下列内容:①地基土层的分布及其均匀性,软弱下卧层、特殊土及沟、塘、古河道、墓穴、岩溶、土洞等;②地基土的物理力学性质;③地下水的水位及其腐蚀性;④砂土、粉土的液化性质和软土的震陷性质;⑤场地稳定性。

(3)调查建筑物现状、实际使用荷载、沉降量、沉降稳定情况、沉降差、倾斜、扭曲和裂损情况等,并进行原因分析。

(4)调查邻近建筑、地下工程和管线等情况。

(5)根据今后的使用目的,结合搜集的资料和调查的情况进行综合分析,提出检验方法,进行地基检验。

2.2.5　基础形式检测

当原基础设计图缺失、基础形式不详时,建筑物拟改变用途、结构改造且地基反力明显增加,或荷载分布明显改变、建筑物已有明显不均匀沉降时,对浅埋基础可通过开挖进行检查。基础开挖检测应选择代表性的部位进行,主要检测基础形式、埋深、截面尺寸及有无损伤老化情况。对于深基础(或桩)可依据原设计、施工、检测和工程验收的有效资料或小范围的局部开挖,取得其材料性能、几何参数和外观质量数据,有条件时还应检测基础材料的力学性能。

2.2.6　地基基础检测技术

本节主要通过载荷试验技术、剪切波速测试技术、探地雷达测试技术、低应变动力测试技术等方法进行历史建筑地基基础检测的技术分析,探讨历史建筑地基基础检测的过程。

1. 载荷试验技术

对历史建筑地下空间进行利用,相当于对地基施加二次压力,这需要考虑地基的承载力情况,因此对地基荷载情况进行科学合理的检测是非常有必要的。

应用载荷试验技术测试地基承载力,判断基础下载荷试验技术的可行性和适用性,并将施工前载荷试验和基础外载荷试验进行对比,分析地基承载力在建筑物长期荷载作用下的变化规律。这个过程中的操作技术并不是非常难,但是需要注意尺寸和高度等问题。

2. 剪切波速测试技术

剪切波速测试技术在历史建筑地基基础检测过程中也发挥着重要作用。该项技术的应用要求与数据的计算和分析紧密结合,涉及的两个主要参数为波速和标贯击数,通过对数据的有效分析,从而得出相应的测试结果。

3. 探地雷达测试技术

在实际应用中,探地雷达测试技术发挥着非常重要的作用,尤其是在桩基础的测试过程中。对历史建筑桩基的实际情况进行测量需要采用相对准确和科学的方法,探地雷达可以深入地下一定深度,并将相关数据准确地传输到地面,供检测人员参考和分析。

4. 低应变动力测试技术

低应变动力测试技术主要应用于复合地基中,所选取的桩基为素混凝土桩基。这项技术需要在施工前后对数据进行两次统计,通过对比得到更加准确和合理的结果,从而体现出低应变动力测试技术的优势。在实际应用中,该项技术反应比较快,测试结果相对准确,能为建筑的扩建、加层等施工工作提供有效的技术支撑。

2.2.7 建筑材料检测

不论是历史建筑还是一般建筑,各种材料力学性能的检测方法往往由于建筑材料的不同而差异较大,所以应将材料力学性能检测方法按建筑材料种类进行分类分析。

1. 材料力学性能检测方法

鉴于历史建筑特殊的保护要求,材料力学性能检测应尽量做到不破坏历史建筑的建筑、结构及装饰特征。因此,在历史建筑检测中应优先采用无损检测技术,其次考虑采用半无损检测技术,确有必要并且条件允许时才采用破损检测技术。

(1)砌体强度检测

现有历史建筑中,大量结构主体采用砌体结构,因此,砌体强度检测是历史建筑检测中较为重要的内容。综合各种检测方法的优缺点及现场测试的可操作性,对于历史建筑砌体强度检测首推回弹法检测烧结砖强度、回弹法或贯入法检测砌筑砂浆强度,上述方法均属于无损检测,测区仅需凿除粉刷层,易于修复,不扰动结构,现场便于操作。在条件允许的情况下,也可通过原位试验直接获取砌体强度。但原位试验属于破损或半破损检测方法,对历史建筑结构有一定程度的损坏,应尽量避免采用,而优先采用无损检测方法。

(2)木材强度的检测

现有历史建筑中较多采用木楼盖、木屋盖。木材力学性能检测是历史建筑材料性能检测中的重要部分。现有的主要检测方法有原木取样法、拔出试验法、应力波法和判断法。其中,原木取样法为破损检测,对历史建筑检测应尽量避免采用。综合非破损检测方法的优缺点,对历史建筑木材强度检测首推应力波法和判断法。历史建筑在保护修缮过程中需要了解木构件的有关性能时,可以先用判断法确定其树种和产地,确定其力学性能,再采用应力波法进行试验。应力波法不破坏原有的木结构,可以在现场进行原位测试,探查出强度较低的构件,故是一种很有发展前途的木构件强度检测方法。

(3)混凝土强度检测

对于历史建筑,优先采用综合法,其次是超声法、回弹法等无损检测法,再是钻芯法、射钉法、拔出法等半破损检测法,尽量不用损伤检测手段,如荷载破坏试验。

综合法是指采用两种或两种以上的测试方法与混凝土强度建立关系。检测混凝土强度的综合法较多,其中"超声波脉冲速度-回弹值"综合法具有较好的实用性,与单一的回弹法和超声法相比,综合法具有以下特点:①减少龄期和含水率的影响;②弥补相互之间的不足;③提高测试精度等。采用超声法和回弹法综合测定混凝土强度,能够较为全面地反映混凝土的实际质量,对提高无损检测混凝土强度的精度具有显著效果。

（4）钢材强度检测

由于表面硬度法和化学成分分析法对建筑破坏小,所以较适合历史建筑中钢材强度的检测。

受当时历史条件限制,一般钢材含碳量较高,屈服强度低,结构抗力退化较严重,承载力富余量不大,能切取试样的构件很难选取,所以除非其他方法都不能使用时,才考虑采用切取试样法。

2. 材料组成分析方法

历史建筑的保护修缮要遵守"不改变建筑原状"和"修旧如旧"的原则。这一原则贯彻到材料修复和材料选用中就是要在保护修缮过程中使用与历史建筑现存材料相同的材料进行保护修缮。但是由于历史建筑年代悠久,其材料组成要么与现代不同,要么经岁月侵蚀已发生变化。因此,要达到良好的修复效果,必须先对现存的历史建筑材料的组成、晶体种类和结构、细观形貌等进行仔细的测定分析,从而为选择或调配材料提供详细资料依据。

目前,可用于历史建筑材料化学组成检测分析的手段有:X线衍射法、电子显微镜法、热分析法、化学分析法和数字图像法。

在历史建筑保护修缮中,可用粉末X线衍射法对墙体材料或地面材料等进行鉴定,为修缮材料的选择和配制提供依据。

电子显微镜可以对年代久远的历史建筑中的建筑材料(尤其是水泥材料、砖石材料)的组成进行准确鉴定,从而为正确选择和调配修缮材料提供保证。

在历史建筑保护修缮过程中,可以用热分析法来检测建筑中水泥、混凝土等建筑材料中现存的水化产物的组成,还可以用来研究测定新配制的修缮材料的性能,从而判断该新材料是否适用于历史建筑保护修缮。

化学分析法在历史建筑材料的组成检测方面具有一定的适用范围,它特别适用于材料中化合物性质差别比较大的一些材料相态的分析。

将数字图像方法作为获取混凝土物理结构信息的手段,在二维平面上分析骨料截面分布。通过引入"等效粒径"和"骨料形状修正系数"两个参数,将复杂外形的骨料近似为球体,推导出复杂外形骨料在二维平面上骨料截面分布与骨料粒径之间的关系。该方法的成功表明,在理论上可以从混凝土表面研究入手,通过缩放观测尺度研究混凝土的物相结构。

综上所述,许多现代先进的材料物相组成检测手段都可以用于历史建筑的材料检测,需要根据预期目的和测试要求选择最合适的检测方法,每种检测手段都有其特点,它们对历史建筑的破坏或影响都非常小,但它们也都有其自身的局限性。所以往往需要综合多种方法进行分析,甚至也要应用传统的分析方法,才能相互取长补短,充分发挥各自的优点,从而为历史建筑的保护修缮提供积极的帮助。

2.2.8 完损状况检测

历史建筑的完损检测内容主要包括裂缝、渗漏、外立面损伤、特色装饰部位损伤、混凝土碳化、钢材锈蚀、砖墙风化、砖墙潮湿酥碱、木材虫蚀、木材腐朽、木结构节点松脱失效等。建筑结构损伤分布宜用平面、立面或剖面图表示,典型损伤类型宜辅以照片、摄像等表示。对于结构构件,应详细记录构件外观的损伤和缺陷,包括损伤和缺陷的位置、数量以及损伤和缺陷的具体情况,可采用图形、照片和文字等方法记录。对于典型部位的钢材锈层厚度、砖墙风化层厚度、因蛀蚀或腐朽引起的木构件截面削弱程度,应给出明确的实测数值。

混凝土碳化深度宜采用酚酞试剂进行检测,当实测碳化深度大于 50 mm 时,可不必检测具体数值。有斜裂缝的梁应检测箍筋的间距和直径;钢筋有锈蚀时还应量测钢筋的有效直径。若混凝土构件有顺筋裂缝或有较多锈斑时,应采用钢筋锈蚀测定仪或其他仪器与局部剔凿相结合的方法,检测钢筋的锈蚀程度。

1. 砌体结构

砌体结构的裂缝检查和检测内容包括裂缝现状及裂缝扩展情况。裂缝现状包括裂缝位置、数量、长度、宽度及深度;裂缝扩展情况包括原裂缝开裂位置、数量、长度、宽度及深度的变化。检查和检测方法如下:

(1)裂缝长度可用钢卷尺测量,裂缝不规则时可分段测量。

(2)裂缝宽度应选取目测裂缝最宽处测量,采用刻度放大镜、宽度检测仪、裂缝对比卡、塞尺等仪器测量。缝宽达 10 mm 及以上时,可采用钢卷尺测量。

(3)裂缝深度可用探针插入测量,或采用裂缝深度检测仪,或钻取芯样直接检测。

(4)裂缝的扩展情况可采用做标记、贴石膏饼的方法观测,必要时也可采用粘贴应变片来测量变形。

(5)检测时应剔除构件抹灰层,确定砌筑方法、留槎、洞口、管线及预制构件对裂缝的影响。

砌体结构酥碱风化程度的检测主要采用直观法,具体检查和检测容易发生酥碱风化的部位(卫生间、水房等潮湿环境和室外易受冰雪冻融和雨水侵蚀部位)的面积、深度和范围。

砌体结构其他损坏程度的检查和检测内容如下:

(1)对环境侵蚀,应确定侵蚀源、侵蚀程度和侵蚀速度。

(2)对冻融损伤,应检测冻融损伤深度、面积,如房屋的檐口、勒脚、散水和出现渗漏的部位。

(3)对火灾等造成的损伤,应确定灾害影响区域和受灾害影响的构件,并确定其影响程度。

(4)对于人为造成的结构损伤,应确定损伤程度。

2. 木结构

木构件主要检测斜裂缝或斜纹理与中轴线的夹角,必要时应检查和检测斜裂缝位置、数量、长度、宽度及深度。检测斜裂缝或斜纹理与木构件中轴线的夹角的方法:在最大斜裂缝或斜纹理处,用钢尺、铅笔或墨斗线标出中轴线,推出平行线至斜裂缝或斜纹理一端,用角度测量尺量测,将其斜率作为木构件的斜裂缝或斜纹理斜率的检测值。

木结构腐朽和虫蛀的检查和检测应重点检查埋入墙内或长期接触潮湿和遭受雨水淋泡的柱根、木柁以及木屋架的端头、檩头、椽头等部位。对某些重要、隐蔽的木结构构件,必要时应根据其腐朽的可能性,较大范围地拆开隐蔽构造,做彻底的暴露检查。腐朽和虫蛀检查和检测的主要方法如下:

(1)经验判断法:对于隐蔽构件,可根据结构类型、使用年限、周边环境等情况,综合判定木构件腐朽或虫蛀程度。虫蛀的检查和检测,还可根据构件附近是否有木屑等进行初步判定。

(2)表面剔除检查法:观察木构件表面状况,若出现腐朽,先用测量尺量测腐朽的范围,再用剔凿工具除去腐朽层,测量腐朽深度。

(3)敲击刺探法:用铁锤轻敲被检查的构件,通过发出的声音初步判断木材内部是否存在腐朽或蛀蚀,然后再结合其他的检查和检测方法确定。对柱根、柁、檩、椽头等部位的腐朽程度可采用钢钎刺探的方法进行检测,根据刺入深度判断木材的腐朽程度。

(4)钻孔检查法:用木(电)钻钻入木材的可疑部位,用内窥镜或探针进行测定。但此法容易造成构件断面削弱,影响构件承载能力,应慎用。

(5)仪器检测法:用应力波和阻抗仪技术检测木材的内部状况,判断木材内部腐朽、虫蛀、白蚁危害程度等。

3. 钢筋混凝土结构

(1)钢筋混凝土构件的外观检测:①构件表面是否平整,是否有蜂窝麻面,是否疏松,是否有火烧痕迹,是否有裂缝。②框架梁受压区混凝土是否压裂或压碎。③框架柱混凝土是否压裂、压鼓或压碎。④混凝土保护层因钢筋锈蚀而开裂、疏松、剥落的情况。

(2)钢筋配置和锈蚀状况的检查和检测:①可采用电磁感应检测混凝土中钢筋间距、混凝土保护层厚度、钢筋配置,也可使用雷达仪检测混凝土中的钢筋间距和保护层厚度。②检测钢筋力学性能时,可在构件中截取钢筋进行力学性能检验或化学成分分析,其评定指标应按有关钢筋产品标准确定。③检测结构钢筋的抗拉强度,可采用钢筋表面硬度检测等非破损检测与取样检测相结合的方法。④锈蚀和受火灾影响的钢筋检测力学性能时,可在构件中截取钢筋进行力学性能检测。⑤钢筋位置、配置和保护层厚度,宜采用非破损的雷达法或电磁感应法进行检测,必要时可凿开混凝土进行钢筋直径或保护层厚度的验证。钻孔、剔凿时不应损坏钢筋,实际钢筋直径采用游标卡尺量测。⑥对钢筋的锚固与搭接、框架节点及柱加密区箍筋和框架柱与墙体的拉结筋有检测要求时,可采用构造与连接的检查和检测方法。⑦钢筋锈蚀状况宜采用剔凿检测方法,直接测定剔凿出钢筋的剩余直径。⑧钢筋锈蚀状况可采用电化学测定方法和综合分析判定方法,宜配合剔凿检测方法进行验证。

(3)混凝土构件裂缝的检查和检测应包括裂缝的位置、形式、走向、长度、宽度、深度、数量;裂缝发生及开展的时间过程;裂缝是否稳定;裂缝内有无盐析、锈水等渗出物;裂缝表面的干湿度;裂缝周围材料的风化剥离情况等。主要的检测方法如下:①裂缝深度可采用裂缝深度检测仪、超声波检测仪或局部开凿等方法检测,必要时钻取芯样检测。裂缝长度可直接用尺测量。裂缝宽度采用刻度放大镜、裂缝宽度检测仪、裂缝对比卡、塞尺等方法检测,当裂缝宽度在 10 mm 以上时,可直接用尺测量。②对仍在发展的裂缝应进行定期观测,在构件上做标记,用裂缝宽度观测仪器记录其变化,或贴石膏饼观测裂缝的变化。

(4)混凝土构件施工质量缺陷的检查和检测:①混凝土存在蜂窝、麻面、孔洞、夹渣、露筋、裂缝或疏松等质量缺陷时,不同时间浇筑造成混凝土结合面质量差时,可采用目测、尺量等方法检查和检测。②酥裂部位主要采用目测和尺量等方法。量测酥裂的面积、深度和范围;剔凿酥裂部位的保护层,对钢筋的锈蚀情况进行检测。③混凝土内部缺陷或浇筑不密实区域的检测,可采用超声法、冲击反射法等非破损检测方法,必要时可采用钻芯法等局部破损方法对非破损的检测结果进行验证。④混凝土构件的其他损坏(包括环境侵蚀损伤、灾害损伤、人为损伤、混凝土有害元素造成的损伤以及预应力锚夹具的损伤等),可采用直观法或相应仪器进行检查和检测。

4．钢结构

（1）钢构件的外观检测：①锈蚀或其他损伤缺陷情况（如裂缝、锐角切口等），防锈（防水）涂层完好情况。②连接焊缝缺陷情况（如夹渣、漏焊、咬边、未焊透及焊缝高度明显不足等）。③梁、柱、支撑、屋架的损伤情况。④梁、柱、支撑的连接方式，屋架的支撑方式，以及主要连接部位节点板的焊接及螺栓连接情况（是否存在滑移、松动、漏栓、错位等）。⑤构件连接面油漆脱落（包括起鼓）面积。⑥构件的截面平均锈蚀深度。

（2）焊缝的检查和检测：①焊缝的外形尺寸一般用焊缝检验尺测量，可测量焊接母材的坡口角度、间隙、错位及焊缝高度、宽度。焊缝缺陷可用超声探伤仪或 X 线探伤仪等检测。②严重腐蚀的焊缝，应检查焊缝截面的腐蚀程度、剩余焊缝的长度与高度。③检测焊缝强度，可截取有代表性的焊缝节点进行抗拉、抗剪等力学实验。

钢结构的钢材锈蚀程度可由截面厚度反映，可采用超声波测厚仪、游标卡尺检测钢材厚度，并根据锈蚀发生的位置，判断是否造成构件或节点的承载力削弱，或对钢材性能造成影响。

钢结构的表面质量采用目测观察、磁粉检测、渗透检测的方法，内部缺陷可采用超声波检测法。检测方法应按《钢结构现场检测技术标准》（GB/T 50621—2010）和相应检测规范（标准）的规定执行。

2.2.9　结构损伤检测

1．结构损伤检测内容

由于历史建筑已经使用了相当长一段时间，经历了设备、人群等使用荷载，经受了风、雪、冰、雨、日照、土压力、地震等环境的作用以后，结构可能存在不同程度的损伤。因此，必须对历史建筑的结构损伤进行检测。

（1）砌体结构

历史建筑砌体结构损伤检测主要包括裂缝、块体和砂浆的粉化、腐蚀，可采用全数普查和重点检查的抽样方法。

历史建筑砌体结构构件开裂的位置、形式和裂缝走向可采用观察的方法确定，裂缝的宽度可采用目测、游标卡尺量测、读数显微镜、裂缝宽度检验规相结合的方法进行检测。裂缝长度可用卷尺量测。若砌体结构构件表面有粉刷层，则应将粉刷层凿去后量测。块体和砂浆的粉化、腐蚀情况检测先用目测进行普查，粉化、腐蚀严重处，需逐一测定构件的粉化、腐蚀深度和范围。

（2）木结构

历史建筑木结构损伤检测主要包括构件损伤检测及构件连接节点损伤检测。其中，木结构构件损伤检测应包括木材疵病、裂缝和腐朽检测。

木材疵病检测主要包括木节、斜纹和扭纹检测，常采用外观检测和量尺检测的方法。木结构构件裂缝检测主要包括裂缝的宽度、长度、走向和深度检测。构件的裂缝走向主要采用目测法检测，裂缝宽度采用目测、游标卡尺量测、读数显微镜、裂缝宽度检验规相结合的方法进行检测，裂缝长度可采用卷尺量测，裂缝深度采用探针量测。

目前，在国内外已应用的木质探伤方法有钻孔探测法、X 线探伤法、超声波探伤法及红外热像仪探测蚁巢。红外无损检测是测量通过物体的热量和热流来鉴定物体质量的一种方法，当物体内部有缺陷时，它将改变物体的热传导方向，使物体表面温度分布产生差别，利用遥感技术的检测仪测量其不同热辐射,可以查出物体的缺陷位置。

(3)混凝土结构

历史建筑混凝土结构损伤检测包括外观缺陷检测、内部缺陷检测、可见裂缝检测、混凝土碳化深度检测、恶劣环境下混凝土受腐蚀情况的检测及钢筋锈蚀情况的检测等。

混凝土结构外观缺陷的检测包括蜂窝、露筋、孔洞、疏松、连接部位缺陷、外形缺陷、外表缺陷等的检测。由于历史建筑混凝土结构表面往往有粉刷,因此,可结合强度检测部位进行检测。

混凝土结构可见裂缝的检测包括裂缝表面特征和裂缝深度检测,要注意判断裂缝是表面粉刷裂缝还是结构性裂缝。

历史建筑中的混凝土材料由于时间和环境的作用,老混凝土会出现碳化现象,需对其进行碳化检测。混凝土碳化主要通过酚酞试液检测,通过在凿开混凝土断面上喷洒均匀、湿润的酚酞试液,如果酚酞试液变为紫红色,则混凝土未被碳化;如果酚酞试液不变色,则说明混凝土已经被碳化。测出不变色混凝土的厚度即为碳化深度。

历史建筑中的钢筋会发生锈蚀,其检测方法主要是电化学法。钢筋的锈蚀程度与所测电位差有关系,所测电位差越大,表明钢筋锈蚀越严重。

(4)钢结构

历史建筑钢结构损伤检测包括钢材涂装与锈蚀、构件变形、裂缝、连接的变形及损伤等。

因历史建筑建造年代久远,防锈涂层往往会出现损坏,从而导致钢材锈蚀,对已锈蚀的构件,需测定构件锈蚀的深度和范围,这样在结构安全分析和耐久性评估时可以更准确地反映实际情况。

钢结构的连接对结构性能有很大的影响,历史建筑由于当时的设计理念及施工水平和现在不同,因此,必须对连接情况进行检测,合理确定构件的连接性能。连接包括铆接和螺栓连接,其损坏主要包括连接板滑移变形,铆钉和螺栓松动断裂、脱落等。

2. 结构损伤检测技术

为了更好地保护历史建筑,结构损伤检测优先采用无损检测技术,可用于历史建筑结构无损检测的方法主要有声探测、磁探测和光探测 3 种方法。声探测技术有超声波探测法、冲击-回声探测法和声发散探测法。磁探测技术有探地雷达和涡流检测。光探测技术有红外线检测技术和光纤传感器检测技术。

红外热像技术主要用于检测建筑外墙饰面损伤、预埋水管漏水、建筑节能缺陷等,解决了多年来外墙检测依靠敲击、目测等不能解决的问题,尤其是在高层建筑外墙检测中显现出不可替代的优势。

光纤技术是利用光纤传感器对建筑进行实时监测,给出建筑物的预测、预警信息。同时,利用光纤传感器易与网络连接的特点,可以组成建筑物实时监控系统,在对历史建筑的结构损伤检测中更具实用价值。

2.2.10 耐久性检测

历史建筑使用环境对结构的耐久性有着重要影响。因此,对结构进行耐久性检测评定时,除了对结构损伤进行检测外,还需对结构使用环境进行调查。

结构使用环境调查包括使用期间气象条件及工作环境调查、目标使用期内气象条件及工作环境的预测、结构使用环境的分类等。

2.2.11　变形测量

对历史建筑的变形测量通常包括倾斜度(倾斜率)测量和水平度(相对水平差)测量。通过测量外立面勒脚线、窗台、楼层地坪、楼板底面等来推断房屋沉降状况。测量相对高差前，应首先通过现场调查判断这些部位的原设计是否在同一标高、后期是否改动过标高等。相对沉降观测时宜测量三个不同标高的相对高差，并相互校核。倾斜测量结果应与相对沉降测量结果互相校核，并结合沉降裂缝的分布规律进行分析。

一般建筑总倾斜度大于 $10‰H$(H 为建筑总高度)，层间倾斜度大于 $11‰h$(h 为层间高度)时，应对建筑物进行安全验算，对结构构件的附加弯矩进行复核，并对使用功能产生的不良影响进行评价。

2.2.12　承载力验算

正确分析历史建筑物的受力特点，客观地评价历史建筑的结构体系，构造连接方法、工艺特点，设计、施工所依据的标准，建立符合实际受力状况的力学模型，对历史建筑计算模型和承载力验算结果的准确性有着重大影响。

计算模型要根据结构布置和节点构造等实际情况、相邻构件共同作用以及非结构构件的贡献等影响进行综合考虑，几何尺寸、荷载作用根据实测结果取值，钢筋(钢材)、混凝土、砂浆等强度应根据实测值确定，并考虑材料老化与损伤、截面削弱、地基变形、环境作用等不利影响。

历史建筑结构承载力的验算，一般按正常使用状态和承载能力极限状态进行。

正常使用状态是指结构或构件在静力荷载作用下，未出现下列影响正常使用的状态：①影响外观的变形；②影响耐久性的局部损坏(包括裂缝)；③其他特定的状态。

承载能力极限状态是指对应于荷载设计值时的结构、构件最大承载能力的极限状态，包括：①整体结构或部分结构失去平衡；②构件或连接超过强度而破坏或产生过度变形；③结构变为机动体系；④结构构件丧失稳定；⑤地基失稳。

采用计算机软件进行结构安全性复核验算时，应严格判断软件的设定条件与建筑实际情况的符合程度，对验算结果进行综合分析，合理评价。

承载力验算的荷载取值，应符合下列规定：

(1) 永久荷载：按现行荷载规范执行或按建筑用料实测值，荷载分项系数取 1.1。

(2) 可变荷载：一级建筑修缮，应按现行荷载规范确定；二级建筑修缮，应按现行荷载规范基本组合的标准值确定，荷载分项系数取值不小于 1.1；三级建筑修缮，当有可靠的控制措施时，按实际使用荷载确定，但不低于现行规范标准值的 80%，荷载分项系数取值不小于 1.0。

建筑结构的承载力验算，应符合下列规定：

(1) 结构材料的强度值，应根据房屋质量检测认定的强度值采用，必要时应增加抽样检测校正。

(2) 基础及上部结构承载力和抗震能力验算，应与建筑修缮安全等级对应，并符合下列规定：①涉及改变结构体系或增加荷载大于总荷载组合值 5% 的修缮工程，应按一级建筑修缮要求执行；②以恢复原有风貌为主的修缮，应满足二级修缮要求；③建筑修缮应采取有效构造措施,改善原有建筑的受力性能。

当建筑物结构刚度好,沉降变形稳定,地基与基础能有效共同工作时,地基承载力设计值可比原设计值提高 20%。

多层混凝土的柱、梁、板体系结构,当其柱间砖墙砌体强度大于 MU2.5,厚度大于 220 mm,砌筑质量好,砂浆强度大于 M1.0 时,可考虑墙体的抗侧效应。

2.2.13　分析与评估

历史建筑的安全性分析与评定主要从房屋结构体系、构造措施、材料老化、损伤程度、房屋使用现状、计算模型等多方面考虑,得出既有理论依据又符合房屋实际状态的评定结果。

房屋整体结构可按构件、楼层结构、分部结构和整体结构四个层次进行安全性分步评级,并应结合邻近地下工程的影响程度作出综合评定。每个层次按四个安全性等级进行评定。

第一个层次为构件的安全性鉴定评级,其评定等级分为 a 级(安全)、b 级(有缺陷)、c 级(有严重缺陷)和 d 级(危险)四个等级。每个构件按主要承重构件、次要承重构件和其他承重构件分为三大类,根据其承载力、变形、损坏和缺陷情况,依据相应的鉴定评级标准进行鉴定评级后,统计出每种构件各个等级的数量及占比,对主要承重构件、次要承重构件和其他承重构件进行评级。

第二个层次为楼层结构的安全性鉴定评级,其评定等级分为 A_C 级(安全)、B_C 级(有缺陷)、C_C 级(局部危险)和 D_C 级(危险)四个等级。依据各类构件鉴定评级的结果,对楼层结构的安全性进行鉴定评级。

第三个层次为分部结构的安全性鉴定评级,其评定等级分为 A_b 级(安全)、B_b 级(有缺陷)、C_b 级(局部危险)和 D_b 级(危险)四个等级。

分部结构安全性鉴定评级分为地基基础和上部承重结构两个分部的安全性鉴定评级。

地基基础的安全性评级分为两步:第一步先根据地基的勘探资料(地质状况)和上部结构变形、裂缝的直观观测,评定地基基础的安全性等级;在第一步不能确定时,应进行第二步地基基础的检查和检测。

上部承重结构的安全性等级按楼层结构安全性、承重结构整体性及倾斜率三个项目中的最低安全性等级评定。

第四个层次为房屋结构的安全性综合鉴定评级,其评定等级分为 A 级(安全)、B 级(有缺陷)、C 级(局部危险)和 D 级(整体危险)四个等级。根据地基基础和上部承重结构的安全性等级,并结合房屋邻近地下工程施工影响程度进行综合评定。

当不考虑地震作用下的计算结果与建筑结构的实际情况明显不符时,应复核计算模型、荷载取值和材料强度,可采用手算方法进行复核,必要时宜通过现场荷载试验进行评定;当考虑地震作用时,应包括结构构造措施和整体抗震性能的评定、抗震承载能力验算及抗震变形验算。对结构布置较规则、填充墙与局部混凝土墙布置较合理的框架结构房屋,抗震验算与抗震性能评估时可考虑砖填充墙与局部混凝土墙的刚度和承载力贡献。钢框架结构的抗震验算与抗震性能评估,可考虑外包混凝土对节点刚度、结构整体抗侧刚度的贡献。

2.3　评价与建议

2.3.1　评价

　　历史建筑评价是历史建筑保护工作中的重要一环,是历史建筑重新利用前最基础的工作。历史建筑检测评估需从保护要求、建筑风格、保护部位、保留价值、结构特性、损伤状况、加建改动、材料性能、承载力验算(静力计算或抗震性能)、地下空间使用等方面对建筑的安全性进行综合评估,并提出使用用途的优化建议。

2.3.2　建议

　　根据历史建筑综合检测评估情况,应对地下空间利用可行性提出有针对性的建议。如加强构件承载能力或限制使用荷载以满足要求;拆除搭建或部分非承重构件以减轻荷载;加强房屋整体性以提高房屋安全性等措施和手段。

　　历史建筑的保护与利用是一对矛盾的共生体,要掌握历史建筑的使用状况,需要不断寻找潜在的问题和新的使用需求,定期进行监测和评估,建立动态评估模型和信息反馈机制,有效降低历史建筑利用的风险,以最大限度地提高历史建筑的综合价值。

　　通过对现有历史建筑评估的理论与方法进行改进与创新,可以进一步探索历史建筑评估的新理论以及科学有效的新方法。

3 地下工程施工对历史建筑影响的因素分析及风险评价

上海自1843年开埠以来,城市的建设与发展已有170余年的历史,期间兴建的老洋房、石库门里弄、工业遗产建筑等,无不讲述着上海的历史和记忆。迈入21世纪的上海已发展成为拥有3 000万左右常住人口的国际大都市,城市建设日新月异,尤为突出的是城市地下空间的开发利用得到突飞猛进的发展。城市地下空间的开发利用不可避免地会与历史建筑发生关联,有时会在地理位置上直接发生矛盾。这样,拆除历史建筑或拆除后异地新建历史建筑,即所谓拆旧还旧屡屡披露于报端。我们深知,只有现在、没有过去的城市,既没有历史厚度,也缺乏人文精神;城市的建设,不能隔断历史文化脉络,保护历史建筑,就是保护这座城市的历史文脉。所以,妥善处理城市地下空间开发利用与历史建筑保护是当代城市建设者必须认真思考和解决的命题,不可回避,而且刻不容缓。

分析地下工程施工对历史建筑的影响因素,找到引起环境变形的原因,评价历史建筑受损的风险,从而有针对性地制订预防措施,是完善和顺利实施地下工程施工方案不可或缺的一个环节。

3.1 基坑开挖引起环境变形特征

随着沿海软土地区城市地下空间的开发,越来越多的基坑工程建设位于历史保护建筑附近,由此便涉及更加严格的基坑变形控制及环境保护要求,基坑工程设计常常由强度控制转变为变形控制。复杂城市环境下深基坑工程在设计阶段就必须合理评估基坑施工对周边环境的影响,进而采取适当的技术措施以确保周边环境的安全。在研究基坑开挖对周边历史建筑的影响时,往往需要首先了解工程项目场地的地质条件、周边历史建筑的基础形式以及它们之间的位置关系,基于相应的影响因素对基坑开挖引起的环境变形特征进行分析,从而根据基坑本身的设计方案进行相应的风险评价。

3.1.1 地质条件

研究基坑开挖对周边历史建筑物的影响,首先需要研究场地的地质条件对工程的意义和影响。不同的地质条件对基坑的影响也是不同的,如软土地区和硬土地区的基坑开挖变形就有很大的区别,当涉及岩石地层时,基坑开挖的变形影响就相对较小。地下水对基坑开挖的影响是非常显著的,其中承压水和潜水的不同地质条件又是不同的,所以很有必要对不同的地质影响因素进行分析评估,以便全面分析基坑开挖对周边历史建筑的影响。

1. 工程地质条件

基坑工程地质条件环境的调查范围主要由基坑墙后地表沉降的影响范围决定,所以应针对不同土层性质分别研究基坑开挖的影响范围。

(1)软土地区

对于软土地层,研究表明墙后地表沉降的影响范围一般为4倍基坑开挖深度。墙后地表沉降的影响范围又可进一步分为主影响区域和次影响区域,主影响区域为2倍基坑开挖深度,而在2~4倍开挖深度范围内为次影响区域,即地表沉降在次影响区域由较小值衰减到可以忽略不计的程度。因此对于软土地层条件下的基坑工程,一般也只需调查主影响区域的环境情况,但当在基坑的次影响区域内有重要的建(构)筑物如历史保护建筑时,为了能全面掌握基坑可能对周围环境产生的影响,也应对这些环境情况做调查。

（2）硬土地区

对于砂土等硬土层,墙后地表沉降的影响范围一般为 2 倍基坑开挖深度,因此对于这类地层条件下的基坑工程,一般只需调查基坑 2 倍开挖深度范围内的环境状况即可。

地表沉降的范围取决于地层的性质、基坑开挖深度 H、基坑开挖宽度 B、墙体入土深度 D、下卧软弱土层深度 d 以及开挖支撑施工方法等。沉降范围一般为 $(1\sim4)H$。日本学者对基坑开挖提出图 3-1 所示的影响范围,且应满足式（3-1）的要求。

$$\frac{B-D}{\sqrt{2}} \leqslant d \tag{3-1}$$

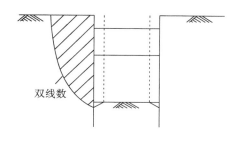

(a) 砂土及非软黏土时的影响范围

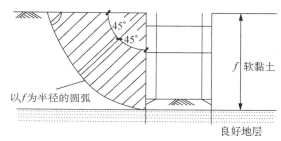

(b) 软黏土时的影响范围

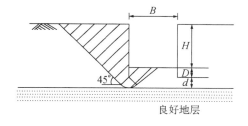

(c) 软黏土时的影响范围（围护墙入土在软弱地层）

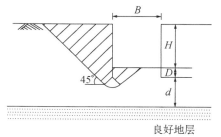

图 3-1 基坑开挖的影响范围

2. 水文地质条件

在工程的设计和施工过程中,水文地质问题始终是一个极为重要同时也是一个易被忽视的问题。根据地下水埋深浅、化学成分等特点,将其应用于实际工程设计施工,开展对工程建设地下水水文地质条件的评价研究具有重要的现实意义。在开挖时由于采用坑内降水,使坑外水位发生变化,也会使土体产生位移,影响周围建筑物的安全。潜水和承压水赋存在地下水位以下的含水层中,是基坑开挖时工程降水的主要对象。20 世纪 80 年代,陆志坚(1980)主要对上海市第四系地下水含水层(潜水层和 5 组承压水含水层)相关水文地质条件做了整理分析。王芸生等(1982)分析了地下水动态特征、变化规律及发展趋势,研究分析了在地下水资源开采过程中的水文地质工程问题。地面下沉既是一个工程地质问题,又是一个水文地质问题,必须统一考虑。

（1）潜水

潜水是地表以下埋藏在饱水带中第一个具有自由水面的含水层中的重力水,无压水。一般潜水的埋深浅,由高处向低处渗流。基坑降水使原有地下水位下降,使邻近基础下地下水的浮托力减小,亦使地基土的荷载增加,在大多数情况下,由于附加荷载增加而使土固结,从而造成建筑物沉降。因此,既要考虑基坑底板的稳定性,又要考虑降水引起的周围地面沉降使邻近建筑物受到的威胁。

（2）承压水

承压水是指充满于两个隔水层之间的含水层中的水,具有承压性。承压水一般埋深较深,当基坑下有承压水存在时,基坑开挖减小了上覆土层的不透水层厚度,当减小到一定程度时,承压水的压力会顶破坑底而发生突涌破坏。所以,为了防止坑底突涌,需要布置降压井。承压水层充满水时,提供静水压力,当基坑布置降压井时,会降低承压水层的水压,进而在基坑周边一定范围内使承压水层变为无压水层,相应的由承压水层提供的静水压力就会消散,进而引起周边地表沉降。为了确保周围建筑物的安全,需要严格控制降压井的降水范围以及由降水引起的地表沉降大小,防止沉降过大和产生不均匀沉降。在保证基坑开挖期间基坑底板不产生突涌的前提下,确保降水工程所引起的周围地表沉降最小,不超过建筑物的允许沉降量及允许的不均匀沉降量。图 3-2 所示为基坑降水与建筑的关系。

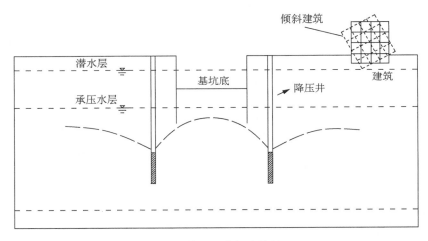

图 3-2　基坑降水与建筑关系

3.1.2　邻近历史建筑物

基坑开挖会引起周边土体位移,当考虑基坑周边历史建筑物时,就需要严格控制基坑周边的地表沉降和水平位移,以保护历史建筑的安全。不同的历史建筑,其基础结构形式与基坑开挖的变形控制要求也是不同的,需要针对不同的情况进行分析。

1. 天然地基

当历史建筑物的基础为天然地基时,自然状态下即可满足承担基础全部荷载的要求,不需要人工处理。

2. 桩基

在对历史建筑物进行保护的过程中,有对其基础进行桩基加固改造,当在其周边进行基坑开挖时,需要研究基坑开挖与桩基的关系。桩基结构在基坑开挖施工中出现不均匀沉降或过大的水平位移以及桩基础是否稳定直接关系到建筑物的使用,而受周围基坑开挖影响,桩基础的承载性能往往会受到影响,这就要求必须加大对二者之间关系的研究力度。若整个地基出现质量问题,不但影响建筑物的外观,也会导致建筑物发生倾斜或倒塌事故。因此,在建筑施工中,要对建筑桩基工程沉降予以高度重视。

（1）基坑开挖引起的土体侧移影响

基坑开挖会引起周边土体产生水平侧向变形,进而影响到邻近建筑物桩基础周围的土体发生位移,桩基所受的土压力也会随之发生改变,桩侧阻力就会受到影响。同时,桩身弯矩增加,当桩身弯矩值超过一定值时就会降低桩身的承载性能,所以控制基坑开挖引起的水平向变形就显得非常重要,因为土体侧移在拉伸压缩的作用下极有可能破坏建筑物。

（2）基坑开挖引起的地面沉降影响

基坑开挖过程实际上是坑内土体的卸载过程,坑内坑外的土压力之差会造成坑外土体向坑内挤压,进而引起周边地表沉降。桩基础起着传递上部荷载的作用,当发生沉降后,会影响荷载的传递,使桩身承受更大的荷载。同时,不均匀沉降必然会破坏建筑物结构,甚至出现倾斜、坍塌。

（3）基坑开挖深度

邻近历史建筑物与基坑距离越近,建筑桩基础受到基坑开挖的影响越大。在软土地区,基坑开挖的影响范围一般为 4 倍基坑开挖深度,当邻近历史建筑物与基坑的距离超过这个范围时,可以不考虑基坑开挖对历史建筑物桩基础的影响;当二者之间的距离处于 4 倍范围之内时,距离越近,历史建筑物桩基础受的影响越大。

在工程建设中,一般情况下,基坑与邻近历史建筑物的距离是一定的,这时就需要研究基坑开挖深度对桩基的影响。很多历史建筑物的桩基础都是经过后期加固改造的,一般情况下,桩基础长度较短,此时基坑的开挖深度与桩基础相差较大,由基坑开挖引起的浅层水平位移较小,相对而言,基坑开挖对邻近历史建筑物桩基础的影响也就比较小;在特殊情况下,考虑到历史建筑物的年代以及所处的地质条件,桩基础后期加固改造所采用的单桩桩长较长,与基坑开挖深度相接近或者超过了基坑开挖深度,此时由基坑开挖所引起的深层水平位移较大,造成邻近历史建筑物桩基础较大侧向位移,使桩基产生较大的附加弯矩。其具体作用机理为:当基坑开挖深度较浅时,桩身上部出现正向弯矩,且弯矩随基坑开挖深度的增大而逐渐增加,最大正向弯矩的位置逐渐从桩头位置向下移动;当基坑开挖到一定深度时,桩身上部出现负向弯矩,亦随着基坑开挖深度的增加而增大;随着基坑开挖深度的不断增大,桩身位移不断增加,并且桩身位移沿深度的变化梯度随深度增加而变大,桩身顶部开始出现正向位移,其发展规律与围护墙的位移发展规律类似。总之,基坑开挖深度大于历史建筑桩基桩长,基坑开挖对历史建筑的影响要大于桩长对历史建筑的影响。

3. 条形基础

由于城市中建筑物较密集,在一些老城区,古老的建筑结构较多,而这些老建筑多是采用浅基础,其中条形基础应用最为广泛,若在这些地区附近进行基坑开挖施工,则势必会对邻近的条形基础和建筑物产生影响。所以,研究基坑开挖对邻近条形基础的影响就很有必要。

图 3-3 所示为浅基础作用下基坑支护主动土压力示意图,图中,开挖基坑边缘与邻近建筑物的距离为 a;基坑的开挖深度为 H;支护结构的嵌入深度为 h;基础埋深为 d;从附加荷载两端以与水平面夹角 θ 作两条辅助线交 AB 于 D、E 两点,通过该方法认为 D 以上和 E 以

下的主动土压力不变,其中中间段土压力以均布荷载计算。

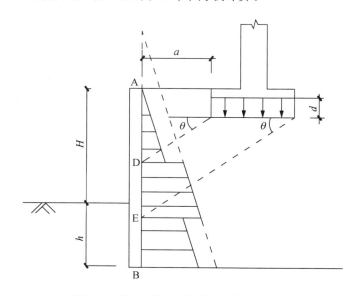

图3-3　基坑开挖对邻近浅基础的影响范围

当以上变量满足式(3-2)时,通常不考虑基坑开挖对邻近历史建筑条形基础的影响,当满足式(3-3)时,需要考虑基坑开挖对条形基础的影响。

$$a \geqslant \frac{H+h-d}{\tan\theta} \tag{3-2}$$

$$a < \frac{H+h-d}{\tan\theta} \tag{3-3}$$

4. 历史建筑与基坑位置关系

随着城市建设的密度越来越大,基坑开挖场地与相邻历史建筑物之间的位置关系错综复杂,典型的位置关系有相互平行、相互垂直以及历史建筑物位于基坑角点位置处。

(1) 平行

如图 3-4 所示,当建筑与基坑的位置关系为平行时,基坑与历史建筑物的基础平行面范围最大。受基坑开挖引起的周边地表沉降的影响,靠近基坑一侧的历史建筑物沉降最大,考虑基坑的空间效应,离基坑边中间部位越近沉降越大,建筑基础就会产生差异沉降,容易引起上部结构挠曲变形。所以,在基坑开挖过程中要严格控制周边地表沉降,对邻近历史建筑物基础差异沉降进行监控。

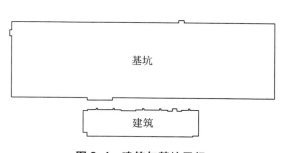

图3-4　建筑与基坑平行

(2) 垂直

如图 3-5 所示,当建筑与基坑的位置关系为垂直时,基坑与历史建筑物的基础平行面范围最小。基坑周边地表沉降规律是离基坑边越近沉降越大,所以建筑的垂直纵向长度越长,受基坑开挖的影响越大,建筑基础的差异沉降越大,进而会威胁到建筑上部结构。

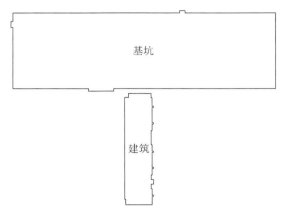

图 3-5 建筑与基坑垂直

(3) 角点

如图 3-6 所示,当建筑位于基坑的角点位置时,基坑角点部分由于受空间效应作用,地面沉降较小,越偏离基坑角部,受空间效应作用的影响越小。

图 3-6 建筑位于基坑角点位置

3.1.3 基坑支护设计

基坑开挖时,由于坑内开挖卸荷,造成围护结构在内外压力差作用下产生位移,进而引起围护外侧土体的变形,造成基坑外邻近历史建筑物的沉降与移动。基坑支护设计在围护选型、围护刚度、地下水和施工等方面具有不同的设计要求,针对不同的工程概况进行相应的设计,确保邻近历史建筑物的安全。

1. 围护选型

(1) 开挖深度

根据基坑开挖的深度 H,选用不同的围护结构。

当基坑的开挖深度 $H<3$ m 时,一般选取重力坝围护结构,在满足设计安全的基础上,具有施工速度快、经济效益好的特点。

当基坑开挖深度 3 m$<H<10$ m 时,围护结构一般采取排桩+支撑+止水围护的设计方案,该方案考虑了基坑的较大卸土效应和软土地区的地下水,可以起到较好的围护效果。

当基坑开挖深度 10 m$<H<15$ m 时,此种情况已经属于深基坑,围护结构一般会比选排桩和地下连续墙两种方案,综合考虑二者的安全性与经济性,择其一。

当基坑开挖深度 $H > 15$ m 时,属于超深基坑范畴,一般采用地下连续墙围护结构形式,结构刚度大,整体性好,亦可采用两墙合一设计,降低工程造价。

（2）开挖形状

根据基坑开挖形状的复杂程度设计基坑支护方案,当基坑开挖形状较为规整时,一般情况下采取一种围护结构形式即可;当基坑开挖形状不规则时,一般情况下可能会采取两种及以上的组合围护形式;形状极不规则的区域可能还需要进行分区开挖以及多种加固措施相结合。

当基坑的开挖面积较小时,一般情况下可以通过添加内支撑的方式增加围护结构刚度;当开挖面积较大时,根据设计方案,采取分区分段开挖,以达到控制变形、减小对周边环境影响的目的,控制相应区块对邻近历史建筑物的变形影响。

2. 围护刚度

在基坑围护设计中,围护刚度对基坑的围护起到很大的作用,其中影响围护刚度的因素有以下 4 个方面。

（1）插入比

基坑支护工程中,插入比是指竖向围护结构在基坑底面以上的长度与基坑底面以下的长度之比。一般情况下,随着围护结构插入比的增加,结构刚度越来越大,但当插入比超过一定限值时,再增加插入比对基坑围护结构抵抗周边土体变形的能力几乎不再增加。所以,在基坑围护设计过程中,可以适当增加围护结构的插入比,提高围护结构刚度,但插入比不宜过大,否则会造成资源浪费,经济不合理。

（2）桩径及桩间距

在基坑支护设计中,当采用排桩作为围护结构时,桩径越大,桩间距越小,围护结构刚度越大。在基坑支护设计中,结合施工工艺,合理选用围护结构排桩的桩径及桩间距。

（3）内支撑

基坑内添加内支撑,可以增大围护结构的整体刚度。根据基坑的开挖深度,设计布置内支撑的道数,道数越多,围护结构整体刚度越大;不同道内支撑之间的间距越小,围护结构的整体刚度就越大。根据设计需要,合理布置内支撑之间的间距及道数。

（4）坑内加固

坑内加固可以增加土体被动区的土体刚度和强度,考虑到整个围护结构体系的作用,坑内加固也加强了整个围护结构的强度,起到了抑制坑内隆起、坑边滑移的作用,防止发生基坑失稳的工程事故。具体的坑内加固平面布置形式有暗墩式、裙边式、满堂式、抽条式、格栅式和圈椅状等。

3. 地下水

在软土地区,一般地下水存在潜水和承压水。

潜水一般水位埋深较浅,潜水位主要受降雨、地表水和蒸发的影响而变化,可采用真空疏干深井的降水措施,确保土层疏干,便于开挖。

承压水一般处于两个隔水层之间,可采用减压深井进行减压降水,确保基坑安全顺利完成施工。降水过程中必须遵循"按需降压",加强承压水水位监测,控制承压水的水位满足开挖时的安全要求,不得超降,以期减少减压降水辐射范围,减少降水对周边环境的不利影响。基坑外适量布置承压含水层的坑外水位观测井兼应急回灌井,在开挖过程中,平时加强坑外水位观测,应急情况下可及时启动进行回灌,达到回灌一体化。

4. 施工要求

针对不同的工程,围护结构在其本身施工过程中,需要满足不同的施工要求。

(1)空间作用面小

当围护体的空间作用面小且其周边存在历史建筑物时,可采用套管进行加强,以达到保护历史建筑物的目的。

(2)止水帷幕

止水帷幕是用于阻止或减少基坑侧壁及基坑底地下水流入基坑而采取的连续止水体。一般可采用 MJS 工法,即全方位高压旋喷桩工法,该工法具有以下优点:可以全方位进行高压喷射注浆施工;桩径大,桩身质量好;对周边环境影响小,超深施工有保证;泥浆污染少。

(3)逆作法

逆作法施工和顺作法施工顺序相反,在支护结构及工程桩完成后,并不是进行土方开挖,而是直接施工地下结构的顶板或者开挖一定深度再进行地下结构的顶板、中间柱的施工,然后再依次逐层向下进行各层的挖土,并交错逐层进行各层楼板的施工,每次均在完成一层楼板施工后才进行下层土方的开挖。上部结构的施工可以在地下结构完工之后进行,也可以在下部结构施工的同时从地面向上进行,上部结构施工的时间和高度可以通过整体结构的施工工况(特别是计算地下结构以及基础受力)来确定。

与传统的顺作施工方法相比较,用逆作法施工高层建筑多层地下室或地下结构有下述技术特点:①缩短工程施工的总工期;②基坑变形小,减少深基坑施工对周围环境的影响;③降低工程能耗,节约资源;④现场作业环境更加合理;⑤对设计人员和施工队伍的专业素质要求高;⑥基坑整体性更好。

3.1.4 施工措施

在基坑开挖过程中,不同的施工措施对基坑周边的地层位移产生的影响不同,具体考虑到基坑分层分块开挖、时空效应以及基坑降水方案的影响。

1. 分层分块开挖

对于分层或不分层开挖的基坑,若基坑不同区域开挖的先后顺序会对周边环境产生不同程度的影响,则需划分区域,并确定各区域的开挖顺序,以达到控制变形、减小对周边环境影响的目的。

2. 时空效应

深基坑本身是一个具有长、宽和深尺寸的三维空间结构,因而其支护系统的设计也将是一个复杂的三维空间受力问题。基坑的长和宽尺寸越小、坑深越大,其三维空间效应越显著。大量的工程实践证明,深基坑坑壁中央范围的土压力和位移值均大于两坑壁一定范围内的土压力和位移值,这是因为在深基坑两端坑壁处存在显著的空间效应,抑制了其邻近区域的土压力和位移的发展。

(1)基坑开挖的时间效应

在软土地区开挖深大基坑,开挖中围护结构位移、结构体的外荷载和内力会随着基坑暴露时间的增长而变化,呈现出明显的流变效应;同时基坑开挖引起土体卸载,超静孔压的消散导致固结效应的产生。

基坑开挖完毕后乃至浇筑完底板后,地面的沉降明显减少,但仍在发生,这部分沉降是由土体固结引起的。围护墙发生变形后,墙后土体的应力状态发生变化,从而产生或正或负的超孔隙水压力。

随着坑内的负超孔隙水压力的消散,土体隆起,加上施工扰动,土体强度降低,使围护墙体底角土体的抗力减小,围护墙体的水平位移增大,致使坑周土体进一步固结沉降。同时坑内土体抗隆起的安全系数越来越低,坑底的隆起量也随时间的推移越来越大,坑周土体由于地层移动,其沉降不断发生。

(2)基坑开挖的空间效应

众所周知,由于基坑开挖会引起基坑周围地层的移动,这说明基坑开挖是一个与周围土体密切相关的空间问题。实践表明,基坑的形状、深度、大小等对基坑支护结构及周围土体的变形影响也是很显著的。基坑支护结构和周围土体的空间作用有利于减小周边土体的移动变形,减小支护结构周边的土层塑性区范围,从而抑制周边地表沉降。

3. 基坑降水

深基坑降水给基坑施工带来很大的方便,但同时基坑的深井、群井抽水也引起了一系列的环境问题,给降水基坑周围建筑物带来了不良影响,长时间的抽水降低地下水位,会引起周围建筑物基础与地面产生不均匀沉降,沉降范围由基坑边缘逐渐向外扩展。由于基坑降水引起周围土体应力的重新调整,造成基坑相邻建筑物地基不均匀沉降,情况严重时会造成相邻建筑物破坏,因此对基坑相邻建筑物进行不均匀沉降预测具有现实意义,由此可采取相应措施,控制因降水而引起的邻近历史建筑物沉降或不均匀沉降。

3.1.5 基坑开挖引起的周边地表的变形特征

基坑开挖过程实质上是坑内土体的卸载过程,在基坑本身引起的坑内隆起和围护结构的变形外,基坑周围地层的移动亦是基坑控制变形的重中之重。基坑开挖引起的周边地表沉降的因素有很多,包括重力坝、排桩、地下连续墙等,不同因素引起的地表沉降形式也是不同的。常见的重力坝受力作用面宽,一般受力较远;排桩+内支撑和地下连续墙作用面窄,一般受力较近。

1. 重力坝

当周边环境要求相对宽松、工期要求紧时,可采用重力坝围护结构。重力坝一般用于基坑开挖深度不大于7 m的围护结构,重力坝围护设计宽度一般取0.8倍基坑深度。重力坝总体经济效益好,不需要设置支撑,施工快速,但是变形不易控制。

(1)平面布置

重力坝是通过固化剂对土体进行加固后形成有一定厚度和嵌固深度的重力墙体,以承受墙后水、土压力的一种挡土结构。重力坝是无支撑自立式挡土墙,依靠墙体自重、墙底摩阻力和墙前基坑开挖面以下土体的被动土压力稳定墙体,以满足围护墙的整体稳定、抗倾稳定、抗滑稳定和控制墙体变形等要求。搅拌桩水泥土重力坝平面布置有双轴搅拌桩和三轴搅拌桩,在工程实际应用中,以三轴搅拌桩最为常见。搅拌桩水泥重力坝平面布置如图3-7和图3-8所示。

(2)重力坝变形特征

在基坑开挖过程中,重力坝除了受到土压力和水压力的作用外,还要受到自身的重力作用,其变形不同于一般的悬臂式围护结构,采用重力坝围护结构的基坑周边的地表沉降特征形态如图3-9所示。

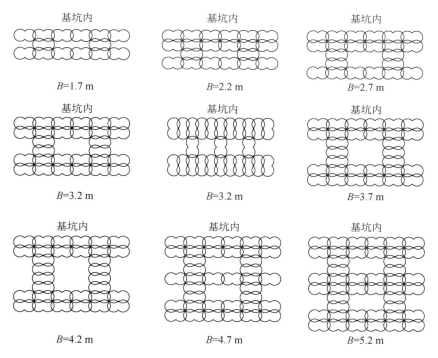

图 3-7　双轴搅拌桩常见平面布置形式

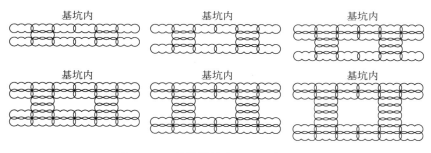

图 3-8　三轴搅拌桩常见平面布置形式

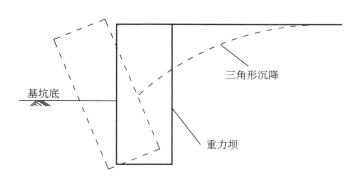

图 3-9　重力坝周边地表沉降

　　由图 3-9 可知,重力坝墙后土体的地表沉降特征表现为三角形沉降,坝体整体向坑内倾斜,坝顶水平位移最大;在重力坝向坑内位移的过程中,由于内外压力差的作用,使坑外土产生塑性区,在向坑内移动的过程中亦会产生地表沉降,坑边的沉降量最大。

（3）控制和减少坝体变形的措施

施工场地的地质条件是固定不变的,为了确保基坑工程的安全,可以从优化围护结构设计和施工方法方面入手。控制和减少坝体变形的具体措施如下:①增加重力坝坝体的宽度;②沿围护边长方向每隔 20～30 m 增加重力墩;③适度增加重力坝的插入深度;④在坑内开挖面以下加加固墩;⑤在水泥土加固体中插型钢、钢管、刚性桩等;⑥基坑开挖施工时采取分段、分层开挖等。

增加重力坝坝体的宽度可以增加墙体的侧向刚度,在同等受力的情况下,可以减小墙体的侧向位移;沿围护边长方向每隔 20～30 m 增加重力墩,可以增加坝体刚度;适度增加重力坝的插入深度以满足整体稳定性要求和抗隆起条件;在坑内开挖面以下加加固墩,可以增大被动区土体强度;在水泥土加固体中插型钢、钢管、刚性桩等,可以增加水泥土的刚度;当基坑开挖面较大时,可以考虑开挖施工时采取分段、分层开挖等。

坑内加固可增加被动土压力区的土压力,增加坝体的抗倾覆稳定性和抗滑移稳定性。土体加固平面布置形式包括满堂式、格栅式、裙边式、抽条式、暗墩式等,如图 3-10 所示。

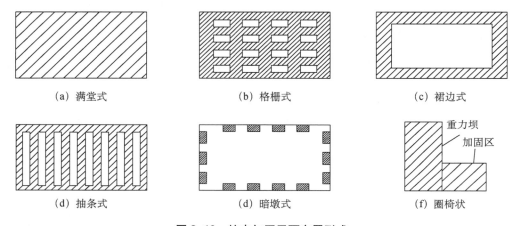

（a）满堂式　　　　　　　　（b）格栅式　　　　　　　　（c）裙边式

（d）抽条式　　　　　　　　（d）暗墩式　　　　　　　　（f）圈椅状

图 3-10　坑内加固平面布置形式

根据基坑工程的设计需要,采取不同的坑内加固方式,其中圈椅状加固属于新工艺,此种加固方式将坑内加固土与重力坝相结合,整体刚度大。

2. 排桩

城市施工用地越来越紧张,这造成了建筑群毗邻间距越来越小,当基坑周围邻近历史建筑物时,为了控制基坑施工质量和保护历史建筑物,一般采用排桩围护结构。排桩是利用常规的各种桩体如钻孔灌注桩、挖孔桩、预制桩及混合桩等并排连续起来形成的地下挡土结构。

（1）排桩围护的种类与特点

按照单个桩体成桩工艺的不同,排桩围护体桩型大致有以下几种:钻孔灌注桩、预制混凝土桩、挖孔桩、压浆桩、SMW 工法桩（型钢水泥土搅拌桩）等。这些单个桩体可在平面布置上采取不同的排列形式形成挡土结构,来支挡不同地质和施工条件下基坑开挖时的侧向水土压力。图 3-11 列举了几种常用的排桩围护体形式。

分离式排桩[图 3-11（a）]适用于无地下水或地下水位较深,土质较好的情况。在地下水位较高时应与其他防水措施结合使用,例如在排桩后面另行设置止水帷幕。一字形相切[图

3-11(b)]或搭接排列式,往往因在施工中桩的垂直度不能保证及桩体扩颈等原因影响桩体搭接施工,从而达不到防水要求。当为了增大排桩围护体的整体抗弯刚度时,可把桩体交错排列,如图 3-11(c)所示。有时因场地狭窄等原因,无法同时设置排桩和止水帷幕,此时可采用桩与桩之间咬合的形式,形成可起到止水作用的排桩围护体,如图 3-11(d)所示。相对于交错式排列,当需要进一步增大排桩的整体抗弯刚度和抗侧移能力时,可将桩设置成前后双排,将前后排桩桩顶的帽梁用横向连梁连接,就形成了双排门架式挡土结构,如图 3-11(e)所示。有时还将双排式排桩进一步发展为格栅式排桩[图 3-11(f)],在前后排桩之间每隔一定的距离设置横隔式桩墙,以进一步增大排桩的整体抗弯刚度和抗侧移能力。因此,除具有自身防水的 SMW 桩型挡墙外,常采用间隔排桩与防水措施结合,该方法施工方便,防水可靠,故成为地下水位较高软土地层中最常用的排桩围护体形式。

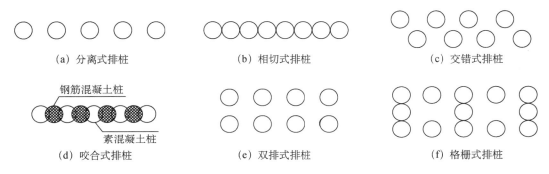

图 3-11 排桩围护体的常见形式

(2)基坑变形简化计算方法

王卫东等(2012)收集了上海地区 65 个常见的板式支护体系基坑工程案例,并对其进行了分类。对不同类型的排桩支护体系基坑建立不同的基于土体 HS-Small 模型的平面应变有限元模型进行分析。根据室内土工试验结果与基于实测数据的参数反演分析,确定了上海软土地区典型土层土体的 HS-Small 模型计算参数。通过对 108 个有限元计算结果的分析及归一化,推导了能够综合考虑基坑系统刚度、基坑深度和基坑宽度的上海地区板式支护体系基坑围护结构最大侧移和地表最大沉降的简化计算公式,并且提出了基坑围护结构侧移曲线和地表沉降曲线,同时也给出了上海地区板式支护体系基坑变形的预测流程。

综合考虑基坑系统刚度、开挖深度和开挖宽度对基坑变形的影响,得到基坑变形计算公式,式(3-4)为计算围护结构最大侧移的公式,式(3-5)为计算地表最大沉降的公式。

$$\delta_{hmax} = (0.49 + 0.13H_e) \times \left(\frac{EI}{\gamma_w h^4}\right)^{\left(\frac{-0.164B}{-13.671+B}-0.008H_e\right)} \times \frac{H_e}{100} \qquad (3-4)$$

$$\delta_{vmax} = \frac{4.57H_e}{21.414+H_e} \times \left(\frac{EI}{\gamma_w h^4}\right)^{\left[\frac{-0.42H_e}{-14.541\exp\left(\frac{B}{-26.987}\right)+6.611+H_e}\right]} \times \frac{H_e}{100} \qquad (3-5)$$

式中　δ_{hmax}——围护结构最大侧移;
　　　H_e——基坑开挖深度;
　　　EI——围护结构的抗弯刚度;
　　　γ_w——水的重度;

h——支撑的平均竖向间距；

B——基坑开挖宽度；

δ_{vmax}——地表最大沉降。

（3）排桩变形特征

影响排桩整体刚度的因素有桩径、支撑道数及间距，当基坑开挖较浅，且未设支撑时，桩体表现为墙顶位移最大，向基坑方向水平位移，呈悬臂式位移分布。随着基坑开挖深度的增加，刚性桩体继续表现为向基坑内的三角形水平位移或平行刚体位移。而一般柔性墙如果设支撑，则表现为墙顶位移不变或逐渐向基坑外移动，墙体腹部向基坑内突出，即抛物线形位移。

有多道内支撑体系的基坑，理论上其桩体变形都应为第三类组合型位移形式。但在实际工程中，深基坑的第一道支撑都接近地表，同时大多数测斜数据都是在第一道支撑施工完成后才开始测量，因此实测的测斜曲线其悬臂部分的位移较小，都接近抛物线形位移，详见图 3-12。

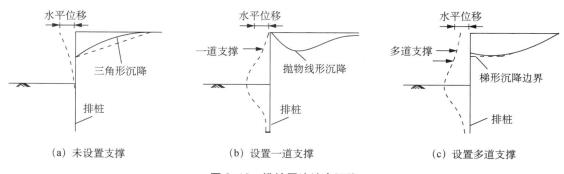

（a）未设置支撑　　　　　（b）设置一道支撑　　　　　（c）设置多道支撑

图 3-12　排桩周边地表沉降

3. 地下连续墙

当基坑开挖深度较大，而邻近历史建筑变形控制要求又较高时，应采用地下连续墙围护形式。地下连续墙可有效控制其自身的墙体变形，减少地面沉降，减少邻近历史建筑变形。

（1）地下连续墙的特点

在工程应用中，地下连续墙已被公认为深基坑工程中最佳的挡土结构之一，它具有如下显著的优点：

① 施工具有低噪声、低震动等优点，工程施工对环境的影响小；

② 连续墙刚度大、整体性好，基坑开挖过程中安全性高，支护结构变形较小；

③ 墙身具有良好的抗渗能力，坑内降水时对坑外的影响较小；

④ 可作为地下室结构的外墙，可配合逆作法施工，以缩短工程的工期、降低工程造价。

但地下连续墙也存在弃土和废泥浆处理、粉砂地层易引起槽壁坍塌及渗漏等问题，因而需采取相关措施来保证连续墙施工的质量。

（2）地下连续墙的适用条件

由于受到施工机械的限制，地下连续墙的厚度具有固定的模数，不能像灌注桩一样对桩径和刚度进行灵活调整，因此，地下连续墙只有用在一定深度的基坑工程或其他特殊条件下才能显示其经济性和特有的优势。地下连续墙的选用必须经过技术经济比较，只有确实认为经济合理时才可采用。一般情况下，地下连续墙适用于以下基坑工程：

① 深度较大的基坑工程,一般开挖深度大于 10 m 才有较好的经济性;

② 邻近存在保护要求较高的建(构)筑物,对基坑本身的变形和防水要求较高的工程;

③ 基地内空间有限,地下室外墙与红线距离极近,采用其他围护形式无法满足留设施工操作空间要求的工程;

④ 围护结构亦作为主体结构的一部分,且对防水、抗渗要求较严格的工程;

⑤ 采用逆作法施工,地上和地下同步施工时,一般采用地下连续墙作为围护体;

⑥ 在超深基坑中,例如开挖深度在 30~50 m 的深基坑工程,采用其他围护体无法满足要求时,常采用地下连续墙作为围护体。

(3)地下连续墙的结构形式

目前在工程中应用的地下连续墙的结构形式主要有壁板式、T 形、Π 形、格形、预应力或非预应力 U 形折板地下连续墙等几种形式。

壁板式可分为直线壁板式[图 3-13(a)]和折线壁板式[图 3-13(b)],折线壁板式多用于模拟弧形段和转角位置。壁板式在地下连续墙工程中应用得最多,适用于各种直线段和圆弧段墙体。例如,在上海世博 500 kV 地下变电站直径 130 m 的圆筒形基坑地下连续墙设计中,就采用了 80 幅直线壁板式地下连续墙来模拟圆弧段。

T 形[图 3-13(c)]和 Π 形[图 3-13(d)]地下连续墙适用于基坑开挖深度较大、支撑竖向间距较大、受到条件限制墙厚无法增加的情况,可通过加肋的方式增加墙体的抗弯刚度。

格形地下连续墙[图 3-13(e)]是一种将壁板式和 T 形地下连续墙两种形式组合在一起的结构形式。格形地下连续墙结构形式的构思出自格形钢板桩岸壁的概念,是靠其自身重量稳定的半重力式结构,是一种用于建(构)筑物地基开挖的无支撑空间坑壁结构。格形地下连续墙多用于船坞及特殊条件下无法设置水平支撑的基坑工程,目前也有应用于大型的工业基坑的情况,如上海耀华-皮尔金顿二期熔窑坑工程,熔窑建成后坑内不允许有任何永久性支撑和隔墙结构,而且要保护邻近一期工程的正常使用。该工程采用了重力式格形地下连续墙方案,利用格形地下连续墙作为基坑支护结构,同时也作为永久结构。格形地下连续墙在特殊条件下具有不可替代的优势,但由于受到自身施工工艺的约束,一般槽段数量较多。

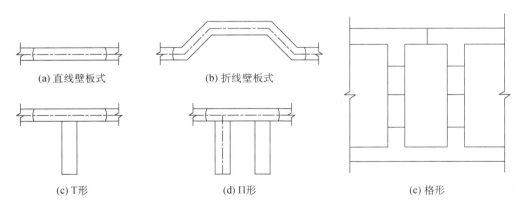

(a) 直线壁板式　　　　(b) 折线壁板式

(c) T形　　　　(d) Π形　　　　(e) 格形

图 3-13　地下连续墙平面结构形式

预应力或非预应力 U 形折板地下连续墙是一种新型的地下连续墙,已应用于上海某地下车库工程。折板是一种空间受力结构,有良好的受力特性,同时还具有抗侧刚度大、变形小、节省材料等特点。

（4）墙体变形简化计算方法

李二兵（2004）根据地下连续墙的受力特征，运用弹性薄板理论对地下连续墙在基坑开挖中的侧向变形进行了分析，导出了其侧向变形的解析计算公式。

地下连续墙围护结构，非开挖侧承受水土压力，开挖侧承受被动土压力及内支撑作用，两侧受两边地下连续墙的约束，墙底受下伏土的约束作用，墙顶面自由，根据这一受力特点求其变形的严密解是非常困难的。为解决这一问题，必须作某些合理的假设，为此在分析时作如下基本假设：

① 墙底变形很小，近似认为只发生转动，故地下连续墙可简化为墙跨两端固支，墙底简支，墙顶面自由，如图 3-14 所示。

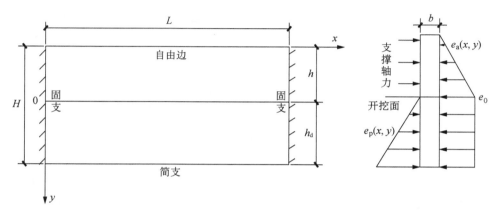

L—地下连续墙长度；H—地下连续墙高度；h—基坑深度；h_d—地下连续墙入土深度；
b—薄板厚度；e_p—被动土压力；e_a—主动土压力；e_0—基坑底面处主动土压力。

图 3-14　地下连续墙计算简图

② 由于墙厚与墙体跨度、高度相比小得多，故视地下连续墙为弹性平面薄板。

③ 主动土压力按郎肯土压力理论计算，被动土压力按线弹性"m"法计算。

④ 内支撑视为弹性杆件，其刚度按式（3-6）确定：

$$K_i = \frac{2E_i A_i}{L_i} \tag{3-6}$$

式中，K_i 为第 i 个支撑材料的刚度；E_i 为该支撑材料的弹性模量；A_i 和 L_i 分别为该支撑的截面积和长度。

根据以上基本假设，可用弹性理论的能量法求解该薄板问题。

（5）地下连续墙变形特征

地下连续墙结构在开挖过程中的变形大小与变形规律直接关系到基坑的安全。徐中华等（2008）收集了上海软土地区 93 个采用地下连续墙作为围护结构并采用常规顺作法施工的基坑实测资料，对连续墙的变形性状进行了统计分析，并研究了软土层厚度、插入比、支撑系统刚度、坑底抗隆起稳定系数大小及首道支撑的位置等对变形影响的规律。

地下连续墙的最大侧移随着开挖深度 H 的增加而增大，所有基坑的最大侧移基本介于 $0.1\%H$ 和 $1.0\%H$ 之间，平均值为 $0.42\%H$。钢筋混凝土支撑和钢支撑在控制墙体的变形上没有明显差别。最大侧移的深度位置大致位于开挖面附近，且基本介于 $(H-5\ \text{m})\sim$

（$H+5$ m）的范围之内。

　　围护结构的最大侧移随着墙底以上软土厚度的增加而增大；无量纲化最大侧移随着插入比的增大呈现增加的趋势。

　　对采用混凝土内支撑的基坑而言，无量纲化最大侧移与支撑系统刚度的关系不大；对采用钢支撑的基坑而言，最大侧移随着支撑系统刚度的增大有减小的趋势。

　　墙顶侧向位移随着首道支撑位置深度的增加而呈现指数增长的趋势，而连续墙的最大侧移与首道支撑位置的深度无明显关系。

3.2　基坑周边历史建筑物沉降动态预测

　　当基坑周边存在历史建筑物时，现行规范要求的监测内容主要包括沉降和水平位移，在实际施工过程中，沉降监测肯定是必要的，可以根据已经监测的数据对下一阶段的沉降进行预测，如沉降值一旦出现异常，可以通过调整优化基坑的支护方案或者对周边环境采取一定措施来及时处理可能发生的问题，保证整个开挖过程中基坑及周边历史建筑物处于安全状态。

　　基坑周边历史建筑物的沉降变形其实质是由于周边地层在基坑开挖过程中沉降引起的。因此，建筑物的沉降规律和建筑物所在地层的沉降规律相似。基坑工程的安全性除了基坑自身的安全性之外，还应考虑基坑周边历史建筑物的安全性，而历史建筑物的安全性是建立在基坑开挖过程中对建筑物沉降的动态预测之上。根据实际的预测值参考其他各方面的条件对历史建筑物安全性进行综合评估，根据评估结果决定是否继续施工，或调整优化设计与施工方案，这是确保历史建筑安全的不可或缺的手段。

3.2.1　周边历史建筑物沉降动态预测过程

　　基坑开挖对周边地层的沉降影响较大，地层的沉降直接导致建筑物发生相应的沉降，因此应加强对周边建筑物沉降的监测。根据施工现场提供的地质环境和施工要求，根据所需要监测的项目和考虑的因素，通过简单的计算设置沉降监测点。建筑物沉降监测点的位置和数量，应根据建筑物的重要性和建筑物的形状、结构、地质条件，以及基坑开挖可能影响到的范围和程度综合考虑，监测点通常应布置在建筑承重构件或基础的角点上，并要求所布置的监测点在施工期间和建成后都能够顺利观测。将基坑边缘以外 1～3 倍开挖深度范围内需要保护的历史建筑物作为监控的对象。

　　根据采集的监测数据进行分析，利用影响周边地层的各方面因素对下一阶段的同项目进行预测。根据预测值以及影响建筑物安全的各方面因素对建筑物的安全性进行分析，判断是否满足保证建筑物正常功能的要求。如果不能满足，应及时结合现场因素，听取各方面专家的建议进行分析研究，查找导致建筑物安全性不满足要求的因素，修改施工方案或对建筑物所在地基进行处理。在新的方案下再一次进行预测判断；满足要求时则可对基坑进行下一阶段开挖，在开挖过程中随时监测，利用监测数据对后一工况进行预测，重复进行，直至开挖结束。基坑周边建筑物沉降预测流程如图 3-15 所示。

　　地表的沉降是一个复杂的过程，与周边地质条件等多项因素有关，会直接影响建筑物的沉降。对于建筑物的不均匀沉降必须采取有效的措施进行控制，防止建筑物发生非正常破坏。在基坑开挖之前，根据工程地质资料和类似工程施工经验，对基坑的支护结构进行设

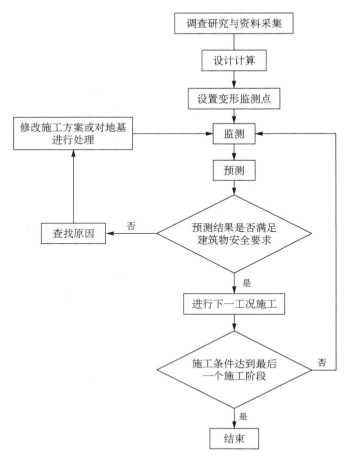

图 3-15 基坑周边建筑物沉降预测流程

计,同时也要对基坑开挖过程中的安全性进行评估。

在基坑开挖过程中,根据各工况的开挖情况,严格监测包括周边建筑沉降在内的各项数据,对所采集的数据进行整理分析,预测开挖到下一阶段时的各项数据。特别是对于预测值超过警戒值或拟合的监测曲线出现较大的异常情况时,要通知各方技术人员一起分析,查明异常原因,便于对可能出现的危险情况采取相应的措施。

3.2.2 人工神经网络在历史建筑沉降预测中的应用

基坑开挖往往会引起邻近历史建筑物产生沉降,所以基坑开挖之前需要对邻近历史建筑物沉降进行预测,人工神经网络是一种有效的预测方法。神经网络是人类在认识自身并对生物神经网络进行模拟的基础上而产生的一门智能仿生技术,由于其具有强大的学习能力和非线性映射能力,所以随着计算机和人工智能的发展与广泛应用而获得巨大生命力。神经网络技术应用到岩土工程领域,对岩土的离散性、不确定性进行研究,已经取得了很大的进展。

1. 基本原理

神经网络技术具有很好的非线性映射能力,相比于线性相关法、经验公式法等有着较大的优越性。它利用自身优势自主学习训练,综合各方面因素及其之间的影响给出输出值,在岩土工程领域中,有着广阔的应用前景。在神经网络的设计和应用过程中,根据神经网络的互联结构,分为五种典型的结构:前馈网络、输入输出有反馈的前馈网络、前馈内层互联网络、反馈型全互联网络、反馈型局部连接网络等。

多层前馈性神经网络是根据信号的传播方向决定的,其信号向前传递,而误差反向传播。当正向传播时,信息从输入层进入,经过隐含单元层处理后传向输出层,每一层只会影响下一层的神经单元状态。假如得到的输出值和期望值相差较大,网络就自动转入反向传播,从而根据预测的误差值来调整网络阈值和权值,使神经网络的输出值和期望值相接近。图 3-16 所示是三层神经网络的拓扑结构。

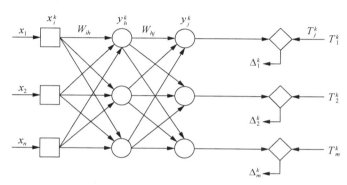

i— 输入端点序号;h— 隐藏层节点序号;j— 输出层节点序号;x_i^k— 第 k 次第 i 节点输入信号;
y_h^k— 第 k 次第 h 节点输出信号;y_j^k— 第 k 次第 j 节点输出信号;k— 训练对序号;
W_{ih}— 输入隐蔽层节点的权值;W_{hj}— 隐蔽层节点至输出层节点的权值。

图 3-16 三层神经网络拓扑结构

神经网络训练算法是调节每层的权值,从而使网络对各个训练组进行适应,该训练组是根据输入/输出对 $\{x_i^k, T_j^k\}$ 相互形成的。根据训练过程,添加第 k 个输入层时,使得隐蔽层第 h 节点相应输入权值为

$$S_h^k = \sum W_{ih} x_i^k \tag{3-7}$$

对应点相应输出为

$$y_h^k = F(S_h^k) = F\left(\sum_h W_{ih} x_i^k\right) \tag{3-8}$$

输出层第 j 节点输入加权总和为

$$S_j^k = \sum W_{hj} y_h^k = \sum_h W_{hj} F\left(\sum_h W_{ih} y_i^k\right) \tag{3-9}$$

对应的最后输出为

$$y_i^k = F(S_j^k) = F\left(\sum_h W_{hj} y_h^k\right) = F\left[\sum_h W_{hj} F(W_{ih} x_i^k)\right] \tag{3-10}$$

采用"δ 规则"训练算法:

$$E(W) = \frac{1}{2} \sum_{k, j} (T_j^k - y_j^k)^2 \tag{3-11}$$

或

$$E(W) = \frac{1}{2} \sum_{k,j} \left\{ T_j^k - F \left[\sum_h W_{hj} F \left(\sum_i W_{ih} x_i^k \right) \right] \right\}^2 \qquad (3-12)$$

利用"优化梯度下降法",隐藏层至输出层的连接加权调节量为

$$\begin{aligned}
\Delta W_{hj} &= -\eta \frac{\partial E}{\partial W_{hj}} = -\eta \frac{\partial}{\partial W_{hj}} \left[\frac{1}{2} \sum_{k,j} (T_j^k - y_j^k)^2 \right] = \eta \sum_{k,j} (T_j^k - y_j^k) y_j^k \\
&= \eta \sum_k (T_j^k - y_j^k) F'(S_j^k) \cdot (S_j^k)' = \eta \sum_{k,j} (T_j^k - y_j^k) F'(S_j^k) y_h^k \\
&= \eta \sum_k \delta_j^k y_h^k
\end{aligned} \qquad (3-13)$$

式中,δ_j^k 为输出节点的误差信号。

$$\delta_j^k = F'(S_j^k)(T_j^k - y_j^k) = F'(S_j^k) \Delta_j^k \qquad (3-14)$$

$$\Delta_j^k = T_j^k - y_j^k \qquad (3-15)$$

输入层至隐藏层权值修正为 ΔW_{hj},同时考虑 $E(W)$ 对 ΔW_{hj} 求导

$$E(W) = \frac{1}{2} \sum_{k,j} \left\{ T_j^k - F \left[\sum_h W_{hj} F \left(\sum_i W_{hj} x_i^k \right) \right] \right\}^2 \qquad (3-16)$$

根据分层链导法可得

$$\begin{aligned}
\Delta W_{hj} &= -\eta \frac{\partial E}{\partial W_{hj}} = -\eta \sum_k \frac{\partial E}{\partial y_h^k} \cdot \frac{\partial y_h^k}{\partial W_{ih}} \\
&= \eta \sum_{k,i} (T_i^k - y_i^k) F'(S_h^k) W_{hj} F'(S_h^k) x_i^h \\
&= \eta \sum_{k,j} \delta_j^k W_{hj} F'(S_h^k) x_i^k \\
&= \eta \sum_k \delta_h^k x_i^k
\end{aligned} \qquad (3-17)$$

其中,

$$\delta_h^k = F'(S_h^k) \sum_j \delta_j^k W_{hj} = F'(S_h^k) \Delta_h^k \qquad (3-18)$$

而

$$\Delta_h^k = \sum_j \delta_j^k W_{kj} \qquad (3-19)$$

式中,δ_j^k 为输出节点误差信号;δ_h^k 为隐藏节点误差信号。

δ_j^k 和 δ_h^k 有着相同的形式,但它们的误差值定义有所不同,因此该算法对任意一层的权值修正为

$$\Delta W_{pq} = \eta \sum_p \delta_0 y_{in} \qquad (3-20)$$

式中,δ_0 为端点的输出误差;y_{in} 为任意层的实际输入值。

当 δ_0 为实际输出层时

$$\delta_0 = \delta_j = F'(S_j^k)\Delta_j^k \tag{3-21}$$

$$\Delta_j^k = T_j^k - y_j^k \tag{3-22}$$

当 δ_0 为实际隐藏层时

$$\delta_0 = F'(S_h^k)\Delta_h^k \tag{3-23}$$

$$\Delta_h^k = \sum_j \delta_j^k W_{hj} \tag{3-24}$$

神经网络算法的转移函数通常采用 S 型函数，其导数为

$$F'(s) = F(s)[1 - F(s)] = y(1 - y) \tag{3-25}$$

其相应输出层的误差为

$$\delta_j^k = y_j^k(1 - y_j^k)(T_j^k - y_j^k) \tag{3-26}$$

2. 算法步骤

根据神经网络相关知识，假设该网络一共有 m 层，那么 y_j^m 就表示第 m 层中对应的第 j 节点的输出值，因此 y_j^0 表示第 0 层第 j 节点的输出值，即 x_j。

（1）在各个权值中选择最小的值。

（2）根据要求选择数据对 (x^k, T^k)，使 $k \in (1, 2, \cdots, m)$，将输入向量施加到输入层：

$$y_i^0 = x_i^k \tag{3-27}$$

（3）根据关系式

$$y_j^m = F(S_j^m) = F\left(\sum_i W_{ij}^m y_i^{m-1}\right) \tag{3-28}$$

式中，S_j^m 为隐藏层第 j 节点的输入权值。

通过网络使信号向前传播，分别计算每一层的输出值，直到最后一层。

（4）计算输出层各个节点的误差值

$$\delta_j^m = F'(S_j^m)(T_j^k - y_j^m) = y_j^m(1 - y_j^m)(T_j^k - y_j^m) \tag{3-29}$$

（5）通过反向传播，得出每层节点的误差

$$\delta_j^{m-1} = F'(S_j^{m-1})\sum_i W_{ij}^m \delta_i^m \tag{3-30}$$

式中，$m = m, m-1, \cdots, 1$，最终计算出每层各个节点的误差值。

（6）根据公式

$$\Delta W_{ij} = \eta \delta_j^m y_j^{m-1} \tag{3-31}$$

式中，η 为训练速率系数，$\eta \in [0.001, 1]$。 从而有：

$$W_{ij}^{新} = W_{ij}^{旧} + \Delta W_{ij} \tag{3-32}$$

（7）返回至步骤（2），再根据步骤（2）—（7）输入下一组数据，直至训练完所有数据组，并

且输出值和目标函数相等为止。

3.2.3 数量化理论Ⅰ在历史建筑沉降预测中的应用

数量化理论Ⅰ隶属于多元统计分析,从数量上对无法定量描述、用来判断和评价的数据资料进行探索研究,从而解决如何将定性问题定量化和建立数学模型问题的数理统计理论。数量化理论可充分利用能够收集到的定性、定量的地质条件信息和人为因素,定量地处理常规方法难以进行详细定量研究的工程问题,而且数量化理论Ⅰ在量化过程中,采用具有判断{Yes,No}意义的{1,0}值,它可以用简洁的方法求解,容易借助计算机进行分析。

1. 预测原理

在数量化理论Ⅰ中,常把定量基准变量所依赖的定性说明变量称为项目(Item),而把项目的不同状态"值"称为类目(Category)。现考虑 m 个说明变量(项目),x_1,x_2,$\cdots$,x_m 对定量的基准变量 y_1,y_2,$\cdots$,y_m 进行预测。设第一个项目 x_1 有 n 个类目,c_{11},c_{12},$\cdots$,c_{1n}。

称 $\delta_i(j,k)(i=1,2,\cdots,N_j;j=1,2,\cdots,m;k=1,2,\cdots,r_j)$ 为项目 j 在类目 k 在第 i 个样品中的反映,并按式(3-33)确定:

$$\delta_i(j,k)=\begin{cases}1, & \text{当项目} j \text{ 的第} i \text{ 个样品定性数据为类目} k \text{ 时}\\0, & \text{其他}\end{cases} \tag{3-33}$$

如将 p 个定量变量和 m 个定性变量同时考虑,假定 p 个定量变量在第 i 个样本中的数据为 $x_i(u)(u=1,2,\cdots,p_i;i=1,2,\cdots,n)$,则兼有定性和定量变量的反映矩阵为

$$X=\begin{bmatrix}x_1(1),\cdots,x_1(p),\delta_1(1,1),\cdots,\delta_1(1,r_1),\cdots,\delta_1(m,1),\cdots,\delta_1(m,r_m)\\x_2(1),\cdots,x_2(p),\delta_2(1,1),\cdots,\delta_2(1,r_1),\cdots,\delta_2(m,1),\cdots,\delta_2(m,r_m)\\\vdots\\x_n(1),\cdots,x_n(p),\delta_n(1,1),\cdots,\delta_n(1,r_1),\cdots,\delta_n(m,1),\cdots,\delta_n(m,r_m)\end{bmatrix}$$

$$\tag{3-34}$$

2. 建立数学模型

在数量化理论中,假定基准变量与定性变量(项目、类目)的反映满足以下线性模型:

$$y_i=\sum_{j=1}^m\sum_{i=1}^n\delta_i(j,k)b_{jk}+\varepsilon_i \quad (i=1,2,\cdots,n) \tag{3-35}$$

式中,y_i 是基准变量 y 在第 i 个样本中的测定值;b_{jk} 为项目 j 第 k 类项的常系数;ε_i 为随机误差值。

根据最小二乘原理可推求系数 b_{jk} 的最小二乘估计值 $\hat{b}_{jk}$,求解出 $\hat{b}_{jk}$ 之后,便可以得到只包含定性变量的预测方程:

$$\hat{y}=\sum_{j=1}^m\sum_{i=1}^n\delta_i(j,k)\hat{b}_{jk} \tag{3-36}$$

将式(3-36)以矩形形式表示:$Y=X\cdot b+E$,其中,X 为样本反映矩阵,Y 为样本矩阵,b 为系数矩阵,E 为随机误差矩阵,则满足正规预测方程系数 b 的最小估计值 $\hat{b}$ 为

$$\hat{b}=[X^{\mathrm{T}}\cdot X]^{-1}\cdot X^{\mathrm{T}}\cdot Y \tag{3-37}$$

根据式(3-37)可以建立因变量估计值 $\hat{Y}$ 的表达式：

$$\hat{Y} = X \cdot \hat{b} \tag{3-38}$$

对于既有定性说明变量又有定量说明变量的情况,预测模型应满足以下线性方程：

$$\hat{y} = \sum_{j=1}^{m} \sum_{i=1}^{n} \delta_i(j, k) b_{jk} + \sum_{u=1}^{p} b_u x_i(u) \quad (u = 1, 2, \cdots, p) \tag{3-39}$$

根据最小二乘原理可以推求出 b_{jk} 及 b_u 的最小方差线性无偏估计值 $\hat{b}_{jk}$ 和 $\hat{b}_u$,从而得到最终的预测方程如下：

$$\hat{y} = \sum_{j=1}^{m} \sum_{i=1}^{n} \delta_i(j, k) \hat{b}_{jk} + \sum_{u=1}^{p} \hat{b}_u x_i(u) \tag{3-40}$$

3. 预测模型精度及各项目的贡献分析

数学模型建立以后,预测精度决定了模型的适用性,本节基于多元线性回归分析模型,用复相关关系来表征预测模型的精度,用相关系数来衡量各项目在预测模型中的贡献大小。

（1）复相关关系

复相关关系为回归平方和 S_R 占总平方和 S_T 的比例,可以用来表征预测精度,按式(3-41)计算：

$$R = \frac{\sigma_{\hat{y}}}{\sigma_y} = \sqrt{\frac{S_R}{S_T}} = \sqrt{\frac{\sum_{i=1}^{n}(\hat{y}_i - \bar{y})^2}{\sum_{i=1}^{n}(y_i - \bar{y})^2}} \tag{3-41}$$

式中,$\bar{y} = \dfrac{1}{n}\sum_{i=1}^{n} y_i$ 为个基准变量的算术平均值;$S_T = \sum_{i=1}^{n}(y_i - \bar{y})^2$ 为数据方差,反映了数据变量 $y_1, y_2, \cdots, y_n$ 波动性的大小;$S_e = \sum_{i=1}^{n}(y_i - \hat{y})^2$ 为残差平方和,用于反映 y 与 x_1, $x_2, \cdots, x_{m-1}$ 之间的线性关系以外的因素引起的数据 $y_1, y_2, \cdots, y_n$ 的波动,若 $S_e = 0$,则多个观测值可用线性关系精确拟合,S_e 越大,观测值和线性拟合之间的偏差也越大;$S_R = S_T - S_e = \sum_{i=1}^{n}(y_i - \bar{y})^2$ 为回归平方和,若 S_R 越大,则说明由线性回归关系所描述的 y_i 的波动性比例就越大,即 y 与 $x_1, x_2, \cdots, x_{m-1}$ 之间的线性关系就越显著。

复相关数 $0 \leqslant R \leqslant 1$,其值越接近1,说明模型预测精度就越高。

（2）相关系数

相关系数是用以反映变量之间相关关系密切程度的统计指标。相关系数是按积差方法计算,同样以两变量与各自平均值的离差为基础,通过两个离差相乘来反映两变量之间的相关程度：

$$r = \frac{\sum_{i=1}^{n}(x_i - \bar{x})(y_i - \bar{y})}{\sqrt{\sum_{i=1}^{n}(x_i - \bar{x})^2} \cdot \sqrt{\sum_{i=1}^{n}(y_i - \bar{y})^2}} \tag{3-42}$$

式中，x_i 为变量 x 的第 i 个样本值；$\bar{x}$ 为所有变量 x 的平均值；y_i 为变量 y 的第 i 个样本值；$\bar{y}$ 为所有变量 y 的平均值。

3.2.4 层次分析法在历史建筑沉降预测中的应用

在专家调查法识别出风险因素的基础上，要进行风险评价，需构建一个合理的评价指标体系，充分考虑各风险因素之间的相互关系和影响。风险评价指标体系的设计直接关系到评价结果的客观性、准确性和有效性。

层次分析法（Analytical Hierarchy Process，AHP）是美国数学家 A.L.Saaty 在 20 世纪 70 年代提出的，是一种定性分析和定量分析相结合的方法，其在项目风险评价中运用灵活、易于理解，而且具有较高的精度。其评价的基本思路是：把复杂的风险问题分解为各个组成因素，将这些因素按支配关系分组形成有序的递阶层次结构，通过两两比较的方式确定层次中诸因素的相对重要性，然后综合判断以决定评价诸因素相对重要性的总顺序。层次分析法体现了决策思维的基本特征，即分解、判断、综合。运用层次分析法解决问题，大体可以分为以下四个步骤。

1. 建立问题递阶层次结构

这是层次分析法中最重要的一步。首先，把复杂问题分解成元素，把这些元素按属性分成若干组，形成不同层次。同一层次的元素作为准则，对下一层次的某些元素起支配作用，同时它又受上一层次元素的支配。这种从上至下的支配关系形成了一个递阶层次。处于最上面的层次通常只有一个元素，一般是分析问题的预定目标或理想结果。中间的层次一般是准则、子准则，最低一层为基本风险因素。层次之间元素的支配关系不一定是完全的，即可以存在这样的元素，它并不支配下一层次的所有元素。

一个好的层次结构对解决问题是极为重要的。层次结构是建立在评价者对所面临的问题具有全面深入的认识基础上，如果在层次的划分和确定层次之间的支配关系上举棋不定，最好重新分析问题，弄清问题各部分之间的相互关系。

2. 构造两两比较判断矩阵

在建立递阶层次结构以后，上下层次之间元素的隶属关系就被确定了。假定上一层次的元素 C_k 作为准则，对下一层次的元素 A_1，A_2，…，A_n 有支配关系，目的是在准则 C_k 之下按其相对重要性赋予 A_1，A_2，…，A_n 相应的权重。这一步中，要反复回答问题：针对准则 C_k，两个元素 A_i 和 A_j 哪一个更重要，重要多少，并需要对重要多少赋予一定数值。

表 3-4　　　　　　　　　两个因素重要性比较的量化结果

分值 a_{ij}	定义
1	i 因素与 j 因素同样重要
3	i 因素比 j 因素略重要
5	i 因素比 j 因素稍重要
7	i 因素比 j 因素重要得多
9	i 因素比 j 因素重要很多
2，4，6，8	i 与 j 两因素比较结果处于以上结果中间
倒数	i 与 j 两因素比较结果是 i 与 j 两因素重要性比较结果的倒数

1~9 的标度方法是将思维判断数量化的一种方法。首先,在区分事物的差别时,可以用相同、较强、强、很强、极端强的语言,再进一步细分,可以在相邻的两级中间插入折中的提法,因此对于大多数评价判断来说,1~9 级的标度是适用的。其次,心理学的实验表明,大多数人对不同事物在相同属性上差别的分辨能力在 5~9 级之间,采用 1~9 的标度反映了多数人的判断能力。再次,当被比较的元素属性处于不同的数量级,一般需要将较高数量级的元素进一步分解,这样可以保证被比较元素在所考虑的属性上是同一个数量级或比较接近,从而适用于 1~9 的标度。在 1~9 的标度下,两个因素重要性比较的量化结果列于表 3-4。对于 n 个元素来说,两两比较判断矩阵 A 为

$$A = (a_{ij})_{n \times n} \quad (i = 1, 2, \cdots, n; j = 1, 2, \cdots, n) \tag{3-43}$$

判断矩阵具有如下性质:

$$a_{ij} > 0; \ a_{ij} = \frac{1}{a_{ji}}; \ a_{ii} = 1 \tag{3-44}$$

称 A 为正的互反矩阵。由于判断矩阵的性质,事实上,对于 n 阶判断矩阵仅需对其上(下)三角元素共 $n(n-1)/2$ 个元素给出判断。矩阵 A 的元素不一定具有传递性,即未必成立等式

$$a_{ij} a_{jk} = a_{ik} \tag{3-45}$$

当式(3-45)成立时,则称矩阵 A 为一致性矩阵。在说明由判断矩阵导出元素排序权值时,一致性矩阵具有重要意义。

3. 单一准则下元素的相对权重

这一步要解决在准则 C_k 下,n 个元素 A_1, A_2, $\cdots$, A_n 排序权重的计算问题,并进行一致性检验。对于 A_1, A_2, $\cdots$, A_n,通过两两比较得到判断矩阵 A,求解特征根问题:

$$Aw = \lambda_{\max} w \tag{3-46}$$

将所得到的特征向量 w 经正规化后作为元素 A_1, A_2, $\cdots$, A_n 在准则 C_k 下的排序权重,这种方法称排序权向量计算的特征根方法。$\lambda_{\max}$ 存在且唯一,w 可以由正分量组成,除了相差一个常数倍数外,w 是唯一的。$\lambda_{\max}$ 和 w 的计算可采用幂法,步骤如下:

(1) 设初值向量 w_0,可假定

$$w_0 = \left(\frac{1}{n}, \frac{1}{n}, \cdots, \frac{1}{n} \right)^{\mathrm{T}} \tag{3-47}$$

(2) 对于 $k = 1, 2, 3, \cdots$,计算

$$\bar{w}_i = A w_{k-1} \tag{3-48}$$

式中,w_{k-1} 为经归一化所得到的向量。

(3) 对于事先给定的计算精度,若

$$\max |w_{ki} - w_{(k-1)i}| < \varepsilon \tag{3-49}$$

式中,w_{ki} 表示 w_k 的第 i 个分量。

式(3-49)成立则计算停止,否则继续计算新的 $\bar{w}_i$。

（4）计算

$$\lambda_{\max} = \frac{1}{n} \sum_{i=1}^{n} \frac{\bar{w}_{ki}}{w_{(k-1)i}} \tag{3-50}$$

$$w_{ki} = \frac{\bar{w}_{ki}}{\sum_{j=1}^{n} \bar{w}_{kj}} \tag{3-51}$$

在精度要求不高的情况下，可以用近似方法计算 $\lambda_{\max}$ 和 w，采用根法近似计算：

第一步，将 A 的元素按行相乘；

第二步，所得到的乘积分别开 n 次方；

第三步，将方根向量归一化，即得排序权向量 w；

第四步，按式（3-52）计算 $\lambda_{\max}$：

$$\lambda_{\max} = \sum_{i=1}^{n} \frac{(Aw)_i}{n \cdot w_i} \tag{3-52}$$

在判断矩阵的构造中，并不要求判断矩阵具有一致性，这是为客观事物的复杂性与人的认识多样性所决定的。但要求判断矩阵有大体的一致性却是必要的，例如，出现甲比乙极端重要，乙比丙极端重要，而丙比甲极端重要的情况一般是违反常识的。而且，当判断偏离一致性过大时，排序权向量计算结果作为评价依据将会出现问题。因此在得到 $\lambda_{\max}$ 后，需要进行一致性检验，步骤如下：

（1）计算一致性指标 CI

$$CI = \frac{\lambda_{\max} - n}{n - 1} \tag{3-53}$$

式中，n 为判断矩阵的阶数。

平均随机一致性指标 RI 是多次（500 次以上）重复进行随机判断矩阵特征值的计算之后取算术平均值得到的。1～15 阶重复计算 1 000 次的平均随机一致性指标如表 3-5 所列。

表 3-5　　　　　　　　　　　　平均随机一致性指标

阶数	1	2	3	4	5	6	7	8	9	10	11	12	13	14	15
RI	0	0	0.52	0.89	1.12	1.26	1.36	1.41	1.46	1.49	1.52	1.54	1.56	1.58	1.59

（2）计算一致性比例 CR

$$CR = \frac{CI}{RI} \tag{3-54}$$

若 $CR < 0.1$，则认为判断矩阵的一致性是可以接受的。

4. 各层元素的组合权重

为了得到递阶层次结构中每一层次中所有元素相对于总目标的相对权重，需要把第 3 步的计算结果进行适当的组合，并进行总的判断矩阵一致性检验。这一步骤是由上而下逐层进行的。

假定已经计算出第 $(k-1)$ 层元素相对于总目标的组合排序权重向量。$a^{k-1}=(a_1^{k-1},$ $a_2^{k-1}, \cdots, a_m^{k-1})^T$，第 k 层在第 $(k-1)$ 层第 j 个元素作为准则下元素的排序权重向量为 $\boldsymbol{B}_j^k=$ $(B_{1j}^k, B_{2j}^k, \cdots, B_{nj}^k)^T$，其中不受支配[即与 $(k-1)$ 层第 j 个元素无关]的元素权重为零。令 $\boldsymbol{B}^k=(b_1^k, b_2^k, \cdots, b_m^k)^T$，则第 k 层 n 个元素相对于总目标的组合排序权重向量为

$$a^k = \boldsymbol{B}^k a^{k-1} \tag{3-55}$$

更一般地，有排序的组合权重公式：

$$a^k = \boldsymbol{B}^k \cdots \boldsymbol{B}^3 a^2 \tag{3-56}$$

式中，a^2 为第 2 层次元素的排序向量，$3 \leqslant k \leqslant h$，$h$ 为层次数。

对递阶层次组合判断的一致性检验，需要类似地逐层计算 CI。若分别得到了第 $(k-1)$ 层的计算结果 CI，RI 和 CR，则第 k 层的相应指标为

$$CI_k = (CI_k^1, \cdots, CI_k^m) a^{k-1} \tag{3-57}$$

$$RI_k = (RI_k^1, \cdots, RI_k^m) a^{k-1} \tag{3-58}$$

$$CR_k = CR_{k-1} + \frac{CI_k}{RI_k} \tag{3-59}$$

式中，CI_k^i 和 RI_k^i 分别为在第 $(k-1)$ 层第 i 个准则下判断矩阵的一致性指标和平均随机一致性指标。当 $CR_k < 0.1$ 时，认为递阶层次在第 k 层上的整个判断有较好的一致性。

3.2.5　小结

对深基坑周边建筑物沉降的预测有以下几个方面：周边地层沉降、基坑坑底隆起、基坑围护结构的变形、周边历史建筑物变形等，对于以上所提到的这几个方面，其影响因素都是极其复杂的且具有多面性。例如，影响周边地层变形的因素在以往的施工经验中有周边土层参数、基坑的开挖深度、支撑形式以及支护结构在基坑以下的入土深度、施工情况等，并且每一种因素的影响程度和影响方式都不同，有的甚至具有不确定性，因而采用传统的方法难以建立沉降预测的数学模型，也就无法较好地解决深基坑开挖过程中邻近历史建筑沉降预测问题。人工神经网络、数量化理论Ⅰ和层次分析法在基坑工程中的应用发展和本身所具有的优点为历史建筑沉降预测提供了有力的工具。

3.3　基坑开挖实例分析

3.3.1　基于人工神经网络理论的基坑开挖对历史建筑影响的风险分析

1. 工程概况

上海古北财富中心工程位于长宁区古北新区内，基坑东临玛瑙路，南临红宝石路，西临申康宾馆，北临虹桥路（图 3-17）。整个工程总占地面积约 17 997 m^2，总建筑面积约 117 220 m^2。本项目类型为综合性商业办公楼，主要由 1 幢 35 层甲级办公楼、1 幢 26 层公寓式酒店、1~4 层商业裙房及 4 层地下车库组成。

该基坑南侧为红宝石路，路下有较为复杂的地下管线，且路边为高层居民住宅区，为桩

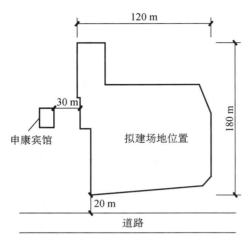

图 3-17　拟建场地周边环境示意图

基基础,距离本工程建筑红线较近;基坑东侧为玛瑙路,对面为古北休闲购物广场,为单层砖混结构建筑物,距离本工程地下室外墙约 20.4 m。根据经验,这些建筑均为天然地基浅基础,对基坑施工产生的变形和地面沉降非常敏感,易产生较多裂缝,甚至可能发生结构破坏。同时,基坑东侧偏北有规划的地铁 15 号线隧道经过,隧道外边线与本工程地下室外墙净距为 2.0 m,隧道顶部埋深约 16.5 m。

基地东北侧为海坤古董家具公司,为 1~2 层砖混住宅,天然地基浅基础。本工程外墙边线与海坤古董家具公司建筑外墙边线最近距离为 10.6 m。这些建筑都是条形砌筑基础,承受地基变形的能力差。基地北侧为虹桥路 1430 号上海市历史保护建筑原宋氏住宅,为 20 世纪 30 年代所建的砖木结构两层别墅,红瓦白墙,是典型的英式乡村别墅,其外墙边线距离本工程地下室外墙约 15.6 m。由于建筑采用天然地基浅基础,因此在深基坑围护设计、施工中应采取措施,重点保护。基坑西侧紧贴红线外侧是申康宾馆多幢 1~3 层建筑。申康宾馆为历史保护建筑,由多幢西班牙式别墅组成,这些建筑均为天然地基浅基础,对基坑施工产生的变形和地面沉降非常敏感,易产生较多裂缝,甚至可能发生结构破坏。

综上所述,本工程周边环境比较复杂,既有众多保护建筑和保留建筑,又有距离较近的马路和地下管线,以及规划中的地铁 15 号线隧道经过。其中,基地西侧和北侧是本工程的重点保护对象。这两侧有众多保护建筑和保留建筑,这些建筑基础均为无桩基的浅基础形式,对变形控制要求较高。

2. 工程地质条件

(1)工程场地土层物理力学性质指标

拟建场地属滨海平原地貌,地表以下以深厚的软黏土为主,覆盖层厚度大于 80 m。本场地勘察深度范围内所揭露的土层均为第四纪松散沉积物,根据地层、土性物理力学差异,共分为 11 层,其中第②、⑤、⑧、⑨层按其土性及土色差异又可分为若干亚层。本场地缺失上海地区正常沉积的第⑥层暗绿色黏性土层,而第⑤层沉积深厚,第⑦层顶面埋深大,厚度偏薄。场地的工程地质条件及基坑围护设计参数如表 3-6 所示,土层力学性质指标在设计计算中考虑取用直剪固快峰值强度。

表 3-6　　　　　　　　　　土层物理力学性质参数

土层编号	土层	厚度 h/m	重度 γ/(kN·m⁻³)	内摩擦角 φ/(°)	黏聚力 c/kPa
①	填土	1.20	—	—	—
②₁	褐黄色黏土	0.99	18.9	17.5	24
②₂	灰黄色黏土	0.95	17.7	19.0	16

土层编号	土层	厚度 h/m	重度 $\gamma/(\text{kN}\cdot\text{m}^{-3})$	内摩擦角 $\varphi/(°)$	黏聚力 c/kPa
③	灰色淤泥质粉质黏土	3.99	17.0	17.5	12
④	灰色淤泥质黏土	9.26	16.5	12.5	10
⑤₁₋₁	灰色黏土	3.02	17.3	16.0	14
⑤₁₋₂	灰色粉质黏土	7.38	17.7	23.0	11
⑤₃₋₁	灰色粉质黏土夹黏质粉土	9.81	17.7	26.0	10
⑤₃₋₂	灰色粉质黏土夹砂质粉土	10.36	17.8	26.0	10
⑤₄	灰色-灰绿色粉质黏土	1.24	19.5	20.5	34
⑦	灰绿-灰色砂质粉土	5.70	18.5	32.5	4
⑧₁	灰色黏土	3.08	17.9	22.0	13
⑧₂	灰色粉质黏土夹粉砂	12.23	18.7	23.0	17
⑨₁	灰色粉砂	16.22	18.6	33.5	1
⑨₂	灰色粉砂	10.02	18.9	34.5	1

（2）场地内的不良地质条件

障碍物：工程场地内原有建筑物已经拆除，但建筑用地内仍有一些建筑垃圾需要清理，另外场地内部原有建筑物拆除后仍可能存在一些地下障碍物，对本工程的施工造成影响，应在施工前进行进一步调查。

厚填土、暗浜：根据勘察报告，场地内局部填土较厚，局部地段②₁层遭受人工建筑基础开挖等原因缺失。场地中部有一条东西向暗浜，宽7～10 m，深3.0～4.0 m。

设计、施工时应对上述不良地质条件采取必要的技术措施，确保围护结构施工质量和施工顺利进行。

3. 基坑支护方案

本基坑工程设计以安全可靠、经济合理、技术先进、方便施工为原则，综合考虑该基坑工程周边情况、自然环境条件及基坑工程施工次序，在对所有围护结构比较分析的基础上，本工程考虑实施顺作法施工方案，围护设计使用地下连续墙（两墙合一）＋四道钢筋混凝土水平内支撑的围护形式。工程分五个阶段进行开挖，第一阶段开挖深度为1.550 m并设置支撑；第二阶段开挖到6.850 m并设置第二道支撑；第三阶段开挖到指定深度11.850 m，并设置第三道支撑；第四阶段开挖到指定深度16.050 m，并设置第四道支撑；第五阶段开挖至基坑底部位置。图3-18为支撑布置平面图。

4. 基坑开挖时周边建筑沉降预测

上海古北财富中心工程周边环境比较复杂，北临虹桥路、东依玛瑙路、南靠红宝石路、西侧毗邻申康宾馆。特别是基坑西侧的申康宾馆、北侧的宋氏住宅均为重点保护建筑，因此在

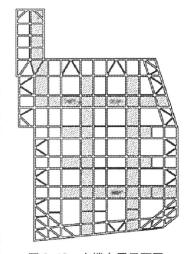

图 3-18 支撑布置平面图

基坑开挖过程中要严格控制其沉降,保证这些建筑物在施工期间的安全性。选取西侧的申康宾馆1号楼为研究对象,进行安全性分析。

神经网络模型预测的结果表明:随着预测数量的增加,预测的结果和实际的误差越来越大,因此为了保证预测结果的准确性,采用分层分工况的方法进行预测。以第二工况开始时前15次基坑的开挖深度、监测点距基坑边缘的距离、土体的内摩擦角、土体的黏聚力为输入值,以实际的监测值为输出值训练神经网络模型,并用该神经网络模型预测该工况后期关键时刻周边建筑物监测点的沉降值。得出周边建筑的沉降值之后,根据建筑的尺寸可以推算出建筑的倾斜度。同时结合基坑的开挖深度、建筑物与基坑边缘的距离、建筑物使用时间以及建筑物的承载能力,运用模糊综合评价法对开挖过程中的建筑物安全性进行评价。一旦评价结果不理想,应尽快采取措施进行保护性施工。基于神经网络的沉降预测步骤如下:

(1)建立训练样本

根据神经网络预测原理,利用第二工况的监测数据作为训练样本,训练神经网络模型(用该模型进行后期预测)。由于基坑刚开挖时,表层1.2 m为杂填土,土的性质不具有很好的代表性,同时,基坑的开挖深度较浅,监测数据变化微小,监测间隔为每4 d监测一次,后期随着工程的深入,调整为每2 d监测一次。所以用前期的数据进行样本训练所得的模型对后期的沉降值预测准确性较差,故从第二工况开始研究。

(2)建立网络模型

根据神经网络训练原理,建立神经网络模型。该模型输入层包含5个神经元,输出层包含1个神经元。中间层的神经元要经过大量验算才能确定,通过计算,神经网络的隐含层节点数为13个。因为监测点F81与监测点F84、F82和F83的训练参数相同。因此,以监测点F81和F84前期沉降监测数据的平均值作为输出值建立网络模型。监测点F81和F84神经网络训练样本如表3-7所列。根据模型运行结果可以看出,该模型运行至381次时基本上趋于稳定(图3-19)。

表3-7　　　　　　　　　　监测点F81和F84神经网络训练样本

监测次数	开挖深度/m	与基坑边缘的距离/m	内摩擦角/(°)	黏聚力/kPa	重度/(kN·m⁻³)	实测值/mm
22	1.55	15.6	17.5	24	18.9	47.6
23	1.55	15.6	19	16	17.7	48.3
24	1.94	15.6	19	16	17.7	50.2
25	2.10	15.6	19	16	17.0	52.3
26	2.45	15.6	17.5	12	17.0	55.1
27	2.75	15.6	17.5	12	17.0	56.8
28	3.20	15.6	17.5	12	17.0	60.1
29	3.75	15.6	17.5	12	17.0	63.0
30	4.20	15.6	17.5	12	17.0	64.3
31	4.55	15.6	17.5	12	17.0	66.4

（续表）

监测次数	开挖深度/m	与基坑边缘的距离/m	内摩擦角/(°)	黏聚力/kPa	重度/(kN·m⁻³)	实测值/mm
32	4.85	15.6	17.5	12	17.0	71.3
33	5.35	15.6	17.5	12	17.0	74.9
34	5.80	15.6	17.5	12	17.0	77.2
35	6.43	15.6	17.5	12	17.0	78.4
36	6.85	15.6	17.5	12	17.0	81.2

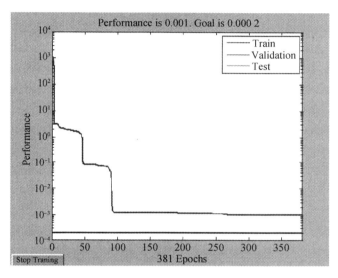

图 3-19　模型运行图

当网络误差小于预先设定的误差值时，神经网络模型就能存储建筑物的沉降变化特性，将预测的样本输入已训练好的网络进行计算，就可以得到要预测的沉降值。

（3）神经网络模型的预测

采用神经网络预测的第二种方法，也就是采用提前一步的预测结构，分多步预测未来各个时间点的沉降值。用基坑开挖深度、监测点与基坑边缘的距离、土的内摩擦角、土的黏聚力、土体的重度数据来预测该时刻的沉降值。

根据前面所述，随着时间的推进，预测结果造成的误差逐渐累积而增大，为了避免较大的误差，本节采用多步预测法，也就是将整个工程划分成五个工况，对每一个监测点的各个工况进行分析预测。以监测点 F81 为例：

第一工况基坑开挖主要是表层的杂填土，开挖至 −1.550 m，开挖深度较小。因此本节不做研究。

第二工况为压顶梁达到设计强度后开挖至 −6.85 m 处，将此阶段的数据作为训练样本进行神经网络模型的建立。

第三工况为第二道支撑和围檩达到设计强度后，分层分块开挖至 −11.85 m 处，利用神经网络进行预测，具体的预测结果如表 3-8 所列。

表 3-8　　　　　　　　　第三工况下监测点 F81 预测值与实测值比较

监测次数	开挖深度/m	与基坑边缘的距离/m	内摩擦角/(°)	黏聚力/kPa	重度/(kN·m⁻³)	实测值/mm	误差/%
37	6.85	15.6	17.5	12	17.0	81.5	−0.86
38	7.23	15.6	12.5	10	16.5	84	−0.83
39	7.65	15.6	12.5	10	16.5	86.6	−0.69
40	8.12	15.6	12.5	10	16.5	89.5	−0.89
41	8.55	15.6	12.5	10	16.5	92.4	−1.19
42	9.00	15.6	12.5	10	16.5	92.9	−0.97
43	9.45	15.6	12.5	10	16.5	95.6	−0.52
44	9.95	15.6	12.5	10	16.5	98.1	−0.20
45	10.45	15.6	12.5	10	16.5	100.9	−1.52
46	10.95	15.6	12.5	10	16.5	103.6	−1.19
47	11.40	15.6	12.5	10	16.5	107.4	−0.40
48	11.85	15.6	12.5	10	16.5	110.4	−0.39

第四工况为第三道支撑和围檩达到设计强度后,分层分块开挖至−16.05 m 处,利用神经网络进行预测,具体的预测结果如表 3-9 所列。

表 3-9　　　　　　　　　第四工况下监测点 F81 预测值与实测值比较

监测次数	开挖深度/m	与基坑边缘的距离/m	内摩擦角/(°)	黏聚力/kPa	重度/(kN·m⁻³)	实测值/mm	误差/%
49	11.85	15.6	12.5	10	16.5	114.2	−1.09
50	12.30	15.6	12.5	10	16.5	116.0	−0.81
51	12.80	15.6	12.5	10	16.5	117.9	−0.62
52	13.45	15.6	12.5	10	16.5	119.8	−0.70
53	13.92	15.6	12.5	10	16.5	120.7	1.77
54	14.40	15.6	12.5	10	16.5	121.7	1.90
55	14.90	15.6	12.5	10	16.5	124.9	1.92
56	15.45	15.6	12.5	10	16.5	129.8	1.26
57	15.82	15.6	12.5	10	16.5	134.1	1.58
58	16.05	15.6	12.5	10	16.5	136.1	1.56

第五工况为第四道支撑和围檩达到设计强度后,分层开挖至坑底处−18.750 m,并立即浇注垫层。对该工况利用神经网络进行预测,具体的预测结果如表 3-10 所列。

表 3-10　　　　　　　　　　　第五工况下监测点 F81 预测值与实测值比较

监测次数	开挖深度/m	与基坑边缘的距离/m	内摩擦角/(°)	黏聚力/kPa	重度/(kN·m⁻³)	实测值/mm	误差/%
59	16.05	15.6	12.5	10	16.5	141.9	3.21
60	16.52	15.6	16	14	17.3	145.2	1.48
61	16.95	15.6	16	14	17.3	149.3	2.04
62	17.35	15.6	16	14	17.3	155.3	1.77
63	17.85	15.6	16	14	17.3	159.2	2.10
64	18.35	15.6	16	14	17.3	162.2	1.94
65	18.75	15.6	16	14	17.3	164.7	2.59
66	18.75	15.6	16	14	17.3	17.3	2.44
67	18.75	15.6	16	14	17.3	166.7	2.25
68	18.75	15.6	16	14	17.3	168.9	2.83
69	18.75	15.6	16	14	17.3	171.5	3.27
70	18.75	15.6	16	14	17.3	171.6	3.44
71	18.75	15.6	16	14	17.3	171.9	3.84
72	18.75	15.6	16	14	17.3	172.1	3.66

根据上述后三个工况下周边建筑物的沉降预测值与后期实际监测值进行对比分析,绘制对比曲线,如图 3-20 所示。

通过图 3-20 可以得出,对比各个工况监测点 F81 的预测值和最终的实际监测值,前期二者吻合程度较高,随着开挖深度的推进,误差逐渐增大,但是二者之间最大的相对误差为 3.84%,基本上可以满足实际的工程需要,即通过神经网络可以实现对周边建筑物沉降的预测。

5. 小结

利用基坑周边的申康宾馆四周的监测点前期监测数据进行神经网络模型的建立,根据神经网络模型对后续开挖过程中监测点的沉降值进行预测。

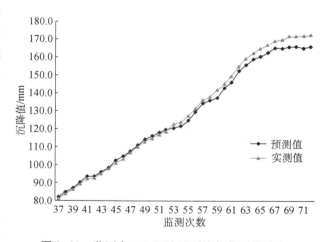

图 3-20　监测点 F81 沉降预测值与监测值对比

将监测点沉降预测值与实际监测值进行对比的结果表明:利用神经网络对建筑物沉降的预测值与实际监测值误差在允许范围内,可以满足实际工程需要。

通过沉降的预测值得到各个工况下该建筑物的倾斜度,并结合建筑物的承载能力、基坑的开挖深度、建筑物与基坑边缘的距离、建筑物的使用时间等评价因素对建筑物的安全性进行评估。根据评估结果可以看出,申康宾馆1号楼未出现明显的危险点,主体结构不受影响,基本上都处于安全状态。

3.3.2 基于数量化理论Ⅰ的基坑开挖对历史建筑物影响的风险分析

1. 工程概况

洛克外滩源位于上海市外滩历史文化风貌保护区的核心地块,新建筑开挖的基坑紧贴历史保护建筑和保留建筑。平面布置如图3-21所示。3号基坑与亚洲文会加建基坑之间只隔一道地下连续墙。3号基坑开挖面积630 m²,开挖深度13.1 m,亚洲文会加建基坑开挖面积90 m²,开挖深度6.5 m。3号基坑采用地下连续墙+三轴搅拌桩两侧加固,亚洲文会加建基坑采用SMW工法,桩基均采用钻孔灌注桩。对基坑影响范围内的历史建筑物进行基础和主体加固,这些历史建筑物的结构概况及采取的加固方法如表3-11所示。

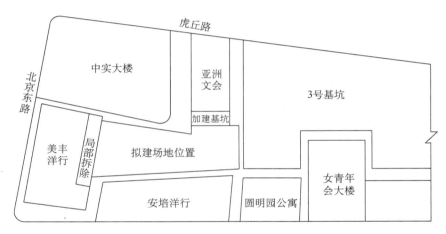

图3-21 洛克外滩源平面示意图

表3-11 基坑影响范围内的历史建筑物结构概况及加固方法

工程名称	上部结构形式	基础形式	基础加固方法
安培洋行	共4层,砖木结构	大放脚砖砌条形基础,基础埋深1.56 m,无地下室	锚杆静压钢管桩
圆明园公寓	共4层,砖木结构	大放脚砖砌条形基础,基础埋深1.6 m,无地下室	锚杆静压钢管桩
亚洲文会大楼	6层框架结构	条形基础梁,木桩长24.4 m,基础埋深1.75 m,无地下室	无
女青年会大楼	8层,钢筋混凝土框架结构	柱下独立承台桩基础,基础下设矩形木桩,桩长12.19 m	锚杆静压钢管桩
中实大楼	地上7层,钢筋混凝土框架	半地下室,柱下独立承台桩基础,桩长9.15 m	锚杆静压钢管桩
美丰洋行	3层砖木结构	条形基础,埋深1.2 m,无桩基	无

2. 施工技术难点

(1) 深基坑贴近历史建筑,围护结构施工时,施工机械布置困难,而且要减小对历史建筑基础的影响范围和深度。

(2) 历史建筑基础加固与3个深浅不一的单体基坑施工相互影响,施工顺序的安排至关重要。

(3) 施工现场场地狭小,工期紧,必须合理解决土方和材料运输问题,加快地下工程施工进度,保证新建筑与历史建筑上部加固同时施工。

(4) 深基坑施工时,要保证邻近未进行基础加固的待拆老建筑的安全。

3. 总体施工流程

(1) 3号基坑在施工三轴搅拌桩前,须完成老建筑基础加固(全部新增基础梁)施工,确保基础的整体刚度。

(2) 邻近3号基坑周围、纵横墙相交处的锚杆静压钢管桩需沉桩及封桩完毕。

(3) 邻近安培洋行的3号基坑内侧加固搅拌桩须在地下连续墙施工完毕后方可施工。

(4) 亚洲文会大楼地下室结构完成后施工3号基坑围护结构。

(5) 美丰洋行在3号基坑围护施工前加固并局部拆除。

在实际施工过程中由于加固的进度滞后,流程做了适当调整,关键在于控制亚洲文会加建底板和地下一层的二次换撑时间,保证在3号基坑开挖前完成换撑;美丰洋行在3号基坑围护施工后、开挖前才完成加固并局部拆除。实际施工流程如图3-22所示。

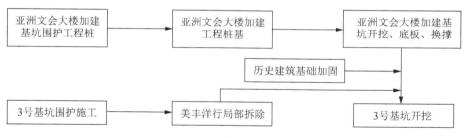

图 3-22 相邻建筑施工流程

4. 基坑施工

基坑的施工主要涉及围护结构、土方开挖、基坑降水、支撑布置等。

(1) 围护结构

3号基坑地下连续墙厚600 mm,靠近保护建筑物区域深28.5 m,与结构外墙两墙合一,两侧采用三轴搅拌桩3φ650 mm@900 mm加固兼止水帷幕。基坑内采用3φ650 mm@1 350 mm三轴搅拌桩加固,桩间搭接200 mm,水泥掺量分别为8%(坑底以上)和13%(坑底以下)。三轴搅拌桩有效桩长分别为12.90 m(一般区域)、15.90 m(坑底加固区域)、17.30 m(亚洲文会大楼加建基坑区域)和16.70 m(与3号基坑衔接区域)。

(2) 土方开挖

土方开挖分4层,第1层土方开挖后施工第1道支撑及栈桥。第1层土用挖机直接挖运,下面3层土采用80 t的履带式起重机将普通小型挖机吊进坑内,与停放在栈桥上的加长臂挖机形成接力方式进行土方挖运。

(3) 基坑降水

3号基坑按单井有效抽水面积200 m²来确定,在基坑内设置3口真空深井,深井降水孔深 21 m,成孔直径 700 mm,井管直径 273 mm,侧边采用洁净粗砂回填。深井降水在开挖前 30 d 进行,基坑开挖前坑内地下水位须降至开挖面以下 1 m,结合支撑施工及土方开挖,视降水及水位监测情况适当调整降水方案。整个降水周期一直延续到 3 号基坑地下室主体施工结束。

(4)支撑及栈桥设置

3 号基坑南北长约 36 m,东西长约 16 m,东、南、西三面均为历史建筑,施工场地非常狭窄,基坑开挖后将没有施工通道,故在 3 号基坑靠近安培洋行、圆明园公寓一侧增设临时施工栈桥,便于挖机及运土车辆在栈桥上挖运土方、停靠起重机械、安装钢管支撑、吊运施工材料模板等,从而加快基坑施工速度。

3 号基坑内第 1 道支撑为 900 mm×800 mm 钢筋混凝土支撑,第 2,3 道为 φ609×16 双拼钢管支撑,[24@2 000 mm 加强,环梁为双拼 H700×300×13×24,钢管支撑施加预应力。利用第 1 道钢筋混凝土支撑,在其上部设置混凝土栈桥。在基坑内设 500 mm×500 mm 钢格构柱支撑栈桥并插入工程桩。

5. 影响因子分析

周边历史建筑物基础沉降由于受到包括自然和人为因素在内的各种因素的影响,所以其沉降数据呈现离散性与无序性。当前基础沉降预测主要是采用根据历史数据判定沉降的特征参数的预测方法。

基坑开挖引起的地面沉降常常没有严格的数量概念,更缺少恰当的定量方法,这就使得数学计算方法的精确性和严格性与原始工程施工资料的描述性和概略性之间产生一定差距,从而增加了变工程施工问题为数学问题,或变工程施工模型为数学模型的难度。解决这一难题的途径之一,就是研究适合定性数据的统计分析方法。

数量化理论 Ⅰ 把周边历史建筑物基础沉降问题变为数学问题,研究基坑开挖引起的周边历史建筑物基础沉降影响因子在数量上的关系,常常可以揭示一定的规律。它是一种既能处理定量变量,同时又能处理定性变量的多元统计方法。如果把整个研究区域视为总体,并对其进行更具体的划分,构成一组样本(样本中的元素既有定性变量,又有定量变量),那么,数量化理论 Ⅰ 的基本思想便是:先定义一种亲近度,以表征样本间的相似关系,然后以此为依据,对每个样本合理地给定一个空间位置,使之能全面地反映样本间的亲疏关系,从而实现对样本的归类。

(1)定量因子

在考虑基坑开挖周边历史建筑物基础沉降的影响因子中,通过定量因子进行统计判断,具体的定量因子有以下几种:

① 周边历史建筑与基坑的距离 x_1:基坑周边的历史建筑与基坑的距离有远近之分,一般情况下,周边历史建筑离基坑边缘越近,其受到基坑开挖的影响越大,相应的建筑物基础沉降就越大,而且它们之间的距离可以定量统计,单位为 m。

② 基坑开挖深度 x_2:在基坑开挖过程中,随着基坑开挖深度的加大,其周边地表沉降越来越大,地层的移动也会影响到周边历史建筑物基础的移动,造成建筑物基础沉降也会加大。通过对基坑开挖深度的定量统计,可以作为预测周边历史建筑物基础沉降的考虑因素之一,单位为 m。

③ 围护结构插入比 x_3:基坑的围护结构插入比的不同,会影响围护结构的整体刚度,在满足基坑设计要求的情况下,围护结构刚度越大,周边地层的变形越小。对围护结构插入比

进行定量统计,作为数量化理论 I 的影响因子之一,为无量纲。

④ 黏聚力 c 的加权值 x_4:对 2.5 倍基坑开挖深度范围内土层的黏聚力进行加权统计,具体方法为求黏聚力 c 与相应土层厚度的乘积与所有土层厚度的比值。把加权的黏聚力作为定量因子进行统计,单位为 kPa。

⑤ 内摩擦角 φ 的加权值 x_5:对 2.5 倍基坑开挖深度范围内土层的内摩擦角进行加权统计,具体方法为求内摩擦角 φ 与相应土层厚度的乘积与所有土层厚度的比值。把加权的内摩擦角作为定量因子进行统计,单位为(°)。

⑥ 历史建筑物层数 x_6:对历史建筑物层数进行定量统计,以反映建筑物荷载因素对基坑开挖影响的敏感性程度。

(2)定性因子

在考虑基坑开挖周边历史建筑物基础沉降的影响因子中,通过定性因子进行统计判断,具体的定性因子有以下几种:

① 坑内加固 x_7:在基坑设计中,类目 1,有些基坑是需要坑内特别加固的(如裙边加固等);类目 2,有些基坑不需要坑内特别加固(如隔离墩式加固)。针对这种情况就需要进行定性统计分析。

② 建筑物本身刚度 x_8:基坑周边历史建筑物本身的刚度也会影响其沉降,类目 1,刚度大;类目 2,刚度小。

③ 基础形式 x_9:一般情况下,历史建筑物的基础形式有天然地基、条形基础以及后期加固的桩基等基础形式,类目 1,天然地基;类目 2,非天然地基。

④ 历史建筑物基础加固 x_{10}:基坑周边历史建筑物在基坑开挖之前进行基础加固,类目 1,加固;类目 2,不加固。

⑤ 地下水 x_{11}:基坑的开挖不能回避地下水的影响,类目 1,水文地质条件好;类目 2,水文地质条件差。

(3)基准变量的确定

根据项目现场资料的收集和整理,选取基坑开挖周边有历史建筑物的工程案例,按照定量因子和定性因子与基准变量(历史建筑物沉降,单位为 mm)进行统计,详见表 3-12。

(4)预测方差及精度分析

根据数量化理论 I 的基本原理,基于样本反应矩阵进行多元线性回归分析,因变量为基准变量(记为 y),自变量为 x_1,x_2,x_3,x_4,x_5,x_6,x_{71},x_{72},x_{81},x_{82},x_{91},x_{92},x_{101},x_{102},x_{111},x_{112}。具体的回归分析如表 3-13—表 3-15 所示。

表 3-13　　　　　　　　　　　　　　　　输入/移去的变量

输入的变量	移去的变量
x_1,x_2,x_4,x_5,x_{72},x_{91},x_{101},x_{112}	其余

表 3-14　　　　　　　　　　　　　　　　复相关系数汇总

R	R^2	调整 R^2	标准估计的误差
0.993[a]	0.987	0.980	2.43

表3-12　基坑周边历史建筑物沉降样本反应矩阵表

样本编号	基准变量	x_1	x_2	x_3	x_4	x_5	x_6	x_{71}	x_{72}	x_{81}	x_{82}	x_{91}	x_{92}	x_{101}	x_{102}	x_{111}	x_{112}
								x_7		x_8		x_9		x_{10}		x_{11}	
1	5.00	3.00	2.00	1.02	13.38	30.50	8	1	0	1	0	0	1	1	0	0	1
2	15.00	3.00	6.50	1.02	12.81	28.40	8	1	0	1	0	0	1	1	0	0	1
3	28.00	3.00	10.50	1.02	10.33	25.30	8	1	0	1	0	0	1	1	0	0	1
4	36.00	3.00	13.10	1.02	8.12	22.10	8	1	0	1	0	0	1	1	0	0	1
5	3.00	8.00	2.00	1.15	14.52	32.50	6	1	0	0	1	1	0	0	1	0	1
6	12.00	8.00	6.50	1.15	13.60	29.40	6	1	0	0	1	1	0	0	1	0	1
7	18.50	8.00	10.50	1.15	11.40	26.50	6	1	0	0	1	1	0	0	1	0	1
8	24.00	8.00	13.10	1.15	8.95	23.20	6	1	0	0	1	1	0	0	1	0	1
9	2.00	14.00	2.00	1.20	12.10	29.80	4	1	0	0	1	0	1	0	1	0	1
10	8.00	14.00	6.50	1.20	10.40	28.60	4	1	0	0	1	0	1	0	1	0	1
11	12.00	14.00	10.50	1.20	9.50	27.30	4	1	0	0	1	0	1	0	1	0	1
12	18.00	14.00	13.10	1.20	8.20	25.50	4	1	0	0	1	0	1	0	1	0	1
13	4.00	4.50	3.00	1.10	18.00	32.60	7	0	1	1	0	0	1	1	0	0	1
14	12.00	4.50	7.00	1.10	16.50	30.50	7	0	1	1	0	0	1	1	0	0	1
15	22.00	4.50	12.00	1.10	13.60	28.70	7	0	1	1	0	0	1	1	0	0	1
16	30.00	4.50	15.90	1.10	7.08	25.80	7	0	1	1	0	0	1	1	0	0	1
17	3.50	10.00	2.00	1.20	15.50	30.70	6	1	0	1	0	0	1	0	1	0	1
18	10.00	10.00	6.50	1.20	14.20	29.50	6	1	0	1	0	0	1	0	1	0	1
19	15.00	10.00	10.50	1.20	11.60	27.60	6	1	0	1	0	0	1	0	1	0	1
20	20.00	10.00	13.10	1.20	8.56	23.50	6	1	0	1	0	0	1	0	1	0	1
21	3.25	6.00	1.50	1.18	13.40	31.80	7	1	0	1	0	0	1	1	0	0	1
22	11.00	6.00	3.00	1.18	12.53	29.40	7	1	0	1	0	0	1	1	0	0	1
23	17.50	6.00	4.50	1.18	10.50	27.30	7	1	0	1	0	0	1	1	0	0	1
24	22.00	6.00	5.90	1.18	7.42	25.20	7	1	0	1	0	0	1	1	0	0	1

表 3-15　　　　　　　　　　　回归方程系数统计

自变量	非标准化系数		标准系数	t	显著性	B 的 95.0% 置信区间	
	B	标准误差	试用版			下限	上限
x_1	−0.982	0.251	−0.479	−3.914	0.001	−1.514	−0.450
x_2	0.707	0.285	0.358	2.482	0.025	0.103	1.310
x_4	−0.387	0.375	−0.272	−1.033	0.317	−1.182	0.407
x_5	−1.643	0.557	−2.680	−2.948	0.009	−2.825	−0.462
x_{72}	1.140	2.474	0.027	0.461	0.651	−4.105	6.385
x_{91}	0.137	1.441	0.005	0.095	0.925	−2.918	3.192
x_{101}	−0.972	1.972	−0.023	−0.493	0.629	−5.153	3.209
x_{112}	67.246	14.422	3.899	4.663	0.000	36.672	97.819

由表 3-13 可知,自变量 x_1,x_2,x_4,x_5,x_{72},x_{91},x_{101},x_{112} 对因变量(基准变量)起主要影响作用,复相关系数 $R=0.943$,大于 0.9,说明该预测模型较为精确,基准变量与各类目之间的线性相关关系为高度相关。得到预测方程如下:

$$y = -0.982x_1 + 0.707x_2 + 0x_3 - 0.387x_4 - 1.643x_5 + 0x_6 + 0x_{71} + 1.140x_{72} +$$
$$0x_8 + 0x_{81} + 0.137x_{91} + 0x_{92} - 0.972x_{101} + 0x_{102} + 0x_{111} + 67.246x_{112}$$
$$= -0.982x_1 + 0.707x_2 - 0.387x_4 - 1.643x_5 + 1.140x_{72} + 0.137x_{91} -$$
$$0.972x_{101} + 67.246x_{112} \tag{3-60}$$

由式(3-60)可知,基准变量(基坑周边建筑物沉降量)与 x_2,x_3,x_{72},x_{91},x_{101},x_{112} 正相关,与 x_1,x_4,x_5 负相关。可得:

① 随着周边历史建筑物离基坑位置越近,建筑物沉降越大,说明在基坑开挖过程中要尤其注重对离坑边近的历史建筑进行监测。

② 基坑开挖深度越大,周边建筑物的沉降越大,即历史建筑受基坑开挖的影响越大。

③ 基坑的围护结构插入比越大,在进行回归分析时,关联性较小。

④ c、φ 加权值越大,基坑开挖时,建筑物沉降越小。表明地层强度大对邻近历史建筑保护有利。

⑤ 考虑到历史建筑物具有历史沉降,在基坑开挖过程中,历史建筑物的层数对其沉降的影响较小,说明建筑物的以后荷重已经使基础下的土体产生了压密,所以其本身的荷载另外影响其沉降的程度会较小。

⑥ 基坑开挖过程中,若没有进行坑内加固,周边地表沉降会加大,进而周边建筑物的沉降亦会加大。

⑦ 基坑开挖会扰动周边深层土层,当周边历史建筑物为天然地基时,基础受基坑开挖的影响较大,历史建筑物的沉降会加大。

⑧ 对历史建筑进行基础加固,其在基坑开挖期间发生的沉降会降低。

⑨ 周边土层水文地质条件越好,基坑开挖引起的周边历史建筑的沉降量越小。

实际值与预测值的比较分析见表 3-16。

表 3-16   样本基准变量、预测值及误差

样本编号	基准变量	预测值	误差	样本编号	基准变量	预测值	误差
1	5.00	9.432 17	4.43	13	4.00	5.536 77	1.54
2	15.00	16.283 94	1.28	14	12.00	12.395 5	0.40
3	28.00	25.165 77	2.83	15	22.00	20.010 12	1.99
4	36.00	33.118 13	2.88	16	30.00	30.057 61	0.06
5	3.00	1.902 84	1.10	17	3.50	2.380 66	1.12
6	12.00	10.533 66	1.47	18	10.00	8.036 09	1.96
7	18.50	18.978 33	0.48	19	15.00	14.992 25	0.01
8	24.00	27.188 01	3.19	20	20.00	24.745 25	4.75
9	2.00	1.385 99	0.61	21	3.25	4.960 82	1.71
10	8.00	7.196 38	0.80	22	11.00	10.302 06	0.70
11	12.00	12.507 91	0.51	23	17.50	15.599 61	1.90
12	18.00	17.806 89	0.19	24	22.00	21.233 26	0.77

由表 3-16 可知,基准变量之和为 352,误差之和为 36.67,误差率为 36.67/352×100%＝10.4%,这是由于本节统计的基坑开挖影响因素有限,故存在一定的误差率,再结合相应的工程实践经验可以对基坑开挖周边的地表沉降进行初步沉降评价。

（5）影响因素相关分析

基坑开挖引起周边历史建筑物沉降是各种因素综合作用的结果,但各因素的影响和控制作用有大小之分。本节运用数量化理论Ⅰ计算求出其相关系数,判定各个影响因素对周边历史建筑物沉降的作用大小。

相关系数与变量之间的线性相关程度呈正相关,即变量之间的线性相关程度越高,相关系数绝对值越大;变量之间的线性相关程度越低,相关系数绝对值越小。因此,可根据基坑周边邻近历史建筑物的沉降量与各影响因素之间的相关系数,来具体说明各影响因素分别对基坑开挖引起周边历史建筑沉降的影响程度,进而从众多影响因素中辨别出基坑开挖引起周边历史建筑物沉降的主要影响因素和次要影响因素。

运用数量化理论Ⅰ的基本原理,计算出各影响因素的相关系数,详见表 3-17。

表 3-17   各影响因素权重对比分析

影响因素	相关系数	贡献排序	影响因素	相关系数	贡献排序
x_1	0.353	4	x_{72}	0.115	7
x_2	0.835	2	x_{91}	0.192	6
x_4	0.705	3	x_{101}	0.312	5
x_5	0.875	1	x_{112}	0.001	8

由表 3-17 可知,内摩擦角 φ 的加权值在所有影响因素中的贡献度最大,而后是黏聚力 c 的加权值和基坑开挖深度,说明场地地质条件和基坑的开挖深度起到主要作用;其次是基坑

与周边历史建筑的距离和历史建筑基础是否加固对基坑开挖引起的历史建筑物沉降也起到次要影响作用;基坑内不进行特别加固、历史建筑物为天然地基和水文地质条件作用在所有影响因素中占的比重较小。

3.3.3 基于层次分析法的基坑开挖对历史建筑物影响的风险分析

以上海国际舞蹈中心深基坑工程为实例,运用层次分析法评价基坑开挖对基坑四周6幢历史建筑的影响,并进行风险分析,提出处理对策。

1. 工程概况与地质条件

上海国际舞蹈中心新址位于上海市虹桥历史文化风貌保护区内,是上海市"十二五"规划的最后一个市重点重大文化建设工程项目(图3-23)。建成后,它将成为上海市舞蹈教育、节目排练和国际舞蹈交流的重要基地。上海国际舞蹈中心项目由上海芭蕾舞团、上海歌舞团、舞蹈学校、舞蹈学院、1 000座剧院、200座合演中心等功能区域组成,包括4幢新建单体(1~4号楼),均为24 m以下多层建筑;1~4号楼地下一层地下室与地下车库连为整体,主要功能为厨房以及设备用房;2号楼和3号楼局部设地下两层用作车库。地上总建筑面积约44 890 m²,地下建筑面积约40 040 m²。剧院为框架抗震墙结构,其余建筑为框架结构。基础采用桩筏基础,工程桩采用φ600钻孔灌注桩。

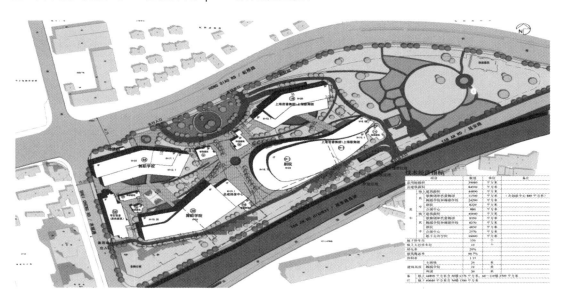

图3-23 总平面图

(1)基坑概况

基坑面积:本工程一层基坑总面积约26 609 m²,周长约927 m,二层基坑面积约14 428 m²,周长约707 m。基坑形状极不规则。

基坑开挖深度:根据建筑资料,本工程设计标高±0.000相当于绝对标高+4.400 m,室内外高差0.60 m。目前场地内标高为3.80 m,地下一层结构底板顶面相对标高为−6.200 m,底板厚600 mm,垫层厚200 mm,单桩承台高1.0 m,多桩承台高1.5 m。地下二层结构底板顶面相对标高为−10.200 m,底板厚1 000 mm,垫层厚200 mm,承台高1.5 m。地下一层及地下二层基坑开挖深度分别为

地下一层普遍区域:$h_0=6.2+0.6+0.2+(3.8-4.4)=6.4$ m;

地下二层普遍区域:$h_0=10.2+1.0+0.2+(3.8-4.4)=10.8$ m。

（2）周边情况

本工程基地区位条件优越,位于长宁区虹桥地区,地处虹桥路历史文化风貌保护区核心保护范围内,周边历史氛围浓厚,被多幢市级优秀历史建筑所环绕,这些建筑保护等级均较高,且距离基坑很近。周边建筑与本基坑工程关系见图3-24。

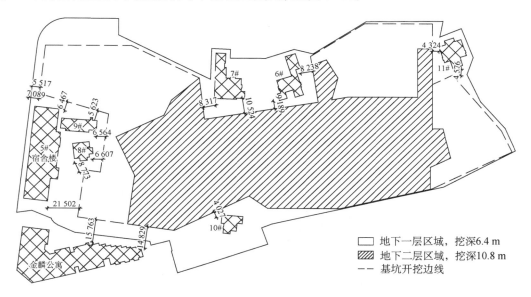

图 3-24　周边历史建筑概况

基坑周边共有图3-24中所示的6♯～11♯共6幢上海市优秀历史建筑,具体情况如表3-18所示。

表 3-18　　　　　　　　　　　　周边历史建筑信息

建筑名称	保护等级	与基坑位置关系	基坑挖深/m	建筑边线距基坑边线最近距离/m	地下室	基础形式	基础埋深/m	基础边线距基坑边线最近距离/m	上部结构形式
6♯	市级	北侧	10.8	5.189	无	条形基础	1.84	4.869	2层砖混结构
7♯	市级	北侧	10.8	9.243	无	条形基础	1.7	8.923	2层砖混结构
8♯	市级	西侧	6.4	6.775	无	条形基础	1.12	6.525	1层砖混结构
9♯	市级	西侧	6.4	5.623	无	条形基础	0.40	5.293	2层砖混结构
10♯	市级	南侧	10.8	4.027	无	条形基础	1.19	3.712	2层砖混结构
11♯	市级	东侧	6.4(10.8)	4.58(9.64)	无	条形基础	0.97	4.33(9.39)	2层砖混结构

（3）地质条件

上海位于东海之滨、长江入海口处,属长江三角洲冲积平原,拟建场地地貌单元属滨海平原地貌类型,地形较为平坦。场地内地下水类型为潜水,主要补给来源为大气降水及地表径流,埋深一般为地表下 0.3～1.5 m。影响本基坑工程的主要土层及各层土的岩土力学参数如表 3-19 所示。

表 3-19 土层力学参数

土层编号	土层	含水率/%	重度/(kN·m⁻³)	内摩擦力 φ/(°)	黏聚力 c/kPa	渗透系数 K/(cm·s⁻¹)
②	粉质黏土	32.6	18.5	18.5	21	3.5×10^{-6}
③	灰色淤泥质粉质黏土	42.9	17.5	14.5	15	5.0×10^{-6}
④	灰色淤泥质黏土	48.9	16.9	10.0	11	3.0×10^{-7}
⑤₁	灰色粉质黏土	36.7	18.0	21.0	18	6.0×10^{-6}
⑤₂	灰色黏质粉土	31.8	18.5	29.0	11	6.0×10^{-4}

2. 基坑工程与历史建筑的关系

本建设场地原为上海舞蹈学校和上海舞蹈团旧址,在拆除老建筑物的基础上新建 4 幢 3～4 层建筑,这样,场地用地面积和四周红线就很受影响。基坑工程与保留的历史建筑地理位置关系复杂,基坑工程有如下特点:

(1)环境保护要求高。基坑周边分布有 6 幢市级优秀历史建筑,离基坑边线距离均在 1 倍开挖深度以内,其中南侧 10♯ 楼距离基坑边线最近为 4.027 m,并且历史建筑分布在基坑四周。

(2)基坑形状极不规则。本工程是在拆除原有建筑物之后新建项目,同时考虑保留 6 幢市级优秀历史建筑,受场地条件的限制,基坑的形状极不规则,给基坑支护设计中支撑的布置带来困难。同时,基坑开挖会从多个侧面影响同一幢历史建筑,会产生叠加影响。

(3)基坑开挖面积大,存在两个挖深。本工程一层基坑总面积约 26 609 m²,二层基坑面积约 14 428 m²。一层挖深 6.4 m,二层挖深 10.8 m,坑内标高各异,需要分坑组织施工,施工的流程与基坑支撑内力的传递路径关系复杂,有 4 幢历史建筑受二层地下室开挖影响。

(4)施工组织难度大

拟建场地地处虹桥路历史文化风貌保护区核心保护范围内,被多幢优秀历史建筑环绕,三面邻近交通道路,场地条件十分紧张,给施工中的材料堆场、交通组织等带来较大的困难。同时,基坑开挖、基础施工也会给历史建筑带来不利影响。

3. 层次分析法理论与模型

本基坑工程的设计与施工,不可避免地会对基坑周边 6 幢历史建筑产生不利影响,存在一定的风险,而且此风险具有复杂性和不确定性。为降低和消除风险,首先必须找出对历史建筑影响较大的风险源,然后通过有效对策,对风险实施控制,以达到保护历史建筑的目的。常用的风险分析方法有多种,本节采用层次分析法对基坑工程影响周边历史建筑的风险进行分析。

基坑开挖对历史建筑影响的分析评价思路与步骤为:首先根据历史建筑的影响因素建立分层递进的层次结构模型,构造两两判断矩阵,然后分别计算单一准则下和目标准则下的风险因素权重,并进行一致性检验,最后得到影响历史建筑因素的风险分类。

基坑开挖和基础施工对历史建筑的影响,既与历史建筑本身的设计、使用状况以及所处环境有关,又与基坑设计和施工方案有关。在总结分析大量工程实例的基础上,得到图3-25所示的层次分析模型。

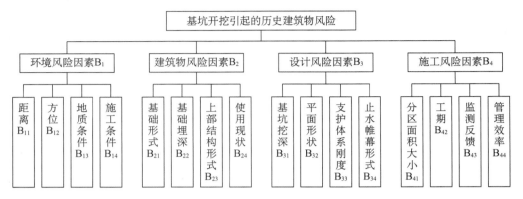

图 3-25 层次分析模型

4. 实例分析

(1)影响因素风险计算

根据图 3-25 所示的分析模型,采用1~9 的标度,通过专家打分法构建两两比较判断矩阵。专家的评判标准是根据自己多年从事基坑支护设计与施工的实践经验,并结合实际工程的周边环境、历史建筑物现状、基坑设计和施工方案等情况所作出的综合比较判断。下面以 10♯楼(图 3-26)为例详细介绍计算分析过程。

图 3-26 10♯楼现状(单位:mm)

10♯楼为上海市优秀历史建筑,该建筑为两层砖混结构,无地下室。目前建筑外边线西北角距离本工程基坑最近,距离为 4.027 m。该历史建筑基础形式为条形基础,基础边线超出外墙 0.315 m,基础埋深 1.19 m。根据上海市建筑科学研究院房屋质量监测站提供的《上海国际舞蹈中心新建项目施工前周边优秀历史建筑现状检测报告》得出以下结论。

10♯楼检测现状:

① 10♯楼保护较好,未见明显损伤;

② 房屋东西向平均倾斜率 1.19‰,最大向西倾斜 2.05‰,南北向平均倾斜率 1.08‰,

最大向北倾斜 2.22‰,低于《优秀历史建筑修缮技术规程》(DGJ 08—108—2004)中一级修缮的临界值(7.00‰)。

10♯楼保护要求:

① 在保持原有的建筑整体性和风格特点的前提下,允许对建筑外部作适当的局部变动;

② 允许对建筑内部作适当的变动;

③ 内部重点保护部位:空间格局,原有装饰。

将 10♯楼情况与基坑支护设计资料发送给 20 位专家,专家根据各自的理论知识和专业实践经验打分,经统计计算得到的判断矩阵为

$$\mathbf{A} = \begin{bmatrix} 1 & 2 & 1/4 & 3 \\ 1/2 & 1 & 1/7 & 3 \\ 4 & 7 & 1 & 5 \\ 1/3 & 1/3 & 1/5 & 1 \end{bmatrix}$$

$$\mathbf{B}_1 = \begin{bmatrix} 1 & 3 & 7 & 5 \\ 1/3 & 1 & 3 & 4 \\ 1/7 & 1/3 & 1 & 2 \\ 1/5 & 1/3 & 1/2 & 1 \end{bmatrix}$$

$$\mathbf{B}_2 = \begin{bmatrix} 1 & 5 & 3 & 7 \\ 1/5 & 1 & 1/3 & 2 \\ 1/3 & 3 & 1 & 6 \\ 1/7 & 1/2 & 1/6 & 1 \end{bmatrix}$$

$$\mathbf{B}_3 = \begin{bmatrix} 1 & 6 & 3 & 7 \\ 1/6 & 1 & 1/3 & 2 \\ 1/3 & 3 & 1 & 7 \\ 1/7 & 1/2 & 1/7 & 1 \end{bmatrix}$$

$$\mathbf{B}_4 = \begin{bmatrix} 1 & 7 & 4 & 6 \\ 1/7 & 1 & 1/5 & 1/4 \\ 1/4 & 5 & 1 & 3 \\ 1/6 & 4 & 1/3 & 1 \end{bmatrix}$$

经计算,得到各因素的权重为

$\mathbf{A}: \mathbf{W} = [0.20 \quad 0.12 \quad 0.61 \quad 0.07]$, $\lambda = 4.21$, $CI = 0.07$, $CR = 0.079 < 0.1$

$\mathbf{B}_1: \mathbf{W} = [0.47 \quad 0.14 \quad 0.33 \quad 0.05]$, $\lambda = 4.07$, $CI = 0.02$, $CR = 0.026 < 0.1$

$\mathbf{B}_2: \mathbf{W} = [0.56 \quad 0.11 \quad 0.27 \quad 0.06]$, $\lambda = 4.09$, $CI = 0.03$, $CR = 0.032 < 0.1$

$\mathbf{B}_3: \mathbf{W} = [0.57 \quad 0.10 \quad 0.28 \quad 0.05]$, $\lambda = 4.11$, $CI = 0.04$, $CR = 0.040 < 0.1$

$\mathbf{B}_4: \mathbf{W} = [0.60 \quad 0.05 \quad 0.23 \quad 0.12]$, $\lambda = 4.25$, $CI = 0.08$, $CR = 0.092 < 0.1$

根据以上计算结果,得到设定准则下各风险因素的影响权重,判断矩阵均通过一致性检验,可据此分析评价基坑开挖对历史建筑的风险。

（2）风险归类

从影响因素来看,基坑开挖对历史建筑的影响从大到小排序为:基坑设计风险、环境风险、建筑物本身风险、施工风险。具体可以根据计算结果,结合风险因素的特征,将风险分为表 3-20 所示的四类。

表 3-20　　　　　　　　　　　风险分类表

分类	权重	因素
重要风险	0.08 以上	B_{31}(0.348),B_{33}(0.171),B_{11}(0.094)
较为重要风险	0.04～0.08	B_{21}(0.067),B_{13}(0.066),B_{32}(0.061),B_{41}(0.042)
一般风险	0.02～0.04	B_{23}(0.032),B_{34}(0.031),B_{12}(0.028)
次要风险	0.02 以下	B_{43}(0.016),B_{22}(0.013),B_{14}(0.01),B_{44}(0.008),B_{24}(0.007),B_{42}(0.004)

从表 3-20 可以看出,对历史建筑影响最大的因素是基坑挖深,因为基坑开挖深度决定了对周边环境影响的范围,这一因素是最基本的、原发性的,因为一切均是由基坑开挖所引起的。其次是支护体系的刚度、历史建筑与基坑的距离、历史建筑基础形式等因素。其中,支护体系的刚度是人为设计的,也是可调控的,距离和方位也可调控,但一般选择的余地不大。

（3）对策

分析评价基坑开挖对历史建筑影响的目的是控制风险,保护历史建筑。针对表 3-20 中的风险分类,对于重要和较为重要的风险,在规划、设计和施工整个过程中都必须予以关注和预警,有时必须从源头上加以控制,这样才能起到事半功倍的效果。一般风险和次要风险是可以接受的风险,通过增强风险意识,加强管理,就能化解风险。下面主要针对重要和较为重要的风险提出对策（表 3-21）。

表 3-21　　　　　　　　　　　风险对策

风险分类		对策
重要风险	基坑挖深 B_{31}	设计时尽量减小基坑开挖深度,但调控余地不大
	支护体系刚度 B_{33}	按环境变形控制要求来设计支护体系,设计时尽量加大支护体系刚度,可调控,效果明显
	距离 B_{11}	规划和平面图设计时尽量留足距离,但调控余地不大
较为重要风险	基础形式 B_{21}	历史建筑的基础形式决定受基坑开挖影响的大小。因历史建筑大多采用天然地基、条形基础或大放脚,所以基坑开挖对其影响较大。可通过基础托换、加固等措施来防范风险
	地质条件 B_{13}	可通过地基加固的方法来改善土质条件,可调控,效果明显
	基坑平面形状 B_{32}	设计时与历史建筑相邻的边界尽量简单,不要多边界相邻,既要减小空间效应,又要减小多边界叠加影响
	分区面积大小 B_{41}	根据基坑面积大小和历史建筑与基坑平面位置关系,可实行分坑施工,也可实行分块、分区施工,可调控,效果明显,减小基坑开挖的时间和空间效应

（4）结论与建议

城市地下空间开发和利用在某些情况下可能与历史建筑的保护发生矛盾。当代城市建设者必须站在历史的高度，既是城市的建设者，更是城市精神的传承者，有责任、有义务去妥善解决这一矛盾。本节通过基坑开挖对历史建筑的风险分析，得到如下结论和建议。

① 在历史建筑附近新建建筑物时，特别是地下空间的开发利用，在规划、设计和施工整个阶段，都必须重视基坑开挖和基础施工对历史建筑的影响，并事前作出风险评价，必要时为保护历史建筑，应修改、调整规划。

② 从影响因素来看，基坑开挖对历史建筑的影响从大到小排序为：基坑设计风险、环境风险、建筑物本身风险和施工风险。基坑设计因素是最基本的因素，一切风险皆由基坑开挖引起。从源头控制风险往往能起到事半功倍的效果。

③ 基坑开挖对历史建筑有重要风险的因素为：基坑挖深、支护体系刚度和距离。对于基坑开挖深度能浅则浅，尽量减小挖深；在设计基坑支护体系时，应以历史建筑变形控制为准则来设计支护体系，使支护体系的刚度满足环境变形要求。

④ 基坑开挖对历史建筑有较为重要风险的因素为：历史建筑的基础形式、地质条件、平面形状和分区面积大小。这四个风险可通过施工措施加以解决。对基础较差的历史建筑，可采用基础托换、加固等方式加固基础，提高基础抵抗基坑开挖扰动影响的能力。针对基坑开挖的时空效应，可通过分坑或分块、分区施工来控制时空效应。对地质条件差的区域，可通过对基坑坑内土体加固、历史建筑基础加固及托换等措施来改善土层力学性质，从而起到减小基坑开挖对历史建筑影响、保护历史建筑的目的。

⑤ 在基坑工程和基础工程的设计与施工过程中，应重视环境监测与信息反馈分析，加强施工管理，并应准备好应急预案，控制一般风险和次要风险，防止一般风险和次要风险转变成重要风险和较为重要风险。

3.3.4 小结

通过人工神经网络、数量化理论Ⅰ和层次分析法分析基坑开挖对周边历史建筑物的影响实例，增强了对不同理论方法在基坑开挖对周边历史建筑物影响的应用的了解，为工程研究人员提供了一定的借鉴。

3.4 盾构（顶管）引起的环境变形特征

沿海软土地区的地下空间开发要求越来越严格，对于严格的环境及施工质量控制标准，越来越多的先进施工工艺被应用于施工中。其中，盾构（顶管）施工在地下空间开发中的应用越来越广泛。然而，盾构（顶管）施工必然会引起土体扰动，进而使土体的应力状态不断发生变化，引起地面和地下土体的移动。当变形量超过一定范围时，将严重威胁邻近历史建筑物的安全与正常使用。

在大型顶管施工过程中，从开挖面的掘进、弃土输出、工具管顶进到平衡泥浆的注入等工艺均与盾构法施工工艺非常相似。因此，这两种施工方法对地层的扰动机理相似，扰动区土体变形及其特性也类似。盾构法施工采用的混凝土管片衬砌拼装后在原位不动，而顶管法施工则是混凝土管环与掘进机一起向前掘进。

3.4.1 地质条件

研究盾构(顶管)施工对周边历史建筑物的影响,首先需要研究场地的地质条件对工程的影响。在不同的地质条件下,盾构(顶管)施工对土层的扰动影响是有差异的,如软土地区和硬土地区的盾构(顶管)变形就有很大的区别。盾构施工一般较顶管施工的埋深要深,当盾构施工涉及岩石地层时,引起的变形就相对较小。地下水在地下空间施工过程中的影响显著,潜水和承压水是施工过程中的主要危险源。

1. 工程地质条件

由于各地区的地质条件不同,盾构(顶管)施工对周围土体的扰动和沉降量差异明显,所以需针对不同土层性质分别研究盾构(顶管)的影响。

(1) 软土地区

由于软土地层含水率高、孔隙比大、压缩性高、强度低、灵敏度高和易触变、流变的特性,地层自稳性能极差。盾构(顶管)在软土层中掘进时作业姿态难以控制,而当掘进姿态不良时容易引起区域内地表较大沉降。

盾构(顶管)推进时,地表会发生不同程度的变形,从而对周边土体造成一定的扰动。在软土地区,由于土质条件较差,掘进施工的扰动影响较大,地表变形的影响范围较大,具体表现为沉降或隆起。当周围有历史建筑物时,由于其基础一般整体性和强度较弱,在盾构(顶管)推进时,很容易造成不均匀沉降。

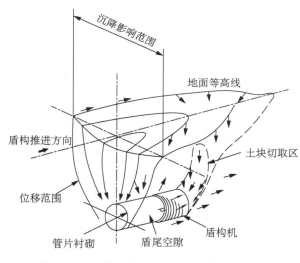

图 3-27　地基位移分布模式图(黏性土地基)

盾构(顶管)施工引起的土体变形,其纵面影响范围在盾构前方约($D + h\tan 45°$)范围内(D 为盾构直径,h 为地表至盾构底的深度)。在软性黏土地层中,其纵向影响范围为 45°夹角的斜直线。从横向影响范围来看,黏性地层影响范围为隧道轴线两侧($D/4 + h\tan 45°$)范围内。深层土体的纵向变形,基本上与盾构(顶管)前进的方向一致,以水平向前位移为主,说明盾构(顶管)正面土体一般均受到盾构推进的挤压影响呈前移变形。盾构(顶管)通过时前部土体受摩阻力影响仍发生前移运动,而盾尾的空隙又使尾部土体发生后移,详见图 3-27。

(2) 硬土地区

对于砂土等硬土层,扰动区主要发生在管壁外 1 m 范围内,并以此向四周扩散。在硬性砂土地层,其纵向影响范围呈鼻形曲线,深层土体的影响范围与黏性土相同,而表层土体的影响范围要小于黏性土。从横向影响范围来看,砂性地层影响范围要小些,约为($D/4 + h\cot 60°$)。深层土体的纵向变形,基本上与盾构(顶管)前进的方向一致,以水平向前位移为主,详见图 3-28。

2. 水文地质条件

潜水和承压水是盾构(顶管)施工过程中的主要危险源,盾构顶管施工会引起土层中相应的潜水水位变化和承压水水压变化,隧道周边的土层地下水位变化会引起地层产生位移,当其周边有历史建筑物时,需要严格控制地层变形。

(1)潜水

在潜水层中,上覆水深越大,地表最大沉降和地表沉降影响范围也越大。隧道周围的地下水在动水压力的驱动下向洞内渗入,渗流引起土体的固结沉降。水位升高,孔隙水压力增大,隧道开挖时隧道周边孔隙水压力的改变将引起更大的固结沉降。上覆水深越大,则动水压力越大,隧道开挖引起的渗流扰动范围也越大。

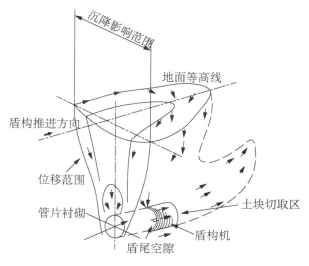

图 3-28　地基位移分布模式图(砂性地基)

(2)承压水

在软弱地层条件下,一旦遇到地下承压水,将会对隧道洞门安全造成极大的隐患,若处理不当,轻则引起洞门周边地面沉陷,重则造成周边建(构)筑物坍塌,甚至产生工作井及盾构被埋等灾难性的后果。在承压水层中,承压水头越大,孔隙水压力越大,盾构(顶管)掘进时,隧道周边孔隙水压力的改变将引起更大的固结沉降。当周边有历史建筑物时,尤其要控制承压水对工程施工的变形影响。

3.4.2 邻近历史建筑物

当盾构(顶管)掘进工程周边存在历史建筑物时,由于其保护标准高,需要严格控制由盾构(顶管)引起的周围地层位移变形,以确保历史建筑物的安全。不同的历史建筑物的基础结构形式与隧道开挖的变形控制要求也是不同的,需要针对不同的情况进行分析。

3.4.2.1 有无桩基

1. 天然地基

当历史建筑物的基础为天然地基时,一般情况下地质条件较好或者历史建筑物的高度较低,自然状态下即可满足承担基础全部荷载的要求,不需要人工处理。盾构(顶管)掘进施工会扰动周围土层,需要控制扰动程度,尽量保持周边土质的原状性,控制土体位移。

2. 桩基

盾构(顶管)掘进施工引起土体附加应力的因素主要有正面附加推力、掘进机和后续管道与周围土体之间的摩擦力以及土体损失。从作用的时间上看,正面附加推力、掘进机和后续管道与土体之间的摩擦力首先产生作用,随着掘进机的推进,土体损失的作用才开始发挥出来。当掘进隧道周围历史建筑的基础是桩基时,会改变桩基的附加荷载分布规律。

隧道的盾构(顶管)施工不可避免地靠近已有建筑物,如图 3-29 所示,这会引起相邻建筑物中的桩基产生附加内力和变形,甚至会造成桩基础的破坏而威胁上部结构的安全,因此,研究盾构(顶管)开挖引起的地层位移及其对邻近桩基础的影响是很有必要的。

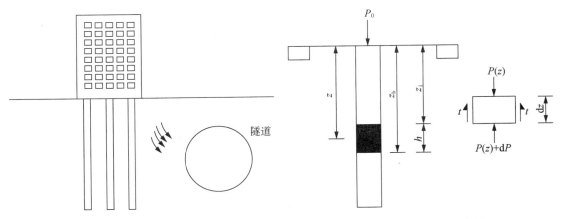

图 3-29　盾构(顶管)开挖对邻近桩基影响示意图　　　　图 3-30　桩单元受力图

熊巨华等(2013)在前人研究的基础上,基于荷载传递法引入 API 规范推荐的 t-z 和 Q-z 曲线,考虑桩-土界面的非线性特征,通过有限差分法的迭代求解,给出隧道开挖与邻近单桩相互作用的弹塑性解答;然后利用已有离心机试验结果验证本方法的合理性,并对其中的差异原因进行分析;最后研究了隧道开挖对邻近单桩竖向受力特性的影响规律。

(1) 基本方程的建立

为了推导隧道开挖条件下被动单桩的基本方程,现作如下假定:①桩为弹性体;②土为弹塑性连续变形体;③桩土间相互作用是用连续分布的弹簧模拟,桩土不发生分离,满足变形协调条件。

根据图 3-30 中桩身单元的平衡条件:

$$\frac{\partial P(z)}{\partial z} = -U_p t(z) \tag{3-61}$$

式中,U_p 为桩界面周长;$P(z)$ 为深度 z 处桩的轴力;$t(z)$ 为深度 z 处桩侧摩阻力。

微分体的竖向应变为

$$\varepsilon = -\frac{P(z)}{E_p A_p} = \frac{\partial W_p(z)}{\partial z} \tag{3-62}$$

式中,E_p 为桩身弹性模量;A_p 为桩身横截面积;$W_p(z)$ 为深度 z 处桩身位移。

由式(3-61)和式(3-62)可得到桩身的位移方程为

$$\frac{\partial^2 W_p(z)}{\partial z^2} - \frac{U_p}{E_p A_p} t(z) = 0 \tag{3-63}$$

隧道开挖时在深度 z 处桩侧摩阻力为

$$t(z) = \frac{k_z}{U_p} [W_p(z) - S_{gfz}(z)] \tag{3-64}$$

式中,k_z 为桩侧土体弹簧刚度;$S_{gfz}(z)$ 为隧道开挖引起的土体自由场位移。

由式(3-63)和式(3-64)可得土体竖向位移对桩身影响的沉降控制方程为

$$\frac{\partial^2 W_{\mathrm{p}}(z)}{\partial z^2} - \lambda^2 [W_{\mathrm{p}}(z) - S_{\mathrm{gfz}}(z)] = 0 \tag{3-65}$$

式中，$\lambda = \sqrt{k_z/(E_{\mathrm{p}} A_{\mathrm{p}})}$。

（2）计算参数的选取

桩-土间的荷载传递关系采用 API 规范推荐的桩侧摩阻力 t（或桩端抗力 Q）与剪切位移 z 间的关系曲线，如图 3-31、图 3-32 所示。其中，D 为桩径；$t_{\max}$ 为桩侧极限摩阻力；t_{res} 为残余侧摩阻力；Q_{p} 为极限桩端阻力；z_{u} 为临界桩端位移。

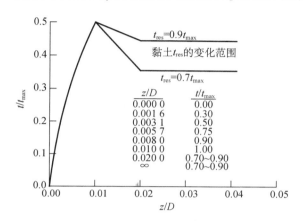

图 3-31 桩侧摩阻力-位移（t-z）关系曲线　　图 3-32 桩端阻力-位移（Q-z）关系曲线

极限侧阻力和极限端阻力的选取采用 API 规范中的方法。桩身任一点处的极限侧阻力为

$$q_{\mathrm{su}} = \alpha s_{\mathrm{u}} \tag{3-66}$$

式中，α 为无量纲系数；s_{u} 为土体的不排水抗剪强度。其中系数 α 可由以下方程确定：

$$\begin{cases} \alpha = 0.5 \psi^{-0.5}, & \psi \leqslant 1.0 \\ \alpha = 0.5 \psi^{-0.25}, & \psi > 1.0 \end{cases} \tag{3-67}$$

当 $\alpha > 1.0$ 时，取 $\alpha = 1.0$，其中 $\psi = s_{\mathrm{u}}/p_0$，$p_0$ 为有效上覆土压力。

桩基的极限端阻力为

$$q_{\mathrm{b}} = 9 s_{\mathrm{u}} \tag{3-68}$$

（3）基本方程求解结果

隧道开挖引起邻近单桩竖向位移为

$$[\boldsymbol{W}_{\mathrm{p}}] = [\boldsymbol{K}_{\mathrm{pz}}]^{-1} ([\boldsymbol{K}_{\mathrm{gfz}}][\boldsymbol{S}_{\mathrm{gfz}}] + [\boldsymbol{F}_z]) \tag{3-69}$$

式中，$[\boldsymbol{W}_{\mathrm{p}}]$ 为桩身节点竖向位移列向量；$[\boldsymbol{K}_{\mathrm{pz}}]$ 为桩身竖向刚度矩阵；$[\boldsymbol{K}_{\mathrm{gfz}}]$ 为土体竖向刚度矩阵；$[\boldsymbol{S}_{\mathrm{gfz}}]$ 为隧道开挖引起的土体自由场位移列向量；$[\boldsymbol{F}_z]$ 为桩身竖向外荷载列向量。

（4）隧道开挖对邻近桩基竖向影响规律

基于相关研究分析，可知隧道开挖对邻近桩基竖向影响规律有：

① 随着隧道中心线与地表距离的增加,桩处土体自由场竖向位移、桩身沉降和桩身轴力先增大然后逐渐减小。

② 随着隧道轴线与桩轴线距离的增加,桩处土体自由场竖向位移、桩身沉降逐渐减小,桩身轴力增大到一定值后逐渐减小。

③ 随着平均地层损失比的增加,桩处土体自由场竖向位移和桩身沉降不断增大,桩身轴力逐渐增大到稳定值。

④ 随着桩长的增加,桩身沉降不断减小,桩身轴力呈现先受拉后受压的竖向受力变化;随着桩径的增加,桩身沉降和桩身应力不断减小,桩身轴力不断增大;随着桩身刚度的增加,桩身沉降逐渐减小,桩身轴力逐渐增大到一定值。

3.4.2.2 条形基础

历史建筑物多采用条形浅基础,当其周边有隧道开挖时,为了确保历史建筑区基础的安全,需要研究盾构(顶管)隧道开挖对周边历史建筑物条形基础的影响特征,结合相应的历史建筑物保护规范进行设计。

隧道开挖对周边历史建筑物的影响因素有:隧道与建筑之间的位置关系,隧道开挖直径,隧道挖深等。盾构(顶管)隧道开挖会引起条形基础的不均匀沉降,其中当隧道处于条形基础正下方时,条形基础的不均匀沉降幅度最大,应采取加固措施,防止由于隧道开挖引起的不均匀沉降造成基础差异变形过大,进而可能引起基础破坏,甚至危及历史建筑物本身的安全。

3.4.2.3 历史建筑与盾构(顶管)隧道位置关系

盾构(顶管)开挖隧道与相邻历史建筑物之间的位置关系错综复杂,典型的位置关系有建筑物处于隧道正上方、建筑物与隧道有一定偏移。

如图 3-33 所示,建筑物处于隧道正上方,条形基础的变形为中间沉降最大,往两边的沉降越来越小,表现为中间大两头小。隧道与条形基础的距离用 H 表示,H 值越小,隧道开挖对条形基础的影响越大。

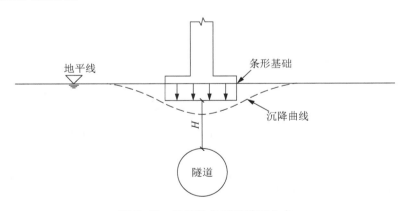

图 3-33 建筑物处于隧道正上方

如图 3-34 所示,建筑物与隧道有一定偏移,条形基础的变形为离隧道水平距离越近,沉降值越大,整体表现为向隧道方向倾斜。隧道与条形基础的距离用 H 表示,H 值越小,隧道开挖对条形基础的影响越大。

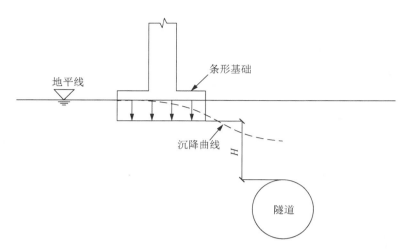

图 3-34 建筑物与隧道有一定偏移

3.4.3 盾构(顶管)掘进设计

盾构(顶管)隧道掘进会引起周围土体的应力场发生改变,掘进时隧道断面的土体向隧道中心移动,使施工横断面收敛,产生地层损失。当研究盾构隧道推进对周边历史建筑物影响时,可以表现为对地表沉降的影响。盾构隧道深度、开挖直径、衬砌结构、隧道止水等因素的差异显著影响周边土体位移,在施工过程中要严格控制盾构(顶管)推进所引起的周边土体位移对邻近历史建筑物的影响。

1. 盾构(顶管)隧道推进深度

盾构(顶管)隧道与地表的距离记为隧道推进深度 H,隧道的埋深越深,其对地表沉降的影响就会越小,而地表横向沉降槽的宽度就会越宽,即影响范围越大。可见隧道覆土厚度对地表变形的减小是有利的。

2. 隧道直径

隧道的横断面尺寸不尽相同,其对地表的影响也有所不同。隧道直径越大,引起单位长度的土体损失量就越大,地表最大沉降量也就越大。

3. 衬砌结构

隧道衬砌的作用主要是保护开挖成形的断面形状,使隧道断面在使用寿命内保持设计形状,从而满足隧道的使用功能。衬砌会承担外部土体给它的较大的压力,依靠自身的承载力保护隧道的安全。但当土体开挖完成后,不对洞身进行衬砌,这时洞身形状的保持就会由土体自身来完成,即洞身周围的土压力全部由洞身周围的土层来承担,在这样的情况下,洞身断面尺寸的变形比存在衬砌的洞身变形要大,洞身周围的土层会发生较大变形,由于土体在宏观上可以视作连续体,当下部的土体发生位移时,上部的土体也必将随之发生运动,不断填充由下层土体所留下的空隙,最终形成的结果就是地表的变形远远大于有衬砌的隧道地表变形。隧道衬砌结构的刚度越大,抵抗由隧道开挖引起的周边土体的挤压能力越强,进而也会间接减小土层的应力损失,表现为地表沉降的减小。

4. 隧道止水

地层的固结沉降和损失是引起土体沉降的主要原因,如开挖的隧道是在地下水位以下,地下水会由于隧道开挖后的内外压力差而不断渗出,在渗流的过程中慢慢产生很多渗水通道,这些通道会造成土体进一步失水,土体不断固结收缩,进而引起地表沉降。

盾构法隧道的防水与渗漏水治理是至关重要的,它关系到隧道功能的正常发挥、使用期限的长短、隧道及邻近建筑的不均匀沉降,因此必须根据隧道使用要求和技术状况,对衬砌形式、盾构法掘进特点、周边环境及掘进对其他地下结构的影响等因素做认真调查,确定相应的防水等级。

3.4.4 施工措施

在顶管施工过程中,开挖面的掘进、土体的输出、掘进机的顶进、平衡泥浆(或气体)的注入等工艺与盾构法相应的施工工艺类似。但也有不同之处,盾构法施工过程中采用衬砌,拼装后就在原位不动,而顶管法则采用预制管道,施工过程中管节随掘进机一起向前顶进,管道与周围土体之间会产生剪切摩擦作用,并且注浆的作用机理也与盾构法不同。

1. 掘进姿态

掘进姿态控制的基本原则:以隧道设计轴线为目标,偏差控制在设计范围内,同时在掘进过程中盾构姿态调整,确保不破坏管片。盾构依靠千斤顶不断向前推进,为便于轴线控制,将千斤顶设置成不同区域,严格控制各区域油压,同时控制千斤顶的行程,合理纠偏,做到勤纠,减小单次纠偏量,使盾构沿设计轴线方向推进。

2. 开挖面的稳定

闭胸式盾构同时进行开挖和推进,要确保开挖面的稳定,避免发生过量取土和压力舱内堵塞,须使开挖和推进速度相协调。开敞式盾构要根据围岩条件,开挖后立即推进或在开挖的同时进行推进,避免开挖面发生破坏。管片拼装完成后,要尽快开挖、推进,尽量减少开挖面的暴露时间。

3. 时空效应

隧道本身是一个三维空间结构,其设计是一个复杂的三维空间受力问题。在隧道开挖过程中,由于地下水的变化,土体会产生固结沉降,此时会涉及时间效应。因此,研究隧道开挖过程中的时空效应是很有必要的。

(1) 时间效应

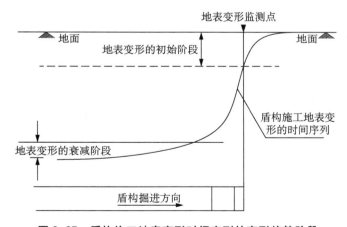

图 3-35 盾构施工地表变形时间序列的变形趋势阶段

盾构施工引起的地表变形监测时间序列原则上是复杂的岩土环境系统与盾构系统在施工过程中各种要素相互作用的结果,蕴含着岩土环境在盾构施工整个过程的变形时间效应特征。盾构施工地表变形的时间序列大致可以划分为三个不同的变形趋势阶段,如图 3-35 所示。

地表变形的初始阶段:累计沉降量、沉降速率和沉降加速度都从零开始逐渐增长,累计沉降量主要由盾构到达前的地表沉降和盾构开挖面到达时的地表沉降构成。

地表变形的发展阶段:累计沉降量增加较快,沉降速率逐渐达到最大,沉降的加速度由正值逐渐趋于零并转为负值,累计沉降量主要由盾构通过时的地表沉降和盾构通过后脱出盾尾的地表沉降构成。

地表变形的衰减阶段:累计沉降量继续增加,但增加缓慢,此阶段沉降速率逐渐减小到零,沉降的加速度由负值逐渐变为零,累计沉降量主要由盾构通过后的土体长期次固结沉降构成。

盾构施工过程具有典型的时滞特点,即岩土环境的变形相对于盾构施工参数的改变有一个响应的时间。也就是说,盾构施工参数的改变与岩土环境变形并不是同步的,盾构施工变形存在滞后效应。

（2）空间效应

盾构施工引起的地表变形是一个涉及不同土体的复杂力学性态的转变和位移响应的空间三维过程。这个过程可近似理解为随盾构推进而不断变化的地表沉降盆,描述其空间分布就是要确定该沉降盆的范围和大小。预测盾构施工地表变形的空间分布场,并正确理解和掌握变形机理及空间分布特征参数,这对于减少盾构施工对周围土体的扰动程度,最大限度地降低盾构施工造成的地表变形,有效保护周边历史建筑物意义重大。

4. 隧道防水

盾构(顶管)隧道的防水宜以"以防为主,多道防线,因地制宜,综合治理"的原则进行。同时要考虑气候条件、工程地质和水文地质条件等因素,以确保隧道满足防水要求,且施工简便、经济合理。隧道的防水措施见表3-22。

表 3-22 　　　　　　　　　　　　　隧道防水措施

防水等级	防水措施									
	防水混凝土	高精度管片	接缝防水				管片外涂层	金属外露件防腐	阴极保护	内衬
			弹性密封垫	嵌缝	注入密封剂	螺孔密封圈				
一	应选	必选	应选	应选	可选	必选	可选	应选	应选	宜选
二	应选	必选	可选	宜选	可选	可选	可选	应选	应选	可选
三	应选	必选	可选	宜选	—	宜选	可选	应选	可选	—
四	可选	可选	应选	可选	—	—	—	应选	可选	—

3.4.5 盾构(顶管)掘进引起的周边地表的变形特征

盾构(顶管)掘进施工过程中,由于对土体的开挖和扰动破坏了土体的原始应力状态,使土体单元产生了应力增量,引起周围地层的位移。

1. 盾构(顶管)引起的土体横向变形

目前,关于盾构施工引起的地表沉降规律的研究,已取得了大量的研究成果。Peck (1969)通过对大量地表沉降数据及工程资料进行分析后,首先提出地表沉降槽近似呈正态分布曲线的观点。他提出地层移动由地层损失引起,并认为施工引起的地表沉降是在不排水条件下发生的,所以沉降槽的体积等于地层损失的体积。隧道开挖引起的横向地表沉降槽曲线可以用图3-36描述。

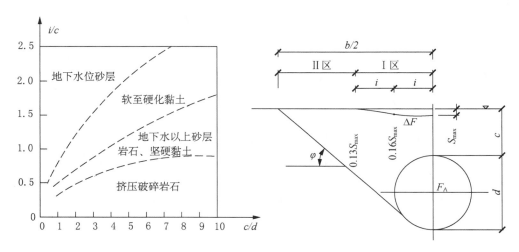

图 3-36　沉降槽宽度与隧道覆土厚度之间的关系

距离隧道中线 x 处的地表沉降量 $S(x)$ 为

$$S(x) = S_{\max} e^{-\frac{x^2}{2i^2}} \tag{3-70}$$

式中，$S_{\max}$ 为隧道中线的地表沉降量，由式(3-71)计算：

$$S_{\max} = \frac{\Delta F}{i\sqrt{2\pi}} \tag{3-71}$$

式中，ΔF 为开挖单位长度隧道的地层损失体积，一般 $\Delta F = (0.01 \sim 0.03)F_A$（$F_A$ 为隧道开挖面积）；i 为沉降槽的宽度系数，即沉降曲线反弯点的横坐标，i 可由式(3-72)或 Peck 图标得到：

$$i = \frac{c}{\sqrt{2\pi} \cdot \tan(45° - \varphi/2)} \tag{3-72}$$

式中，φ 为隧道周围地层内摩擦角；c 为隧道埋深。

横向沉降槽宽度(施工影响范围)$b/2$ 由式(3-73)计算：

$$\frac{b}{2} \approx c \cdot \cot \varphi + \frac{1}{2}d \cdot \cot \frac{\varphi}{2} \quad \text{或} \quad \frac{b}{2} \approx 2.5i \tag{3-73}$$

地表沉降的大小及传递规律与地基条件和覆土比（覆土厚度与盾构直径比）等因素有关。洪积性地基和冲积砂性地层，地中下沉在传递到地表的过程中减小，而冲积性黏土层正相反，盾构通过后，沉降还长时间继续，即使覆土比大，最终地表沉降也与地中沉降的变化规律一样。

英国 Clough 及 Schmidt(1974)在其关于软弱黏土隧道工程的著作中，提出饱和含水塑性黏土中的地表沉降槽宽度系数 i，由式(3-74)得到：

$$\frac{i}{R} = \left(\frac{Z}{2R}\right)^{0.8} \tag{3-74}$$

式中，Z 为隧道埋深；R 为隧道半径。

英国 Attwell 等(1981)也假定沉降槽曲线为正态分布,给出了地表沉降的估算公式:

$$\frac{i}{R} = K\left(\frac{Z}{2R}\right)^n \tag{3-75}$$

$$V = \sqrt{2Ai}\,\delta_{\max} \tag{3-76}$$

式中,$\delta_{\max}$ 为地表最大沉降值;V 为沉降槽体积;A 为隧道开挖面积;K,n 为与地层性质和施工因素有关的系数。

同济大学侯学渊等(1987)结合上海地区饱和土和盾构施工的特点,提出时效(即土体扰动后固结)沉降的修正 Peck 公式:

$$S(x,t) = \left(\frac{V_t \cdot t + H \cdot k \cdot t}{\sqrt{2\pi i}}\right) e^{-\frac{x^2}{2i^2}}$$

$$0 \leqslant t \leqslant T, \ T = \frac{\sqrt{2\pi} \cdot P}{E \cdot k} \cdot i \tag{3-77}$$

式中,P 为隧道顶部空隙水压力的平均值;T 为完全固结时间;t 为固结时间;V_t 为单位时间的体积损失;E 为隧道顶部土层的平均压缩模量;k 为隧道顶部土层的渗透系数;H 为超孔隙水压水头。

Attwell 和 Selly 运用统计学的方法,对盾构施工引起的地层损失的扩散规律进行了分析研究,发现沿隧道轴线向内松弛的地层损失向轴线上方及四周扩散,并随着地层扰动范围的扩大而减小,最后在地表形成一个倒穹顶的凹陷,同时地表的沉降槽随着施工向前移动。

关于地层移动的数值模拟,国内外多采用有限元、边界元、有限差分等方法进行计算。根据实际工程施工情况,考虑不同施工因素的影响,如盾构性能、盾尾间隙、施工工艺、地层性质等,研究盾构施工引起的地表沉降规律。

李桂花(1986)用弹塑性有限元法模拟施工间隙等参数,求出地表沉降的预估公式[式(3-78)],利用不同间隙参数模拟不同的沉降因素的影响。

$$S(x,t) = \frac{0.627Dg}{H \times (0.956 - H)/24 + 0.3g} \cdot e^{\frac{-x^2}{30 \times (6-5/H) \times (2-g)}} \tag{3-78}$$

式中,D 为隧道直径;H 为隧道埋深;g 为施工间隙;x 为与隧道中线的距离。

该公式可以用于估算不同埋深、不同直径、不同施工间隙等参数下,与隧道轴线不同距离的地表沉降值。

Mair 等(1993)通过现场监测和离心模型试验,分析了黏土隧道施工引起的地表沉降槽宽度与最大沉降量随深度的关系,见式(3-79)—式(3-84)。

$$S_{\max} = 0.313V_l \frac{D^2}{k \cdot z_0} \tag{3-79}$$

$$\frac{i}{z_0} = 0.175 + 0.325\left(1 - \frac{z}{z_0}\right) \tag{3-80}$$

$$k = \frac{0.175 + 0.325\left(1 - \dfrac{z}{z_0}\right)}{1 - \dfrac{z}{z_0}} \tag{3-81}$$

$$V_a = \sqrt{2\pi}\, i S_{\max} \tag{3-82}$$

$$V_l = \frac{4V_a}{\pi D^3} \tag{3-83}$$

$$S_{\max} = \frac{0.125 V_l R^2}{\left[0.175 + 0.325 \times \left(1 - \dfrac{z}{z_0}\right)\right] z_0} \tag{3-84}$$

式中，V_a 为地表沉降槽体积；i 为沉降槽宽度系数；V_l 为地层损失体积；R 为隧道直径；z_0 为隧道埋深；z 为估算点与地表的距离；k 为沉降槽宽度系数修正参数，与地层性质有关。

周文波（1993）运用统计方法，得出横向最大沉降量的估计公式，见式（3-85）—式（3-87）。

对砂质土：

$$S_{\max} = 1.032 e^{\frac{7.866\,5}{z/(2R)}} \tag{3-85}$$

对黏质土：

$$S_{\max} = 29.086 - \frac{12.173}{\ln\left(\dfrac{z}{2R}\right)} + 7.423\,3 \cdot n^{1.155\,6} \tag{3-86}$$

沉降影响范围估算公式为

$$w = 1.5 R k \left(\frac{z}{2R}\right)^n \tag{3-87}$$

式中，k，n 为参数，采用土压平衡盾构时，对黏质土，$k = 1.3$，$n = 0.70$；对砂质土，$k = 0.65$，$n = 1.2$。

特别是近年来，采用数值模拟技术对盾构施工引起的地表沉降规律进行了更深入的研究，全面分析了盾构施工引起地表沉降的各种因素，如开挖面压力、注浆量、注浆压力、衬砌压力、地下水位变化等。

2. 盾构（顶管）引起的土体纵向变形

对于隧道开挖引起的纵向沉降，盾构法隧道具有代表性。盾构施工引起的地表沉降历时曲线可分为图 3-37 所示的五个阶段。

（1）先行沉降。指隧道开挖面距地面观测点还有相当距离的时候开始，直到开挖面达到观测点之前所产生的沉降，是由地下水位降低而产生的。因此，这种沉降可以说是由于地基有效上覆土层厚度增加而产生的压缩、固结沉降。

（2）开挖面前的沉降和隆起。指自开挖面距观测点较近时起直至开挖面位于观测点正下方期间所产生的沉降和隆起，多是由于开挖面的崩塌、盾构机的推力过大等所引起的开挖

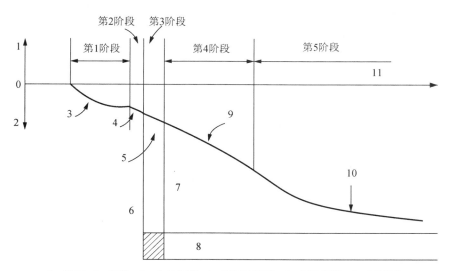

1—隆起；2—沉降；3—先行沉降；4—开挖面沉降；5—盾构沉降；6—开挖面；
7—盾尾；8—盾构机；9—盾尾空隙沉降；10—后续沉降；11—时间轴。

图 3-37　隧道上部沉降横断面形状（Peck，1969）

面土压力失衡所致,是一种由土体的应力释放或盾构开挖面的反向压力、盾构机周围的摩擦力等的作用而产生的地基塑性变形。

（3）盾尾沉降。指从开挖面到达观测点的正下方时起直至盾构机尾部通过观测点为止这一期间所产生的沉降,主要是土的扰动所致。

（4）盾尾空隙沉降。指盾构机的尾部通过观测点的正下方之后所产生的沉降,是盾尾空隙的土体应力释放所引起的弹塑性变形。

（5）后续沉降。指盾构通过后隧道周围土体的蠕变和固结沉降。

刘建航(1975)在总结上海市延安东路盾构隧道地表沉降分布规律的基础上,提出了"欠地层损失"的概念,并提出了预测地表纵向沉降的计算公式:

$$S(y) = \frac{V_{l1}}{\sqrt{2\pi i}}\left[\varphi\left(\frac{y - y_i}{i}\right) - \varphi\left(\frac{y - y_f}{i}\right)\right] + \frac{V_{l2}}{\sqrt{2\pi i}}\left[\varphi\left(\frac{y - y_i'}{i}\right) - \varphi\left(\frac{y - y_f'}{i}\right)\right]$$
$$y_i' = y_i - L; \quad y_f' = y_f - L \tag{3-88}$$

式中, V_{l1}, V_{l2} 分别为盾构开挖面和盾尾后部间隙引起的地层损失; y_i, y_f 分别为盾构推进起点和盾构开挖面到坐标原点的距离; L 为盾构长度; i 为纵向沉降曲线沉降槽宽度系数。

3. 沉降历时规律

一般情况下,对于盾构施工引起的地表沉降的历时关系,大多通过施工阶段的隧道中线地表位移来反映。国内外的理论或经验公式所表达的地表沉降计算一般都不考虑由固结与蠕变产生的沉降。

目前,一般采用双曲线模型来模拟隧道中线地表沉降的历时关系,即土压平衡盾构隧道中线地表沉降历时曲线,可以由式(3-89)表示:

$$S(t) = \frac{t}{a + bt} \tag{3-89}$$

式中　$S(t)$——t 时刻隧道中线最大地表沉降(mm)；

　　　a，b——回归参数，随不同地层、不同隧道而不同，可以根据观测数据回归分析得到；

　　　t——历史时间(d)，一般从盾构开始引起地表沉降时开始计算，取管片脱出盾尾一周的时间，所得回归方程的计算值与实测值较接近。

由式(3-89)可知，当 $t=0$ 时，$S=0$，所以在建立地层沉降历时关系的双曲线模型时，数据统计值的起点在理论上应为地层隆起转为沉降的临界点。在盾构掘进过程中产生的沉降，由于注浆等施工对地层的扰动，地表初期沉降较为复杂，而且沉降变化波动较大，往往导致回归方程离散。

根据有关资料分析，如果统计值的起点取为管片脱出盾尾一周的时间，所得回归方程的计算值与实测值较接近；同时，通过计算分析发现，随着时间的推移，地层沉降趋于稳定，回归方程的计算值越来越接近实际观测值。表征地表沉降历时关系的双曲线模型，用来表示地表的后续沉降更合适，即固结与次固结沉降，与盾构施工阶段的地表沉降历时曲线相结合，即可较为全面地反映盾构施工引起的地表沉降历时关系的全过程。

4. 最大地表沉降

最大地表沉降除采用上面介绍的经验公式计算外，日本学者根据日本盾构隧道施工中积累的实际资料，将地表进行回归分析，并由此估算最大地表沉降公式：

$$\delta_{max}=\frac{2.3\times 10^2}{E_s}\left(21-\frac{H}{D}\right) \tag{3-90}$$

式中，E_s 为平均变形模量(MPa)；H 为隧道覆土厚度(m)；D 为盾构外径(m)。

3.5　盾构(顶管)掘进隧道周边历史建筑沉降的动态预测

在大多数情况下，盾构(顶管)隧道掘进施工引起地层的位移问题之所以会引起各方的广泛关注，是因为这种位移可能会引起附近建筑结构的损坏。在目前的建筑物损坏风险评价体系中，一般都是基于 Peck 公式预测得到的天然地面的沉降槽曲线，并将其作用于建筑物(即假定建筑物产生了与地面相同的位移)，然后评估其结构损坏的风险等级。因此完全忽略了结构刚度的作用。

事实上，建筑物的结构刚度对沉降形态的影响是不可忽视的，由此造成建筑物与天然地面的沉降曲线的形态和大小都有明显的不同。诚然，采用天然地面的沉降值来评价历史建筑物损坏的风险，是偏于安全的一种做法，但多数时候这种做法明显过于保守，因此会引起不必要的浪费。

3.5.1　灰色关联分析法

在客观世界中，因素之间的关系是比较复杂的，尤其是事物的表面现象和变化过程的随机性容易混淆人们的直觉，掩盖事物的本质，从而使人们在认识上得不到全面、可靠的信息，这样就难以对因素进行主次之分，在进行系统分析时也就遇到了困难，难以找到主要矛盾、发现主要特征和主要关系。灰色系统理论提供了一种崭新的多因素分析方法——灰色关联分析法。灰色关联是指事物间的不确定关联，或系统因子之间、因子对主行为之间的不确定关联。灰色关联分析是一种用灰色关联度顺序来描述因素间关系的强弱、大小、次序的方法,是通过灰色关联度来分析和确定系统因素间的影响程度或因素对系统主行为的贡献测度的一种方法。其基本思想是:以因素的数据序列为依据,用数学的方法研究因素间的几何对应关系,即序列曲线的几何形状越接近,则它们之间的灰色关联度越大,反之越小。灰色关联分析实际上也是动态指标的量化分析,充分体现了动态意义。

灰色关联分析是按事物的发展趋势作分析,因此对样本量的多少没有过多的要求,也不需要典型的分布规律,而且计算量比较小,其结果与定性分析结果会比较吻合,所以灰色关联分析法是一种具有独特优势、比较实用和可靠的分析方法。

3.5.1.1 基本概念

在进行关联分析之前,首先要选准反映系统特征行为的数据序列 X_0(有时也称为系统的参考序列),这个过程称为寻找系统行为映射量,用映射量间接地表征系统行为,如用(R&D经费/GDP)表征科技投入强度,用刑事案件发案率来反映社会治安面貌和社会秩序等。系统特征行为序列是系统分析中最为重要的因素,也是讨论的关键问题。确定了系统特征行为之后,将所讨论的问题通过语言模型定性分析,获得系统相关因素行为序列 X_i(也称为比较序列)。这样就可以对系统进行关联分析了。下面给出 X_0 和 X_i 的具体定义及其与灰色关联分析相关的一些基本概念。

定义 1 设 X_0 为表征系统行为的量,其在序号 k 上的观测数据为 $x_0(k)$,$k=1, 2, \cdots, n$,则称 $X_0(k)=(x_0(1), x_0(2), \cdots, x_0(n))$ 为系统特征行为序列。

定义 2 设 X_i 为系统因素,其在序号 k 上的观测数据为 $x_i(k)$,$k=1, 2, \cdots, n$,则称 $X_i(k)=(x_i(1), x_i(2), \cdots, x_i(n))$ 为系统的相关因素行为序列。

若 k 为时间序号,则 X_i 为行为时间序列,$x_i(k)$ 为因素 X_i 在 k 时刻的观测数据;若 k 为指标序号,则 X_i 为行为指标序列,$x_i(k)$ 为因素 X_i 关于第 k 个指标的观测数据;若 k 为观测对象序号,则 X_i 为行为横向序列,$x_i(k)$ 为因素 X_i 关于第 k 个对象的观测数据。无论是时间序列数据、指标序列数据还是横向序列数据,都可以用作灰色关联分析。

定义 3 设系统特征行为序列 X_0 为增长序列,X_i 为相关因素行为序列,则有
(1) 当 X_i 为增长序列时,X_i 与 X_0 为正相关关系;
(2) 当 X_i 为衰减序列时,X_i 与 X_0 为负相关关系。

定义 4 设序列 $X=(x(1), x(2), \cdots, x(n))$,则称
(1) $\alpha=x(k)-x(k-1)$,$k=2, 3, \cdots, n$,为 X 在区间 $[k-1, k]$ 上的斜率;
(2) $\alpha=\dfrac{x(s)-x(k)}{s-k}$,$s>k$,$k=1, 2, \cdots, n-1$,为 X 在区间 $[k, s]$ 上的斜率。

3.5.1.2 数据变换及其性质

在进行关联分析之前,一般要对搜集来的原始数据进行数据变换和处理,因为所给的数据序列的取值单位一般来说是不同的,为保证模型建立的质量和系统分析结果的正确性,需要进行数据变换和处理,使其具有可比性。

1. 单指标序列的数据变换及其性质

对单指标数据序列 $X=(x(1), x(2), \cdots, x(n))$ 进行无量纲的数据变换方法通常有以下几种。

(1) 初值化变换,即

$$XD_1=(x(1)d_1, x(2)d_1, \cdots, x(n)d_1) \tag{3-91}$$

其中，$x(k)d_1 = x(k)/x(1)$，$x(1) \neq 0$，$k = 1, 2, \cdots, n$。

(2) 均值化变换，即

$$XD_2 = (x(1)d_2, x(2)d_2, \cdots, x(n)d_2) \tag{3-92}$$

其中，$x(k)d_2 = x(k)/\bar{x}$，$\bar{x} \neq 0$，$k = 1, 2, \cdots, n$。

(3) 极小化变换，即

$$XD_3 = (x(1)d_3, x(2)d_3, \cdots, x(n)d_3) \tag{3-93}$$

其中，$x(k)d_3 = x(k)/M$，$M \neq 0$，$k = 1, 2, \cdots, n$。

(4) 极大化变换，即

$$XD_4 = (x(1)d_4, x(2)d_4, \cdots, x(n)d_4) \tag{3-94}$$

其中，$x(k)d_4 = x(k)/m$，$m \neq 0$，$k = 1, 2, \cdots, n$。

(5) 极差化变换，即

$$XD_5 = (x(1)d_5, x(2)d_5, \cdots, x(n)d_5) \tag{3-95}$$

其中，$x(k)d_5 = (x(k) - m)/(M - m)$，$M - m \neq 0$，$k = 1, 2, \cdots, n$。

(6) 归一化变换，即

$$XD_6 = (x(1)d_6, x(2)d_6, \cdots, x(n)d_6) \tag{3-96}$$

其中，$x(k)d_6 = x(k)/x_0$，x_0 为大于零的某个常数，$k = 1, 2, \cdots, n$。

(7) 标准化变换，即

$$XD_7 = (x(1)d_7, x(2)d_7, \cdots, x(n)d_7) \tag{3-97}$$

其中，$x(k)d_7 = (x(k) - \bar{x})/\sigma$；$\sigma \neq 0$，$k = 1, 2, \cdots, n$。

式中，$\bar{x}$ 为因素序列 X 的各个取值的样本均值，σ 为样本标准差，M 为因素序列 X 的最大值，m 为序列 X 的最小值。

上述除了标准化变换 d_7 外的各变换 $d_j(j = 1, 2, \cdots, 6)$ 都满足下面的性质。

对任意给定的非负单指标数据序列

$$X = (x(1), x(2), \cdots, x(n)) \tag{3-98}$$

有下面的性质：

(1) 保号性：当 $x(k) > 0$ 时，$x(k)d_j \geqslant 0$。

(2) 保序性：对 $\forall x(k_1), x(k_2) \in X$，当 $\forall x(k_1) > x(k_2)$ 时，$x(k_1)d_j > x(k_2)d_j$。

(3) 保差异性：对 $\forall x(k_1), x(k_2), x(k_3), x(k_4) \in X$，

$$\frac{x(k_1) - x(k_2)}{x(k_3) - x(k_4)} = \frac{x(k_1)d_j - x(k_2)d_j}{x(k_3)d_j - x(k_4)d_j} \tag{3-99}$$

只对初值化变换进行证明，其他的几种变换同理可证。

(1) 当 $x(k) > 0$，$k = 1, 2, \cdots, n$ 时，$x(k)d_1 = \dfrac{x(k)}{x(1)} > 0$。

(2) 对 $\forall x(k_1), x(k_2) \in X$，当 $\forall x(k_1) > x(k_2)$ 时，$\dfrac{x(k_1)}{x(1)} > \dfrac{x(k_2)}{x(1)}$，即 $x(k_1)d_1 > x(k_2)d_1$。

（3）对 $\forall x(k_1), x(k_2), x(k_3), x(k_4) \in X$,

$$\frac{x(k_1)-x(k_2)}{x(k_3)-x(k_4)} = \frac{x(k_1)/x(1)-x(k_2)/x(1)}{x(k_3)/x(1)-x(k_4)/x(1)} = \frac{x(k_1)d_j-x(k_2)d_j}{x(k_3)d_j-x(k_4)d_j} \quad (3-100)$$

2. 多指标序列的数据变化

设有指标序列

$$
\begin{aligned}
X_1 &= (x_1(1), x_1(2), \cdots, x_1(n)) \\
X_2 &= (x_2(1), x_2(2), \cdots, x_2(n)) \\
&\vdots \\
X_m &= (x_m(1), x_m(2), \cdots, x_m(n))
\end{aligned}
\quad (3-101)
$$

记 $M=\{i \mid i=1, 2, \cdots, m\}$ 为因素 X_i 的下标集合，$N=\{k \mid k=1, 2, \cdots, n\}$ 为指标 $x_i(j)$ 的标号集合。

指标一般按其性质可以分为 3 种。①效益型（例如利润、产量）：指标值越大越好；②成本型：指标值越小越好；③固定型：指标值越接近某个固定值越好。因为指标的性质不同，所以对其实行数据变换也就有所不同。

（1）效益型指标变换

$$X(k)D_8 = (x_1(k)d_8, x_2(k)d_8, \cdots, x_m(k)d_8) \quad (3-102)$$

其中，$x_i(k)d_8 = \dfrac{x_i(k)-\min x_i(k)}{\max x_i(k)-\min x_i(k)}$，$i \in M, k \in N$。

（2）成本型指标变换

$$X(k)D_9 = (x_1(k)d_9, x_2(k)d_9, \cdots, x_m(k)d_9) \quad (3-103)$$

其中，$x_i(k)d_9 = \dfrac{x_i(k)-\min x_i(k)}{\max x_i(k)-\min x_i(k)}$，$i \in M, k \in N$。

（3）固定型指标变换

$$X(k)D_{10} = (x_1(k)d_9, x_2(k)d_{10}, \cdots, x_m(k)d_{10}) \quad (3-104)$$

其中，$x_i(k)d_{10} = 1 - \dfrac{|x_i(k)-\gamma(k)|}{\max|x_i(k)-\gamma(k)|}$，$i \in M, k \in N$，$\gamma(k)$ 为关于指标 k 的固定值。

定义 5 称 $D=\{D_i \mid i=1, 2, \cdots, 10\}$ 为灰色关联算子集。

定义 6 设 X 为系统因素集合，D 为灰色关联算子集，称 (X, D) 为灰色关联因子空间。

3. 灰色关联公理与灰色关联度

为了建立一套完整的灰色关联理论体系，灰色关联四公理作为定义灰色关联度满足的条件被提出，即灰色关联分析模型是在灰色关联四公理的基础上来定义的。灰色关联四公理是指：

（1）规范性

$$0 < \gamma(X_0, X_i) \leqslant 1, \gamma(X_0, X_i) = 1 \Leftrightarrow X_0 = X_i \qquad (3\text{-}105)$$

（2）整体性

对于 $X_i, X_j \in X = \{X_s \mid s = 0, 1, 2, \cdots, m; m \geqslant 2\}$，有

$$\gamma(X_i, X_j) \neq \gamma(X_j, X_i)(i \neq j) \qquad (3\text{-}106)$$

（3）偶对对称性

对于 $X_i, X_j \in X$，有

$$\gamma(X_i, X_j) = \gamma(X_j, X_i) \Leftrightarrow X = (X_i, X_j) \qquad (3\text{-}107)$$

（4）接近性

$$|x_0(k) - x_i(k)| \text{ 越小，} \gamma(x_0(k), x_i(k)) \text{ 越大} \qquad (3\text{-}108)$$

其中，实数 $\gamma(X_0, X_i)$ 为 X_0 与 X_i 的灰色关联度，$\gamma(x_0(k), x_i(k))$ 为 X_0 与 X_i 在点 k 的灰色关联系数。

公理中的几个约束条件，是对关联度实质的一种体现，例如，整体性就体现了环境对灰色关联度的影响，环境不同，灰色关联度也随之变化。

4. 参与灰色关联度计算的数据序列的可比性问题

在相互制约、相互激励的诸系统中，各系统间关系的密切程度可用表示各系统演变过程的序列间的关联度来表示。要比较两序列的相似性，若只考虑数值大小而忽略量纲，则比较的结果是无意义的，甚至会歪曲本质上的相似性。此时就要考虑数据序列的可比性问题。

按照灰色关联分析法的基本思想，要比较的实际上是各序列所描绘的曲线的几何形状的相似性。而如果要比较两个序列曲线的几何形状的相似程度，其前提应该是它们是可比的，即相比较的两个序列曲线应处于同一个参照坐标系中，这就要求两序列是具有同一个量纲的序列；相反，如果相比较的两序列具有不同的量纲，则它们就不能处于同一个参照坐标系中，也就无法对它们进行比较，此时这两个序列是不可比的。因此，在进行关联度计算前应首先判断数据序列的可比性。若数据序列为可比序列，则可以不进行数据变换处理，直接将数据代入量化模型进行计算。若数据序列为不可比序列，则必须进行数据变化处理。

总之，关联度量化模型是针对可比序列建立的，也就是说，当讨论一种关联度量化模型的各种优缺点时，应直接以可比序列为对象进行检验，这样才能从本质上说明一种量化模型的好坏。

5. 灰色关联分析法的基本特征

（1）总体性

灰色关联度虽是数据序列几何形状的接近程度的度量，但它一般强调的是若干个数据序列对一个既定的数据序列接近的相对程度，即要排出关联度大小的顺序，这就是总体性，其将各因素统一置于系统之中进行比较与分析。

（2）非对称性

在同一系统中,甲对乙的关联度,并不等于乙对甲的关联度,这比较真实地反映了系统中因素之间真实的灰度关系。

（3）非唯一性

关联度随着参考序列不同、因素序列不同、原始数据处理方法不同、数据多少不同而不同。

（4）动态性

因素间的灰色关联度随着序列的长度不同而变化,表明系统在发展过程中,各因素之间的关联度也随着时间不断变化。

3.5.2　模糊数学法

在模糊估计的基础上,如何把这种模糊性加以解析化和定量化,使风险分析建立在科学基础之上,这就需要应用模糊综合评价法。

1. 基本概念

因素集是影响评价对象的各种因素所组成的一个普通集合,$U=\{u_1, u_2, \cdots, u_m\}$,$U$是因素集,$u_i(i=1, 2, \cdots, m)$代表各因素。假设$u_i$为第一层次（最高层次）风险中的第$i$个因素,它又是由第二层次风险中的几个因素决定,即$u_i=\{u_{i1}, u_{i2}, \cdots, u_{in}\}$,$u_{ij}(j=1, 2, \cdots, n)$为第二层次因素,$u_{ij}$还可以由第三层次的因素决定。每个因素的下一层次因素的数目不一定相等。

2. 建立因素权重集

在因素集中,各因素的重要程度是不一样的。为了反映各因素的重要程度,对各个因素u_i应赋予一个相应的权数$w_i(i=1, 2, \cdots, m)$。由各权数所组成的集合：$\tilde{w}=\{w_1, w_2, \cdots, w_m\}$称为因素权重集合,简称权重集。

通常,各权数w_i应满足归一性和非负性条件：

$$\sum_{i=1}^{m} w_i = 1, \ w_i \geqslant 0 \ (i=1, 2, \cdots, m) \tag{3-109}$$

它们可视为各风险因素u_i对"重要"的隶属度。因此,权重集可视为因素集上的模糊子集,并可表示为

$$\tilde{A}=w_1/u_1 + w_2/u_2 + \cdots + w_m/u_m \tag{3-110}$$

3. 建立备择集

备择集是评价者对评价对象可能作出的各种总评价结果所组成的集合。通常表示为$V=\{v_1, v_2, \cdots, v_n\}$。各元素$v_i(i=1, 2, \cdots, n)$即代表各种可能的总评价结果。模糊评价的目的,就是在综合考虑所有因素的基础上,从备择集中得出一个最佳的评价结果,即得出一个最合理的风险等级。

4. 单因素模糊评价

单独从一个基本因素出发进行评价,以确定评价对象对备择集元素的隶属程度,称为单因素模糊评价。

设评价对象按因素集中第i个因素u_i进行评价,对备择集中第j个元素v_j的隶属度为

r_{ij}，则对第 i 个因素 u_i 的评价结果，可用模糊集合表示为

$$\widetilde{R}_i = (r_{i1}, r_{i2}, \cdots, r_{in}) \qquad (3\text{-}111)$$

式中，$\widetilde{R}_i$ 为单因素评价集。

以各基本因素评价集的隶属度为行组成矩阵 $\widetilde{R}$，$\widetilde{R}$ 即为单因素评价矩阵。

$$\widetilde{R} = \begin{bmatrix} r_{11} & r_{12} & \cdots & r_{12} \\ r_{21} & r_{22} & \cdots & r_{2n} \\ & & \vdots & \\ r_{m1} & r_{m2} & \cdots & r_{mn} \end{bmatrix} \qquad (3\text{-}112)$$

5. 初级模糊综合评价

单因素模糊评价仅反映了一个基本因素对评价对象的影响。这显然是不够的。综合考虑所有基本因素的影响，得出对上一层次因素的科学评价结果，这便是模糊综合评价。

从单因素评价矩阵 $\widetilde{R}$ 可以看出：$\widetilde{R}$ 的第 i 行，反映了第 i 个因素影响评价对象取各个备择元素的程度；$\widetilde{R}$ 的第 j 列，则反映了所有因素影响评价对象取第 j 个备择元素的程度。对 $\widetilde{R}_i$ 的各项因素赋予相应的权数 w_i，便能合理地反映所有因素的综合影响。因此，模糊综合评价可表示为

$$\widetilde{B} = \widetilde{W} \cdot \widetilde{R} \qquad (3\text{-}113)$$

权重集 $\widetilde{A}$ 可视为 1 行 m 列的模糊矩阵，式(3-113)可按模糊矩阵乘法进行运算，即

$$\widetilde{B} = (w_1, w_2, \cdots, w_m) \cdot \begin{bmatrix} r_{11} & r_{12} & \cdots & r_{12} \\ r_{21} & r_{22} & \cdots & r_{2n} \\ & & \vdots & \\ r_{m1} & r_{m2} & \cdots & r_{mn} \end{bmatrix}$$
$$= (b_1, b_2, \cdots, b_n) \qquad (3\text{-}114)$$

式中，$\widetilde{B}$ 为模糊综合评价集；$b_j(j=1, 2, \cdots, n)$ 为模糊综合评价指标，简称为评价指标。b_j 的含义是：综合考虑上一层次风险因素下面的所有基本因素的影响时，评价对象对备择集中第 j 个元素的隶属度。

6. 多层次模糊综合评价

通过初级模糊综合评价，可以得到基本风险因素上一层次风险因素对备择集中第 j 个元素的隶属度。再以上一层次风险因素下的所有风险因素对备择集的隶属度为行组成新的矩阵 $\widetilde{R}'$，再对 $\widetilde{R}'_i$ 的各项因素赋予相应的权数 w_i，得到该层次风险因素的评价指标。同理，可得到评价指标体系中各层次风险因素的评价指标。

7. 评价指标的处理

得到评价指标 b_j 之后，便可根据以下几种方法确定评价对象的具体结果。

（1）最大隶属度法

取与最大的评价指标 $\max b_j$ 相对应的备择元素 v_L 为评价的结果，即

$$V = \{v_L \mid v_L \rightarrow \max b_j\} \qquad (3\text{-}115)$$

最大隶属度法仅考虑了最大评价指标的贡献,舍去了其他指标所提供的信息,这是很可惜的。另外,当最大的评价指标不止一个时,用最大隶属度法便很难决定具体的评价结果。因此,通常都采用加权平均法。

(2) 加权平均法

$$V = \sum_{j=1}^{n} b_j v_j \tag{3-116}$$

(3) 模糊分布法

这种方法直接把评价指标作为评价结果,或将评价指标归一化,用归一化的评价指标作为评价结果。归一化的具体做法如下:

先求各评价指标之和,即

$$b = b_1 + b_2 + \cdots + b_n = \sum_{j=1}^{n} b_j \tag{3-117}$$

再用和 b 除原来的各个评价指标:

$$\underset{\sim}{B'} = \left(\frac{b_1}{b}, \frac{b_2}{b}, \cdots, \frac{b_n}{b} \right) = (b'_1, b'_2, \cdots, b'_n) \tag{3-118}$$

式中, $\underset{\sim}{B'}$ 为归一化的模糊综合评价集, $b'_j (j = 1, 2, \cdots, n)$ 为归一化的模糊综合评价指,即 $\sum_{j=1}^{n} b'_j = 1$。

各个评价指标,具体反映了评价对象在所评价的特性方面的分布状态,使评价者对评价对象有更深入的了解,并能作各种灵活的处理。

3.5.3 小结

盾构(顶管)掘进隧道对周边历史建筑物沉降的影响因素复杂并且具有多方面性。例如,影响周边地层变形的因素在以往的施工经验中有周边土层参数、隧道开挖深度及直径、施工情况等,并且每一种因素的影响程度和影响方式都不同,有的甚至不能确定,因而通过传统的方法比较难以建立沉降预测的数学模型,也就无法较好地解决隧道周边建筑物沉降预测问题。灰色关联分析法、模糊数学法在盾构(顶管)隧道中的应用和本身所具有的优点为周边建筑沉降预测提供了有力的工具。

3.6 盾构(顶管)开挖实例分析

3.6.1 基于灰色关联分析法的盾构(顶管)开挖对历史建筑影响的风险分析

隧道的地表沉降量与众多随机性、不确定性因素存在着复杂的非线性关系,很难用一种确定的关系进行准确表达。利用已经监测到的工程参数进行建模,并对沉降的未来演化规律、发展趋势等进行预测,在工程上具有十分重要的意义。

3.6.1.1 工程概况

西安地铁 2 号线盾构施工分别在隧道里程 YDK13+340—YDK14+400,ZDK13+

340—ZDK14+400 段旁穿钟楼。钟楼为全国重点文物保护单位。明洪武十七年(1384 年)创建,后经清乾隆五年(1740 年)重修。钟楼是一座重檐三滴水四角攒尖木结构的建筑,基座为方形,边长 35.5 m,高 8.6 m,用青砖白灰砌筑而成。基座之上为木质结构的二层楼体,占地面积 35.5 m×35.5 m,总高 36 m。钟楼为木结构楼层,基座为夯土平台,外包砌体结构。

目前线路左、右线分别由钟楼东西两侧通过,右线线路中心离钟楼基座最小距离为 16.25 m,左线线路中心离钟楼基座最小距离为 16.9 m。此处隧道拱顶埋深为 12.82 m,隧道拱顶地层为新黄土。地铁隧道与钟楼的位置关系如图 3-38、图 3-39 所示。由于钟楼属于国家级重要保护文物,且年代久远,至今已有 600 多年的历史,抗变形能力较差,无论是由于施工时造成的影响还是后期运营过程中的影响都将是不可忽视的。根据设计单位的计算数据,盾构掘进时的地面沉降值≤30 mm,但沉降梯度不能满足砌体、夯土小于 1‰ 的要求。因此,防止施工过程中造成对古建筑的损坏是重中之重,施工中确保古建筑的安全也是首要任务。

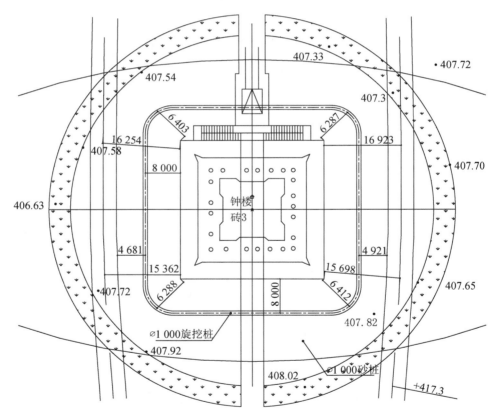

图 3-38　钟楼与地铁隧道位置关系平面图

3.6.1.2　工程地质及水文地质概况

1. 工程地质条件

钟楼地基下土层结构自上而下分布如下。

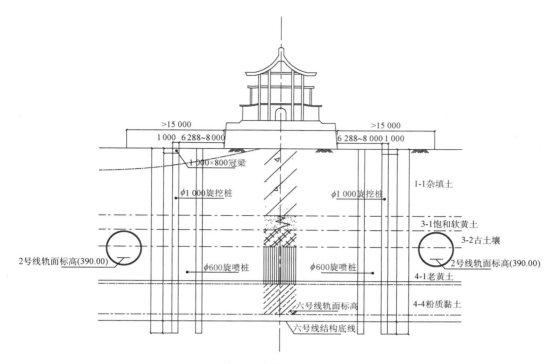

图 3-39 钟楼与地铁隧道位置关系立面图

1-1 杂填土:影响深度为 1~5 m;1-2 素填土:影响深度为 1~5 m;3-1 新黄土:影响深度为 0.5~1.5 m;3-1-1 饱和软黄土:影响深度为 2~2.5 m;3-2 古土壤:影响深度为 2.5~3 m;4-1 老黄土:影响深度为 5~6 m;4-7 中砂:影响深度为 0.5 m;4-4 粉质黏土:影响深度为 5~6 m。其中本标段盾构隧道位于 3-2 古土壤和 4-1 老黄土层内。

2. 水文地质条件

根据地质勘察报告及设计图纸,钟楼地下水位埋深 12.7~13 m,属于潜水层,水位标高为 398.00 m 左右。

3.6.1.3 钟楼加固保护措施

增强建筑物自身的抗干扰能力以隔断基座与隧道之间的土体联系为主要思路,利用钻孔桩隔断地层沉降槽,减小钟楼方向的地层沉降。具体操作是在钟楼基座外围 8 m 左右设一圈旋挖桩隔断地层,减小地层沉降槽向钟楼方向的发展。加固桩分为 A 型和 B 型两种,直径 1 m,桩间距 1.3 m,其中靠近规划 6 号线侧加固桩 A 型桩,长 27 m,共 105 根,其余为 B 型桩,长 20.9 m,共 34 根。采用跳开两桩的方式施工,如图 3-38、图 3-39 所示,钻孔桩施工完毕后,在桩顶施作 1 000 mm×800 mm 冠梁,埋深 2.5 m。

3.6.1.4 灰色关联度分析

灰色关联分析法是一种多因素统计分析方法,它是以各因素的样本数据为依据用灰色关联度来描述因素间的强弱、大小和次序的。本节将主要对几个可能的因素,例如隧道轴线与建筑物的夹角 x_1、隧道轴线相对于建筑物监测点的偏离比 x_2(定义为隧道轴线到建筑物相应位置之间的距离与建筑物半长之比)、建筑物基础埋深 x_3 等因素对沉降曲线的影响进行分析。

建筑物在隧道作用下的沉降特性是一个非常复杂的多因素共同作用问题。上述任何一个因素的影响事实上都可能包含了更多复杂因素的影响。因此,在理论方法尚不足以解决上述问题,而数值方法精度也不能满足研究需要的情况下,结合灰色关联度分析,得到不同因素与建筑物沉降的关联程度。

1. 监测统计计算

钟楼沉降的监测数据见表 3-23。

表 3-23　　　　　　　　　　　钟楼沉降统计资料

监测点	沉降量/mm	x_1	x_2	x_3
1	0.51	88.00	1.80	2.20
2	1.10	90.00	1.70	2.80
3	0.95	87.00	1.50	2.50
4	1.31	86.00	1.00	3.50
5	1.55	10.00	0.90	4.00
6	0.50	9.00	0.85	1.80
7	0.43	11.00	0.83	1.50
8	0.70	12.00	0.80	1.60
9	0.53	85.00	1.20	1.70
10	0.47	80.00	1.30	1.60
11	0.48	5.00	1.10	1.50
12	0.33	8.00	1.00	1.20
13	0.35	10.00	0.95	1.30
14	0.26	15.00	0.93	1.10
15	0.44	13.00	0.88	1.50
16	0.25	10.00	0.85	1.30
17	0.07	85.00	0.84	0.90

（1）无量纲化

为了能够比较,先对各序列数据进行无量纲化,采用均值法。各序列数据的均值分别为 0.60, 41.41, 1.08, 1.88,表 3-24 为无量纲化后的结果。

表 3-24　　　　　　　　　　　钟楼沉降无量纲化计算结果

监测点	沉降量/mm	x_1	x_2	x_3
1	0.85	2.13	1.66	1.17
2	1.83	2.17	1.57	1.49
3	1.58	2.10	1.38	1.33
4	2.18	2.08	0.92	1.86

（续表）

监测点	沉降量/mm	x_1	x_2	x_3
5	2.58	0.24	0.83	2.13
6	0.83	0.22	0.78	0.96
7	0.71	0.27	0.77	0.80
8	1.16	0.29	0.74	0.85
9	0.88	2.05	1.11	0.90
10	0.78	1.93	1.20	0.85
11	0.80	0.12	1.01	0.80
12	0.55	0.19	0.92	0.64
13	0.58	0.24	0.88	0.69
14	0.43	0.36	0.86	0.58
15	0.73	0.31	0.81	0.80
16	0.42	0.24	0.78	0.69
17	0.12	2.05	0.77	0.48

（2）间距统计

因为两序列对应点的间距反映了两序列变化的态势，如果各对应点间距均较小，则两序列变化态势的一致性强，否则，一致性弱。本例中各影响因素与钟楼沉降在相对应位置的间距（绝对差值）计算结果如表 3-25 所示。

表 3-25　　　　　　　各因素与钟楼沉降在相对应位置的间距

监测点	$|x_1-$沉降量$|$	$|x_2-$沉降量$|$	$|x_3-$沉降量$|$
1	1.28	0.81	0.32
2	0.35	0.26	0.34
3	0.52	0.20	0.25
4	0.10	1.25	0.32
5	2.33	1.75	0.45
6	0.61	0.05	0.13
7	0.45	0.05	0.08
8	0.87	0.43	0.31
9	1.17	0.23	0.02
10	1.15	0.42	0.07
11	0.68	0.22	0.00
12	0.36	0.37	0.09

（续表）

监测点	$\|x_1 -沉降量\|$	$\|x_2 -沉降量\|$	$\|x_3 -沉降量\|$
13	0.34	0.29	0.11
14	0.07	0.43	0.15
15	0.42	0.08	0.07
16	0.17	0.37	0.28
17	1.94	0.66	0.36

（3）规范化

表 3-25 中的绝对值序列的数据间存在着较大的数量级差异（最大值为 2.33，最小值为 0.00，相差较大），不能直接进行综合，还需要对其进行一次规范化。规范化结果见表 3-26。

表 3-26　　　　　　　　　　　　　　　　规范化计算

监测点	ε_{01}	ε_{02}	ε_{03}
1	0.27	0.37	0.59
2	0.58	0.64	0.58
3	0.47	0.71	0.65
4	0.82	0.27	0.60
5	0.17	0.21	0.51
6	0.43	0.91	0.79
7	0.51	0.90	0.85
8	0.35	0.52	0.60
9	0.29	0.67	0.96
10	0.29	0.53	0.87
11	0.41	0.68	1.00
12	0.57	0.56	0.84
13	0.58	0.61	0.81
14	0.87	0.52	0.76
15	0.53	0.85	0.88
16	0.73	0.56	0.63
17	0.19	0.42	0.56

（4）关联度计算

最后对各因素与钟楼的关联度序列求算术平均值可得 $r_{01}=0.47$，$r_{02}=0.59$，$r_{03}=0.73$。可知 $r_{03}>r_{02}>r_{01}$，因而钟楼的基础埋深与隧道开挖引起的钟楼沉降关联度最大，隧道轴线相对于钟楼监测点的偏离比和隧道轴线与钟楼的夹角相对次之。

2. 工程指导建议

对影响钟楼沉降的几个因素进行灰色关联度分析比较，可以得出以下结论：

（1）基于灰色关联度分析模型分析基坑周边钟楼沉降是一种有效可行的研究方法，在对工程风险的影响评价中,可以采取灰色关联分析法先对不同影响因素进行关联分析,得出对工程影响较大的因素,具有一定的理论和实践价值。

(2) 在盾构(顶管)施工过程中,钟楼的基础埋深受隧道施工过程中的关联影响最大,可知隧道盾构(顶管)施工引起了周边地层的较大扰动,此时需要对钟楼进行加固,以防钟楼沉降过大,进而威胁到钟楼本身的安全。

3.6.2 基于模糊数学法对历史建筑物影响的风险分析

风险分析,即系统全面地甄别和分类建设工程中客观存在的不确定性因素,并将可能演变成风险的不确定性因素列出,在工程建设过程中,时刻关注风险因素形成风险事故的演变条件和过程。风险辨识是风险管理的基础和重要组成部分,必须做到系统全面。风险辨识的目的是确定何种风险因素将对工程建设产生何种影响,并将不同的风险因素分类归档。

风险辨识方法有多种,包括定性分析、定量分析和半定量分析方法。其中,定性分析方法包括:专家调查法、失效模式、后果分析法等;定量分析方法包括:层次分析法、模糊综合评判法、控制区间记忆模型法、蒙特卡罗模拟法、等风险图法、神经网络法等;半定量分析方法主要包括:故障树法、影响图方法、事件树法、风险评估矩阵法、因果分析法以及各类综合改进方法。每种方法具有各自的优缺点及适用范围,在不同项目风险辨识过程中,应结合项目具体情况,组合应用。本节应用层次分析法和模糊综合评判法对地铁施工对历史建筑物的影响进行风险分析。

1. 工程简介

西安市地铁2号线是连接西安市轨道交通线网南北向的骨干线,线路北起郑西铁路客运专线西安北站,向东南上跨北绕城高速、北三环辅道、麻家什字村及城运村至草滩路进入地下,沿西安市南北向主客流走廊,经张家堡广场后沿着未央路中一路南行,经凤城四路、凤城一路,过北二环立交、凤城南路、龙首路、自强路、陇海铁路直达北门。线路绕行下穿陇海铁路、环城北路高架桥、护城河、北门城墙,进入北大街后经莲湖路口、东新街口南行至钟楼,线路左、右线分绕钟楼后进入南大街,然后至南门。线路继续采用分绕方式下穿南门处城墙及护城河,过南门广场后进入长安路,经友谊路、省体育场,线路绕过南二环立交桥,经长安南路沿小寨路、雁塔西路、八里村、师大路至电视塔。经环塔东路下穿绕城高速高架桥及南三环辅道后至长安南路路中,线路经长安北街穿过航天南路后沿地下过渡至高架线,沿长安北街、长安南街,经友谊街、长安区政府至线路终点韦曲站。

线路全长26.302 km,其中地下线25.852 km、敞开段0.450 km。全线共设21座车站,有5座车站分别与其他轨道线换乘。2号线分别设车辆段及停车场各一座,车辆段的地址选在北郊经济技术开发区,停车场的地址选在长安区西寨村。1—3号线共用一个控制中心,设在2号线张家堡广场西南角。全线共设2座主变电站,分别设置在张家堡和长延堡。车辆选择B型车,列车的最高速度为80 km/h,列车编组初期、近期、远期均采用6辆。远期运能达4.32万人次/h。自2006年下半年工程开工建设试验段,2011年全线建成通车运营。

2. 工程地质条件

西安市的位置在关中平原中部,其内沉积了巨厚的第四系地层,西安地铁2号线主要的地层岩性有:杂填土、素填土、粉质黏土、细砂、中砂、粗砂、砾砂等。该区段地下水主要赋存在第四系松散堆积层中,基于地下水的赋存条件和水力特征,将其分为潜水和承压水两类,承压水根据埋藏深度及水力特征又分为浅层承压水和深层承压水两种。

3. 基于模糊数学法的风险评价

基于工程的复杂性,运用专家问卷法调研风险因素,问卷发放对象包括设计单位、施工单位、业主单位、监测单位及监理单位,共发放问卷 80 份,回收有效问卷 65 份。结合专家调查问卷的结果,将盾构下穿古城墙的风险划分为 4 个一级风险因素,35 个二级风险因素,定量和定性指标按描述语言量化给出。根据专家调查问卷结果,计算出了各个二级风险因素的定量评估指标值(Q)。结合改进的层次分析法可求得一级、二级风险因素权重系数。计算结果如表 3-27 所示。指标最终突出影响程度系数 λ_{ji} 如表 3-28 所示。

表 3-27 风险因素表

一级风险因素	一级权重系数	二级风险因素	二级权重系数	指标值(Q)
工程地质与水文地质因素 U_1	0.411	天然重度 u_{1-1}	0.064	125
		天然重度 u_{1-2}	0.085	96
		天然重度 u_{1-3}	0.035	130
		天然重度 u_{1-4}	0.073	111
		天然重度 u_{1-5}	0.047	114
		塑限 u_{1-6}	0.041	90
		压缩模量 u_{1-7}	0.097	98
		失陷系数 u_{1-8}	0.031	101
		自重失陷系数 u_{1-9}	0.055	121
		无侧限抗压强度 u_{1-10}	0.127	106
		直剪黏聚力 u_{1-11}	0.292	107
		直剪内摩擦角 u_{1-12}	0.218	108
		三轴剪切(固结不排水)总应力黏聚力 u_{1-13}	0.084	124
		三轴剪切(固结不排水)总应力内摩擦角 u_{1-14}	0.222	108
		三轴剪切(固结不排水)有效应力黏聚力 u_{1-15}	0.102	100
		三轴剪切(固结不排水)有效应力内摩擦角 u_{1-16}	0.081	97
荷载因素 U_2	0.197	水压力值 u_{2-1}	0.482	112
		附加荷载形式 u_{2-2}	0.314	105
		围岩压力相对值 u_{2-3}	0.204	110
施工因素 U_3	0.299	盾尾密封 u_{3-1}	0.169	136
		防水设计 u_{3-2}	0.047	112
		注浆 u_{3-3}	0.096	130
		管片拼装 u_{3-4}	0.101	132
		姿态调整 u_{3-5}	0.056	128
		盾构基座变形 u_{3-6}	0.061	95
		盾构后靠支座发生位移及变形 u_{3-7}	0.085	103
		下穿位置 u_{3-8}	0.057	130

（续表）

一级风险因素	一级权重系数	二级风险因素	二级权重系数	指标值（Q）
施工因素 U_3	0.299	城墙基础沉降过大 u_{3-9}	0.176	131
		城墙基础不均匀沉降 u_{3-10}	0.151	136
外部因素 U_4	0.093	地震 u_{4-1}	0.179	114
		暴雨 u_{4-2}	0.386	100
		噪声 u_{4-3}	0.037	110
		振动 u_{4-4}	0.261	119
		辐射 u_{4-5}	0.082	120
		有毒有害气体 u_{4-6}	0.055	112

表 3-28　　　　　　　　　　　指标最终突出影响程度系数

指标	U_1	U_2	U_3	U_4			
系数	4.8	3.9	5	2.6			
指标	u_{1-1}	u_{1-2}	u_{1-3}	u_{1-4}	u_{1-5}	u_{1-6}	u_{1-7}
系数	3.3	3.1	2.5	3.3	2.9	2.6	3.6
指标	u_{1-8}	u_{1-9}	u_{1-10}	u_{1-11}	u_{1-12}	u_{1-13}	u_{1-14}
系数	2	2.9	3.7	2.1	1.6	1.6	1.6
指标	u_{1-15}	u_{1-16}	u_{2-1}	u_{2-2}	u_{2-3}	u_{3-1}	u_{3-2}
系数	4	3.6	2.8	2.1	1.7	4.8	2.2
指标	u_{3-3}	u_{3-4}	u_{3-5}	u_{3-6}	u_{3-7}	u_{3-8}	u_{3-9}
系数	2.6	3.3	2.6	2.1	2.1	2	4.2
指标	u_{3-10}	u_{4-1}	u_{4-2}	u_{4-3}	u_{4-4}	u_{4-5}	u_{4-6}
系数	4.3	4.6	3.5	1.7	3.6	2.4	2.8

模糊处理矩阵 F 为

$$F_1 = \begin{bmatrix} 0 & 5 & 5 & 0 & 0 \\ 0 & 0 & 8 & 2 & 0 \\ 2.5 & 7.5 & 0 & 0 & 0 \\ 0 & 5.5 & 4.5 & 0 & 0 \\ 0 & 7 & 3 & 0 & 0 \\ 0 & 0 & 9 & 1 & 0 \\ 0 & 0 & 9 & 1 & 0 \\ 0 & 0.5 & 9.5 & 0 & 0 \\ 0 & 7.5 & 2.5 & 0 & 0 \\ 0 & 3 & 7 & 0 & 0 \\ 0 & 3.5 & 6.5 & 0 & 0 \\ 0 & 4 & 6 & 0 & 0 \\ 2.5 & 7.5 & 0 & 0 & 0 \\ 0 & 4 & 6 & 0 & 0 \\ 0 & 0 & 10 & 0 & 0 \\ 0 & 0 & 8.5 & 1.5 & 0 \end{bmatrix}$$

$$F_2 = \begin{bmatrix} 0 & 6 & 4 & 0 & 0 \\ 0 & 2.5 & 7.5 & 0 & 0 \\ 0 & 5 & 5 & 0 & 0 \end{bmatrix}$$

$$F_3 = \begin{bmatrix} 8 & 2 & 0 & 0 & 0 \\ 0 & 6 & 4 & 0 & 0 \\ 5 & 5 & 0 & 0 & 0 \\ 6 & 4 & 0 & 0 & 0 \\ 4 & 6 & 0 & 0 & 0 \\ 0 & 0 & 7.5 & 2.5 & 0 \\ 0 & 1.5 & 8.5 & 0 & 0 \\ 5 & 5 & 0 & 0 & 0 \\ 5.5 & 4.5 & 0 & 0 & 0 \\ 8 & 2 & 0 & 0 & 0 \end{bmatrix}$$

$$\boldsymbol{F}_4 = \begin{bmatrix} 0 & 7 & 3 & 0 & 0 \\ 0 & 0 & 10 & 0 & 0 \\ 0 & 5 & 5 & 0 & 0 \\ 0 & 9.5 & 0.5 & 0 & 0 \\ 0 & 10 & 0 & 0 & 0 \\ 0 & 6 & 4 & 0 & 0 \end{bmatrix}$$

已知

$$\begin{aligned}
\boldsymbol{\Lambda}_1 &= [\lambda_{1-1}, \lambda_{1-2}, \lambda_{1-3}, \lambda_{1-4}, \lambda_{1-5}, \lambda_{1-6}, \lambda_{1-7}, \lambda_{1-8}, \lambda_{1-9}, \lambda_{1-10}, \lambda_{1-11}, \\
&\quad \lambda_{1-12}, \lambda_{1-13}, \lambda_{1-14}, \lambda_{1-15}, \lambda_{1-16}] \\
&= [3.3, 3.1, 2.5, 3.3, 2.9, 2.6, 3.6, 2.0, 2.9, 3.7, 2.1, \\
&\quad 1.6, 1.6, 1.6, 4.0, 3.6] \\
\lambda &= \max[3.3, 3.1, 2.5, 3.3, 2.9, 2.6, 3.6, 2.0, 2.9, 3.7, 2.1, \\
&\quad 1.6, 1.6, 1.6, 4.0, 3.6] \\
&= 4.0
\end{aligned}$$

经过计算得到一级评估向量:

$$\begin{aligned}
\boldsymbol{N}_1 &= [0.109, 0.243, 0.560, 0.088, 0] \\
\boldsymbol{N}_2 &= [0, 0.543, 0.457, 0, 0] \\
\boldsymbol{N}_3 &= [0.528, 0.247, 0.152, 0.074, 0] \\
\boldsymbol{N}_4 &= [0, 0.532, 0.468, 0, 0] \\
\boldsymbol{N}_0 &= [0.337, 0.240, 0.360, 0.063, 0]
\end{aligned}$$

$$\boldsymbol{M}_1 = [0.337, 0.240, 0.360, 0.063, 0] \cdot \begin{bmatrix} 165 \\ 120 \\ 100 \\ 80 \\ 35 \end{bmatrix} = 125.44$$

$\boldsymbol{M}_1$ 所在区间的对应等级即为最终的风险等级,各风险等级对应的 $\boldsymbol{M}_1$ 取值区间如表 3-29 所示。

表 3-29　　　　　各风险等级对应的 $\boldsymbol{M}_1$ 取值区间

风险等级	Ⅰ	Ⅱ	Ⅲ	Ⅳ	Ⅴ
$\boldsymbol{M}_1$ 取值区间	110~200	90~110	70~90	70~30	0~30

地铁盾构施工过北门城墙段施工安全风险等级为Ⅰ级,属于最大风险级别。

4. 结论

应用模糊数学理论进行分析计算,可得到以下结论:

(1) 基于模糊数学综合分析法计算盾构(顶管)施工对周边历史建筑物的影响进行评价分析,具有可行性。

(2) 地铁盾构施工对周边历史建筑的影响受诸多因素影响,是一个复杂的系统问题,在实际工程计算中不可能把所有因素都考虑进去,在建立评价模型过程中只考虑重要因素。

(3) 地铁盾构施工过北门城墙段施工安全风险等级为Ⅰ级,属于最大风险级别,必须采取措施进行风险控制,降低风险。

(4) 将应用模糊数学评价模型得出的风险评价结果与工程经验相结合,理论联系实际,从而为工程实际施工提出合理的建议,确保地铁施工的安全以及保护周边历史建筑。

3.6.3 小结

应用灰色关联度理论以及模糊数学评价理论对盾构(顶管)掘进隧道施工对周边历史建筑影响进行分析,通过灰色关联分析法,可以评判哪些因素是影响历史建筑沉降的主要因素,通过模糊数学理论分析,可以对盾构(顶管)隧道施工对周边历史建筑的安全风险等级进行评判,进而为实际工程提供指导意见。

4 基坑开挖对历史建筑影响全过程分析

4.1 分析目标

4.1.1 基坑开挖对历史建筑影响的评价

1. 深基坑邻近建筑物变形诱因

基坑开挖卸荷使得坑底隆起,坑外地表产生沉降,围护结构产生水平侧移,进而使邻近建筑物产生变形。

(1)地表沉降

基坑施工改变了土体应力状态,导致土体沉降和侧向移动,引起坑外地表产生不均匀沉降。当这种差异沉降较大时,其作用在建筑物基础上会使建筑物破坏,最主要的特征是建筑物产生沉降裂缝。对于砌体结构来说,裂缝更加明显,裂缝的出现减小了砌体的截面面积,从而使其承载能力和整体稳定性降低。

按照裂缝的走向,可将其分为水平裂缝、竖直裂缝和斜裂缝。水平裂缝一般出现在窗间墙的上、下对角处,由于沉降单元上部受到阻力,而在水平方向上受到较大的剪力,使得裂缝成对出现在窗间墙上、下位置处。竖向裂缝是由于弯曲受拉形成的。如果建筑物端部沉降较大,则上部受拉,裂缝出现在结构的顶端;反之,裂缝出现在结构底部。斜裂缝是实际工程中最常见的开裂形态,一般出现在门窗洞口等薄弱部位,其产生原因也与弯曲受拉有关。当墙体中部沉降较大时,墙体产生的正弯矩使结构下部受拉,端部受剪,使墙体出现正"八"字形的裂缝。反之,如果结构上部受拉,墙体则产生倒"八"字形斜裂缝。

(2)围护结构变形

常见的围护结构的变形模式可以归纳为以下四种:悬臂式、内凸式、踢脚式和复合式。对于悬臂式支护结构,一般表现为上部位移最大,底部侧移为0;对于踢脚式支护结构,表现为上部位移为0,底部位移最大;对于内凸式支护结构,表现为两端位移为0,挡土墙中部的侧移量最大;复合式支护结构即为内凸式和悬臂式的组合,上部有较小的侧移量,底部位移为0,水平侧移最大值在挡土墙中部位置处。郑刚和李志伟(2012)针对这四种围护结构变形形式对邻近建筑物的变形影响展开了详细的分析,其研究结果表明,在围护墙体最大变形相同的情况下,当围护墙体发生踢脚型和内凸型的变形时,对邻近建筑物最不利。此时建筑物的下凹挠曲变形最为显著,在建筑物墙体产生的拉应变较显著。而对于任意变形形式的围护结构,当建筑物距离基坑1~1.5倍开挖深度时,均将产生显著的上凸挠曲变形,所引起的建筑物墙体拉应变亦较为显著,即对该位置处的建筑物都是不利的。

(3)地下水位变化

大多数基坑开挖都会面临降水问题,基坑降水破坏了原有的土体平衡,致使土体应力场重新分布。地下水位变化会引起地层变形,进而带动邻近建筑物的变形。当地下水位在基础以上变化时,对建筑物的影响不显著。当地下水位在基础以下变化时,则对建筑物不利。水位上升会浸湿和软化基础底部土体,提高土体压缩性,降低地基的承载能力;地下水位下降则会增加土体的有效应力,土体会发生渗流固结和蠕变,导致坑外地层沉降及基坑围护结构变形。若地下水位均匀下降,则建筑物会产生整体沉降;若地下水位不均匀下降或者存在地层差异,则建筑物会产生不均匀沉降,将使建筑物发生倾斜并产生沉降裂缝。

张健和张宇亭(2014)以天津地铁某换乘车站基坑开挖施工为背景,利用有限元方法建立三维数值模型分析了基坑开挖降水对邻近建筑物的影响。结果表明,地下水位变化引起周边建筑物地基的不均匀沉降,造成地面开裂、建筑物与地下管线变形。

2. 建筑物变形机理

基坑开挖打破了施工场地土体原始的平衡应力场,当基坑与邻近建筑物变形稳定后,建筑物自身内部应力重新分布,生成新的应力应变状态,有些建筑物可能产生较大的变形甚至局部开裂。在这种情况下,建筑物的容许变形能力将不再是原始的容许变形能力,特别是出现裂缝的建筑物,其容许变形能力将大幅降低;对于历史性建筑而言,由于历史原因,其结构内部可能存在很多薄弱点,对其容许变形能力有较大的影响。基坑开挖致使周边地层和建筑物地基发生差异变形,在既有建筑物上产生附加应力,当附加应力达到容许应力极限值时,建筑物将发生开裂,并最终导致结构破坏。由于建筑物变形存在着明显的三维空间效应,所以基坑开挖不仅使建筑物产生弯曲、剪切及拉压变形,还可能导致其发生扭转变形。

3. 建筑物破坏形式分类

Skempton 和 MacDonald(1956)将基坑开挖引起的建筑物破坏分为三个等级:建筑外观损坏、功能损坏和结构损坏。

(1)建筑外观损坏:通常表现为填充墙和装饰结构的开裂和轻微变形,当石膏墙的裂缝宽度超过 0.5 mm、砖混或素混凝土墙体的裂缝宽度超过 1 mm 时,可以认为是达到了建筑外观损坏的上限。

(2)功能损坏:建筑物的损坏影响了结构的使用及功能,通常表现为门窗由于变形而开关困难,裂缝宽度较大,墙或楼板发生倾斜,地下管线产生弯曲变形,功能损坏不需要进行结构修缮,仅需简单的修复即可恢复结构的全部功能。

(3)结构损坏:建筑物的损坏已经威胁到结构的稳定性和安全性,通常表现为梁、柱、承重墙等承重构件产生较大的裂缝和变形。

4.1.2 建筑物破坏等级评定及相关指标的限值

Burland 等(1977)提出了建筑物破坏等级及相应的建筑物破坏状况,如表 4-1 所示。

表 4-1   建筑物破坏程度描述

破坏等级	破坏性状	裂缝宽度/mm
无损坏	毛细裂缝	<0.1
极轻微	裂缝可轻易修复处理,建筑物上可能出现单独的细微裂缝,砖墙上可近距离检查出小裂缝	$0.1\sim1.0$
轻微	裂缝可轻易修复,建筑物上可发现数条裂缝,建筑物外表可看出有裂缝,且需填补以防漏水,门窗开启轻微受到影响	$1.0\sim5.0$
中度	裂缝需要进行修补,经常发生的裂缝可以采用适当的衬砌材料进行修复,门窗受卡,管线可能断裂,需经常修补漏水	$5.0\sim15.0$,或很多裂缝大于 3.0

(续表)

破坏等级	破坏性状	裂缝宽度/mm
严重	需大规模修复建筑物,包括拆除或置换部分墙体(尤其是门窗上方墙体),门窗的外框发生扭曲,楼板明显倾斜,管线断裂	15.0~25.0,且与裂缝条数相关
极严重	建筑物需部分或全部重建,梁失去承载能力,墙体严重倾斜,需进行支撑,窗户因扭曲而破坏,建筑物存在稳定性问题	>25.0,且与裂缝条数相关

注:1. 本表通过建筑物破坏的部位及裂缝宽度对建筑物破坏等级进行划分。

2. 裂缝宽度只是评价破坏程度的一个指标,但不能仅通过这单一指标进行评定。

Rankin(1988)根据建筑物破坏性状提出了建筑物破坏等级评定标准,如表 4-2 所示。

表 4-2 建筑物破坏等级及评定标准

破坏等级	地表变形值			破坏性状
	倾斜值 /(mm·m^{-1})	角变形 /(10^{-3}·m^{-1})	水平变形 /(mm·m^{-1})	
I	2.5	1.05	1.5	建筑物不需要保护,允许墙上出现一些很小的无危害的裂缝
II	5.0	0.083	3.0	允许墙上出现一些容易修复的较小的裂缝
III	10.0	0.166	6.0	建筑物需要仔细保护,允许出现一些易修复的裂缝
IV	15.0	0.250	9.0	建筑物需要仔细保护,允许出现一些易修复的较大的裂缝
V	>15.0	>0.250	>9.0	不能建造建筑物,地表可能出现较大的裂缝塌陷坑

判定建筑物何时产生裂缝是研究建筑物的破坏状况时首先要明确的问题,一些学者围绕起始开裂标准从建筑物拉应变及角变形的角度展开了相关研究,其取值可总结如表 4-3 和表 4-4 所示。

表 4-3 建筑物开裂所对应的拉应变

研究对象	开裂拉应变	研究学者
砌体结构	0.05%	Polshin 和 Tokar(1957)
钢筋混凝土梁	0.05%*	Base 等(1966)
钢筋混凝土梁加固的砖墙	0.038%~0.06%*	Burhouse(1969)
砌块填充框架结构	0.081%~0.137%*	Mainstone 和 Weeks(1970)
钢筋混凝土梁	0.035%	Burland 和 Wroth(1974)
砌块填充框架结构	0.02%~0.03%	Mainstone(1974)
砖墙	0.02%~0.03%	Littlejohn(1974)
承重墙和隔墙	0.03%~0.09%	Burland 和 Wroth(1974)

注:"*"表示数据来源于 Burland 和 Worth(1974)的推导。

表 4-4 建筑物开裂所对应的角变形值

研究对象	角变形值	研究学者
砖墙	1/285	Terzaghi(1935)
砖墙、砌块填充框架结构	1/400～1/300**	Thomas(1953)
承重墙、填充框架结构	1/300	Skempton 和 MacDonald(1956)
砖墙	1/1 000	Meyerhof(1956)
隔墙	1/500	Polshin 和 Tokar(1957)
外装修钢结构	1/100	Wood(1958)
砖墙、砌块填充框架结构	1/450～1/275	Wood(1958)
有开洞的砖墙	1/1 000	Wood(1958)
采用纤维板或胶合板装修的木结构	1/170～1/60	Bozuzuk(1962)
黏土瓦、灰浆砌缝的混凝土砌块结构	1/270～1/150	Bozuzuk(1962)
灰浆砌缝的黏土砌块结构	1/1 000	Bozuzuk(1962)
隔墙	1/1 000～1/500	O'Rourke 等(1976)
承重墙或贴面墙	1/1 000	Attewell(1977)
用混凝土填充的钢框架	1/500	Attewell(1977)
敞开式结构	1/250	Attewell(1977)
墙板	1/750～1/500	Boscardin 等(1978)

注:"**"表示数据来源于 Meyerhof(1956)的推导。

一些学者采用挠度比和角变形等变量来评估建筑物的容许变形值,具体取值如表 4-5 所示。

表 4-5 各种类型建(构)筑物容许变形值

建(构)筑物类型		挠度比	角变形	研究学者
框架结构	无填充		1/300	Meyerhof(1953)
			1/250	
			1/200	Polshin 和 Tokar(1957)
	填充		1/1 000	Meyerthof(1953)
			1/500	
框架结构			1/300*	Skempton 和 MacDonald(1956)
带斜撑的框架结构		1/600		
承重墙	安全系数 1.5	1/2 000	1/1 000	Meyerthof(1953)
	安全系数 2.0		1/500	
	安全系数 3.0		1/250	

（续表）

建(构)筑物类型		挠度比	角变形	研究学者
承重墙 ($L/H<3$)	砂土	1/3 500		Polshin 和 Tokar(1957)
		1/3 300		Bjerrum(1963)
	软黏土	1/2 500		Polshin 和 Tokar(1957)
		1/2 500		Bjerrum(1963)
承重墙 ($L/H>5$)	砂土	1/2 000		Polshin 和 Tokar(1957)
		1/2 000		Bjerrum(1963)
	软黏土	1/1 500		Polshin 和 Tokar(1957)
		1/1 400		Bjerrum(1963)
承重墙			1/300*	Skempton 和 MacDonald(1956)
砖承重墙	建筑破坏		0.001~0.003	O'Rourke(1977)
	功能破坏		0.003~0.007	
	结构破坏		0.007~0.008	
隔墙、砖墙		1/300*		Bjerrum(1963)
隔墙、砖墙		1/150#		
砖墙	不考虑安全系数		1/2 000*	Meyerthof(1956)
	考虑安全系数		1/1 000*	
隔墙	不考虑安全系数		1/1 000	
	考虑安全系数		1/500	
钢结构			1/500	Polshin 和 Tokar(1957)
钢筋混凝土结构、填充结构			1/500	
柔性砖墙($H/L<1/4$)		1/150#		Bjerrum(1963)
梁、柱			1/150	Skempton 和 MacDonald(1956)
桥式吊车		1/300		Bjerrum(1963)
建筑物		1/150#		
建筑物		1/1 000	1/300	Grant 等(1974)

注：“*”表示对应于开裂时的变形控制值，“#”表示对应于承载极限状态的变形控制值。

除此之外，一些学者提出了采用差异沉降及总沉降量等变量来对建筑物变形进行控制，具体如表 4-6 所示。

当建筑物基础差异沉降过大时，上方建筑物容易开裂，影响其正常使用。众多实例表明，建筑物对地面沉降的承受能力与其基础类型相关，表 4-7 给出了不同类型建筑物差异沉降报警值。需要说明的是，表 4-7 中的数据是根据建筑物开裂状态情况来确定的，而目前针对建筑物变形控制较严，多以建筑物正常使用状态为基准，故表 4-7 所给的报警值偏大。

表 4-6 　　　　　　　　　　　　　　　 钢筋混凝土结构容许沉降值

基础类型	土层类型	总沉降量/cm	差异沉降量/cm	研究学者
独立基础	砂土	2.5	2.0	Terzaghi 和 Peck(1948)
		5.0	3.0	Skempton 和 MacDonald(1957)
	黏土	7.5	—	Skempton 和 MacDonald(1957)
		10.0	—	Grant 等(1974)
筏板基础	砂土	5.0	2.0	Terzaghi 和 Peck(1948)
		5.0~7.5	3.0	Skempton 和 MacDonald(1957)
		—	3.0	Grant 等(1974)
	黏土	7.5~12.5	4.5	Skempton 和 MacDonald(1957)
		—	5.6	Grant 等(1974)

注:表中 Skempton 和 MacDonald(1957)以及 Grant 等(1974)提出的沉降容许值为对应于角变形为 1/300 的容许值。

表 4-7 　　　　　　　　　　　　　　　　 建筑物差异沉降报警值

建筑物结构类型	δ/L	建筑物反应
一般砖墙承重结构,包括有内框架的结构;建筑物长高比<10,有圈梁;天然地基(条形基础)	1/150	分隔墙及承重砖墙出现相当多的裂缝,可能发生结构性破坏
填充式框架结构	1/500	开始出现裂缝
	1/300	有结构破坏可能
	1/150	发生严重变形,有结构破坏危险
一般钢筋混凝土框架结构	1/150	发生严重变形
	1/150	开始出现裂缝
高层刚性建筑(箱形基础、桩基)	1/250	可观察到建筑物倾斜
有桥式行车的单层排架结构的厂房,天然地基或桩基	1/300	桥式行车运转困难,不调整轨面水平难运行,分隔墙有裂缝
有斜撑的框架结构	1/600	处于安全极限状态
一般对沉降差反应敏感的机器基础	1/850	机器使用可能会发生困难,处于可运行的极限状态

注:δ 为两监测点间的沉降差值,L 为监测点的水平间距。

4.1.3　对基坑设计的建议

(1) 在设计基坑时,应当预先查明邻近市政管道、建筑物的结构和基础形式、位置及埋深等情况,防止开挖或设置锚杆、土钉时毁坏建筑物桩基或地下管道。

(2) 要以变形控制为主,支护结构采用刚度较大的支撑。对于柔性支撑或深度较大的基坑,选用预应力内支撑或锚杆的形式来严格控制变形。

(3) 支护结构要有足够大的入土深度,不仅要满足基坑抗倾覆的要求,同时也要满足自身侧向变形的需要。对于压缩模量较小的土层,其变形能力较大,可以采用搅拌桩、高压旋喷桩或压密注浆等措施加固土体,减少土体沉降和侧向变形。

(4)设计时需要考虑地下水的影响,做好施工场地和周边环境的排水系统工程,确保基坑和邻近建筑物的安全。

4.1.4 对历史建筑保护的施工要求

不同等级基坑施工要求如表 4-8 所示。

表 4-8   不同等级基坑施工要求

基坑等级	地面最大沉降量及围护墙水平位移控制要求	环境保护要求
一级	(1)地面最大沉降量≤0.1%H (2)围护墙最大水平位移≤0.14%H (3)K_s≥2.2	基坑周边以外 0.7H 范围内有地铁、综合管廊、天然气管、大型压力总水管等重要建筑或设施,必须确保安全
二级	(1)地面最大沉降量≤0.2%H (2)围护墙最大水平位移≤0.3%H (3)K_s≥2.0	离基坑周边 H~2H 范围内有重要管线或大型的在用建(构)筑物
三级	(1)地面最大沉降量≤0.5%H (2)围护墙最大水平位移≤0.7%H (3)K_s≥1.5	离基坑周围 2H 范围内没有重要或较重要的管线、建(构)筑物

注:1. H 为基坑开挖深度,K_s 为抗隆起安全系数,按圆弧滑动公式计算。
     2. 相邻段的等级最多相差 1 级。

基坑施工需遵循安全可靠、经济合理、技术先进的原则,确保基坑工程的质量和安全。其中,基坑工程安全包括基坑本体安全、主体结构地基及桩基安全以及周边环境安全。环境安全包括相邻地面道路和建(构)筑物、地下管线等设施的安全。根据《上海地铁基坑工程施工规程》(SZ-08—2000),上海基坑工程按坑周不同环境条件分为三个等级,如表 4-8 所示。基坑工程施工前必须按照设计要求、周边环境和地质条件以及施工条件优选基坑的具体开挖方式、步序、施工参数以及地基加固方法和加固施工参数,编制施工组织设计。

基坑施工监测工作自始至终要与施工进度相结合,监测频率应满足施工工况的要求。根据《上海地铁基坑工程施工规程》(SZ-08—2000),基坑监测应按基坑等级、开挖步序和参数等确定监测项目、监测仪器及精度、测点布置、监测频率及以变形速率为主的报警值等。监测项目选择原则、测点布置原则以及监测频率制订原则分别见表 4-9—表 4-11。

表 4-9   各级基坑工程的监测项目选择

基坑等级	周边管线位移	坑周地表沉降	建筑物沉降	建筑物倾斜	墙体水平位移	支撑轴力	地下水位	墙顶沉降	立柱隆沉	土压力	孔隙水压力	坑底隆起	土体分层沉降
一级	★	★	★	★	★	★	★	★	★	○	○	○	○
二级	★	★	★	★	★	★	★	○	○	○	○	○	○
三级	★	★	★	★	★	○	○	○	○	○	○	○	○

注:★为必测项目,○为选测项目,可按设计要求选择。

表 4-10 监测点位布置

监测项目	布设范围	埋设深度
墙体水平位移	每 20～30 m 布设一个测斜孔为宜,并保证基坑每边都有监测点	与围护墙体同深
墙顶沉降	与测斜孔同点;局部重要部位加密	—
立柱隆沉	沿基坑纵向每开挖段(约 25 m)1 个	—
支撑轴力	沿基坑纵向每 2 个开挖段(约 50 m)1 组,环境要求较高时可适当加密	—
土压力	按设计要求定	按围护墙体深度埋设土压力传感器
地下水位	沿基坑长边布置,每边至少 2 个,环境要求较高时可适当加密	不低于降水深度
坑底隆起	按设计要求定	埋设深度宜为基坑开挖深度 2 倍
深层土体沉降	按设计要求定	埋设深度宜为基坑开挖深度 2 倍
坑周地表沉降	不小于 2 倍基坑开挖深度范围内	—

表 4-11 现场监测时间间隔 (单位:d)

施工工况	基坑等级		
	一级	二级	三级
施工前	至少测 2 次初值	至少测 2 次初值	至少测 2 次初值
桩基施工	3	7	7
围护结构施工	1	2	7
地基加固和降水	3	7	7
开挖 0～5 m	1	2	2
开挖 5～10 m	1	1	1
开挖 10～15 m	1	1	1
开挖＞15 m—浇垫层	0.5	0.5	1
浇好垫层—浇好底板	1	2	3
浇好底板后 7 d 内	1	2	3
浇好底板后 7～30 d	2	7	15
浇好底板后 30～180 d	7	15	—

注:1. 本表宜用于制订坑周建(构)筑物变形、邻近管线变形、坑周地表沉降以及基坑挡墙水平位移的监测频率。对其余监测项目的监测频率,还应根据设计要求和现场实际情况选定。

2. 若施工中出现变形速率超过警戒值的情况,应进一步加强监测,缩短监测时间间隔,为改进施工参数和实施变形控制措施提供必要的实测数据。

对于地下管线位移监测,应当根据基坑挡墙外侧地下管线的功能、管材、接头形式、埋深等条件,在开挖前布设好管线的沉降观测点。对于重点保护的管线,应在开挖前设计并敷设好跟踪注浆管及注浆设备,备好所有注浆材料,以根据监测数据跟踪注浆,调整管线变形曲率,应对地铁车站两端附近的地下管线加强监测和跟踪注浆。

对于建筑物沉降监测,应当在基坑开挖前按设计要求对坑周需保护的建(构)筑物设置水平位移、垂直位移和倾斜监测的观测点。根据设计提出的环境保护措施,切实制订跟踪注浆等监护方法的施工组织设计,并在开挖前完成敷设注浆管、隔离桩等必要的施工措施,并备足相应的设备、材料,以便在变形观测值大于警戒值时,及时采取措施以将坑周建(构)筑物的变形控制在允许范围内。

4.2　计算方法选择

4.2.1　计算原理

1. 有限元计算原理

有限元分析法是以结构力学和弹性力学为理论基础,以有限单元为计算主体,对复杂结构工程进行数值计算的方法。其核心思想是将实际结构划分为有限个离散的简单单元的组合体,实际结构的物理力学性能可以通过对这些离散单元进行分析,并对计算结果进行整理得出满足工程精度的近似结果,从而替代对实际结构的分析。

有限元分析法的基本思路是将一个连续的整体分割成有限多个互不重叠且按一定方式相互连接的单元,通常利用单元内各个节点的数值和插值函数来近似表示每个单元的场函数,再利用在每个单元内假设的近似函数来分片表示全部求解域上待求的未知场函数。根据连续性条件联立方程组,并采用插值函数计算各单元内场函数近似值,从而得到全部求解域上的近似解。

合理选择网格的疏密程度很重要。如果计算网格划分得很细,即单元的尺寸很小,那么插值函数精度将会提高,方程组的解也就越精确。如果单元是满足收敛要求的,其近似解最后可收敛于精确解。当然,单元网格划分越密,其方程组个数也就越多,计算量越大,计算所需时间也就越长。

有限元分析的基本步骤大致可分为三个阶段:前期处理阶段、分析计算阶段和后处理阶段。前处理阶段的主要任务是将整体结构或其中一部分简化为理想的数学模型,用离散化的单元替代连续实体结构或求解区域;分析计算阶段是运用有限元法对结构离散模型进行分析计算;后处理阶段则是对计算结果进行分析、整理和归纳。

2. Mohr-Coulomb 屈服准则

Mohr-Coulomb 塑性模型主要适用于描述单调荷载下颗粒状材料在不同应力状态下屈服面的应力应变关系,作为岩土破坏的判断依据,在岩土工程中应用非常广泛。

Mohr-Coulomb 模型屈服面函数为

$$F = R_{mc}q - p\tan\varphi - c = 0 \tag{4-1}$$

式中,φ 是 p-q 应力面上 Mohr-Coulomb 屈服面的倾斜角,称为材料的摩擦角,$0° \leqslant \varphi \leqslant 90°$;$c$ 是材料的黏聚力;$R_{mc}(\theta,\varphi)$ 按式(4-2)计算,其控制了屈服面在平面 π 上的形状。

$$R_{mc} = \frac{1}{\sqrt{3}\cos\varphi}\sin\left(\theta + \frac{\pi}{3}\right) + \frac{1}{3}\sin\left(\theta + \frac{\pi}{3}\right)\tan\varphi \tag{4-2}$$

式中，θ 是极偏角，定义为 $\cos 3\theta = \dfrac{r^3}{q^3}$，其中，$r$ 为第三偏应力不变量 J_3。

图 4-1 给出了 Mohr-Coulomb 屈服面在子午面和平面 π 上的形状，由图可以比较其与 Drucker-Prager 屈服面、Mises 屈服面以及 Tresca 屈服面之间的相对关系。

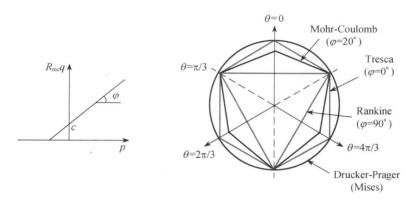

图 4-1　**Mohr-Coulomb 模型中的屈服面**

4.2.2　计算方法

针对基坑开挖引起邻近建筑物的变形问题，目前很多研究都是基于工程实测数据来分析的，不仅要考虑自重作用下建筑物的不均匀沉降，也要关注土体水平位移对建筑物的变形影响，提出其允许变形值，指导工程实践。

针对基坑开挖对邻近建筑物影响的研究主要包括以下几种方法。

1. 简支梁法和修正简支梁法

Burland 和 Wroth(1974)提出了采用简支梁模型模拟建筑物的方法。该方法在了解基坑邻近建筑物的结构形式、材料的极限拉应变、刚度比、长高比等参数后，将建筑物简化为一根简支梁，对其施加荷载，使其产生挠曲变形，建筑物的挠度、长高比与材料的极限拉应变之间的关系可以通过力学推导得出，根据极限拉应变值可以判断建筑物的破坏程度，进而绘制出对应于该类建筑的相应开裂界限曲线。当坑外土体沉降曲线已知时，即可得到建筑物的挠度，并判定建筑物的破坏情况。该方法具有一定的适用性，但是未考虑土体水平位移引起的横向变形影响。

一些学者在简支梁法变形推导的基础上进行了修正，修正简支梁法考虑了土体水平位移的影响，相对于初始简支梁法，其计算结果更加合理。最具代表性的有 Boscardin 和 Cording(1989)以及 KotHeimer 和 Bryson(2009)提出的方法。其中，Boscardin 和 Cording(1989)认为剪切拉裂是建筑物的主要破坏形式，选取水平拉应变和角变形作为建筑物破坏的评定参数。但是该方法将坑外地表变形与建筑物变形进行独立分析，具有一定的局限性，可靠性较低。KotHeimer 和 Bryson(2009)提出了将建筑物变形与裂缝大小相联系的新的评估方法，并按裂缝大小进行建筑物破坏程度的评估。

2. 叠合梁法

Finno 等(2005)提出了叠合梁变形分析法，该方法采用板模拟建筑物的楼板，主要承担弯矩，采用夹层来模拟建筑物的柱和墙的共同作用，主要承担剪力。

3. 单元应变法和总应变法

Son(2003，2005)在 Boscardin 和 Cording(1989)研究的基础上，提出了类似的破坏等级判定标准，但并非基于上述的简支梁理论，而是直接通过单元应变分析对建筑物的变形进行讨论，并提出了具体的建筑物变形评估分析流程。但该方法存在一定的缺陷：将基坑与建筑物变形进行独立分析，可靠性较低。

Boone(1996)通过对不同地表变形曲线的几何分析，对不同建筑物结构类型的变形特点分析，提出了针对承重墙及框架结构的破坏程度判定方法，即根据计算所得建筑物的总拉应变和主拉应变，计算裂缝宽度，从而最终判定建筑物的破坏等级。

4. 可靠度法

Schuster 等(2009)采用可靠度理论对建筑物的变形进行评估，在采用 Boscardin 和 Cording(1989)的修正简支梁法求得了建筑物角变形和横向拉应变之后，引入破坏潜力指标对建筑物变形程度进行评估，并通过所得破坏潜力指标，判定建筑物破坏等级。该方法将基坑与建筑物变形进行独立分析，存在一定的缺陷。

5. 数值分析法

在对建筑物变形评估时，将基坑与建筑物变形进行独立分析存在以下缺陷：

(1) 无法准确评估建筑物的自重及自身刚度对坑外土体位移变化趋势的影响；

(2) 没有考虑建筑物在基坑开挖前由于自重作用而产生的初始不均匀沉降或变形及由此而引起的建筑物附加应力；

(3) 没有考虑由基坑开挖所引起的不均匀沉降与建筑物自身产生的不均匀沉降之间的叠加效应随建筑物与基坑(尤其是坑外沉降槽)的相对位置关系变化所带来的影响。

采用数值分析方法可将基坑与邻近建筑物进行整体分析，能够充分反映基坑与建筑物的相互作用，基坑开挖诱发的坑外土体位移直接体现为建筑物基础的变形。该方法可合理评估建筑物基础及结构刚度对土体位移产生的影响。目前许多学者采用数值分析方法对邻近建筑物的影响进行了深入研究，马威等(2007)采用 ABAQUS 数值分析软件模拟了深基坑开挖的全过程，研究邻近基坑的框架结构建筑物在与基坑不同距离、不同方向情况下的沉降和侧移的变化规律。薛莲等(2008)借助有限差分软件 FLAC 分析了重庆市某深基坑不同开挖工况对邻近建筑物的影响。姬海东和张顶立(2008)采用数值分析方法并结合理论分析，针对厦门某深基坑开挖对地层变形控制、建筑物开裂机制及变形控制进行详细的分析，并提出相应的修复和加固方案。王浩然等(2009)采用基于 HS 模型的三维有限元软件分析了深基坑开挖对邻近建筑物墙体侧移及墙后地表沉降的影响。陈颖文(2009)借助二维有限元软件 PLAXIS 分析了邻近建筑物在深基坑不同开挖工况下的变形，坑外土体加固对建筑物变形的影响以及建筑物桩基与地下连续墙的相互作用。姜峥(2011)借助有限元数值模拟软件 PLAXIS 分析了基坑开挖对紧邻多层浅基础建筑物的沉降变形的影响。张向东等(2011)以阜新发电厂基坑工程为背景，采用大型数值分析软件 ADINA 研究了锚杆支护形式下基坑开挖引起的邻近建筑物沉降问题。李志伟和郑刚(2012，2013)基于有限元数值分析软件，分别分析了基坑开挖不同围护结构变形模式、坑角效应以及考虑初始不均匀沉降等因素对邻近建筑物变形的影响，并分析了基坑开挖对不同楼层、不同刚度以及任意角度建筑物的变形影响。王凯椿(2014)采用有限元软件 MIDAS-GTS 针对邻近建筑物的深基坑工程加固前后的开挖过程进行了模拟，重点分析了加固措施对建筑物的变形与沉降的影响。

采用有限元数值方法计算基坑开挖对邻近建筑物的变形影响可操作性较强,计算结果可靠,是目前比较常用的研究和分析方法。本章主要借助大型有限元软件对基坑开挖引起的邻近建筑物变形影响进行分析。有限元模拟工序主要包括:

(1)建立基坑及建筑物模型,划分网格,由于本章主要分析建筑物在邻近基坑施工过程中所受影响,故在划分网格时需要对建筑物网格进行细化;

(2)平衡地应力;

(3)将上一步位移清零,并激活建筑物模型,计算建筑物在自重应力作用下产生的变形;

(4)将上一步位移清零,激活地下连续墙,模拟围护结构施工;

(5)第一步开挖至地表以下 2 m,并架设第一道支撑(地表以下 1.0 m 处);

(6)第二步开挖至地表以下 4 m;

(7)第三步开挖至地表以下 8 m,并架设第二道支撑(地表以下 5.0 m 处);

(8)第四步开挖至地表以下 11 m;

(9)第五步开挖至地表以下 15 m,并架设第三道支撑(地表以下 12.0 m 处),同时激活底板,施工完成。

4.3　计算参数选择

4.3.1　历史建筑计算参数选取

上海市某历史建筑物为框架结构,基础为条形浅基础。基础长 23.5 m,宽 1 m,厚 0.5 m。上部建筑物长 22.5 m,宽 13.5 m,层数为 3 层,每层高 3 m,总高度为 9 m,均为标准层,门、窗洞口的尺寸分别为 2.0 m×1.5 m,1.8 m×1.5 m,且门窗开洞面积比例约为 20%,门或窗均位于墙的中间位置。建筑物整体尺寸如图 4-2 所示;建筑物正立面尺寸如图 4-3 所示,其纵向为 5 开间,间距为 4.5 m;建筑物背立面与侧立面尺寸如图 4-4 所示,其横向为 3 开间,间距为 4.5 m。

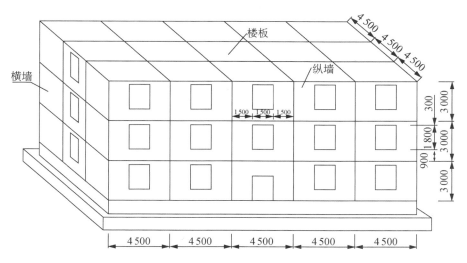

图 4-2　建筑物整体尺寸示意图(单位:mm)

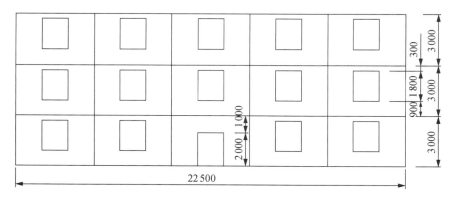

图 4-3 建筑物正立面示意图(单位:mm)

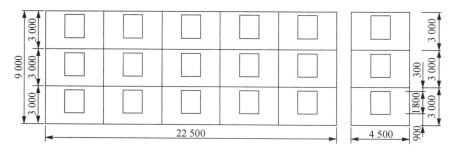

图 4-4 建筑物背立面与侧立面示意图(单位:mm)

数值模型中,纵墙、横墙、横隔墙及楼板均考虑为理想弹性材料。建筑物的墙体弹性模量取为 220 MPa,泊松比取为 0.1,采用板单元进行模拟,楼板的弹性模量取 20 GPa,泊松比取 0.2,厚度取 0.1 m,采用板单元进行模拟。通过对墙体材料弹性模量进行折减,以考虑墙体非连续介质及其随时间的损耗和破损。

考虑梁、柱对建筑物结构整体性的影响,梁采用 C30 混凝土材料,柱采用 C40 混凝土材料。梁、柱尺寸分别为 250 mm×600 mm,500 mm×500 mm,均考虑为理想弹性材料。通过对梁、柱材料弹性模量进行折减,以考虑梁、柱为非连续介质及其随时间的损耗和破损。

建筑物有限元模型如图 4-5 所示。

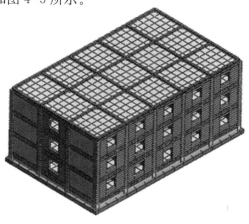

图 4-5 建筑物有限元模型

4.3.2　土体参数选取

数值模型中土体采用上海地区的典型土层进行模拟,采用四种土层进行模拟,土体的本构关系采用修正的 Mohr-Coulomb 模型,具体物理力学指标如表 4-12 所示。

表 4-12　　　　　　　　　　　　　场地土层物理力学参数

土层名称	层厚 d/m	重度 γ/(kN·m^{-3})	压缩模量 E_s/MPa	泊松比 ν	黏聚力 c/kPa	内摩擦角 φ/(°)	割线刚度 E_{50}^{ref}/MPa	卸载刚度 E_{ur}^{ref}/MPa	破坏比 R_f
素填土	2.0	18.0	2.55	0.33	0	20.0	23	69	0.9
褐黄色粉质黏土	3.0	18.4	4.48	0.32	19	19.0	40	120	0.9
灰色淤泥质粉质黏土	4.0	17.4	2.54	0.32	11	16.0	20	60	0.9
灰色淤泥质黏土	8.0	16.8	2.09	0.33	10	12.0	16	48	0.9
灰色粉质黏土	23.0	18.1	4.66	0.29	15	18.0	30	90	0.9

为避免有限元模拟时基坑开挖土体过分隆起,对 Mohr-Coulomb 模型进行修正。主要参数包括:黏聚力 c,内摩擦角 φ,泊松比 ν,压缩模量 E_s,破坏比 R_f,割线刚度 E_{50}^{ref},切线刚度 E_{oed}^{ref},卸载刚度 E_{ur}^{ref}。其中,R_f 建议取值为 0.9;E_{50}^{ref} 为标准排水三轴试验中的割线刚度,建议取值为 $E_i \times (2-R_f)/2(E_i = $ 初始刚度);E_{oed}^{ref} 为固结仪加载中的切线刚度,建议取值与 E_{50}^{ref} 相同;E_{ur}^{ref} 为卸载 / 重新加载刚度,建议取值为 $3 \times E_{50}^{ref}$。

4.3.3　基坑施工参数选取

围护结构采用地下连续墙,厚度取 0.7 m,深度取 22 m,插入深度取 7 m,数值模型中弹性模量取 2.5×10^7 kN/m^2,泊松比取 0.25,采用板单元模拟。基坑支撑采用环形梁,梁截面尺寸为 750 mm×750 mm,弹性模量取 4×10^7 kN/m^2,泊松比取 0.2,采用梁单元模拟。

实际施工过程中,当采用钢支撑时,支撑常常是在开挖完成之后架设,而采用混凝土支撑时,则需待混凝土形成强度方可起到支撑作用。因此,无论是钢支撑的安装或是混凝土支撑强度的形成均需要一定的时间,这将使基坑的变形存在显著的时间效应,坑内外土体(尤其是软土地区)的流变特性将使基坑的变形在支撑安装过程中有一定程度的增大。

此外,土体分层分块开挖的先后顺序、支撑及时安装与否以及坑外施工荷载等因素均将可能导致围护结构及坑外土体的变形增大。因此,本节的模型适当降低了支撑的刚度来反映实际基坑的变形,取三道支撑的刚度均为了避免基坑空间效应及支撑不均匀布置对坑外土体位移分布的影响,将问题的研究重点集中于建筑物位置变化所带来的影响。

整体数值模型长取 180 m,宽取 210 m,高取 30 m。基坑开挖范围长取 80 m,宽取 80 m,开挖深度取 18 m。基坑开挖数值模型如图 4-6 所示。

基坑开挖对邻近建筑物变形影响的模拟工序如下:

(1)建立基坑及建筑物模型,划分网格,并对建筑物的网格进行细化。

(2)平衡地应力。

(3)将上一步位移清零,并激活建筑物模型,计算建筑物在自重作用下所产生的变形。

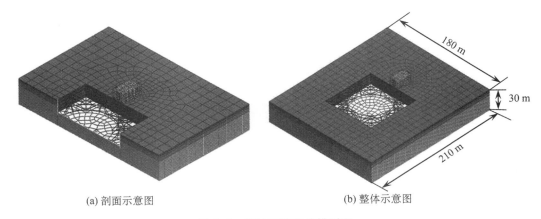

(a) 剖面示意图　　　　　　　　　　(b) 整体示意图

图 4-6　基坑开挖数值模型图

（4）将上一步位移清零,激活地下连续墙,进行围护结构的施作。

（5）第一步开挖至－2 m,并架设第一道支撑（混凝土支撑截面中心标高为－1.0 m）；第二步开挖至－4 m；第三步开挖至－8 m并架设第二道支撑（混凝土支撑截面中心标高为－5.0 m）；第四步开挖至－11 m；第五步开挖至－15 m,并架设第三道支撑（混凝土支撑截面中心标高为－12.0 m）,并激活底板。基坑开挖工序模拟如图 4-7 所示。

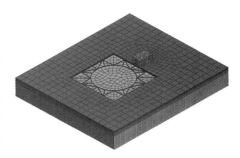

(a) 开挖第一步示意图

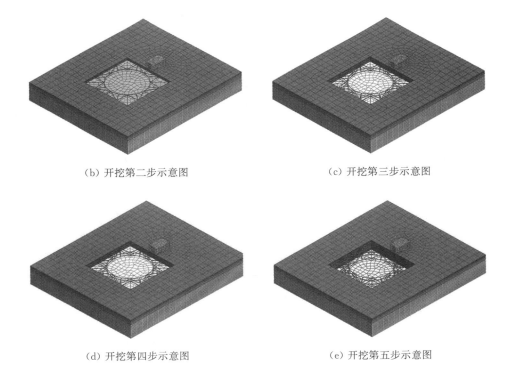

(b) 开挖第二步示意图　　　　　　　(c) 开挖第三步示意图

(d) 开挖第四步示意图　　　　　　　(e) 开挖第五步示意图

图 4-7　基坑开挖工序模拟示意图

4.4　计算结果分析

4.4.1　对历史建筑安全的影响分析

1. 基坑开挖对任意角度建筑物的影响分析

当基坑周边存在邻近建筑物时,基坑开挖将引起建筑物变形,并产生附加内力。如何有效地对基坑开挖所引发的建筑物附加变形与内力进行计算和评估,是基坑工程设计与施工过程中需要重点考虑的内容。随着坑内土体的开挖,坑外土体产生了不均匀沉降和变形,对于与基坑边不相垂直的建筑物,该不均匀沉降除了会导致建筑物发生弯曲与剪切变形外,还会引起建筑物发生扭转变形。

为了深入研究建筑物与基坑成不同角度时,深基坑开挖对建筑物的影响,取建筑物正立面纵墙近基坑端 O 点为定点,如图 4-8 所示,该定点与基坑水平开挖面的距离 D 分别取 1 m,5 m,9 m,12 m,同一距离下,建筑物与基坑边所成夹角 α 分别为 30°,45°,60° 和 90°(建筑物纵墙与基坑边垂直分布)进行分析。

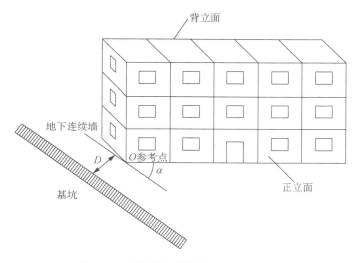

图 4-8　建筑物与基坑相对位置示意图

当建筑物与基坑边成不同角度时,其正立面纵墙的沉降分布曲线与天然地表沉降曲线如图 4-9 所示。从图中天然地表沉降曲线可知,由于基坑开挖导致土体卸荷、回弹,坑外土体出现明显挠曲变形,土体挠曲变形最低点出现在距离地下连续墙约 6 m 处,天然地表沉降最大值为 13.4 mm。在距离地下连续墙约 22 m 处,坑外土体上凸挠曲变形达到最大。

当建筑物与基坑成相同角度时,对比建筑物正立面纵墙沉降曲线及天然地表沉降曲线可以看出,坑外土体的挠曲变形趋势不会因为建筑物的存在而发生改变,二者的沉降挠曲变形趋势大致相同。由于建筑物自身刚度原因,建筑物对坑外土体挠曲变形存在一定的协调、约束作用,且对土体的调整作用因建筑物与基坑距离的不同而呈现显著差异。调整作用最明显位置出现在建筑物跨越土体下凹挠曲变形最低点和上凸挠曲变形最大点,此时建筑物正立面纵墙的挠曲变形较土体挠曲变形更加平缓。

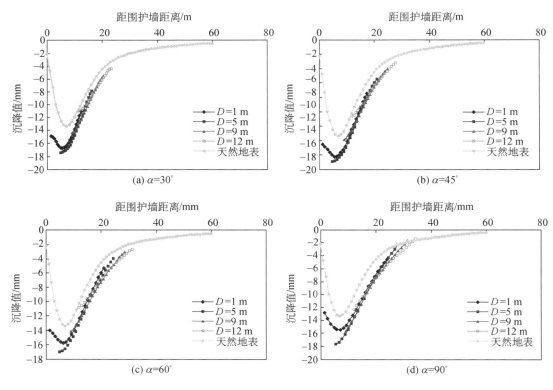

图 4-9　建筑物正立面纵墙沉降变化曲线

在建筑物与地下连续墙距离相同的条件下,建筑物纵墙对坑外土体挠曲变形的协调、约束作用随建筑物与基坑所成角度的不同而呈现较大差异,角度越大,协调、约束作用越强。当 $\alpha=90°$ 时,即建筑物纵墙与基坑边垂直,正立面纵墙沉降曲线的挠曲程度最为平缓,表明其协调、约束作用最强。当建筑物纵墙与基坑边成 30°时,正立面纵墙挠曲变形程度最大,表明其协调、约束作用最弱。

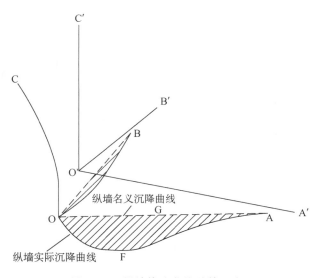

图 4-10　纵墙挠度曲线计算示意图

建筑物的自重作用使基坑外部土体的沉降变化范围扩大至距基坑 40 m 处,且建筑物纵墙沉降值明显大于天然地表的沉降值,二者之间最大沉降点的沉降差值达 3 mm 左右。以 $D=1$ m 为例,建筑物正立面纵墙最大沉降值随着建筑物与基坑夹角的增大而减小,分别为 16.73 mm,16.24 mm,15.79 mm,15.47 mm。由此可知,由于建筑物自重的影响,二者之间的沉降值之差在 $\alpha=30°$ 时达到最大,其值为天然地表沉降最大值的 1/6～1/4,在 $\alpha=90°$ 时,二者之间的沉降值之差最小,其值约为天然地表沉降最大值的 1/6。

如图 4-10 所示,O′A′为建筑物纵墙所在位置,O'B'为横墙所在位置,O'C'为建筑物垂直高度方向。A、B为建筑物纵、横墙的变形截止点。曲线OFA为建筑物纵墙实际沉降曲线,虚线OGA为建筑物纵墙名义沉降曲线(即纵墙两端点连接形成的直线)。定义建筑物纵墙实际沉降曲线与建筑物纵墙名义沉降曲线所对应的值的差值为建筑纵墙相对挠曲变形值,并采用以上方法计算建筑物正立面纵墙相对挠曲变形。

图4-11为建筑物与基坑边成不同角度时,建筑物正立面纵墙的相对挠曲变形曲线。由图可知,随着建筑物与基坑边之间的距离 D 以及夹角 α 的变化,建筑物正立面纵墙的相对挠曲变形具有明显差异。

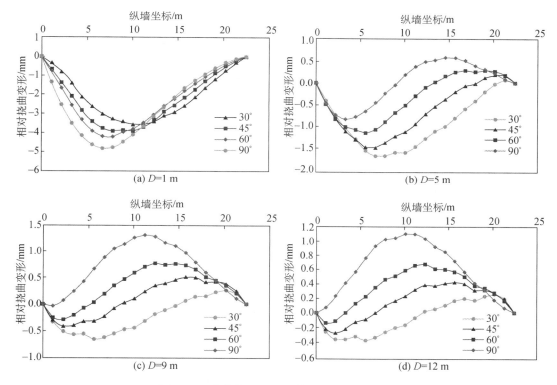

图 4-11　建筑物正立面纵墙相对挠曲变形曲线

当建筑物距基坑边 $D=1$ m 时,建筑物受所跨区域土体沉降变形的影响,表现为与坑外变形趋势相同的下凹挠曲变形。建筑物正立面纵墙对应的相对挠曲变形数值随着其与基坑边之间夹角的增大而呈现明显差异。当 $\alpha=30°$ 时,建筑物纵墙相对挠曲变形最小,其值为3.58 mm;当 $\alpha=45°$ 和 $\alpha=60°$ 时,建筑物纵墙相对挠曲变形逐渐增大,其值分别为 3.92 mm和 4.21 mm;当 $\alpha=90°$ 时,建筑物的挠曲程度达到最大,其值为 4.85 mm,此时建筑物最不安全。

当建筑物距基坑边 $D=5$ m 时,建筑物纵墙相对挠曲变形形式随着其与基坑边夹角的变化而呈现明显差异。当 $\alpha=30°$ 时,建筑物正立面纵墙主要表现为下凹挠曲变形,相对挠曲变形最大值为 1.67 mm。随着建筑物与基坑边夹角的增大,建筑物正立面纵墙逐步由下凹挠曲变形转变为"∽"形的挠曲变形。"∽"形的挠曲变形特点如下:下凹挠曲变形主要发生在纵墙近基坑侧,上凸挠曲变形主要发生在纵墙远基坑侧,且相对挠曲变形随着建筑物与基坑边夹角的增大而逐渐减小,最大值分别为 1.49 mm,1.14 mm,0.83 mm。

当建筑物距基坑边 $D=9$ m 时,随着建筑物与基坑边夹角的增大,建筑物正立面纵墙将由"∽"形的挠曲变形逐渐转变为上凸挠曲变形。当 $\alpha=30°$ 时,建筑物正立面纵墙下凹挠曲变形较为明显,相对挠曲变形最大值为 0.65 mm;当 $\alpha=45°$ 和 $\alpha=60°$ 时,建筑物正立面纵墙"∽"形的挠曲变形较为明显,相对挠曲变形最大值分别为 0.51 mm 和 0.77 mm;当 $\alpha=90°$ 时,建筑物正立面纵墙将发生单纯的上凸挠曲变形,此时相对挠曲变形最大,其值为 1.31 mm。

当建筑物距基坑边 $D=12$ m 时,建筑物正立面纵墙除在 $\alpha=30°$ 时呈现较为明显下凹挠曲变形外,均呈明显的上凸挠曲变形,且相对挠曲变形值随着建筑物与基坑边夹角的增大而逐渐增大,其值分别为 0.41 mm,0.67 mm,1.1 mm。

由此可知,尽管建筑物自身刚度对其所跨区域内坑外土体挠曲变形有一定的协调、约束作用,但天然地表沉降的挠曲变形趋势仍然是决定建筑物纵墙相对挠曲变形趋势的主要原因。

对比 $D=9$ m 和 $D=12$ m 时的变形可知,建筑物上凸相对挠曲变形程度将在建筑物与基坑垂直且中部位于天然地表沉降槽中上凸挠曲曲率最大处时达到最大,此时建筑物相对不安全。

当建筑物纵墙与基坑边互不垂直时,建筑物除了发生上述的挠曲变形外,还将发生扭转变形。为了更直观地了解不同角度建筑物的扭转变形情况,本节选取距基坑边 $D=3$ m 时,不同角度的建筑物沉降分布图进行对比,如图 4-12 所示。由图可知,建筑物沉降等值线的分布随着建筑物与基坑边夹角的变化而变化,但却始终与基坑边沉降变形保持平行,这表明除与基坑边相互垂直的建筑物之外,其余角度的建筑物均在坑外土体的不均匀沉降作用下产生了扭转变形。

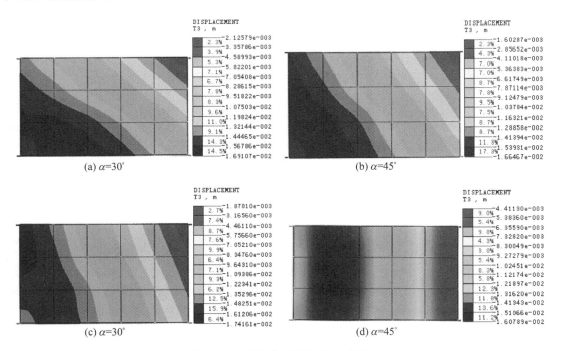

图 4-12　建筑物顶层沉降变形图

为了进一步了解建筑物的扭转变形,本节通过对建筑物正、背立面纵墙的沉降进行对比,即采用图4-13所示的方法比较建筑物的扭转程度。计算方法如下:首先将建筑物正立面纵墙的沉降和建筑物背立面纵墙的沉降分别与其所对应的沉降最小值进行差值计算,然后将正立面纵墙的沉降和建筑物背立面纵墙的沉降进行差值计算,并定义该差值为建筑物的扭转变形。

图4-14为建筑物与基坑边成不同角度时,正、背立面纵墙扭转变形曲线。由图可知,建筑物正、背立

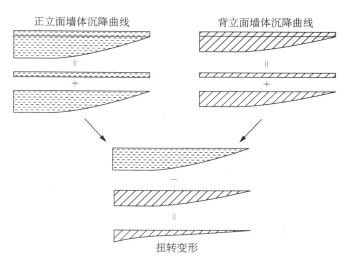

图4-13 纵墙墙体扭转变形计算示意图

面纵墙扭转变形随建筑物与基坑夹角的变化而呈现较大的变化。

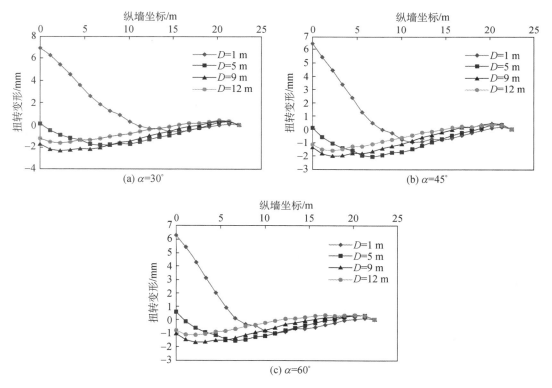

图4-14 纵墙墙体扭转变形曲线

当建筑物纵墙垂直于基坑边时($\alpha = 90°$),由于基坑开挖的对称性,建筑物正、背立面纵墙的沉降差异可以忽略不计,故建筑物所产生的扭转变形不作考虑。当建筑物纵墙不垂直于基坑边时,其正、背立面纵墙沉降差异较大且不可忽略,此时建筑物将发生显著的扭转变形,其具体特点如下:

当 $D=1$ m 时,建筑物所跨区域土体主要呈现为下凹挠曲变形,建筑物与土体挠曲变形大致相同。随着建筑物与基坑边夹角的增大,建筑物扭转变形逐渐减小,即 $\alpha=30°$ 时扭转变形最大,最大值分别为 6.9 mm,6.5 mm,6.3 mm。当建筑物与基坑边夹角不变时,均以 $D=1$ m 时建筑物扭转变形最大。

当 $D\geqslant5$ m 时,建筑物将逐步跨越坑外土体上凸挠曲变形区域。相同角度下,随着建筑物与基坑距离的增大,建筑物的扭转变形先增大后减小。当建筑物与基坑边夹角为 30° 时,建筑物中部跨越天然地表沉降槽中上凸挠曲曲率最大处时($D=9$ m),其扭转变形最为显著,扭转变形最大值为 2.33 mm。当建筑物与基坑边夹角为 45° 时,建筑物距基坑 5 m 处所对应扭转变形最为显著,扭转变形最大值为 2 mm。当建筑物与基坑边夹角为 60° 时,扭转变形最大值仅为 1.38 mm,因此,当建筑物与基坑边夹角为 30° 时,建筑物最不安全。

为了研究与基坑边成不同角度的建筑物在上述挠曲变形与扭转变形作用下所产生的应变变化规律,分别针对不同角度建筑物的正、背立面纵墙应变进行具体分析。

当建筑物纵墙与基坑边垂直时,正、背立面纵墙因其称性,所对应的拉应变分布趋势差异不大,故仅取正立面纵墙进行分析,如图 4-15 所示。

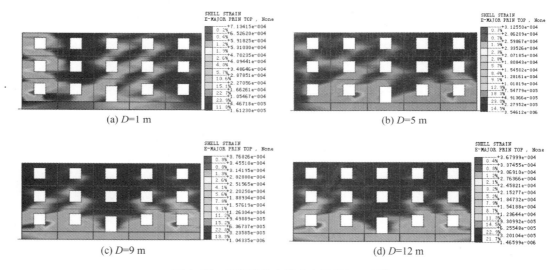

(a) $D=1$ m (b) $D=5$ m

(c) $D=9$ m (d) $D=12$ m

图 4-15　纵墙墙体主拉应变云图($\alpha=90°$)

当 $D=1$ m 时,建筑物发生下凹挠曲变形,纵墙主拉应变大致呈 45° 方向,主要分布在纵墙位于土体沉降最大值的两侧,最大主拉应变为 0.71‰。分布特点如下:①应变较为集中区域发生在窗与墙交接处;②随着楼层的增高,应变分布区域逐渐减小;③横、纵墙体交接处的应变较为明显。

当 $D=5$ m 时,"∽"形的挠曲变形将使建筑物近基坑侧和远基坑侧均产生大致呈 45° 方向的纵墙主拉应变。窗间墙依然为应变较为集中区域,且远基坑侧墙体拉应变明显大于近基坑侧墙体拉应变,说明此时建筑物主要发生上凸挠曲变形,最大主拉应变为 0.31‰。

当 $D\geqslant9$ m 时,建筑物的上凸变形将使建筑物纵墙两端产生大致 45° 方向的主拉应变。随着距离的增大,建筑物近基坑端一层纵墙主拉应变将大于远基坑端一层纵墙主拉应变。当 $D=9$ m 时,建筑物正立面纵墙的主拉应变最为显著,最大主拉应变为 0.37‰。

随着建筑物与基坑距离的增大,建筑物正立面纵墙主拉应变先减小,后增大,最后逐渐减小。当建筑物跨越坑外沉降槽最低点以及上凸挠曲曲率最大点时,建筑物正立面纵墙主拉应最为显著。

图4-16—图4-18为建筑物与基坑成不同角度时,纵墙主拉应变矢量图。当建筑物纵墙不垂直于基坑边时,其正、背立面纵墙拉应变的分布存在显著的差异。

当建筑物跨越坑外沉降槽最低点时,主拉应变主要集中于正立面纵墙的近基坑侧及背立面纵墙的远基坑侧,二者在扭转变形的作用下,拉应变分布呈类似反对称的分布。分布特点如下:①应变较为集中区域发生在窗与墙交接处;②随着楼层的增高,应变分布区域逐渐

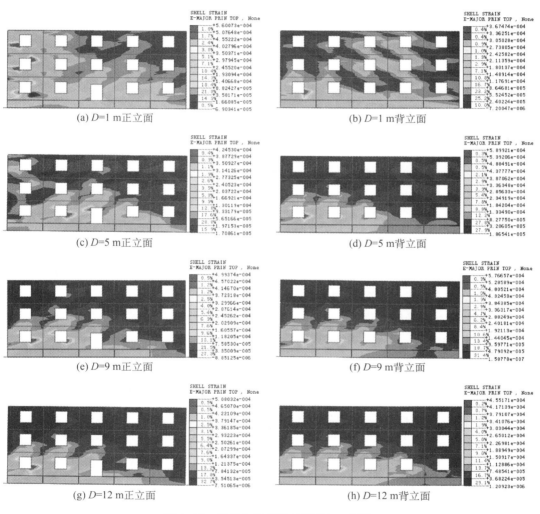

(a) D=1 m正立面　　(b) D=1 m背立面
(c) D=5 m正立面　　(d) D=5 m背立面
(e) D=9 m正立面　　(f) D=9 m背立面
(g) D=12 m正立面　　(h) D=12 m背立面

图4-16　纵墙主拉应变矢量图($\alpha=60°$)

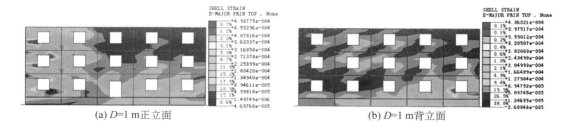

(a) D=1 m正立面　　(b) D=1 m背立面

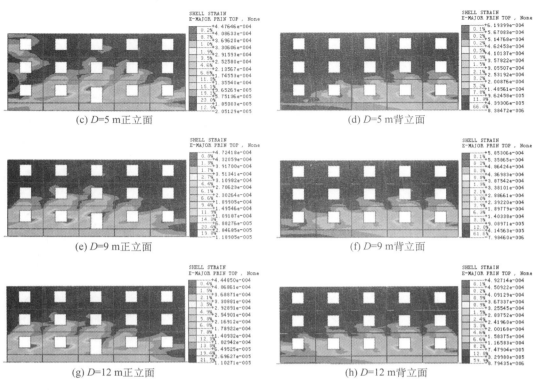

(c) D=5 m正立面

(d) D=5 m背立面

(e) D=9 m正立面

(f) D=9 m背立面

(g) D=12 m正立面

(h) D=12 m背立面

图 4-17　纵墙主拉应变矢量图($\alpha = 45°$)

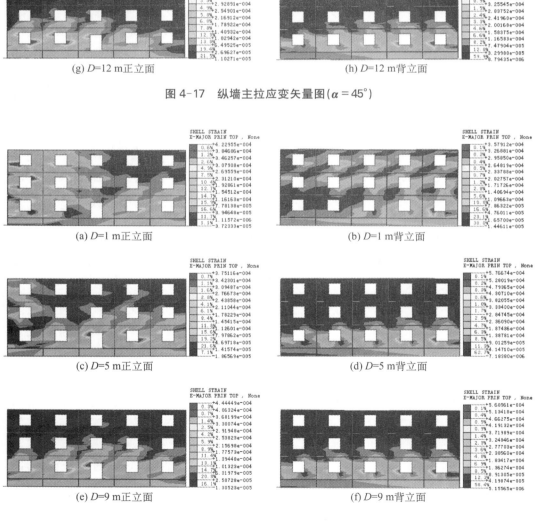

(a) D=1 m正立面

(b) D=1 m背立面

(c) D=5 m正立面

(d) D=5 m背立面

(e) D=9 m正立面

(f) D=9 m背立面

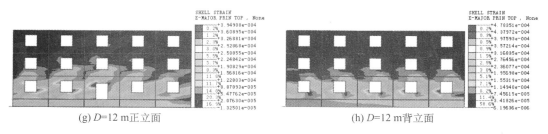

(g) $D=12$ m正立面   (h) $D=12$ m背立面

图 4-18　纵墙主拉应变矢量图($\alpha=30°$)

减小;③横、纵墙体交接处的应变较为明显。当建筑物跨越坑外沉降槽上凸区域时,其拉应变亦主要集中于正立面纵墙的近基坑侧及背立面纵墙的远基坑侧,并呈类似反对称的分布,且在一层的窗间墙区域集中现象更为显著。

随着建筑物与基坑边距离的变化,纵墙最大拉应变主要与建筑物所跨区间内沉降曲线的挠曲程度相关,其分布特点如下:

当 $D=1$ m 和 $D=9$ m 时,此时建筑物跨越坑外沉降槽最低点和上凸曲率最大点,建筑物纵墙的相对挠曲变形与扭转变形均较大,但对纵墙拉应变起主要作用的是建筑物的相对挠曲变形,而并非扭转变形。随着建筑物纵墙与基坑边夹角的增大,建筑物正立面纵墙最大主拉应变亦逐渐增大。当 $D=1$ m 和 $D=9$ m 时,建筑物与基坑边成 30°所对应的纵墙最大主拉应值分别为 0.42‰和 0.44‰,建筑物与基坑边成 45°所对应的纵墙最大主拉应值分别为 0.49‰和 0.47‰,建筑物与基坑边成 60°所对应的纵墙最大主拉应值分别为 0.56‰和0.5‰。与正立面纵墙不同,建筑物背立面纵墙主拉应变的最大值发生在建筑物与基坑成45°时。当 $D=1$ m 和 $D=9$ m 时,建筑物与基坑边成30°所对应的纵墙最大主拉应值分别为 0.36‰和 0.58‰,建筑物与基坑边成 45°所对应的纵墙最大主拉应值分别为 0.43‰和0.58‰,建筑物与基坑边成 60°所对应的纵墙最大主拉应值分别为 0.35‰和 0.56‰。

当 $D=5$ m 和 $D=12$ m 时,受所跨区域内土体沉降变形的影响,建筑物发生的挠曲变形与扭转变形较小,二者共同作用将决定建筑物纵墙主拉应变的大小,纵墙的最大拉应变发生在纵墙与基坑边成 45°的建筑物上。当 $D=5$ m 时,正、背立面纵墙的最大主拉应变分别为 0.45‰和 0.61‰。当 $D=12$ m 时,正、背立面纵墙的最大主拉应变分别为 0.4‰ 和0.49‰。因此,建筑物与基坑成 45°时是建筑物最不安全位置。

为了对基坑邻近建筑物受基坑开挖的影响进行精细化分析,本节在确保坑外土体沉降分布合理的基础上,分析了基坑开挖对坑外不同距离及角度的邻近建筑物的变形影响,并在本节算例条件下得出以下主要结论:

(1) 建筑物的挠曲变形趋势及挠曲程度取决于建筑物所跨区间内土体沉降的挠曲变形特征。当建筑物跨越坑外沉降槽最低点时,墙体将发生下凹挠曲变形;而当建筑物跨越坑外沉降曲线的上凸区域时,墙体将发生上凸挠曲变形。

(2) 当建筑物与基坑边成不同角度时,建筑物的沉降分布仍取决于天然地面的沉降变化趋势,且其沉降等值线始终与天然地表沉降曲线保持平行,不随建筑物角度的变化而变化。对于建筑物纵墙与基坑边不垂直的建筑物,建筑物将产生扭转变形。当建筑物跨越坑外沉降槽最低点及沉降曲线的上凸区域时,建筑物所产生的扭转变形最为显著。建筑物发生扭转变形将导致墙体发生应变重分布,墙体拉应变主要集中于正立面墙体的近基坑侧及背立面墙体的远基坑侧。

（3）当建筑物紧邻基坑且跨越沉降槽最低点，或当建筑物中部跨越坑外沉降槽的上凸区域时，建筑物所跨区间内土体沉降曲线的挠曲程度较大，所引起的建筑物挠曲变形与扭转变形均较大，但此时建筑物的挠曲变形对墙体拉应变起主要作用，墙体的最大拉应变发生在垂直于基坑边的建筑物纵墙上。因此，纵墙与基坑边垂直时是建筑物最不利位置。

（4）当建筑物所跨区间内土体沉降曲线的挠曲程度较小时，建筑物的挠曲变形与扭转变形均相对较小，此时墙体的拉应变主要源于挠曲变形与扭转变形的共同作用，纵墙墙体的最大拉应变发生在纵墙与基坑边成一定角度的建筑物上。此时，纵墙与基坑边垂直时并不是建筑物的最不利位置。

（5）当然，建筑物变形与其结构形式及刚度、基础形式及刚度、建筑物与基坑距离及角度、基坑开挖深度、支护结构刚度、土质条件等因素密切相关，因此，对于与基坑边成不同角度的建筑物，应分别进行单独分析，分析实际工程所对应条件下，基坑开挖可能对其造成的最不利影响，从而对其加以针对性的保护。

2. 梁、柱不同刚度条件下框架建筑受基坑开挖影响变形分析

在实际工程中，建筑物的刚度受到许多因素的影响，如建筑物的结构形式、几何尺寸、建造年代、墙体开洞面积率、楼层高度及累积损伤情况等。对于老旧的历史建筑，不仅结构设计标准较低，且结构构件的材料老化严重，有的甚至发生了较为严重的结构损伤，结构的整体刚度差异较大，对不均匀沉降的耐受能力亦不相同，因此，建筑物对基坑变形的控制要求亦存在较大的差异。

当基坑周边存在邻近建筑物时，坑外土体将与建筑物发生共同变形，此时建筑物的刚度将对坑外的土体位移产生约束和协调作用。当建筑物刚度较大时，对坑外土体的约束及协调作用较强，而当建筑物刚度较小时，坑外土体的位移对建筑物的变形影响较大，所引起的建筑物变形也较大。当建筑物的整体刚度发生变化时，建筑物对坑外土体位移的约束及协调作用将相应地发生改变，坑外土体位移所引起的建筑物变形也将发生改变。

梁、柱共同作用时，为对比梁、柱不同刚度的建筑物受基坑开挖的影响，分别设置如下三种工况。工况1：不考虑梁、柱影响；工况2：对梁、柱刚度折减50%；工况3：梁、柱刚度完好。梁、柱刚度完好时，弹性模量分别取 2.8×10^7 kN/m^2，3.2×10^7 kN/m^2。三种工况下，分别取建筑物横墙平行于基坑且距基坑连续墙的水平距离 $D=1$ m，3 m，5 m，7 m，9 m，12 m，18 m。纵墙墙体的沉降曲线如图4-19所示。

由图中天然地表沉降曲线可知，基坑开挖时沉降槽发生在开挖面附近，沉降槽最低点位置在距离围护结构约0.4倍开挖深度处，上凸挠曲最为显著位置发生在距离围护结构约1倍开挖深度处。天然地表沉降最大值为15.87 mm。

对比建筑物纵墙沉降曲线及天然地表沉降曲线可以看出，建筑物的存在并不会改变坑外土体的沉降变形趋势，墙体沉降曲线变化趋势与天然地表沉降曲线的变化趋势基本保持一致。建筑物对土体变形的约束、协调作用随其与基坑边距离的变化而变化。协调、约束作用在建筑物跨越坑外沉降槽最低点及上凸曲率最大点时最大，墙体沉降挠曲程度显著小于天然地表沉降曲线的挠曲程度，且沉降曲线的挠曲更为平缓。

当不考虑梁、柱影响时（工况1），建筑物刚度较小，对地表土体的沉降协调作用较小。因此，建筑物在跨越沉降槽最低点时，发生较为显著的下凹变形，最大沉降值为20.25 mm。建筑物在跨越上凸曲率最大点处，发生较为显著的上凸变形，最大沉降值为9.6 mm。考虑梁、柱影响时（工况2，3），随着梁、柱刚度逐渐增大，建筑物自身刚度的约束作用使建筑物在跨越

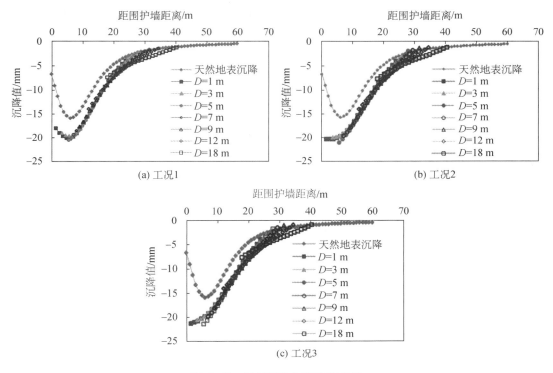

图 4-19 纵墙墙体沉降变化曲线

坑外沉降槽最低点及上凸变形最大点时,沉降曲线的挠曲程度逐渐减小,基本呈直线分布。建筑物对坑外地表土体的沉降调整作用随着刚度增大而逐渐显著。

此外,坑外沉降槽的主要影响范围因建筑物的存在而扩大到 2 倍基坑开挖深度以上,建筑物的自重作用使其沉降值明显大于天然地表的沉降值,二者之间最大沉降点的差值达 5 mm 左右。

为研究基坑开挖所引起的建筑物纵墙相对挠曲变形,对应于不同位置的建筑物采用图 4-10 所示的方法,取其所跨区间内纵墙的挠曲曲线,研究纵墙墙体相对于其两端发生的挠曲变形。基于三种工况条件,计算了不同刚度建筑物的相对挠曲变形,如图 4-20 所示。

由图可知,三种工况下,当 $D=1$ m 和 $D=3$ m 时,建筑物将跨越坑外沉降槽最低点,此时将发生下凹挠曲变形。相对挠曲变形随梁、柱刚度的增大而减小。其中,当 $D=1$ m 时,纵墙的相对挠曲程度最大,三种工况下相对挠曲变形峰值分别为 5.3 mm,3.2 mm,2.3 mm。当 $D=5$ m 和 $D=7$ m 时,建筑物同时跨越坑外沉降槽的下凹与上凸区域,建筑物将发生"∽"形的挠曲变形,其分布趋势:近基坑侧为下凹挠曲变形,远基坑侧为上凸挠曲变形,且随着建筑物与基坑距离的增大,建筑物由下凹挠曲变形为主,转变为上凸挠曲变形为主。以 $D=5$ m 为例,随着梁、柱刚度的增大,建筑物近基坑侧的下凹相对挠曲变形最大值逐渐减小,三种工况下相对挠曲峰值分别为 0.76 mm,0.42 mm,0.33 mm。远基坑侧的上凸相对挠曲变形最大值逐渐减小,三种工况下分别为 1.42 mm,1.1 mm,0.88 mm。当 $D\geqslant9$ m 时,建筑物跨越坑外沉降槽的上凸区域,此时挠曲变形呈现为上凸挠曲变形。此外,当 $D=9$ m 时,建筑物的中部跨越坑外沉降槽上凸曲率最大点,其上凸挠曲变形程度达到最大。同样,相对挠曲变形峰值也随着梁、柱刚度的增大而减小,其值分别为 2.29 mm,

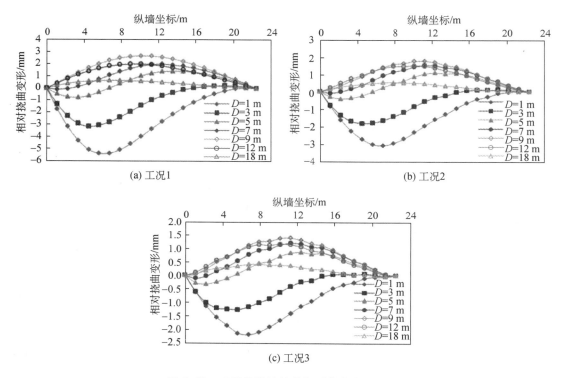

图 4-20　建筑物纵墙墙体相对挠曲变形曲线

1.78 mm,1.41 mm。当 $D \geqslant 18$ m 时,建筑物基本不受基坑开挖影响,纵墙的挠曲程度变化较小。在工况 3 下,建筑物纵墙相对挠曲变形峰值仅为 0.44 mm,工况 1 与工况 2 所对应的纵墙相对挠曲变形峰值分别为工况 3 的 3/2 倍和 5/4 倍。

此外,建筑物梁、柱刚度的增大,并没有改变纵墙挠曲变形曲线峰值的位置,而仅改变峰值的大小,由此可知,影响建筑物挠曲变形趋势的主要因素为坑外土体的沉降变化,而建筑物刚度主要影响墙体挠曲变形的幅值。

为了进一步研究因基坑开挖所引起的建筑物纵墙拉应变情况,在三种工况条件下,分别给出了考虑梁、柱不同刚度建筑物纵墙的主拉应变分布情况,如图 4-21—图 4-23 所示。

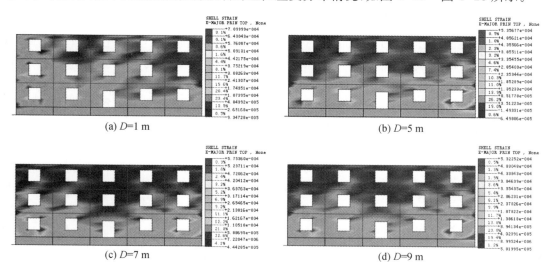

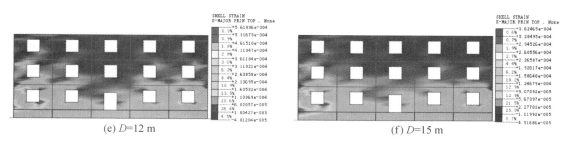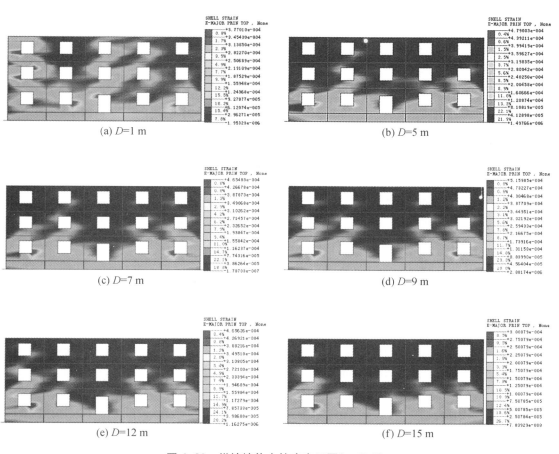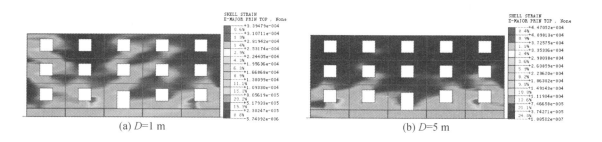

(e) D=12 m

(f) D=15 m

图 4-21　纵墙墙体主拉应变云图(工况 1)

(a) D=1 m

(b) D=5 m

(c) D=7 m

(d) D=9 m

(e) D=12 m

(f) D=15 m

图 4-22　纵墙墙体主拉应变云图(工况 2)

(a) D=1 m

(b) D=5 m

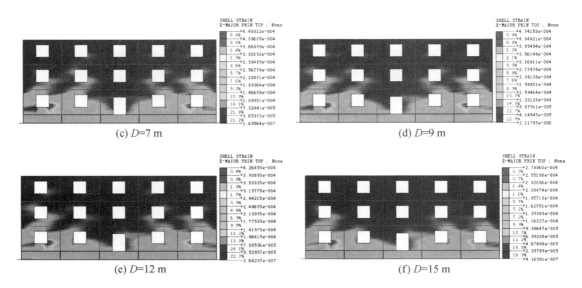

(c) $D=7$ m

(d) $D=9$ m

(e) $D=12$ m

(f) $D=15$ m

图 4-23　纵墙墙体主拉应变云图(工况 3)

由图可知,三种工况下,尽管建筑物梁、柱共同作用的刚度发生改变,但建筑物纵墙拉应变的分布趋势基本一致。当 $D=1$ m 时,建筑物发生下凹挠曲变形,呈倒"八"字形分布的主拉应变主要分布在纵墙位于坑外沉降槽最低点的两侧。分布特点如下:①窗间墙为应变较为集中区域;②随着楼层的增高,应变分布区域逐渐减小;③墙体交接处的应变要比其他地方大。当墙体拉应变达到其极限拉应变时,纵墙将在沉降槽最低点两侧产生正"八"字形裂缝。当 $D=5$ m 和 $D=7$ m 时,建筑物同时跨越坑外沉降槽的下凹与上凸区域,"∽"形的挠曲变形将使建筑物近基坑侧产生倒"八"字形分布的墙体主拉应变,远基坑侧产生正"八"字形分布的纵墙主拉应变。窗间墙依然为应变较为集中区域,且远基坑侧墙体拉应变明显大于近基坑侧墙体拉应变,说明此时建筑物主要发生上凸挠曲变形。当 $D\geqslant6$ m 时,建筑物跨越坑外沉降槽的上凸区域,纵墙将产生建筑物跨端的正"八"字形墙体主拉应变。

将三种工况下纵墙主拉应变对比可知,随着建筑物整体刚度的增大,对于与基坑相同距离的建筑物纵墙的主拉应变值将显著降低。以 $D=1$ m 为例,三种工况对应的最大主应变分别为 0.7‰,0.38‰,0.33‰,但建筑物刚度的变化并不会改变纵墙主拉应变的分布趋势。对于相同刚度的建筑物,随着与基坑距离的增大,纵墙主拉应变也将发生显著变化。不考虑梁、柱对建筑物整体刚度的影响,当建筑物在跨越下凹和上凸挠曲变形最大值位置时,纵墙对坑外土体沉降的协调作用较弱,纵墙拉应变主要取决于坑外沉降幅度,纵墙产生的拉应变亦达到最大,与之对应的最大主应变分别为 0.7‰和 0.57‰,此时的建筑物最不利。考虑梁、柱对建筑物整体刚度的影响时,建筑物在跨越下凹和上凸挠曲变形最大值位置时,纵墙产生的拉应变值虽没有达到最大值,但较大拉应变值占总拉应变值的比例最大。这说明,当建筑物整体刚度较大时,在基坑变形的影响下,建筑物主要表现为刚体运动,主拉应变与自身内部结构变形相关。

基坑开挖过程中,建筑物是否安全,是根据建筑物是否满足变形控制标准来判断的。

建筑物基础沉降量应满足:

$$\begin{cases} S\leqslant 30 \text{ mm} \\ \Delta S\leqslant \{0.001l,\ S\} \end{cases} \tag{4-3}$$

式中,S 和 ΔS 分别为建筑物基础的绝对沉降和相对沉降;l 为建筑物基础的长度。

建筑物地基变形允许值应满足:

$$\begin{cases} \Delta L \leqslant 0.003l_1 \\ \Delta h \leqslant 0.008 \end{cases} \tag{4-4}$$

式中,ΔL 和 Δh 分别为相邻柱基沉降差和建筑物基础的倾斜,其中,倾斜是指基础倾斜方向两端点的沉降差与其距离的比值;l_1 为相邻柱基的中心距离。

以工况 2(梁、柱共同作用,且刚度折减 50%)下 $D=1$ m 为例,此时建筑物处在最不利位置。建筑物测点布置如图 4-24 所示,共布置 6 个测点,位于建筑物纵墙柱与纵墙基础交接处,分别为测点 A,B,C,D,E,F。各测点在基坑每步开挖过程中所对应的沉降如图 4-25所示。其中步骤 1 为激活建筑物位移清零。

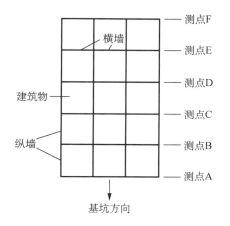

图 4-24 建筑物测点布置图

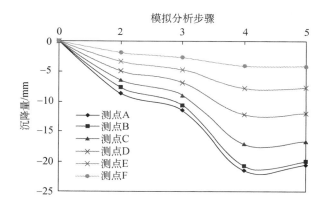

图 4-25 建筑物基础沉降变形曲线

当基坑开挖至地下 -5 m 时(对应图 4-25 中模拟分析步骤 2),建筑物纵墙基础最大沉降为 -8.6 mm,基础两端的相对沉降为 6.8 mm,建筑物开始发生倾斜。建筑物纵墙相邻柱基的沉降差最大值为 1.6 mm。

当基坑开挖至地下 -9 m 时(对应图 4-25 中模拟分析步骤 3),建筑物纵墙基础最大沉降为 11.4 mm,基础两端的相对沉降为 8.8 mm。建筑物纵墙相邻柱基的沉降差最大值为 2.2 mm。

当基坑开挖至地下 -13 m 时(对应图 4-25 中模拟分析步骤 4),建筑物纵墙基础最大沉降为 21.5 mm,基础两端的相对沉降为 17.5 mm。建筑物纵墙相邻柱基的沉降差最大值为 5 mm。

当基坑开挖至地下 -15 m 时(对应图 4-25 中模拟分析步骤 5),建筑物纵墙基础最大沉降有所减小,其值为 20.5 mm。这主要是由于基坑坑底铺设的混凝土底板限制了基坑土体隆起。基础两端的相对沉降为 15.5 mm。建筑物纵墙相邻柱基的沉降差最大值为 5 mm。

根据基础沉降控制标准[式(4-3)],建筑物的绝对沉降为 20.5 mm,小于 30 mm;基础两端的相对沉降 ΔL 最大值为 17.5 mm,小于 $\min\{0.001\times22.5\times1\,000, 30\}=30$ mm。因此,建筑物沉降变形满足变形控制标准。

当基坑开挖结束时,建筑物纵墙相邻柱基的沉降差最大值为 5 mm,其值小于 $0.003l_1=$

12.5 mm。建筑物基础的倾斜为 0.000 68,其值小于 0.008。因此,建筑的地基变形允许值均满足建筑物地基变形控制标准[式(4-4)]。

为了研究梁、柱不同刚度条件下浅基础框架建筑受基坑开挖的变形影响,本节针对梁、柱共同作用下不同刚度建筑物的变形进行了三维有限元数值模拟分析,得出以下主要结论:

(1) 条形浅基础框架建筑物的存在并不会改变坑外土体的沉降变形趋势,墙体沉降曲线变化趋势与天然地表沉降曲线的变化趋势基本保持一致,建筑物对土体变形的约束、协调作用随建筑物梁、柱刚度以及与基坑边距离的变化而变化。

(2) 不同梁、柱刚度的建筑物随着与基坑距离的增大,均逐步发生下凹挠曲变形、"∽"形的挠曲变形以及上凸挠曲变形。建筑物跨越坑外沉降槽的下凹和上凸挠曲变形最大值区域时,建筑物挠曲变形最大,此时建筑物最不利。

(3) 不考虑梁、柱对建筑物整体刚度的影响,建筑物墙体将作为主要承重结构,此时墙体刚度较小,墙体对坑外土体沉降变形的协调作用较弱,坑外土体沉降变形成为影响建筑物纵墙拉应变数值大小的主要原因,当建筑物位于下凹和上凸挠曲变形最大值位置时,纵墙主拉应变数值最大,表明此时建筑结构最不安全。

(4) 建筑物梁、柱刚度的改变,并没有改变墙体相对挠曲变形峰值的位置,而仅改变峰值大小,这说明坑外土体的沉降变化才是影响建筑物挠曲变形趋势的主要因素,而建筑物刚度主要影响墙体挠曲变形的幅值。

4.4.2 对历史建筑敏感性因素分析

1. 基坑开挖不同深度对邻近建筑物的影响分析

为研究基坑开挖不同深度对建筑物结构的影响,取建筑物纵墙与基坑边垂直布置,建筑物横墙与地下连续墙的距离 $D=1$ m,此时为建筑物最不利位置。基坑保持 15 m 开挖深度,支撑布置位置及刚度保持不变,地下连续墙埋深(相对于坑底)保持 7 m 不变,分别取基坑开挖深度 $h=5$ m,9 m,13 m,15 m 时对建筑物进行分析。

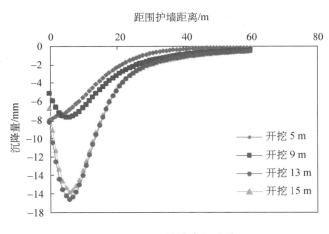

图 4-26 天然地表沉降值

图 4-26 为基坑不同开挖深度工况下天然地表沉降值。由图可知,随着开挖深度的增大,开挖所引起的天然地表沉降值亦逐渐增大。当基坑开挖至地下−5 m 时,坑外天然地表最大沉降值发生在紧邻地下连续墙位置,其值为8 mm,此时坑外土体挠曲变形较小,坑外土体沉降趋势平缓,近似直线分布,沉降槽范围较小,且不明显。当基坑开挖至地下−9 m 时,坑外天然地表最大沉降值向远离基坑侧偏移,最大值出现在距围护结构约 0.4 倍开挖深度处,最大沉降为

7.7 mm。此时坑外土体呈现明显下凹挠曲变形,沉降槽范围明显扩大。当基坑开挖至地下−13 m 时,此时坑外土体下凹挠曲变形最为明显,沉降最大值依然出现在距围护结构约

0.4 倍开挖深度处,但最大沉降值增大至 21.3 mm。当基坑开挖至地下-15 m 时,此时由于基坑坑底铺设的混凝土底板限制了基坑内土体的隆起,使坑外土体回弹效应明显减弱,此时坑外天然地表的挠曲变形有所减小,沉降亦有所减小,最大沉降值依然出现在距围护结构约 0.4 倍开挖深度处,其值为 15.87 mm。

图 4-27、图 4-28 分别为基坑不同开挖深度工况下建筑物整体沉降云图以及建筑物纵

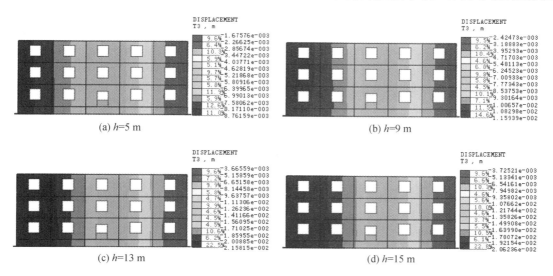

图 4-27　基坑不同开挖深度工况下建筑物整体沉降云图

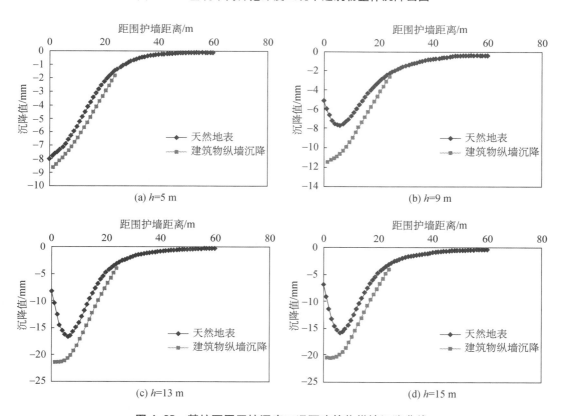

图 4-28　基坑不同开挖深度工况下建筑物纵墙沉降曲线

墙沉降曲线图。由图中天然地表及建筑物沉降曲线的对比可以看出,坑外土体的沉降变形规律并不会因建筑物的存在而改变,且二者变化趋势大致相同。随着基坑开挖深度的改变,建筑物纵墙相对挠曲变形趋势呈现明显差异。原因在于,基坑开挖深度的改变将显著影响坑外土体沉降变形趋势,且土体沉降变形趋势是影响建筑物挠曲变形的主要因素。同样,建筑物对坑外土体变形的约束、协调作用亦呈现明显差异,协调作用在建筑物位于坑外土体沉降最大值两侧时最为显著,纵墙沉降挠曲程度较无建筑物时坑外土体沉降挠曲程度更为平缓。

此外,对比基坑开挖不同深度条件下建筑物纵墙的沉降可知,当建筑物跨越沉降槽最低点时,建筑物所跨区间内土体沉降曲线的挠曲程度随着基坑开挖深度的增大而逐渐增大,所引起的建筑物挠曲变形亦随之明显。当基坑开挖 5 m 时,建筑物纵墙挠曲变形较弱,挠曲变形曲线最为平缓,纵墙最大沉降发生在近基坑侧,其值为 8.64 mm。当基坑开挖 9 m 时,建筑物纵墙挠曲变形有所增大,纵墙最大沉降发生在近基坑侧,其值为 11.48 mm。当基坑开挖 13 m 时,坑外土体出现明显的沉降槽,建筑物纵墙挠曲变形亦随之增大,此时建筑物纵墙最大沉降值为 21.53 mm。当基坑开挖 15 m 时,由于基坑开挖完毕后铺设的混凝土底板限制了坑内土体的隆起变形,从而使坑外土体的沉降有所减小,纵墙最大沉降亦有所减小,其值为 20.5 mm。

坑外沉降槽的主要影响范围因建筑物的存在而扩大到 2 倍基坑开挖深度以上,建筑物的自重作用使其沉降值明显大于天然地表的沉降值,随着基坑开挖深度的增大,二者之间沉降的差值亦逐渐增大,最大差值达 5 mm 左右。

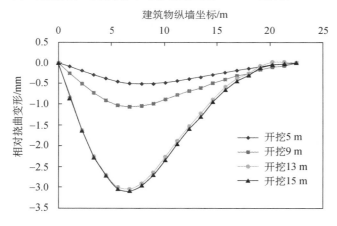

图 4-29　建筑物纵墙墙体挠曲变形曲线

为研究基坑开挖所引起的建筑物纵墙相对挠曲变形,对应于不同位置的建筑物采用图 4-10 所示的方法,取其所跨区间内纵墙的挠曲变形曲线,研究纵墙墙体相对于其两端发生的挠曲变形。根据基坑开挖不同深度条件,计算了建筑物的相对挠曲变形,并绘制了建筑物纵墙相对挠曲变形曲线,如图 4-29 所示。由图可知,建筑物所跨区域土体呈现为下凹挠曲变形,此时建筑物纵墙挠曲变形趋势与坑外土体挠曲变形大致相同。随着基坑开挖深度的增大,建筑物所跨区间内土体沉降曲线的挠曲程度逐渐增大,所引起的建筑物纵墙相对挠曲变形亦随之增大。当基坑开挖 5 m 时,建筑物纵墙最大相对挠曲变形发生在近基坑侧,距基坑边约 8 m 左右,其值为 0.5 mm。当基坑开挖 9 m 时,建筑物纵墙相对挠曲变形有所增大,最大相对挠曲值出现的位置向近基坑侧偏移,距基坑约 6.75 m,其值为 1 mm。当基坑开挖 13 m 时,建筑物纵墙最大相对挠曲变形出现的位置依然为距基坑约 6.75 m 处,其值为 2.9 mm。基坑开挖 15 m 时,建筑物纵墙最大相对挠曲变形值增幅较小,其值仅为 3.1 mm。对比基坑开挖 13 m 和 15 m 时建筑物纵墙相对挠曲变形曲线可知,基坑开挖完毕后铺设的混凝土底板限制了坑内土体的隆起变形,从而使坑外土体的沉降有所减小,此时建筑物纵墙与坑外土体变形趋势大致相同,因此,建筑物相对挠曲变形差异不大。

为了进一步研究基坑开挖不同深度条件下建筑物纵墙和横墙主拉应变变化规律,分别给出了建筑物纵墙和横墙的主拉应变分布变化情况,如图 4-30、图 4-31 所示。

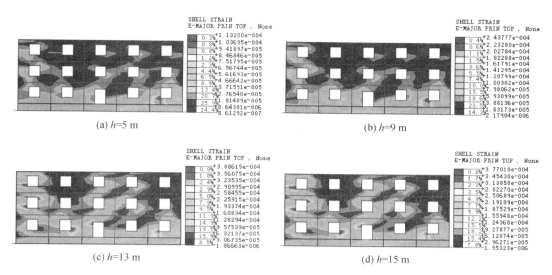

图 4-30　基坑不同开挖深度纵墙主拉应变云图

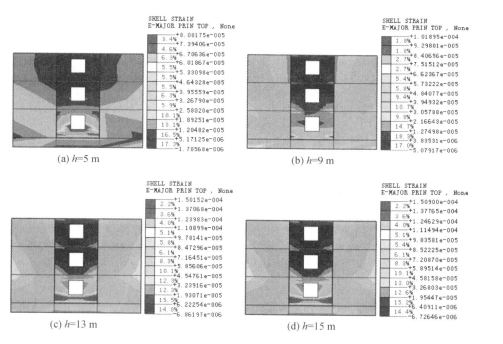

图 4-31　基坑不同开挖深度横墙主拉应变云图

如图 4-30 和图 4-31 所示,当基坑开挖深度不同时,建筑物纵墙的主拉应变分布规律与坑外土体沉降变形趋势密切相关。当建筑物紧邻基坑时,建筑物所跨区域内土体呈现下凹挠曲变形,此时建筑物纵墙挠曲变形与坑外土体挠曲变形大致相同,纵墙主拉应变大致呈

45°方向,主要分布在纵墙位于土体沉降槽最低点的两侧,分布特点如下:①应变较为集中区域发生在窗与墙交接处;②随着楼层的增高,应变分布区域逐渐减小;③横、纵墙体交接处的应变较为明显。此外,横墙同样发生较为明显的挠曲变形,其所对应的主拉应变分布出现明显的集中现象。建筑物横墙的主拉应变主要分布在一层横墙以及横、纵墙交接处,此时一层中部窗间墙主拉应变集中现象最为明显,也是纵墙最不安全位置。

随着基坑开挖深度的增大,建筑物纵墙相对挠曲变形明显增大,这将使建筑物纵墙的主拉应变亦随之增大。当基坑开挖 5 m 时,纵墙主拉应变主要集中在墙与土体接触部位,最大主拉应变发生在建筑物纵墙尾端窗间墙位置,其值为 0.11‰,二、三层纵墙主拉应变数值较小,对应主拉应变最大值发生在近基坑侧的窗间墙位置,其值仅为 0.06‰。当基坑开挖 9 m 时,纵墙主拉应变分布趋势与基坑开挖 5 m 时大致相同,最大主拉应变依然发生在建筑物纵墙尾端窗间墙位置,其值为 0.24‰。当基坑开挖 13 m 时,纵墙主拉应变集中现象更加明显,主要集中区域扩大至一层的窗间墙以及二、三层近基坑侧的窗间墙位置,此时纵墙最大主拉应变发生在坑外土体沉降槽最低点附近,其值为 0.39‰。二、三层近基坑侧的窗间墙主拉应变明显增大,增值达 0.3‰。当基坑开挖 15 m 时,纵墙主拉应变分布趋势与基坑开挖 13 m 时大致相同。最大主拉应变依然发生在坑外土体沉降槽最低点附近,其值为 0.38‰。原因在于,基坑开挖完毕后,坑底铺设的混凝土底板限制了坑内土体的隆起,从而使坑外土体的沉降有所减小,此时土体变形趋势与基坑开挖 13 m 时大致相同。此外,建筑物横墙的主拉应变也随基坑开挖深度的增大而逐渐增大,其最大主拉应变值分别为 0.08‰,0.1‰,0.15‰,0.15‰。

图 4-32 和图 4-33 分别为基坑开挖不同深度条件下建筑物纵向水平位移和纵向相对水平位移的变化曲线,图 4-34 为建筑物纵向水平位移云图。由于基坑开挖的对称性,建筑物横向水平位移变化不大,因此不作详细研究,但建筑物纵向水平位移呈现明显差异。由图可知,随着地下连续墙刚度的增大,建筑物纵向水平位移逐渐减小。水平位移最大值均出现在建筑物结构顶层位置,其值分别为 9.5 mm,16 mm,25 mm,25.6 mm。建筑物基础位置同样出现较大的水平位移,其值分别为 7 mm,13.6 mm,19.7 mm,20 mm。其中,基坑开挖 13 m 和 15 m 时,建筑物的纵向水平位移相差极小,均不足 1 mm。原因在于,基坑开挖完毕后坑底铺设的混凝土底板限制了基坑内土体的隆起,使坑外土体的变形小于未铺设混凝土底板之前的土体变形。由于建筑物结构顶层和基础存在水平位移差异,建筑物将发生主体倾斜,其中,当基坑开挖 5 m 时,建筑物纵向最大倾斜值为 2.4 mm;当基坑开挖 9 m

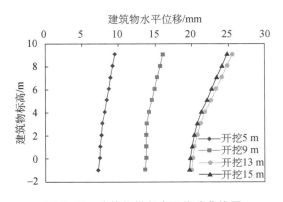

图 4-32　建筑物纵向水平位移曲线图

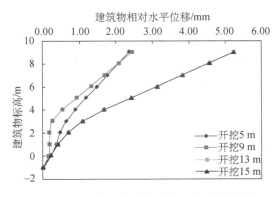

图 4-33　建筑物纵向相对水平位移曲线图

时,建筑物纵向最大倾斜值为 2.5 mm,此时建筑物结构顶层以下部位倾斜值均小于基坑开挖 5 m 时所对应的倾斜值;当基坑开挖至 13 m 和 15 m 时,建筑物纵向最大倾斜值达到最大,其值为 5.23 mm。

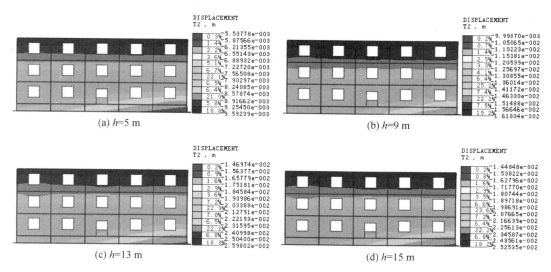

图 4-34　基坑不同开挖深度工况下建筑物水平位移云图

为了研究基坑开挖不同深度条件下浅基础框架建筑受基坑开挖的变形影响,本节进行了三维有限元数值模拟分析,得出以下主要结论:

(1)随着基坑开挖深度的增加,坑外土体沉降挠曲变形将逐渐明显,建筑物纵墙挠曲变形主要受坑外土体沉降变形的影响。坑外土体的沉降变形趋势不会因条形浅基础框架建筑物的存在而改变,二者沉降变形趋势大致相同。

(2)基坑开挖不同深度条件下,建筑物结构顶层和基础均出现较大的纵向水平位移,二者呈现较大差异。最大水平位移出现在建筑物结构顶层位置。由于建筑物结构顶层和基础存在水平位移差,建筑物将发生主体倾斜。

(3)建筑物纵墙的主拉应变分布规律与坑外土体沉降变形趋势密切相关。基坑开挖深度越大,坑外土体挠曲变形趋势越明显,建筑物纵墙相对挠曲变形将显著增大,这将使建筑物纵墙所产生的主拉应变亦显著增大。

2. 地下连续墙不同刚度条件下基坑开挖对邻近建筑物的影响分析

在基坑工程施工过程中,对周边环境保护的前提是建立施工过程中对环境影响的控制标准,而基坑工程对周围环境的影响可用其造成周围地层位移及影响范围内的建(构)筑物、道路、管线、相邻地下工程的位移及由此引起的附加应力来衡量。因此,对基坑周边环境的保护,以及确保地下工程施工的安全,都需要首先确立地层和结构(包括拟建地下工程结构本身及相邻的其他既有结构)变形、变位的控制标准。在实际基坑工程中,基坑变形的影响因素十分复杂,基坑围护结构的变形形式不仅与土体的土质条件有关,还与围护结构的插入深度、刚度及支撑系统刚度等因素密切相关,围护结构的变形可呈现多种变形形态,相应的坑外土体位移分布也明显不同。

本节为研究基坑开挖时地下连续墙不同刚度对建筑物结构的影响,取建筑物纵墙与基坑边垂直布置,建筑物横墙与地下连续墙的距离 $D = 1$ m,此时为建筑物最不利位置。基坑保持 15 m 开挖深度,支撑布置位置及刚度保持不变,地下连续墙埋深(相对于坑底)保持 7 m 不变,分别设定地下连续墙弹性模量 E = 15 000 MPa, 25 000 MPa, 35 000 MPa, 55 000 MPa 进行模拟分析。

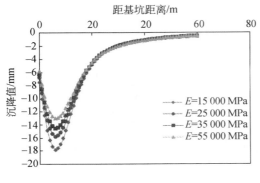

图 4-35　天然地表沉降曲线

图 4-35 为地下连续墙不同弹性模量条件下基坑开挖所引起的天然地表沉降曲线。由图可知,由于围护结构墙顶发生了一定的位移,使紧邻墙体的土体产生了较大的沉降,约 6 mm,但地下连续墙不同弹性模量条件下所对应的沉降值差异不大。坑外土体沉降槽最低点发生在距离围护结构约 0.4 倍开挖深度处,上凸挠曲变形最为显著位置发生在距离围护结构约 1 倍开挖深度处。天然地表沉降最大值分别为 17.88 mm, 15.87 mm, 14.63 mm, 13.08 mm。由此可知,随着地下连续墙弹性模量的增大,基坑开挖所引起的天然地表沉降逐渐减小,且沉降槽的挠曲程度逐渐减小,土体沉降趋势更加平缓,下凹挠曲变形也随着弹性模量的增大而逐渐减弱。

图 4-36 为地下连续墙不同弹性模量条件下建筑物纵墙的沉降曲线及天然地表沉降曲线。图 4-37 为地下连续墙不同弹性模量条件下建筑物整体沉降云图。对比建筑物纵墙沉降曲线及天然地表沉降曲线可以看出,坑外土体的沉降变形规律并不会因建筑物的存在而

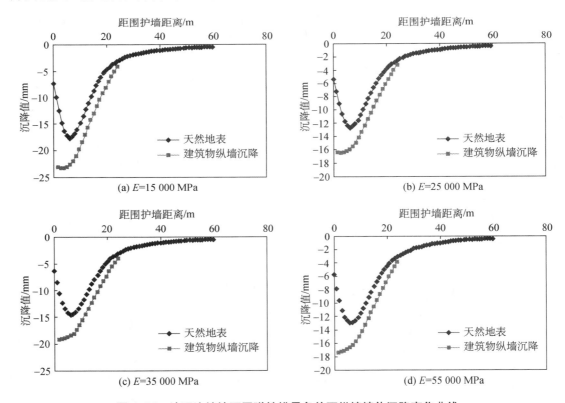

图 4-36　地下连续墙不同弹性模量条件下纵墙墙体沉降变化曲线

改变,且二者变化趋势大致相同。随着地下连续墙弹性模量的改变,建筑物对基坑外土体变形的约束、协调作用呈现明显差异。原因在于,地下连续墙弹性模量的改变将显著影响坑外土体沉降变形趋势,且土体沉降变形趋势是影响建筑物挠曲变形的主要因素。协调作用同样在建筑物位于坑外土体沉降最大值两侧及上凸区域曲率最大值位置处时最为显著,纵墙沉降挠曲程度较无建筑物时坑外土体沉降挠曲程度更为平缓。

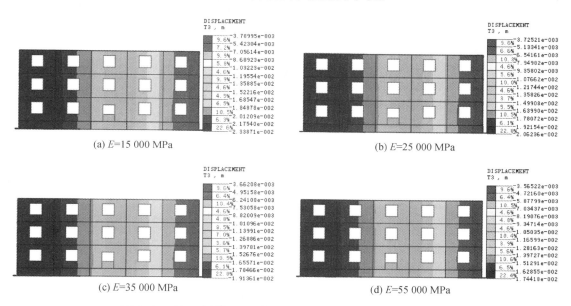

图 4-37 地下连续墙不同弹性模量条件下建筑物整体沉降云图

此外,对比地下连续墙不同弹性模量条件下建筑物纵墙的沉降可知,当建筑物跨越沉降槽最低点时,建筑物所跨区间内土体沉降曲线的挠曲程度随着地下连续墙弹性模量的增大而逐渐减弱,所引起的建筑物挠曲变形亦随之减弱。建筑物纵墙所对应的沉降值也随之减小,纵墙最大沉降发生在近基坑侧,其值分别为 23.18 mm, 20.57 mm, 19.08 mm, 17.34 mm。同时建筑物的自重作用使基坑外土体的沉降变化范围扩大至距基坑 40 m 处,且建筑物纵墙沉降值明显大于天然地表沉降值,二者之间最大沉降点的差值达 5 mm 左右。

为研究地下连续墙不同弹性模量条件下,基坑开挖所引起的建筑物纵墙相对挠曲变形,采用图 4-10 所示的方法,取其所跨区间内纵墙的挠曲变形曲线,研究纵墙墙体相对其两端发生的挠曲变形。基于地下连续墙不同刚度条件,本节计算了建筑物相对挠曲变形,并绘制了建筑物纵墙相对挠曲变形曲线,如图 4-38 所示。

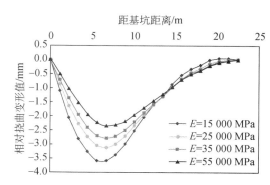

图 4-38 建筑物纵墙相对挠曲变形曲线

对比地下连续墙不同弹性模量条件下建筑物纵墙相对挠曲变形曲线可知,建筑物紧邻基坑边时,其所跨区域内土体主要呈现为上凸挠曲变形,建筑物挠曲变形与土体挠曲变形大致相同。值得注意的是,当地下连续墙弹性模量为 15 000 MPa 时,坑外土体的上凸挠曲变形区域更加邻近基坑,此时建筑物尾端将跨越上凸区域,建筑物发生微弱的"∽"形挠曲变形,近基坑侧表现为下凹挠曲变形,远基坑侧表现为上凸挠曲变形。由于建筑物纵墙所跨上凸区域较小,其所对应的上凸相对挠曲变形最大值仅为 0.05 mm。当地下连续墙弹性模量大于或等于 25 000 MPa 时,建筑物整体将跨越坑外土体下凹挠曲变形区域,建筑物发生单纯的下凹挠曲变形。随着地下连续墙弹性模量的增大,建筑物所跨区域内土体沉降曲线的挠曲程度逐渐减小,所引起的建筑物挠曲变形明显减弱,此时建筑物纵墙最大相对挠曲变形发生在近基坑侧,其值分别为 3.58 mm,3.11 mm,2.78 mm,2.34 mm。

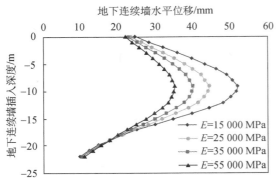

图 4-39 不同弹性模量条件下地下
连续墙水平位移曲线

图 4-39 为地下连续墙不同弹性模量条件下,基坑开挖所引起的地下连续墙水平位移曲线图。由于基坑开挖土体卸荷,周边土体回弹与自重应力释放,导致周边土体回弹位移逐渐增大,地下连续墙水平位移也随之增大。随着土方开挖的完成,在环梁支护的支撑作用下,墙体与墙周土体的摩擦力增大,地下连续墙变形趋于平缓,总体状态保持相对稳定。对比地下连续墙不同弹性模量条件下基坑开挖所引起的地下连续墙水平位移变化曲线可知,随着地下连续墙弹性模量的增大,地下连续墙水平位移逐渐减小,其变化趋势为先增大后减小,最大水平位移出现在地下连续墙中上部,其值分别为 52 mm,43.3 mm,40 mm,35 mm。地下连续墙墙顶亦发生较大位移,最大值为 26.26 mm。但地下连续墙顶端位移受其刚度影响较小,不同刚度条件下墙顶位移仅相差 1 mm 左右。坑底位置处的地下连续墙同样发生较大水平位移,其值分别为 34.78 mm,31.78 mm,29.8 mm,27.4 mm。

图 4-40 和图 4-41 分别为地下连续墙不同弹性模量条件下建筑物纵向水平位移和纵向相对水平位移的变化曲线,图 4-42 为建筑物纵向水平位移云图。由于基坑开挖的对称性,建筑物横向水平位移变化不大,因此不作详细研究,但建筑物纵向水平位移呈现明显差异。由图可知,随着地下连续墙弹性模量的增大,建筑物纵向水平位移逐渐减小。水平位移最大

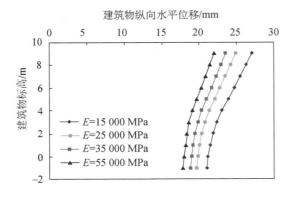

图 4-40 建筑物纵向水平位移曲线

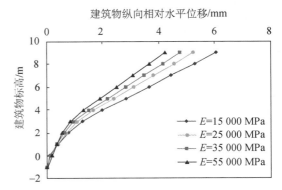

图 4-41 建筑物纵向相对水平位移曲线

值均出现在建筑物结构顶层位置,其值分别为 27.1 mm, 24.9 mm, 23.6 mm, 22 mm。建筑物基础位置同样出现较大水平位移,其值分别为 21 mm, 19.7 mm, 18.8 mm, 17.8 mm。由于结构顶层与基础存在水平位移差,建筑物将发生主体倾斜,倾斜值随着地下连续墙弹性模量的增大而逐渐减小,最大相对水平位移分别为 6 mm, 5.2 mm, 4.8 mm, 4.2 mm。

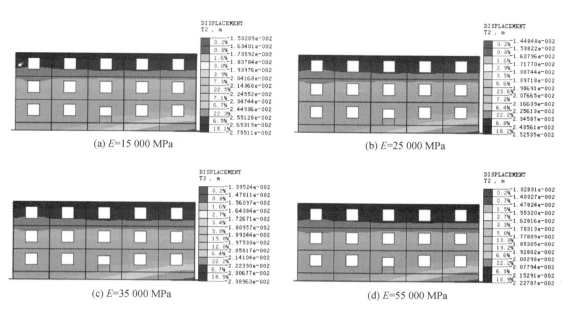

图 4-42　建筑物纵向水平位移云图

为了进一步研究基坑开挖时因地下连续墙不同弹性模量所引起的建筑物纵墙和横墙主拉应变分布规律,分别提取了建筑物纵墙和横墙的主拉应变云图,如图 4-43、图 4-44 所示。

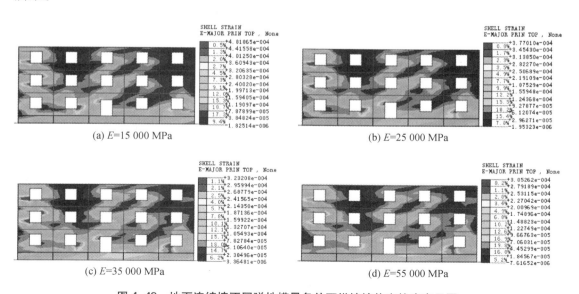

图 4-43　地下连续墙不同弹性模量条件下纵墙墙体主拉应变云图

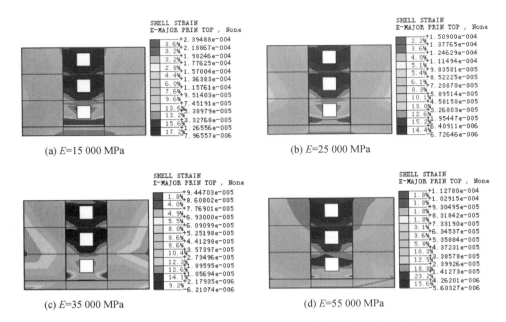

图 4-44　地下连续墙不同弹性模量条件下建筑物横墙主拉应变云图

　　当地下连续墙弹性模量不同时,建筑物纵墙的主拉应变分布规律与坑外土体沉降变形趋势密切相关。当建筑物紧邻基坑时,建筑物所跨区域内土体呈现为下凹挠曲变形,此时建筑物纵墙挠曲变形与坑外土体挠曲变形大致相同,纵墙主拉应变大致呈 $45°$ 方向,主要分布在纵墙位于土体沉降槽最低点的两侧,分布特点如下:①应变较为集中区域出现在窗与墙交接处;②随着楼层的增高,应变分布区域逐渐减小;③横、纵墙体交接处的应变较为明显。此外,横墙同样发生较为明显的挠曲变形,其所对应的主拉应变分布出现明显的集中现象。建筑物横墙的主拉应变主要分布在一层横墙以及横、纵墙交接处,此时一层中部窗间墙主拉应变集中现象最为明显,也是纵墙最不安全位置。

　　随着地下连续墙弹性模量的增大,建筑物纵墙相对挠曲变形明显减小,这将使建筑物纵墙所产生的主拉应变亦逐渐减小,纵墙所对应的最大主拉应变分别为 0.48‰,0.37‰,0.32‰,0.3‰。此外,建筑物横墙的主拉应变也随地下连续墙弹性模量的增大而逐渐减小,其最大主拉应变分别为 0.24‰,0.15‰,0.09‰,0.11‰。值得注意的是,当地下连续墙弹性模量为 55 000 MPa 时,横墙最大主拉应变有所回弹。原因在于,此时地下连续墙刚度较大,不均匀支撑效果将明显减小,坑外地表沉降最大值均发生在基坑中轴线位置,这将使建筑物横墙的挠曲变形有所增大,其对应的主拉应变较不均匀支撑时亦有所增大。

　　为了研究地下连续墙不同弹性模量条件下浅基础框架建筑受基坑开挖的变形影响,本节进行了三维有限元数值模拟分析,得出以下主要结论:

　　(1)坑外土体的沉降变形趋势不会因条形浅基础框架建筑物的存在而改变,二者沉降变形趋势大致相同。地下连续墙弹性模量决定了其刚度的大小,进而决定了坑外土体的挠曲变形趋势,从而对建筑物纵墙沉降变形起到了一定影响。地下连续墙弹性模量越大,建筑物纵墙相对挠曲变形越小。

　　(2)地下连续墙不同弹性模量条件下,建筑物结构顶层和基础均出现较大纵向水平位移,二者呈现较大差异。最大水平位移出现在建筑物结构顶层位置。由于建筑物结构顶层和基础存在水平位移差,建筑物将发生主体倾斜。随着地下连续墙弹性模量的增大,建筑物倾斜值越小,结构越安全。

（3）建筑物纵墙的主拉应变分布规律与坑外土体沉降变形趋势密切相关。地下连续墙弹性模量越大,坑外土体挠曲变形趋势越不明显,建筑物纵墙相对挠曲变形将明显减小,这将使建筑物纵墙所产生的主拉应变亦逐渐减小。

4.5 对历史建筑保护的建议

4.5.1 对基坑施工的建议

邻近建筑物的基坑施工需要满足基坑自身结构稳定性要求,不应使结构达到极限强度。除此之外,还要满足结构变形和邻近建筑物不均匀沉降的变形控制要求。施工时建议采取以下措施:

1. 施工信息化

在施工过程中,密切关注基坑围护和支护结构、道路、管线及邻近建筑物等保护对象的监测数据,根据施工反馈的信息及时完善施工方案,指导下一步施工。针对已发现的问题,为了确保正常施工和结构安全,必须及时提出解决方案并付诸实施。

2. 尽量避免雨季施工

基坑在长时间受到地下水浸泡的情况下,会造成土体强度降低、基底松软,产生翻浆、涌沙、基坑坍塌等不良地质灾害,为了确保安全施工,应当加强基坑止水、排水措施,截断坑内外的水力联系,严防此类现象发生。在采取降水措施时,为确保邻近建筑物基础及地下管线的安全,应当注意密切监测并控制周边地层沉降,防止出现建筑结构开裂或倾斜等现象。

3. 尽量避免扰动坑周土体

采用跳槽开挖或预留土台等施工方式,应尽量避免基坑施工对周边土体的扰动,可采用逆作法施工,自上而下逐层开挖并及时施加支撑。对已开挖结束的基坑应尽早施工上部结构,防止土体流变效应及不可预知的风险。

4. 设置隔断层保护周边环境

在基坑施工之前,应当预先查清邻近既有建筑的基础类型和埋深,当基坑与建筑物基础相距较近时,可在邻近建筑物基础与基坑围护结构之间设置隔断层来承受土体侧压力。隔断层通常为水泥土搅拌桩、钻孔灌注桩、高压旋喷桩或树根桩等构成的墙体。当建筑物基础距离基坑太近,没有足够的场地进行隔断法施工时,可以考虑加固邻近建筑物的基础。加固方式可根据土层分布及建筑物结构特征选用树根桩、锚杆静压桩或压密注浆等方式。

5. 避免邻近堆载加荷

当建筑物基础距离基坑较近时,应当严防基坑周边设备堆积荷载、行车荷载对基坑侧壁及邻近建筑物的稳定产生不利影响。

4.5.2 应急措施

1. 及时补救

事故发生后,应当进行回填反压,减小坡顶堆载,阻止基坑继续变形破坏。采用斜撑等方式减缓和阻止支护结构继续倾斜变形;采用喷射混凝土的方式尽快封闭既有裂缝,防止雨水对其进一步破坏。

2. 及时排险

当基坑内降水开挖使邻近建筑物发生沉降、倾斜或开裂时,应立即停止降水,查明事故原因,进行有效加固处理;应在基坑止水墙外侧靠近邻近建筑物附近设置水位观测井和回灌井,并在基坑周边地面设置排水沟。

3. 加强监测

事故发生后,应进行连续监测,直到基坑和建筑物变形均趋于稳定,防止土方坍塌和建筑物进一步破坏。根据基坑的安全等级和周边环境确定预警值,重点针对建筑物沉降、倾斜、裂缝变化、地表沉降以及基坑支护结构变形等方面进行监测,特别注意保护邻近建筑物。

4. 加固设计

可通过增设桩、临时支撑、预应力锚杆或采用注浆等方式进一步加固基坑,并尽快施工,防止暴露时间过长。

5 盾构(顶管)施工对历史建筑影响全过程分析

5.1 分析目标

5.1.1 盾构(顶管)施工对历史建筑影响的评价

盾构(顶管)施工法是目前世界上最广泛使用的隧道施工方法之一,该方法具有施工速度快、对周边环境影响小等优点。近几十年来,我国北京、上海、广州、深圳等地都大规模地修建了地铁隧道,这些地铁隧道建设大多采用该工法施工。面对大规模的隧道建设,如何保障隧道工程的施工安全成为建设者面临的一个严峻问题。针对盾构(顶管)施工引起的邻近建筑物沉降和变形,一些学者展开了较为深入的研究。

1. 盾构施工对建筑物影响的评价

王占生和王梦恕(2002)研讨了盾构通过建筑物时对建筑物的安全影响,分析了盾构通过建筑物时的施工组织方法,论述了盾构施工影响区域的划分和对建筑物影响进行预测的手段,提出了盾构通过建筑物时的施工控制参数和常见的工程处理措施,总结了盾构施工引起的建筑物安全问题及其应对措施。

胡新朋等(2007)针对盾构施工穿越城市内河、下穿既有隧道以及湖底施工、下穿古城墙等工程实例进行了分析研究,提出了针对类似情况的应对技术措施。

姜忻良等(2008)以某框架结构办公楼为研究对象,将建筑物与开洞地基视为一个整体,利用有限元软件 ANSYS 建立了三维非线性有限元模型,分析了盾构法地铁隧道穿越建筑物时建筑物自身沉降与内力变化情况。结果表明,建筑物基础的沉降主要发生在地铁隧道穿越建筑物的区间段内。建筑物的横向倾斜随着盾构的掘进逐渐增大,而其纵向倾斜量最大值则出现在开挖面在建筑物中线附近时;在盾构穿越建筑物的过程中,柱子的等效应力增幅可达 20.1%;相对于弯矩而言,建筑物构件的扭矩变化更为显著;当开挖面越过建筑物20 m 时,其变形和内力均趋于稳定。

彭畅等(2008)以武汉长江双线盾构隧道开挖工程为例,利用有限元程序 ABAQUS 对穿越武汉理工大学的 5 层钢筋混凝土框架结构电教楼下方的隧道盾构掘进进行三维数值分析计算,模拟盾构掘进引起的地层变形和规律以及对隧道上部建筑物变形的影响。

吴贤国等(2008)结合工程实例分析了盾构隧道施工对周围建筑物的影响范围和程度,重点研究了隧道埋深、建筑物与隧道的距离和盾构施工等因素对地面变形和建筑物变形的影响,提出了盾构隧道施工对建筑物的影响等级及保护标准。

姚爱军等(2009)以穿越附近居民住宅楼地基邻域的北京地铁 10 号线为背景,结合现场监测,采用 FLAC³ᴰ 工程分析软件,针对邻近建筑物的变形进行了数值分析,研究了盾构施工引起的邻近建筑物的响应。

丁智等(2009,2011)参考杭州地铁 1 号线的实际盾构掘进参数,采用有限元软件对邻近不同位置建筑物工况下的盾构隧道施工进行了模拟和分析,其中考虑了不同的建筑物的基础形式。研究表明,隧道衬砌的受力状况受到建筑物基础形式的影响,在邻近建筑物的盾构隧道施工时衬砌要承受更大的内力值。对于隧道邻近浅基础建筑物的工况,隧道开挖对建筑物的影响比较大,建筑物易倾斜;但对于桩基础建筑物,邻近基础一侧隧道开挖引起的建筑物内力变化相对较小,建筑物相对安全。此外,建筑物轴线到隧道轴线的水平距离和建筑物基础形式是影响邻近建筑物工况下隧道开挖引起地面沉降的重要因素,建筑物的存在会增大隧道开挖引起的地面沉降,建筑物和隧道开挖的相互影响存在一个影响范围,超过该范围时建筑物的影响可忽略不计。

房明等(2011)结合广州市交叉隧道工程实例,采用三维有限元方法对邻近不同位置建筑物工况下的新建隧道盾构下穿既有隧道施工进行了模拟和分析。对交叉隧道盾构施工引起的地面沉降、建筑物的变形及新旧隧道衬砌的内力与变形进行了研究,从而分析交叉隧道施工与邻近不同位置处建筑物之间的相互影响。研究表明,忽略邻近建筑物的存在将低估交叉隧道盾构下穿既有隧道施工的影响,此外,建筑物与交叉隧道盾构之间的相互影响存在一定范围。

孙宇坤和关富玲(2012)结合杭州地铁1号线某区间隧道工程下穿住宅群的盾构施工实例,通过监测数据研究了盾构隧道掘进施工对地表砌体结构建筑物沉降的影响规律。结果表明,砌体结构建筑物的沉降历时尤其是后续沉降阶段的下沉量占累积沉降量的比例明显大于天然地表。

张明聚等(2013)以深圳地铁2号线某区间隧道为背景,采用FLAC³ᴰ有限差分软件,对不同地质条件盾构下穿建筑物进行模拟,研究了盾构施工对邻近建筑物沉降、变形特征的影响。结合现场监测数据,总结了盾构施工对邻近建筑物的影响规律,分析了不同地质条件下不同基础形式的建筑物沉降、变形规律。研究表明,隧道通过建筑物时,建筑物基础的沉降值迅速增加,有明显的二次沉降规律;隧道两线与建筑物平面位置的关系决定了隧道施工对建筑物二次扰动的程度,正下方穿越比侧穿对建筑物的影响要大;盾构断面为软弱岩时引起的建筑物沉降较大,为硬岩时沉降显著减小。

综上所述,盾构施工将引起周边一定范围内的地层产生变形,进而会对邻近建筑物造成影响。地基土体变形会引起一定范围内的建筑物所受外力条件和支承状态发生变化,进而使既有建筑物发生沉降、倾斜、断面变形等现象。因此,既有建筑物与盾构隧道的位置关系、地基土的性质、已有建筑物的结构条件和刚度等因素都会影响外力条件和支承状态的变化。外力条件的变化类型主要有以下4种:

(1)由于开挖面坍塌、盾构蛇行与超挖、盾尾间隙的产生、衬砌变形等因素引起的地层应力释放,导致建筑物地基反力的大小和分布发生变化。

(2)由于地下水位下降而引起有效覆土压力的增大,导致土体压密沉降,使建筑物地基的垂直土压力增大。

(3)由于盾构推力过大、盾构与周围土体间的摩擦、壁后注浆压力等引起土体负载,使土体产生弹塑性变形,导致建筑物地基的土体压力增大。

(4)由于盾构施工对周围土体的扰动而使土性发生变化所引起的弹塑性沉降和蠕变沉降,导致建筑物地基的反力分布发生变化。

对于基础埋深较浅的建筑物,其基础四周地层移动的影响可以忽略,仅考虑基础底部土层变形的影响,为了简化分析,假设基础底部与地表协调变形。建筑物受到的影响主要来自地层竖向变形和水平变形两个方面。

建筑物一般对地面均匀沉降(或隆起)并不敏感,造成建筑物破坏的原因主要是不均匀沉降。盾构施工引起的地层不均匀沉降往往会导致结构产生剪切或扭转破坏,框架结构建筑物对地层不均匀沉降尤为敏感。地表的倾斜则对高层建筑影响较大,尤其是高耸建筑物,在基础产生不均匀沉降时,其重心发生偏斜,引起应力重分配;当倾斜角度较大,建筑物的重心落在基础底面积之外时,建筑物还有可能发生折断或倾倒。

地表的水平变形对建筑物的破坏作用很大。建筑物抗拉伸的能力远远小于抗压能力,尤其是砌体结构,在较小的水平拉应力下,结构的薄弱部位(如门窗洞口)就会产生裂缝,砖砌体的结合缝亦容易被拉开。地表压缩变形对建筑物的破坏主要是使门窗洞口挤成菱形,纵墙或围墙产生褶曲或屋顶鼓起。

深基础建筑物除了受到基础底部土层变形的影响外,还受到基础四周地层变形的影响。对于深基础中的桩基,盾构施工引起的桩周土沉降会使桩身产生负摩阻力,致使桩基产生附加沉降。此外,盾构施工引起的土体侧向变形也会带动桩基产生侧向变形。当桩底在隧道上方时,桩底土的沉降和土性变化会引起桩端承载力部分或全部丧失,致使桩基产生沉降变形。

2. 顶管施工对建筑物影响的评价

黄宏伟和胡昕(2003)采用三维有限元数值分析方法针对顶管施工对周围邻近土层影响规律进行了探讨,重点针对顶管施工机头正面推力、地层损失、注浆以及共同作用等进行了模拟。

魏纲(2003)以顶管施工工程为背景,采用三维有限元数值模拟方法,并结合现场测试和理论分析,针对顶管施工对邻近建筑物的影响进行了深入的研究。

余振翼和魏纲(2004)采用三维有限元数值分析方法分析了顶管施工引起的相邻平行地下管线的位移,研究了注浆、纠偏、距离顶管的远近及工程加固等因素对地下管线位移的影响。

黄亮(2010)介绍了采用注浆加固方式来控制顶管近距离穿越建筑物时所产生的不均匀沉降,保护邻近建筑物,降低顶管施工风险。

樊勇强(2013)结合工程实践,分析总结了顶管施工中引起地面沉降的原因,并提出了顶管穿越建筑物时应采取的控制沉降的技术措施。

施成华和黄林冲(2005)应用随机介质理论对顶管施工隧道开挖引起的扰动区土体的移动与变形进行分析,提出了顶管施工扰动区土体变形的精确计算方法。

由广明等(2007)借助三维有限元数值软件研究了曲线顶管施工过程中地表的变形规律,探讨了泥浆套、机头压力和土体抗力等因素对地表变形的影响。

丛茂强(2013)采用有限元数值模拟方法研究了顶管施工开挖面以及泥浆套对土体扰动的影响,并提出了相应的控制方法。

喻军和龚晓南(2014)采用数值模拟方法,分析了顶管施工过程中顶管的摩阻力、机头压力、土体抗力等因素对地表沉降的影响。

综上所述,顶管顶进施工中产生的地层损失可认为主要由以下8种原因产生的:①顶管顶进过程中管片外围与周围土体间的环形空隙引起的地层损失;②掘进机开挖引起的地层损失;③管道之间以及中继接头连接封闭性不良引起的地层损失;④顶管及管节与周围土体摩擦引起的地层损失;⑤顶管顶进纠偏引起的地层损失;⑥顶进过程中工作井后靠土体变形引起的地层损失;⑦掘进机进出工作井引起的地层损失;⑧顶管施工过程中管道后退引起的土层移动。

因此,在邻近或穿越保护建筑物的顶管施工过程中,需要根据实际工况,采取适当的技术措施和严格的施工管理,合理调整顶管施工参数,将地面沉降控制在预期范围内。

5.1.2 对历史建筑保护的设计原则和施工要求

盾构(顶管)施工引起建筑物变形的主要机理为土体开挖卸荷引起地层损失,带动周边土体向隧道位置处移动,进而影响到邻近建筑物地基的变形和应力。因此,在对历史建筑保护设计时应当从建筑物内力与变形、地表沉降以及隧道变形三个方面进行考虑。

1. 建筑物内力与变形

建筑物内力与变形控制标准参照 4.1.2 节。

2. 地表沉降

随着盾构机性能的改进,盾构隧道施工技术迅速发展,然而盾构施工引起的地层变形仍不可避免。由于软土地基特性,盾构施工期间将引起地表沉降,如果控制不当,地表沉降超过允许值,周围建筑物、相邻管线和道路将面临极大的威胁。目前,国内地铁隧道施工大多采用经验控制值,盾构隧道施工引起的周边地表沉降量不超过 30 mm,隆起量不超过 10 mm,变形速率不超过 3 mm/12 h。表 5-1 给出了上海、北京和深圳等地盾构隧道施工引起地表变形的控制标准。但这种经验控制标准比较笼统,且未考虑到地质条件、施工工艺和周边环境等因素的影响。

表 5-1 国内盾构隧道施工地表变形控制标准

地表变形	上海	北京	深圳
沉降量	施工期间:−30 mm 施工半年后:−50 mm	−30 mm	−30 mm
隆起量	施工期间:+10 mm 施工半年后:+20 mm	+10 mm	+10 mm

3. 隧道变形

由于工程地质条件和施工工艺的差异性,目前还没有专门的规范对隧道提出统一的变形控制要求。目前国内主要有以下的相关规范和经验规定。

《上海市地铁沿线建筑施工保护地铁技术管理暂行规定》中对运营线路和隧道的保护要求如下:

(1) 绝对沉降量及水平位移量≤20 mm,地铁隧道衬砌结构在纵向位移中引起直径横向变形≤10 mm。

(2) 隧道变形曲线的曲率半径 $R \geq 15\ 000$ m。

(3) 隧道相对弯曲≤1/2 500。

(4) 由于建筑垂直荷载及降水、注浆等施工因素而引起的地铁隧道外壁附加荷载≤20 kPa。

此外,在隧道施工期间,隧道累计沉降不应超过 30 mm,变形速率不超过 3 mm/d。

5.2 计算参数选择

以 4.3 节中的历史建筑为例,历史建筑计算参数见 4.3.1 节,土体参数见 4.3.2 节。

盾构顶管施工参数选取如下:

在本节计算模型中,隧道轴线埋深取为 13 m,外直径取为 7.4 m,内直径取为 6.8 m,掘进机机身长取为 7.2 m,机壳厚度取为 0.06 m,衬砌每环宽度取为 1.2 m,厚度取为 0.3 m,采用 C50 混凝土。隧道管片选用 3D 壳单元模拟,弹性模量取为 21 000 MPa,泊松比取为 0.3,厚度取为 0.3 m,重度取为 2 500 kg/m³。机壳采用 2D 板单元模拟,弹性模量取为

250 000 MPa,泊松比取为 0.2,重度取为 7 800 kg/m³。灌浆压力取为 50 kg/m³。

在本节的有限元计算中,作如下假定:

(1) 忽略地下水的渗透作用,土体本身变形与时间无关;

(2) 框架与基础,基础与土体采用变形协调计算的方法;

(3) 隧道开挖前地面沉降为零,即不考虑建造建筑物引起的地面沉降。

采用"刚度迁移法"模拟隧道推进过程,掘进机每向前推进一步作相应变化:移除该开挖步处的土体单元,土体释放应力,在开挖面处施加支护力,激活机壳单元,在机壳外侧表面施加摩擦力;修改最后面一段原机壳单元属性,改为衬砌单元,激活中间衬砌单元,去掉机壳摩擦力,改为施加注浆压力。实际工程中每环衬砌宽 1.2 m。机壳与土体之间的摩擦力和开挖面支护力均假定为均布力,正面附加推力和摩擦力分别取为 200 kPa 和 4 500 kPa。具体施工步骤如表 5-2 所示,隧道开挖模拟主要工序如图 5-1 所示。

表 5-2　　　　　　　　　　　　　　隧道施工步骤

施工步骤	移除单元			激活单元		
	内圆	管片	掘进机	掘进机	管片	灌浆压力
1	内圆(1, 2)	外圆(1, 2)		机壳(1, 2)		
2	内圆(3, 4)	外圆(3, 4)		机壳(3, 4)		
3	内圆(5, 6)	外圆(5, 6)		机壳(5, 6)		
4	内圆(7, 8)	外圆(7, 8)		机壳(7, 8)	外圆(1, 2)	
5	内圆(9, 10)	外圆(9, 10)	机壳(1, 2)	机壳(9, 10)	外圆(3, 4)	
6	内圆(11, 12)	外圆(11, 12)	机壳(3, 4)	机壳(11, 12)	外圆(5, 6)	
7	内圆(13, 14)	外圆(13, 14)	机壳(5, 6)	机壳(13, 14)	外圆(7, 8)	
8	内圆(15, 16)	外圆(15, 16)	机壳(7, 8)	机壳(15, 16)	外圆(9, 10)	灌浆(1, 2)
9	内圆(17, 18)	外圆(17, 18)	机壳(9, 10)	机壳(17, 18)	外圆(11, 12)	灌浆(3, 4)
10	内圆(19, 20)	外圆(19, 20)	机壳(11, 12)	机壳(19, 20)	外圆(13, 14)	灌浆(5, 6)
11	内圆(21, 22)	外圆(21, 22)	机壳(13, 14)	机壳(21, 22)	外圆(15, 16)	灌浆(7, 8)
12	内圆(23, 24)	外圆(23, 24)	机壳(15, 16)	机壳(23, 24)	外圆(17, 18)	灌浆(9, 10)
13	内圆(25, 26)	外圆(25, 26)	机壳(17, 18)	机壳(25, 26)	外圆(19, 20)	灌浆(11, 12)
14	内圆(27, 28)	外圆(27, 28)	机壳(19, 20)	机壳(27, 28)	外圆(21, 22)	灌浆(13, 14)
15	内圆(29, 30)	外圆(29, 30)	机壳(21, 22)	机壳(29, 30)	外圆(23, 24)	灌浆(15, 16)
16	内圆(31, 32)	外圆(31, 32)	机壳(23, 24)	机壳(31, 32)	外圆(25, 26)	灌浆(17, 18)
17	内圆(33, 34)	外圆(33, 34)	机壳(25, 26)	机壳(33, 34)	外圆(27, 28)	灌浆(19, 20)
18	内圆(35, 36)	外圆(35, 36)	机壳(27, 28)	机壳(35, 36)	外圆(29, 30)	灌浆(21, 22)
19	内圆(37, 38)	外圆(37, 38)	机壳(29, 30)	机壳(37, 38)	外圆(31, 32)	灌浆(23, 24)
20	内圆(39, 40)	外圆(39, 40)	机壳(31, 32)	机壳(39, 40)	外圆(33, 34)	灌浆(25, 26)
21	内圆(41, 42)	外圆(41, 42)	机壳(33, 34)	机壳(41, 42)	外圆(35, 36)	灌浆(27, 28)
22	内圆(43, 44)	外圆(43, 44)	机壳(35, 36)	机壳(43, 44)	外圆(37, 38)	灌浆(29, 30)
23	内圆(45, 46)	外圆(45, 46)	机壳(37, 38)	机壳(45, 46)	外圆(39, 40)	灌浆(31, 32)
24	内圆(47, 48)	外圆(47, 48)	机壳(39, 40)	机壳(47, 48)	外圆(41, 42)	灌浆(33, 34)

（续表）

施工步骤	移除单元			激活单元		
	内圆	管片	掘进机	掘进机	管片	灌浆压力
25	内圆(49, 50)	外圆(49, 50)	机壳(41, 42)	机壳(49, 50)	外圆(43, 44)	灌浆(35, 36)
26			机壳(43, 44)		外圆(45, 46)	灌浆(37, 38)
27			机壳(45, 46)		外圆(47, 48)	灌浆(39, 40)
28			机壳(47, 48)		外圆(49, 50)	灌浆(41, 42)
29			机壳(49, 50)			灌浆(43, 44)
30						灌浆(45, 46)
31						灌浆(47, 48)
32						灌浆(49, 50)

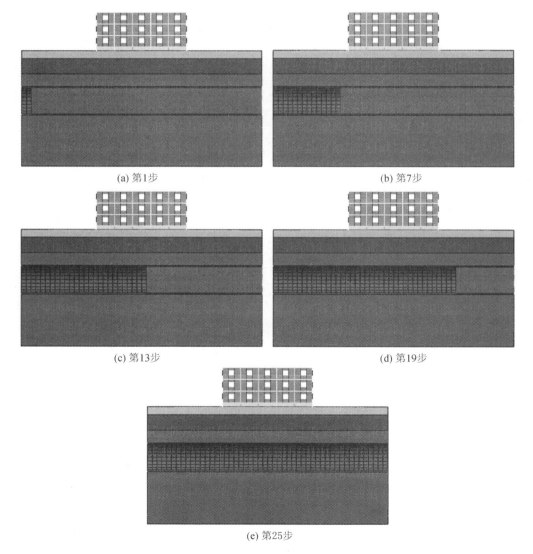

(a) 第1步　　　　　　　　　　　　　(b) 第7步

(c) 第13步　　　　　　　　　　　　(d) 第19步

(e) 第25步

图5-1　隧道开挖模拟主要工序示意图

在本节的有限元计算中,模型的横向尺寸(垂直于隧道走向)取为 100 m,竖向尺寸取为 30 m,纵向尺寸(沿隧道走向)取为 60 m。该模型共有 48 352 个单元,35 407 个节点。有限元网格划分如图 5-2 所示。

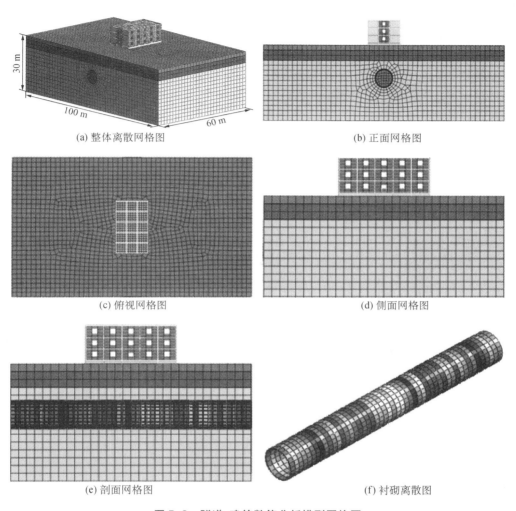

(a) 整体离散网格图

(b) 正面网格图

(c) 俯视网格图

(d) 侧面网格图

(e) 剖面网格图

(f) 衬砌离散图

图 5-2　隧道-建筑数值分析模型网格图

5.3　计算结果分析

5.3.1　对历史建筑安全的影响分析

1. 隧道开挖对任意角度建筑物的影响分析

目前关于隧道施工的研究主要集中在土体变形和土体扰动方面。关于隧道施工对建筑物影响的研究主要集中在单圆隧道和双圆隧道。以单圆隧道为例,隧道施工引起周边地层的沉降变形,导致邻近建筑物也产生不均匀沉降变形,从而使建筑物结构内部产生附加内应力,对建筑物产生不利影响。对无建筑物条件下的地表沉降特征已经有深入研究,最具代表性的是 Peck 等(1969)提出的横向沉降槽经验公式,该经验公式已经在中国隧道工程中得到广泛应用。然而,城市地铁大多修建在高楼林立的地区,地铁隧道施工引起的地层沉降必然会对建筑物产生影响,同时建筑物也会对地层沉降产生约束作用。因此,无建筑物与有建筑物的地层沉降特征是完全不同的,建筑物的结构形式对地层沉降变形的约束作用也不尽相同,其中地铁隧道施工引起的地层沉降对浅基础建筑物而言更为敏感。因此,地铁修建过程中,地铁隧道施工技术难点之一就是控制浅基础建筑物的沉降,亟须开展有建筑物的地层沉降特征研究,以解决地铁修建的技术难题。

地表的绝对沉降量是地表沉降关注的重点,但对于建筑物则不仅要关注绝对沉降量,而且更要关注相对沉降量(即不均匀沉降量)。地铁隧道施工是一个动态过程,在这个过程中受到影响的地层和建筑物的变形和受力也是一个动态过程。地表和建筑物发生最大绝对沉降量的时刻,并不一定是建筑物发生最大相对沉降量和结构应力状态最不利的时刻。工程实践表明,在地铁隧道穿越建筑物的时刻往往是建筑物最危险的时刻。因此,讨论隧道施工对建筑物的影响,应当紧密结合隧道施工过程。在这种情况下,再应用经典的 Peck 横向沉降槽公式来回答建筑物在什么状态下将会发生最大的相对和绝对沉降量,以及建筑物是否安全、会不会开裂破坏等一系列与隧道施工过程密切相关的问题,显然是不可行的。然而,此方面的研究目前还较少。为此,本节应用三维数值模型,以特定地层和浅基础框架结构建筑物为研究对象,对无建筑物和有建筑物的地层沉降变形特征进行对比研究,揭示建筑物与隧道不同空间位置关系的地层和建筑物的沉降特征。

图 5-3 为地层-隧道-房屋位置示意图,其中 S 为隧道中轴线与建筑物中轴线之间的水平距离。为研究隧道与建筑物呈不同角度对建筑物带来的影响,取 $S=0$ m 且假定房屋与隧道的位置分为平行、垂直和 45°斜交 3 种形式,如图 5-4 所示。

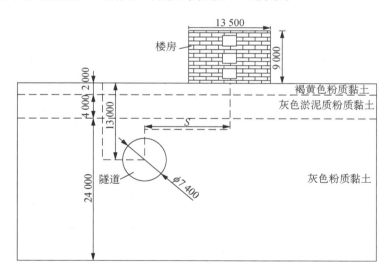

图 5-3 地层-隧道-房屋位置示意图(单位:mm)

图 5-5 为无建筑物时隧道施工所引起的横向地层沉降槽云图,同时标出了地层滑移线位置和角度。在实际工程中,地铁开挖首先引起地表坍塌的位置最有可能发生在最大位移线与地表连通的范围内,此时地表才刚刚出现坍塌,坍塌面积较小,但此时的地层仍然处于不稳定状态。若不及时处理,地表还会继续坍塌,地表坍塌面积继续加大,直至达到地层滑移线。

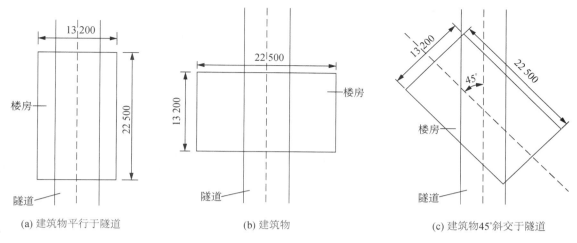

(a) 建筑物平行于隧道   (b) 建筑物   (c) 建筑物45°斜交于隧道

图 5-4　建筑物与隧道位置关系图(单位:mm)

图 5-6 为隧道中轴线与建筑物中轴线水平距离为 0 时,建筑物与隧道走向呈平行、垂直和 45°斜交工况时的横向地层沉降槽云图,也标出了地层滑移线位置和角度。图 5-7 为上述工况下建筑物和扰动地层的三维变形图,由图可知,建筑物对沉降槽的影响较大。建筑物所在位置的地层滑移量

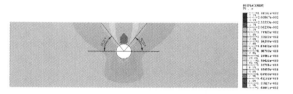

图 5-5　无建筑物时地层沉降槽云图

明显增大,沉降槽宽度明显增大。无建筑物时,滑移线角度为 52°,而有建筑物时,在平行工况下滑移线角度为 57°,垂直工况下滑移线角度为 54°,45°斜交工况下滑移线角度为 52°。此外,地层沉降槽宽度也存在一定差别,无建筑物时,地层沉降槽宽度为 14 m,而有建筑物时,在平行工况下地层沉降槽宽度为 18 m,垂直工况下地层沉降槽宽度为 22 m,45°斜交工况下地层沉降槽宽度为 16.3 m。地层沉降数值存在较大差别,当无建筑物时,地层沉降槽最大值为 14.9 mm。当建筑物与隧道平行时,地层沉降槽最大值为 15.6 mm,当建筑物与隧道垂直时,地层沉降槽最大值为 14.3 mm,当建筑物与隧道 45°斜交时,地层沉降槽最大值为 15.5 mm。

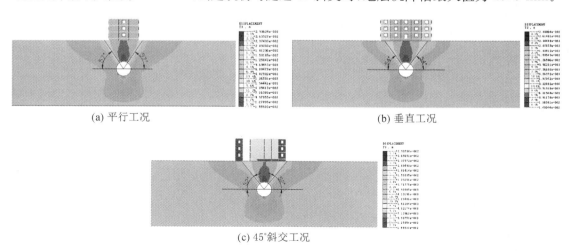

(a) 平行工况   (b) 垂直工况

(c) 45°斜交工况

图 5-6　有建筑物时的地层沉降槽云图

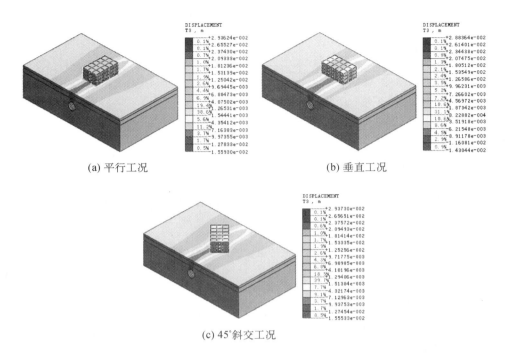

(a) 平行工况　　　　　　　　　　　　(b) 垂直工况

(c) 45°斜交工况

图 5-7　建筑物与隧道不同位置关系时的三维变形图

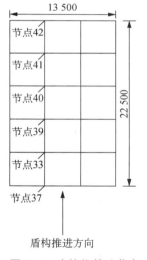

图 5-8　建筑物基础节点
图(单位:mm)

隧道施工对建筑物沉降变形影响较大,框架建筑浅基础相对沉降量也有一定差别。为此,本节研究了不同工况下建筑物基础节点沉降变化情况。本节涉及的建筑物基础节点如图 5-8 所示。

图 5-9 为不同工况下隧道掘进引起的框架建筑物基础沉降图。从图中可以看出,当建筑物与隧道平行时,建筑物最大相对沉降量发生在隧道开挖到建筑物中间位置,其值为 7 mm,而最大绝对沉降量则发生在隧道全部开挖完成之后,其值为 7 mm[图 5-9(a)];当建筑物与隧道垂直时,建筑物的最大相对沉降量和最大绝对沉降量都发生在隧道开挖完成之后,为 4 mm[图 5-9(b)];当建筑物与隧道 45°斜交时,建筑物的最大相对沉降量发生在隧道开挖到建筑物的大致中间位置,其值为 7 mm[图 5-9(c)],最大沉降量发生在隧道开挖完成之后,其值为 5 mm。此外,由于隧道掘进机挤压和机壳摩擦力对土体的扰动作用,上方建筑物先产生 1 mm 的微小隆起,随后开始沉降。

图 5-10 为不同工况下建筑物最大水平位移随隧道掘进的变化图(其中纵向位移为沿隧道掘进方向,横向位移为垂直于隧道掘进方向)。由图可知,当建筑物平行于隧道时,随着隧道掘进距离的增加,建筑物顶层最大横向水平位移变化不大(均小于 0.5 mm),最大纵向水平位移先增大后减小再增大,在隧道穿越建筑物下方附近达到最大值,最大纵向水平位移值为 2.5 mm。当建筑物与隧道 45°斜交时,随着隧道掘进距离的增加,最大横向水平位移变化较大但均小于 3 mm,最大值位于建筑物顶层的顶角处;最大纵向水平位移先增大后减小再增大,在隧道穿越建筑物下方附近达到最大值,最大纵向水平位移

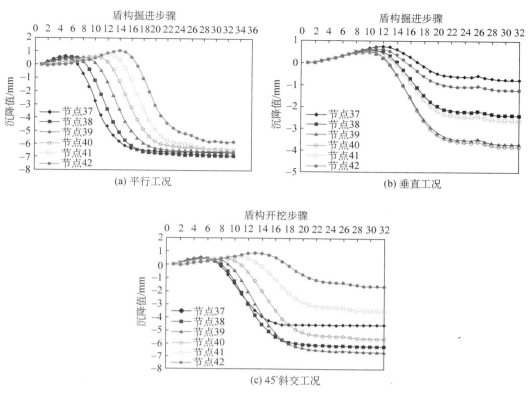

图 5-9 不同工况下隧道掘进引起的框架建筑物基础沉降图

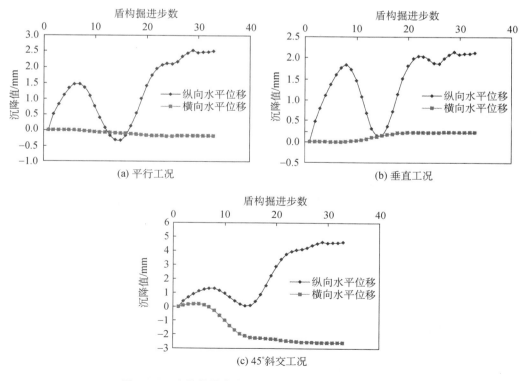

图 5-10 建筑物最大水平位移随隧道掘进距离的变化

值为 4.5 mm。当建筑物与隧道垂直时,随着隧道掘进距离的增加,最大横向水平位移变化不大(均小于 0.5 mm),最大纵向水平位移先增大后减小再增大,在隧道穿越建筑物下方附近达到最大值,最大纵向水平位移值为 2 mm。

图 5-11 为平行工况下建筑物沉降三维示意图。由图可知,建筑物纵墙沉降最大值发生在其靠近隧道开挖方向的端部,其值为 4.7 mm,沿隧道开挖方向,建筑物纵墙沉降逐渐减小,纵墙差异沉降并不明显,仅为 1 mm 左右。建筑物横墙沉降则出现较大差异。横墙最大沉降出现在其中部位置,最大沉降值为 7.4 mm,横墙两端沉降为 4.7 mm,说明此时建筑物横墙将发生较为明显的相对挠曲变形。图 5-12 为平行工况下建筑物横墙相对挠曲变形曲线图。由图可知,建筑物平行于隧道时,建筑物的横墙尺寸小于地表沉降槽宽度,隧道开挖将引起建筑物横墙的不均匀沉降,建筑物横墙的沉降变形均表现为下凹挠曲变形。此时建筑物中部跨越沉降曲线的下凹挠曲最大点,这使得此时的建筑物横墙相对挠曲变形也最为显著,最大相对挠曲变形值为 2.26 mm。

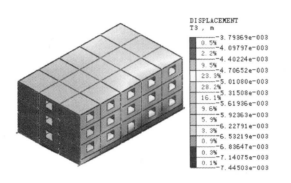

图 5-11　平行工况下建筑物沉降三维示意图

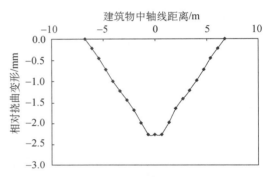

图 5-12　建筑物横墙相对挠曲变形曲线

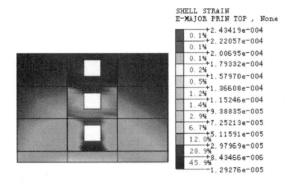

图 5-13　建筑物横墙主拉应力云图

为了进一步了解建筑物因隧道开挖所引发的墙体拉应变情况,图 5-13 给出了平行工况下建筑物横墙墙体的主拉应变分布情况。由图可知,由于建筑物横墙发生下凹挠曲变形,且当建筑物横墙跨越坑外沉降曲线下凹挠曲最大点时,建筑物横墙的相对挠曲变形最为显著,所对应墙体的主拉应变亦最大,最大值为 0.2‰,主要呈现正"八"字形分布。此外,建筑物横墙主拉应变主要集中在基础以及梁、柱、墙交接处。其原因主要是边梁两端连接的边柱及中柱发生较大的差异沉降,导致边梁、边柱内产生较大的附加作用力,带动其他梁柱产生变形和错动。

当建筑物与隧道垂直时,建筑物的纵墙尺寸明显大于地表沉降槽宽度,隧道开挖亦将引起建筑物纵墙的不均匀沉降。图 5-14 为建筑物纵墙沉降曲线图。图 5-15 为建筑物沉降三维示意图。由图可知,建筑物垂直于隧道开挖方向时,由于建筑物纵墙中部位于地层沉降槽最低点正上方,建筑物纵墙沉降最大值发生在其中部位置,其值为 4.4 mm。建筑物纵墙沉降值由纵墙中心部位向纵墙两端逐步减小,纵墙最小值发生在纵墙端部,沉降值仅为

1.5 mm和1.9 mm,两端差异沉降仅为0.4 mm。此时建筑物纵墙的差异沉降最大值为2.8 mm。建筑物后纵墙沉降值大于前纵墙的沉降值,且沉降较大值分布区域也大于前纵墙。

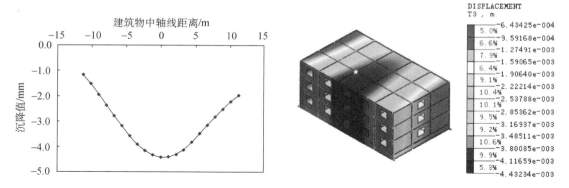

图5-14 垂直工况下建筑物纵墙沉降曲线　　　图5-15 垂直工况下建筑物沉降三维示意图

为进一步了解建筑物挠曲作用下所产生的墙体应变变化规律,提取了纵墙墙体的拉应变,如图5-16所示。建筑物与隧道开挖方向垂直时,建筑物纵墙中部将位于地层沉降槽的最低点位置,此时建筑物发生明显的下凹挠曲变形。建筑物纵墙主拉应变主要集中于地层沉降槽最低点的两侧,均呈倒"八"字形分布,当墙体拉应变达到其极限拉应变时,墙体将产生分布于沉降槽最低点两侧的正"八"字形裂缝。分布特点如下:①应变较为集中区域发生在窗与墙交接处;②横、纵墙体交接处的应变较为明显;③建筑物纵墙近隧道端部位置的主拉应变明显大于建筑物其他部位;④建筑物后纵墙对应的最大主拉应变为0.22‰,大于前纵墙所对应的0.18‰;⑤建筑物纵墙中部位置的主拉应变极小,仅为0.009‰。

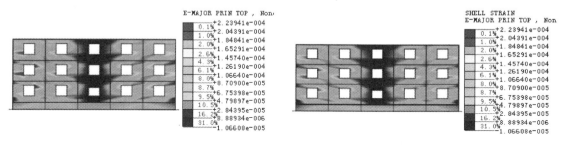

（a）前纵墙主拉应变云图　　　　　　　　　（b）后纵墙主拉应变云图

图5-16 垂直工况下建筑物纵墙主拉应变云图

建筑物与隧道45°斜交时,建筑物的纵墙尺寸大于地表沉降槽宽度,隧道开挖所引起的建筑物纵墙的不均匀沉降将更加明显,建筑物纵墙沉降变形表现为下凹挠曲变形。图5-17为建筑物纵墙沉降曲线图。图5-18为建筑物沉降三维云图。由图可知,建筑物前、后纵墙沉降趋势近似呈现反对称形态,最大沉降均发生在隧道中轴线正上方。随着建筑物纵墙与隧道中轴线的距离加大,建筑物纵墙的沉降值逐渐减小,且纵墙远离隧道端均发生微弱上隆。前纵墙最大沉降值为6.47 mm,上隆最大值为0.54 mm,后纵墙最大沉降值为7.37 mm,上隆最大值为0.4 mm,由此可知,此时建筑物纵墙将发生明显的相对挠曲变形。

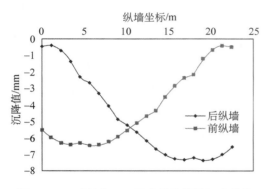

图 5-17　45°斜交工况下建筑物纵墙沉降曲线

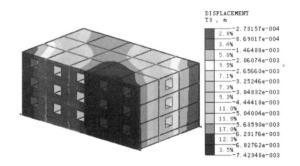

图 5-18　45°斜交工况下建筑物沉降三维示意图

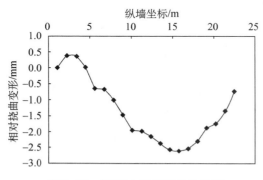

图 5-19　45°斜交工况下建筑物后
纵墙挠曲变形图

图 5-19 为建筑物与隧道走向 45°斜交时，建筑物后纵墙相对挠曲变形图。由图可知，建筑物后纵墙跨越隧道开挖区域时，受地层沉降槽的影响，建筑物后纵墙将发生明显的相对挠曲，相对挠曲变形最大值发生在地层沉降槽最低点位置，相对挠度最大值为 2.6 mm。随着建筑物后纵墙逐渐远离隧道开挖位置，其所对应的相对挠曲变形值逐步减小。当建筑物后纵墙跨越地层沉降槽上凸挠曲变形区域时，受地层沉降变形趋势的影响，建筑物后纵墙远离隧道端将发生较小的上凸挠曲变形，最小值仅为

0.36 mm。

　　为进一步了解建筑物在挠曲与扭转变形作用下所产生的墙体应变变化规律，提取了前、后纵墙墙体的主拉应变，如图 5-20 所示。在隧道掘进作用下，受地层沉降槽的影响，建筑物纵墙发生较大程度的相对下凹挠曲变形，所对应的纵墙主拉应变主要集中于纵墙所跨地层沉降槽最低点附近区域内，主拉应变呈类似反对称的分布，且呈倒"八"字形。分布特点如下：①应变较为集中的区域发生在窗与墙交接处；②地层沉降槽最低点位置所对应的纵墙拉应变最为显著；③横、纵墙体交接处的应变较为明显。建筑物后纵墙所对应的最大主拉应变值为 0.4‰，前纵墙所对应的最大主拉应变为 0.32‰。

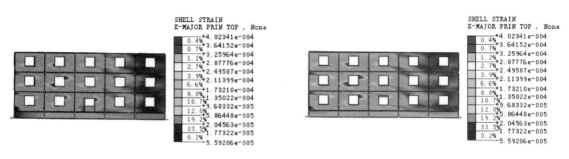

（a）前纵墙拉应变云图　　　　　　　　　　　　　（b）后纵墙拉应变云图

图 5-20　45°斜交工况下建筑物纵墙主拉应变云图

为了研究浅基础框架建筑与隧道走向呈不同角度时,建筑物受隧道开挖的变形影响,本节进行了三维有限元数值模拟分析,得出以下主要结论:

由地层滑移线形成的地层沉降范围并不是地表沉降槽宽度,地表沉降槽宽度应按实际影响范围来确定,建筑物的存在使得地表沉降槽宽度和地层滑移角加大,而地层平均滑移角应视建筑物与隧道空间位置关系而定。

建筑物的沉降特性与隧道施工过程及隧道空间位置密切相关,建筑物发生最大相对沉降量的时刻正是建筑物处于最不安全的时刻,此时往往是隧道正在穿越建筑物的时刻,而此时建筑物的绝对沉降量并不一定最大。建筑物发生最大绝对沉降量的时刻发生在隧道开挖完成之后,而此时的相对沉降量一定最大。

建筑物平行或垂直于隧道时,建筑物顶层最大横向水平位移变化不大,最大纵向水平位移先增大后减小再增大,在隧道穿越建筑物下方附近达到最大值。建筑物与隧道45°斜交时,最大横向水平位移变化较大但均小于3 mm,最大位移位于建筑物顶层的顶角处。最大纵向水平位移先增大后减小再增大,在隧道穿越建筑物下方附近达到最大值。

建筑物与隧道呈不同角度时,建筑物墙体的主拉应变存在显著差异。当建筑物平行于隧道时,建筑物横墙主拉应变明显大于建筑物纵墙主拉应变。当建筑物与隧道垂直时,建筑物纵墙主拉应变将更为显著。当建筑物与隧道45°斜交时,建筑物纵墙发生较大程度的相对下凹挠曲变形,主拉应变呈类似反对称的分布。

2. 隧道开挖对任意距离建筑物的影响分析

令 S 为隧道中轴线与建筑物中轴线之间的水平距离,D 为隧道直径。房屋与隧道走向为平行工况时,取 S 分别为 0 m, 6.75 m, 10.75 m, 15 m 共四种位置。地层-隧道-房屋位置示意如图5-3所示。

图5-21为有建筑物时建筑物与隧道不同距离时的地层滑移线和沉降槽宽度。图5-22为上述工况下建筑物和扰动地层的三维沉降云图。

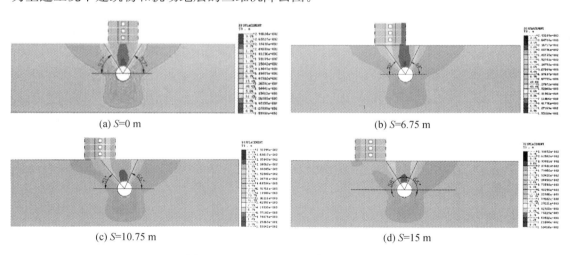

(a) S=0 m (b) S=6.75 m

(c) S=10.75 m (d) S=15 m

图5-21 不同 S 工况下地层沉降槽图

从图中可以看出,有建筑物与无建筑物时的地层滑移线和沉降槽有较大差别:

(1) 当 $0 \leqslant S \leqslant D$ 时[图5-21(a),(b)],建筑物使地层滑移角加大。当 S=0 m 时,最大滑移角为57°,地层沉降量明显增加,最大值出现在隧道顶部中心位置,其值为16 mm。当

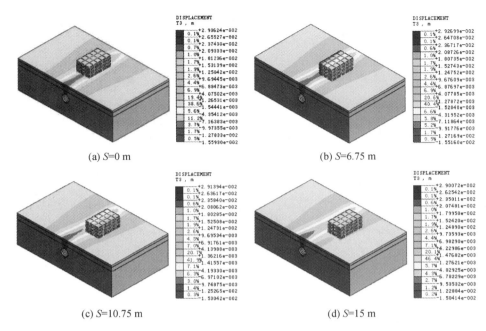

(a) S=0 m (b) S=6.75 m

(c) S=10.75 m (d) S=15 m

图 5-22 不同 S 工况下建筑物和地层三维沉降图

S＝6.75 m 时，远离建筑物一侧的地层滑移角最大，滑移角为 64°。邻近建筑物一侧的地层滑移角小于远离建筑物一侧的地层滑移角，其值为 55°。与此同时，地层沉降量明显增加，最大值依旧出现在隧道顶部中心位置，其值为 15.5 mm。此外，地层沉降槽宽度明显加大，当 S＝0 m 时，地层沉降槽宽度为 18 m，当 S＝6.75 m 时，地层沉降槽宽度进一步增大，其宽度为 21 m。

（2）当 $D \leqslant S \leqslant 2D$ 时［图 5-21(c)］，建筑物同样使地层滑移角加大，远离建筑物一侧的地层滑移角最大，滑移角为 66°。邻近建筑物一侧的地层滑移角小于远离建筑物一侧的地层滑移角，其值为 51°。与此同时，地层沉降量增加幅值有所减小，最大值依旧出现在隧道顶部中心位置，其值为 9.47 mm。此外，地层沉降槽宽度达到最大，其值为 23.4 m。

（3）当 $2D \leqslant S$ 时［图 5-21(d)］，远离建筑物一侧的地层滑移角最大，滑移角为 66°。邻近建筑物一侧的地层滑移角小于远离建筑物一侧的地层滑移角，其值为 58°。与此同时，地层沉降量与无建筑物时的地层沉降量差异不大，最大值依旧出现在隧道顶部中心位置，其值为 9.42 mm。此时地表沉降槽明显增大。此时地层沉降槽受建筑物影响明显减小，宽度较无建筑物时稍有增大，其值为 18 m。

综上所述，建筑物的存在使得地表沉降槽宽度增大，同时改变了地层滑移角大小。建筑物所处位置的局部地层滑移角明显增大，且视建筑物位置，发生在近建筑物或远建筑一侧。

隧道施工对建筑物沉降变形影响较大，框架建筑浅基础相对沉降量也有一定差别。为此，本节研究了不同工况下建筑物基础节点沉降变化情况。本节涉及的建筑物基础节点如图 5-23 所示。

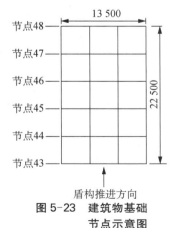

图 5-23 建筑物基础节点示意图（单位:mm）

图 5-24 为不同 S 工况下建筑物基础沉降曲线。以 $S=0$ m 为例,由于掘进机挤压和机壳摩擦力对土体的扰动作用,上方建筑物基础节点 43 率先产生 1 mm 的微小隆起,随后开始沉降。随着隧道的开挖,建筑物基础节点的沉降逐渐增大,最大沉降值达 5 mm。沿隧道开挖方向,建筑物基础节点的沉降依次减小,开挖过程中节点 43 与节点 48 的最大差异沉降为 6 mm。待建筑物沉降稳定时,二者的差异沉降最小,仅为 1 mm。随着隧道中轴线与建筑物中轴线之间的水平距离 S 的增大,建筑物纵墙下浅基础的沉降先增大后减小。当建筑物纵墙下浅基础中轴线与隧道中轴线重合时($S=6.75$ m),建筑物沉降最大,沉降值为 9 mm,开挖过程中节点 43 与节点 48 的最大差异沉降为 8 mm。当 $S=15$m 时,建筑物纵墙下浅基础沉降最小,沉降值仅为 1.5 mm,开挖过程中节点 43 与节点 48 的最大差异沉降仅为 2 mm 左右。

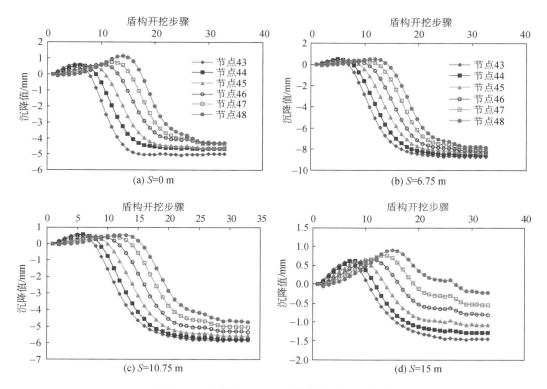

图 5-24 不同 S 工况下建筑物基础沉降曲线

以基础节点 43 为例,不同 S 工况下建筑物基础节点沉降曲线如图 5-25 所示。由图可知,随着建筑物逐渐远离隧道,建筑物受隧道开挖引起的地层沉降槽的影响越来越小,基础节点的沉降先增大后减小。$S=0$ m 时,基础节点所对应的最大沉降为 5 mm。$S=6.75$ m 时,建筑物基础节点位于隧道中轴线正上方,受土体扰动最大,所对应的沉降最大,为 8.7 mm。$S=10.75$ m 时,基础节点所对应的最大沉降为

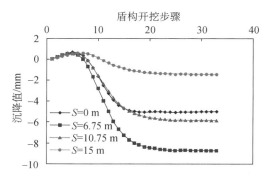

图 5-25 建筑物基础节点 43 沉降曲线

5.8 mm。$S=15$ m 时,基础节点所对应的最大沉降为 1.4 mm,此时建筑距离隧道足够远,基础沉降主要由建筑物自身重力所引起。

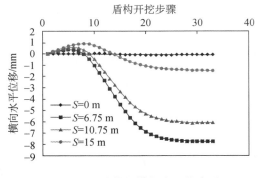

图 5-26　建筑物横向水平位移图

建筑物横向水平位移如图 5-26 所示。随着 S 的增大,建筑逐渐远离隧道,受隧道开挖地层沉降槽的影响减小,建筑物将发生沿垂直于隧道开挖方向(横向)上的水平位移。最大水平位移出现在建筑物结构顶部位置。随着隧道掘进距离的增加,最大横向水平位移逐渐增大。当 $S=0$ m 时,建筑物基础几何尺寸小于地表沉降槽宽度时,隧道开挖对建筑物沉降产生较大影响,但建筑物产生的横向水平位移很小。当 $S=6.75$ m 时,建筑物纵墙下浅基础中轴线与隧道中轴线重合,此时建筑物横向水平位移最大,为 7.8 mm。当 $S=10.75$ m 时,建筑物局部将跨越地层沉降槽右半部分,横向水平位移亦较大,为 6.1 mm,此时建筑物发生的局部倾斜较 $S=6.75$ m 时有所减小。当 $S \geqslant 15$ m 时,建筑物绝大部分将不再位于沉降槽范围内,此时,建筑物沉降主要受自重影响,受地层沉降槽影响较小,横向水平位移仅为 1 mm。

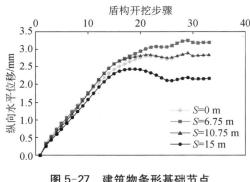

图 5-27　建筑物条形基础节点
48 纵向水平位移图

因采用较大顶推力,随着隧道掘进距离的增加,建筑物最大纵向水平位移逐渐增大,且最大值发生在建筑条形基础与地层的接触处。以条形基础 48 节点为例,图 5-27 为建筑物条基节点 48 的纵向水平位移图。由图可知,当 $S=0$ m 时,基础节点 48 的最大纵向水平位移为 2.84 mm。当 $S=6.75$ m 时,此时基础节点 48 的纵向水平位移最大,为 3.21 mm。原因在于建筑物纵墙下浅基础中轴线与隧道中轴线重合,隧道中轴线正上方土体受隧道扰动影响最大,因此基础节点 48 纵向水平位移最大。由于隧道中轴线向两边扩展,土体受隧道掘进扰动逐渐减小。当 $S=10.75$ m 时,基础节点 48 的纵向水平位移有所减小,此时建筑物纵向水平位移为 2.86 mm。当 $S \geqslant 15$ m 时,基础节点 48 的纵向水平位移最小,为 2.16 mm。

受地层沉降槽的影响,建筑物的横墙将发生不均匀沉降,图 5-28 为不同 S 工况下建筑物横墙沉降曲线。由图可知,尽管地层沉降变形趋势呈下凹挠曲变形,由于建筑物自身刚度的影响,建筑物具有较为明显的约束、协调作用,这使得建筑物的基础沉降曲面呈现近似平面的形状,即随着 S 的增大,基础沉降曲线接近为直线状态。当 $S=0$ m 时,建筑物横墙中部将跨越地层沉降槽最低点,此时横墙中部位置沉降值最大,为

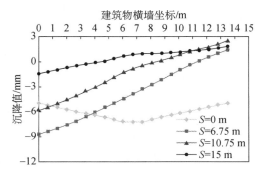

图 5-28　建筑物横墙沉降曲线

7.3 mm,横墙两端沉降最小,为 5 mm。当 $S=6.75$ m 时,建筑物横墙近隧道侧沉降最大,为 8.7 mm,横墙远隧道侧受地层沉降槽影响较小,出现微弱上隆,其值为 1.4 mm。当 $S=10.75$ m 时,建筑物横墙近隧道侧沉降最大,为 5.9 mm,横墙远隧道侧上隆有所增加,其值为 2.5 mm。当 $S \geqslant 15$ m 时,建筑物受地层沉降槽影响最小,墙沉降主要由建筑物自重引起,横墙近隧道侧最大沉降值仅为 5.9 mm。

不同 S 工况下,建筑物横墙相对挠曲变形如图 5-29 所示。当 $S=0$ m 时,建筑物的挠曲变形表现为下凹挠曲变形,最大相对挠曲变形为 2.3 mm,发生在隧道中轴线正上方。当 $S=6.75$ m 时,此时建筑物横墙远隧道侧将跨越地层沉降槽变形的上凸区域,这使得建筑物横墙远隧道侧表现为微弱的上凸挠曲变形,其值仅为 0.3 mm。建筑物横墙近隧道侧依然表现为下凹挠曲变形,相对挠曲变形最大值仅为 0.4 mm。当 $S \geqslant 10.75$ m 时,建筑物整横墙将发生单纯的上凸

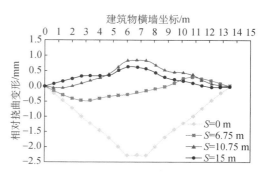

图 5-29 建筑物横墙相对挠曲变形

挠曲变形。最大相对挠曲发生在 $S=10.75$ m 时,位于横墙中部位置,其值为 0.85 mm。

为进一步了解建筑物在挠曲作用下所产生的墙体应变变化规律,提取横墙墙体的主拉应变,如图 5-30 所示。当 S 不同时,所引起的建筑物横墙拉应变分布呈现显著的不同,且横墙的主拉应变分布与其所发生的挠曲变形紧密相关,针对每一变形模式的横墙拉应变特征有:

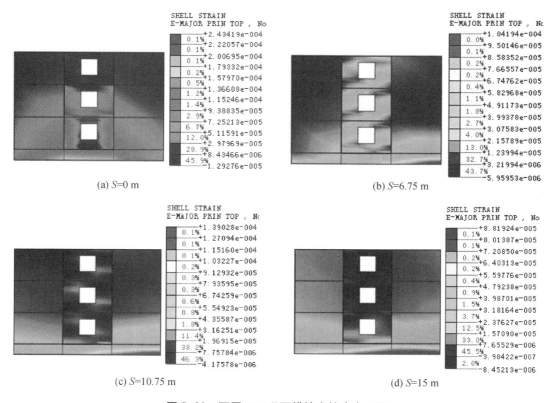

图 5-30 不同 S 工况下横墙主拉应变云图

当 $S=0$ m 时,建筑物横墙主要发生下凹挠曲变形,故墙体的主拉应变主要呈现正"八"字形分布,且主要分布于建筑物墙体的中部,有如下规律:①窗间墙为应变较为集中的区域;②一层墙体较二、三层墙体应变值要大;③横、纵墙交接处的应变要比其他地方的应变大;④最不利位置为基础与墙体相交处。

当 $S=6.75$ m 时,建筑物横墙主要发生下凹挠曲变形,但横墙远离隧道一侧将发生微弱上凸挠曲变形。横墙主拉应变主要分布于建筑物横墙的中部位置,窗间墙主拉应变较为集中。主拉应变最大值出现在建筑物横墙远离隧道端基础与墙体相交处,其值为 0.1‰。

当 $S \geqslant 10.75$ m 建筑物横墙整体发生上凸挠曲变形,横墙中部受土体扰动影响很小,因此主拉应变值亦较小,主拉应变最大值依旧出现在建筑物横墙远离隧道端基础与墙体相交处,其值仅为 0.08‰。

图 5-31 为不同 S 工况下建筑物纵墙主拉应变云图。当 $S=0$ m 时,纵墙墙体主拉应变主要集中在一层窗间墙与基础交接处,最大主拉应变为 0.24‰。当 $S=6.75$ m 时,纵墙墙体主拉应变依旧主要集中在一层窗间墙与基础交接处,但此时纵墙近隧道侧的主拉应变更为明显,最大主拉应变为 0.1‰。当 $S=10.75$ m 时,建筑物纵墙主拉应变主要集中在近隧道侧二、三层窗间墙位置处以及一层墙体与基础交接处,最大主拉应变为 0.14‰。当 $S=15$ m 时,建筑物纵墙主拉应变极小,其值仅为 0.08‰。

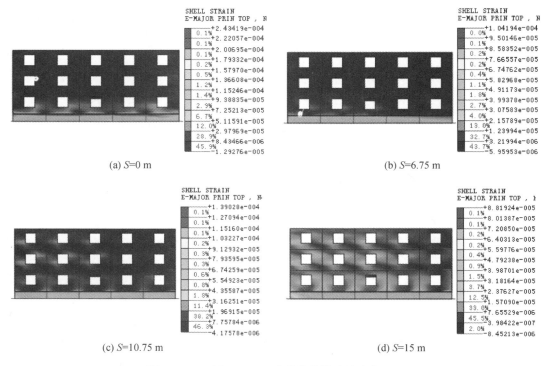

(a) $S=0$ m

(b) $S=6.75$ m

(c) $S=10.75$ m

(d) $S=15$ m

图 5-31 不同 S 工况下建筑物纵墙主拉应变云图

为了研究浅基础框架建筑与隧道距离不同时,建筑物受隧道开挖的变形影响,本节进行了三维有限元数值模拟分析,得出以下主要结论:

建筑物的存在使得地表沉降槽宽度增大,随着建筑物与隧道之间距离 S 的增大,地层沉降槽的宽度先增大后减小,当建筑物与隧道足够远时,地层沉降槽不再受建筑物的影响,将恢复至无建筑物时的状态。建筑物所处位置的局部地层滑移角明显增大,且视建筑物位置,发生在近建筑物或远建筑一侧。

随着隧道中轴线与建筑物中轴线之间的水平距离 S 的增大,建筑物纵墙下浅基础的沉降先增大后减小。当建筑物纵墙下浅基础中轴线与隧道中轴线重合时,建筑物沉降最大。建筑物发生最大相对沉降量的时刻正是建筑物处于最不安全的时刻,此时往往是隧道正在穿越建筑物的时刻,而此时建筑物的绝对沉降量并不是最大。建筑物发生最大绝对沉降量的时刻一定发生在隧道开挖完成之后,而此时的相对沉降量一定最大。

建筑物与隧道的距离不同时,建筑物墙体的主拉应变存在显著差异。此时建筑物受地层沉降槽的影响,其横墙发生较为明显的下凹挠曲变形,横墙主拉应变明显大于纵墙主拉应变。随着与隧道距离的增大,横墙主拉应变先减小后增大再减小。建筑物横墙在跨越地层沉降槽最低点和上凸挠曲曲率最大点时主拉应变最为显著。

5.3.2 对历史建筑敏感性因素分析

建筑物的刚度受到许多因素的影响,例如结构形式、墙体开洞面积率、几何尺寸、建造年代引起的累积损伤情况等,都会对建筑物的整体刚度产生较大的影响。对于老旧的历史建筑,不仅结构设计标准较低,而且经受地震等灾害破坏程度并不相同,结构的整体刚度差异较大,对不均匀沉降的耐受能力亦不相同,对地基土变形的耐受能力极差。

当隧道邻近建筑物时,土体将与建筑物发生共同变形,此时建筑物的刚度将对地层沉降槽土体位移产生约束和协调作用。当建筑物刚度较大时,对土体的约束及协调作用较强,而当建筑物刚度较小时,坑外土体的位移对建筑物的变形影响则较大,所引起的建筑物变形也较大。本节将在不同工况下对建筑物刚度不同影响进行分析。当建筑物与隧道走向垂直且二者间水平距离 $S=6.75$ m 时,分别包括四种工况。工况 1:建筑物刚度完好;工况 2:建筑物整体刚度折减 20%;工况 3:建筑物整体刚度折减 50%;工况 4:建筑物整体刚度折减 80%。

图 5-32 为建筑物整体三维沉降云图,图 5-33 为建筑物纵墙在隧道开挖作用下所产生的沉降变形图,图 5-34 为建筑物纵墙相对挠曲曲线。

由图 5-32 和图 5-33 可知,当建筑物刚度较大时,由于建筑物自身刚度的影响,建筑物具有较为明显的约束、协调作用,这使得建筑物的基础及其邻近地层的沉降曲面呈现近似平面形状。当建筑物刚度较小时,建筑物发生较为显著的下凹挠曲变形。当建筑物刚度完好时,建筑物纵墙最大沉降值出现在近隧道端,其值为 7.25 mm。当建筑物整体刚度折减 20%时,建筑物纵墙最大沉降值出现在近隧道端,其值为 7.14 mm,纵墙沉降曲线出现微弱挠曲变形。当建筑物整体刚度折减 50%时,建筑物纵墙最大沉降值出现在近隧道端,其值为 6.9 mm,纵墙沉降曲线挠曲变形逐渐明显。当建筑物整体刚度折减 80%时,建筑物纵墙最大沉降值出现在近隧道端,其值为 6.6 mm,此时纵墙沉降曲线挠曲变形最为明显。

由图 5-34 可知,建筑物受地层沉降槽的影响,随着 S 的改变,建筑物纵墙将逐步发生较为明显的挠曲变形。建筑物近隧道侧主要发生下凹挠曲变形,远隧道侧主要发生上凸挠曲变形。当建筑物刚度完好时,纵墙的相对挠曲变形最小,此时下凹相对挠曲变形最大值为 0.7 mm,上凸相对挠曲变形最大值仅为 0.15 mm。当建筑物整体刚度折减 20%时,纵墙的相对挠曲变形有所增大,此时下凹相对挠曲变形最大值为 0.9 mm,上凸相对挠曲变形最大值为 0.2 mm。当建筑物整体刚度折减 50%时,纵墙的相对挠曲变形更加明显,此时下凹相

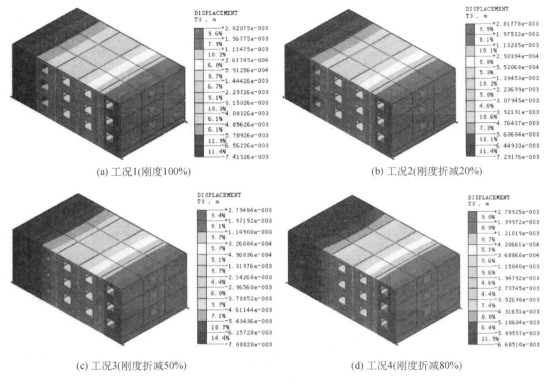

(a) 工况1(刚度100%)　　　　　　　　(b) 工况2(刚度折减20%)

(c) 工况3(刚度折减50%)　　　　　　　(d) 工况4(刚度折减80%)

图 5-32　建筑物整体三维沉降云图

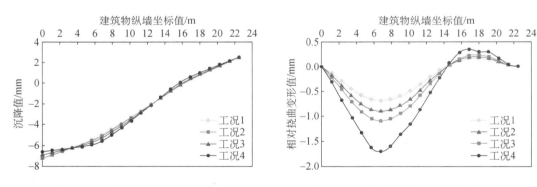

图 5-33　建筑物纵墙沉降曲线　　　图 5-34　建筑物纵墙相对挠曲变形曲线

对挠曲变形最大值为 1.1 mm，上凸相对挠曲变形最大值为 0.3 mm。当建筑物整体刚度折减 80% 时，纵墙的相对挠曲变形达到最大，此时下凹相对挠曲变形最大值为 1.7 mm，上凸相对挠曲变形最大值为 0.36 mm。

　　为了进一步了解建筑物纵墙因隧道开挖所引起的墙体主拉应变情况，图 5-35 分别给出了不同刚度建筑物墙体的主拉应变分布情况。由图可知，尽管建筑物墙体刚度发生了改变，但受地层沉降槽变形趋势的影响，不同刚度下的建筑物墙体拉应变的分布基本一致。建筑物纵墙跨越地层沉降槽的最低点位置时，此时建筑物纵墙发生明显的下凹挠曲变形。建筑物纵墙主拉应变主要集中于地层沉降槽最低点的两侧，均呈倒"八"字形分布，当墙体拉应变达到其极限拉应变时，墙体将产生分布于沉降槽最低点两侧的正"八"字形裂缝。分布特点

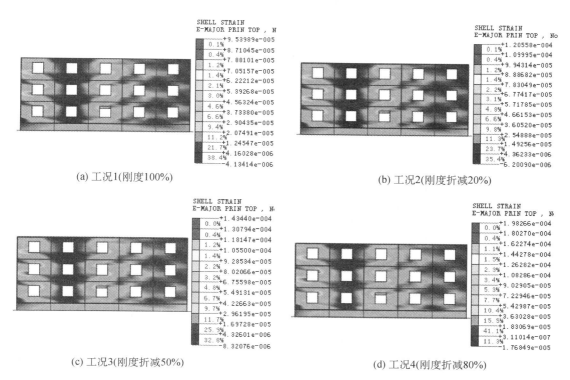

(a) 工况1(刚度100%)　　　　　　　　(b) 工况2(刚度折减20%)

(c) 工况3(刚度折减50%)　　　　　　　(d) 工况4(刚度折减80%)

图 5-35　建筑物纵墙墙体主拉应变云图

如下:①应变较为集中的区域发生在窗与墙交接处;②横、纵墙体交接处的应变较为明显;③建筑物纵墙端部位置的主拉应明显大于建筑物其他部位。建筑物纵墙远端跨越地层沉降槽的上凸区域,墙体拉应变呈正"八"字形分布。

随着建筑物刚度的改变,墙体拉应变值也发生了显著差异。随着建筑物刚度的增大,纵墙主拉应变值显著降低。当建筑物刚度完好时,纵墙最大主拉应变最小,其值为 0.09‰。当建筑物整体刚度折减 20% 时,纵墙的主拉应变有所增大,其值为 0.12‰。当建筑物整体刚度折减 50% 时,纵墙的主拉应变进一步增大,其值为 0.14‰。当建筑物整体刚度折减 80% 时,纵墙的最大主拉应变达到最大,其值为 0.2‰。通过上述的分析可知,建筑物刚度的变化并不会改变其墙体的拉应变分布趋势,但刚度的变化可显著影响墙体拉应变的大小。

图 5-36 为建筑物主拉应变最大值随刚度变化的曲线。由图可知,建筑物刚度的改变并没有改变建筑物主拉应变峰值的位置,而仅仅是主拉应变的大小发生了改变,这说明建筑物的挠曲变形趋势主要取决于土体的沉降变化趋势,基本不受建筑物刚度的影响,而主拉应变的幅值则与建筑物的刚度紧密相关。

不同工况下,建筑物主拉应变随着隧道的掘进先增大后减小再增大。当建筑物刚度完好时,建筑物最大主拉应变最小,其值为 0.14‰。当建筑物整体刚度折减 20% 时,建筑物主拉应变有所增大,其值为 0.18‰。当建

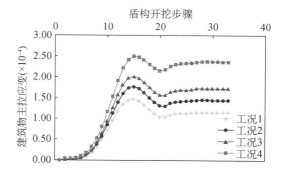

图 5-36　建筑物主拉应变最大值随刚度变化曲线

物整体刚度折减 50% 时,纵墙的主拉应变增幅更加明显,其值为 0.2‰。当建筑物整体刚度折减 80% 时,建筑物主拉应变达到最大,其值为 0.25‰。

为了研究浅基础框架建筑与隧道的距离不同时,建筑物受隧道开挖的变形影响,本节进行了三维有限元数值模拟分析,得出以下主要结论:

条形浅基础框架建筑物的存在并不会改变地层沉降槽的变形趋势,墙体沉降曲线变化趋势与天然地表沉降曲线的变化趋势基本保持一致,建筑物对土体变形的约束、协调作用随建筑物整体刚度的变化而变化。

不同刚度的建筑物跨越地层沉降槽最低点时,建筑物纵墙均发生明显的下凹挠曲变形。建筑物整体刚度较小,建筑物对地层沉降槽沉降变形的协调作用较弱,地层沉降槽变形趋势成为影响建筑物纵墙拉应变数值大小的主要原因。随着建筑物整体刚度的减小,纵墙的相对挠曲变形亦随之增大,建筑结构越不安全。

建筑物整体刚度的改变,并没有改变纵墙相对挠曲变形峰值的位置,而仅仅改变相对挠曲峰值的大小,这说明地层沉降槽变形趋势才是影响建筑物的挠曲变形趋势的主要因素,而建筑物刚度主要影响墙体挠曲变形的幅值。

5.4 对历史建筑保护的建议

5.4.1 针对顶管施工的保护建议

顶管施工过程中会不可避免地引起周边地层发生变形,而地层变形过大将会危及邻近建筑物的安全,此时应当采取措施控制地层运动,减小施工引起的地面位移,避免其进一步破坏周边环境。可采取的措施有以下几种。

1. 选择适当的掘进机

掘进机的选型关系到整个顶管施工的成败,至关重要。掘进机的类型、后续管节结构、管径 D、覆土厚度等都会影响土体的位移,而且不同类型掘进机适用于不同的管径和土质,在具体选择掘进机时可参考表 5-3。

表 5-3 　　　　　　　　　　　掘进机的选型参考

掘进机类型	内径/mm	覆土厚度/m	适用土质	环境影响
泥水平衡式	800～2 400	≥3 m 且≥1.3D	地下水位以下的黏性土、砂土,渗透系数＞0.1 cm/s	地层位移小
土压平衡式	800～4 000	≥3 m 且≥1.5D	地下水位以下的黏性土、砂质黏土、粉砂	地层位移较小
三段双铰型	1 600～4 000	≥3 m 且≥1.5D	淤泥质黏土、黏性土、碎石土、砾石层	地层位移中等
挤压式	1 000～1 600	≥3 m 且≥1.5D	软塑、流塑状黏性土或软塑、流塑状黏性土夹薄层粉砂	地层位移较大
网格式	1 000～2 400	≥3 m 且≥1.5D	软塑、流塑状黏性土或软塑、流塑状黏性土夹薄层粉砂	地层位移中等偏大

2. 保持开挖面的稳定

保持开挖面的稳定可减少前方挤压或松动引起的土体扰动。对土压平衡式顶管,可通过控制泥土压力与土体压力的差值或排土量来实现开挖面的稳定。

3. 采用同步注浆和二次注浆

通过同步注浆和二次注浆可以减少土体扰动的影响。注浆材料采用粉煤灰、石灰和膨润土配置而成,加入适量水拌和成单液浆体。

4. 掘进机的合理纠偏

纠偏角度过大会引起较大的地层位移,急于纠偏还可能导致管道局部受压过大,致使管壁破裂,发生渗漏,同时也扩大了土体的扰动范围。因此要采用提高测量精度的措施避免大角度纠偏。纠偏的主要措施包括:调整分组千斤顶推力、及时校正机头的位置、改变注浆方式和浆液的性质。

5. 选择大的曲率半径

在进行曲线顶管施工时,曲线顶管的曲率半径越小,每节顶管的偏转角度就越大,施工的侧向顶进荷载越大,从而引起的累加地面位移越大。因此应尽量选择较大曲率半径的曲线顶管。

6. 改善工作区内土体的物理力学性质

通过在顶管施工前后注浆加固土体来改善工作区内土体的物理力学性质,增加土的屈服应力,以减小黏塑性应变。

5.4.2　针对盾构施工的保护建议

当盾构施工穿过建筑物群或紧邻建筑物时,为了保证盾构安全通过建筑物群,良好的施工组织工作是必不可少的。一般可分为以下几个步骤进行:

(1) 合理确定盾构施工扰动土体的影响范围。

(2) 调查周边建筑物,掌握建筑物体型和几何尺寸、功能和重要性、结构形式、基础类型、建筑物地基土体特性、建筑物建造年代以及使用情况(包括现有损坏情况和维修的难易程度等)等;确认建筑物的设计条件、设计方法等;确定已有建筑物的容许变形量。

(3) 合理预测盾构施工引起的邻近建筑物变形和应力。如果预测值大于容许值,须根据工程实际选择相应的设计施工方法,谨慎开展施工。同时针对周边建筑物进行定时监测,准确掌握建筑物在施工中的动态变化,并将结果与施工管理标准值和容许值作比较,同时反馈到施工中,进行信息化施工。

(4) 盾构通过建筑物后,可以逐渐减少测量频率,在确保既有建筑物安全的基础上,继续进行监测,直至建筑物变形趋于稳定。

如果经过预测建筑物受到的影响较严重,则要采取相应的保护措施和工程措施,以保证建筑物的正常使用或安全。

保护措施通过优化施工参数来实现。施工时,通过信息化施工,优化施工参数,精心控制地层变形,使其不至于影响周围建筑物的正常使用或安全。盾构隧道沿线附近的建筑物保护,应首先把重点放在保护方法上。

根据已有的施工经验及研究成果,盾构施工中对周围环境影响较明显的施工参数包括:正面压力、盾构千斤顶推力、掘进速度、开挖排土量、超挖或欠挖量,背后注浆的浆压、浆量、浆液性质和注浆时间,以及盾构姿态等。

工程措施主要通过隔断、土体加固、建筑物加固以及基础托换等工程方法来实现。一些建筑物对地层变形比较敏感,仅通过盾构各施工参数的优化可能还不能满足安全控制要求,还需要采取有效的工程保护措施。

1. 隔断法

在建筑物附近进行地下工程施工时,在建筑物与盾构隧道间设置隔断层来承受由盾构施工引起的侧向土压力和由地基差异沉降产生的负摩阻力,进而阻断或减小盾构机掘进造成的地层变形,可以有效地减少盾构施工对建筑物的影响,避免建筑物产生破坏。该方法需要建筑物基础和隧道之间留有一定的施工空间。同时还需注意,隔断墙本身的施工也是邻近施工,故施工中要注意控制对周围土体的影响。

2. 土体加固

土体加固包括隧道周围土体的加固和建筑物地基的加固。前者通过增大盾构隧道周围土体的强度和刚度,减少或防止周围土体产生扰动和松弛来控制邻近建筑物变形。后者通过提高地基承载能力来控制建筑物的沉降变形。土体加固措施一般采用化学注浆、喷射搅拌等地基加固的方法。

3. 建筑物加固

通过对建筑物本身进行加固,使建筑物结构刚度加强,进而提高建筑物的抗变形能力。对建筑物本体进行加固的措施有多种,可以直接加固建筑物上部结构,也可以通过加固桩、锚杆等对建筑基础进行加固。实际工程中需要根据建筑物的结构和基础特点选用相适应的方法。

4. 基础托换

在盾构隧道施工过程中,基础托换法主要适用于桩基础。拆除老的桩基,通过托换的方式,将建筑物桩基的荷载转移到新建的桩基上。当盾构施工从距离桩基很近的地方穿过或者直接穿过桩体本身时,会导致桩基承载力大幅下降或消失,这种情况下需要通过桩基托换的方法提高桩基承载力,确保上部建筑物安全。

6 历史建筑保护设计

地下空间开发利用条件下的历史建筑保护设计,不仅考虑历史建筑本身的保护设计,还要考虑地下建筑物的设计和所采取的必要保护技术措施。这个设计过程是动态的、系统性的,是在充分调查场地地质条件、周边环境和历史建筑检测基础上进行的,考虑了施工设备选择、施工工艺与流程安排等施工工况,利用计算机对设计与施工全过程进行数值模拟,以确保邻近历史建筑变形在控制标准以内,以此为准则反复优化调整,最终确定设计与施工方案。

6.1 概述

6.1.1 设计原则

本节所指邻近历史建筑的施工,包括基坑开挖,盾构(顶管)等暗挖施工,以及其他能引起历史建筑所在区域地基产生不均匀沉降及水平位移,并对历史建筑基础及上部结构产生损坏的施工活动。为确保施工顺利进行,同时也有效保障邻近历史建筑的安全,应对历史建筑的保护方案和设计方案进行专项评审,不断优化。结合以往工程经验,确定保护方案的设计原则如下:

(1)保护设计方案应以确保历史建筑物的使用功能、结构安全不受影响为前提。严格控制邻近施工所产生的土体沉降及水平位移,并控制在历史建筑基础及上部结构可承受范围以内。

(2)保护设计方案应综合考虑该区域的工程地质、水文地质和现场的施工条件以及其他对历史建筑有利或不利的条件,应具有针对性、可行性,合理调配施工资源,实施信息化动态施工。

(3)历史建筑应该遵循"不改变文物原状"的原则,保存历史建筑的现存实物原状及其携带的历史信息,历史建筑的利用不能改变原状,也不得损毁、改建、添建或拆除。

(4)对邻近历史建筑物的保护设计方案必须由拥有相应资质的单位和有经验的专业技术人员来承担方案评价、加固设计和加固施工等工作,并应按规定程序进行校核、审定和审批等。

(5)选择历史建筑保护方案时,不同保护方案的施工方式、工艺特点以及对施工材料的选择存在差异。因此,在确保工程自身安全及邻近历史建筑安全的前提下,尽可能从工期、材料、设备、人力等多方面来综合考虑方案的经济合理性。

6.1.2 设计要求

历史建筑的保护方案除了能满足"确保建筑的使用功能及结构安全"等基本设计原则外,还应满足"安全可靠、经济合理、方便施工、切实可行"等各项设计要求。

安全可靠:由于保护措施的复杂性,故把安全可靠放在首位。在符合国家现行建筑结构设计规范的同时,必须有明确的计算简图、计算方法,合理的传力路线,合适的构造措施等。

经济合理:选择保护方案时,必须进行多方案比较,进行综合经济性分析,从中选优。

方便施工:采取具有成熟的设计和施工经验的保护方案,缩短工期,减少影响建筑使用的时间。

切实可行:尽量满足限制条件,在设计保护措施时,建设单位或地方城市规划部门往往会提出一些限制条件,如施工期间建筑不能停止使用,保持原建筑风格等。这些限制条件是选择结构加固方案的前提条件,应给予充分的考虑。

6.1.3 设计内容

设计内容分为三部分:地下建筑本身设计、历史建筑保护设计、技术措施设计。

地下建筑本身设计:对于基坑工程就是基坑围护及内支撑体系设计,解决基坑开挖、降水等施工问题;对于盾构(顶管)工程,就是其本身设计与施工要求设计。

历史建筑保护设计:历史建筑基础和上部结构加固设计,以及监测、检测和施工要求设计。

技术措施设计:在地下建(构)筑物施工过程中所采取的保护性技术的工艺、施工流程、施工设备选择以及监测等施工要求设计。

6.1.4 设计方法

考虑邻近施工对历史建筑物的影响时,应采用合适的方法分析邻近施工对既有结构物产生的影响,以确定是否需要对历史建筑物采取保护措施以及具体需要采取哪些保护措施,并以分析结果为依据,将影响控制在历史建筑可承受范围以内。一般对邻近施工影响的分析应包括以下几个方面。

1. 系统分析

应将邻近施工、场地地基、历史建筑作为一个整体进行系统性分析,即将邻近施工及历史建筑置于场地地基之中,通过有限元分析直接得出历史建筑在地下空间建筑施工过程中其地基变形及上部结构受力情况。这种方法能较好地模拟整体环境,避免基坑或盾构(顶管)设计与施工的变形情况分析与历史建筑变形与受力等分析不协调,相互隔离不连贯的矛盾,也方便优化调整设计与施工方案。

2. 动态模拟

随着计算机技术的发展,在计算机平台上对施工过程、历史建筑的变形和受力情况进行模拟分析更加直观,所能考虑的因素也越来越全面,还能考虑到施工时的实际操作步骤(工况)对历史建筑的变形和受力情况的影响。分析时,不仅可考虑邻近施工与建筑物的距离关系,还可综合考虑邻近施工的施工方法、施工工况等情况,例如,基坑施工中的围护施工、土方开挖、支撑施工、地下结构回筑等,盾构及顶管施工中的土体掘进、管片顶进、注浆施工等情况。对整个邻近施工进行全过程模拟演示,找出对邻近建筑物产生最不利影响的施工工况,有针对性地采取措施,从而得出最贴合现场实际情况的最优化保护方案。

3. 以变形控制为准则

在过去的设计中,主要以基坑安全和周边建筑物不发生破坏为原则,即强度原则。对于历史建筑保护设计来讲,主要是控制历史建筑在施工过程中所发生的沉降和沉降差在要求范围内,即变形原则。

4. 以信息反馈为手段

动态模拟和变形控制是建立在信息反馈的基础上的。只有通过现场监测获取历史建筑的变形和受力信息,才能真正做到以变形为控制的动态设计和调整优化。通过监测,不断优化调整设计和施工方案,及时采取有效的施工措施,使历史建筑变形控制在设计要求以内。

5. 满足环境协调要求

随着对历史建筑保护工作研究的不断深入,历史建筑保护的概念也在不断变化,在保护范围上,从对历史建筑本体所具有的价值的保护扩展到对周围环境的保护,因此在制订对历史建筑的保护措施时,就不仅仅是对历史建筑本体进行保护,还需要结合前期的历史环境调查和价值评估,确保邻近施工产生的地面位移及沉降不至于影响地面景观,保护措施中使用的建筑材料、加固方式等也应与周围历史环境相协调,不影响历史建筑后期展示及利用方式。

6. 合理确定加固施工时间

为减小或消除对历史建筑的影响,对历史建筑常常采用整体迁移或直接加固的方法。整体迁移只能在施工之前进行,而对历史建筑直接加固可以在施工之前进行,也可以在施工过程中或施工结束后进行。加固设计的确定既要考虑加固工艺、加固方法以及加固造价和后期使用要求,更要考虑历史建筑的安全性和实施效果。

一般情况下,对现有状况差、后期使用功能明确、距离地下建(构)筑物相对较近的历史建筑,应在邻近地下建(构)筑物施工前进行历史建筑的地基加固,待地下建(构)筑物施工至±0.00后再对历史建筑上部结构进行加固。地基加固常常选用基础托换(如锚杆静压桩、树根桩)加基础加固的方法。对现有状况好、距离地下建筑物较远或后期使用功能不明确的历史建筑,在准确分析的前提下可制订监测方案,预备加固方案,或在施工过程中发现险情再对历史建筑进行加固,或待地下建(构)筑物施工至±0.00后再对历史建筑上部结构进行加固。

6.1.5 设计流程

设计应严格按规定的流程进行。首先,要对历史建筑物进行鉴定。主要查明:结构物的位置、尺寸及形状,结构材料及其强度,结构物的支承条件,结构物的裂隙和已有的变形,目前利用状况、老化程度,结构物的变形和应力等允许值。还需收集有关资料,包括:历史建筑的设计图纸、地质条件、使用过程或使用改造情况等。另外,类似的工程实例也非常具有参考价值。与此同时,应调查邻近施工及历史建筑物所处场地的地基状况,地基调查主要包括:地形、工程地质条件、水文地质条件,特别是地下水的状况。还应查明地下建(构)物与历史建筑的位置关系,以及周边环境。

其次,要确定设计控制标准。在对邻近施工影响分析前,应能明确历史建筑的变形控制范围。一般历史建筑建造年代较远,保护要求较高,原设计图纸等资料也可能不齐全,有时需要通过专门的房屋结构检测与鉴定,对结构的安全性作出综合评价,以进一步确定其抵抗变形的能力,从而为其保护设计提供依据。建筑物的裂隙、倾斜、偏移等都在容许值考虑的范围之中,同时历史建筑的变形范围还应满足历史建筑管理单位及相关法律法规的要求。在实际施工过程中,应当考虑到施工控制中的偏差,确保结构物的安全。施工中容许值的控制应略小于确定的容许值。

最后,按系统性设计要求,对整个施工过程进行数值模拟,优化比选施工方案,其中包括历史建筑加固方案的科学性、合理性和有效性论证。后期的模拟分析中,以历史建筑的变形控制为准则,反复修改调整保护措施并重新分析,直至满足要求。最后形成设计文件及施工组织方案。具体流程见图 6-1。

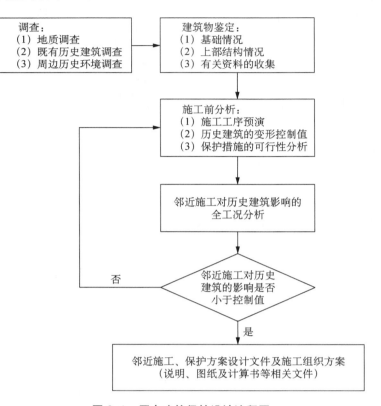

图 6-1　历史建筑保护设计流程图

6.2　设计依据

6.2.1　技术标准

　　我国对历史建筑的保护工作相比于西方起步较晚,保护的意识相对薄弱,理论体系也不够完善。进入 20 世纪 80 年代,国民经济开始高速增长,一些危旧建筑开始与高速发展的生产建设不相适应,有的还对生产建设造成了严重的危害。当时,一些有识之士开始对已有建筑的诊断、修复、改造等技术进行系统的研究。近年来,投身于这一行业的人越来越多。为了统一有关技术标准,提高行业的总体水平,1990 年成立了"全国建筑物鉴定与加固标准技术委员会",与历史建筑保护相关的标准如表 6-1 所列。

表 6-1　　　　　　　　　　　　国内历史建筑保护相关规范、标准

规范标准名称	颁布机构	制定时间
《民用建筑可靠性鉴定标准》	建设部	2014 年
《混凝土结构加固技术规范》	住房与城乡建设部	2013 年

（续表）

规范标准名称	颁布机构	制定时间
《建筑地基处理技术规范》	住房与城乡建设部	2012 年
《砌体结构加固技术规范》	住房与城乡建设部	2011 年
《建筑抗震加固技术规程》	住房与城乡建设部	2009 年
《建筑抗震鉴定标准》	建设标准化协会	2009 年
《混凝土结构耐久性评定标准》	建设标准化协会	2007 年
《喷射混凝土加固技术规程》	建设标准化协会	2004 年
《碳素纤维片材加固修补混凝土结构技术规程》	建设标准化协会	2003 年
《既有建筑地基基础加固技术规范》	建设部	2000 年
《砌体工程现场检测技术标准》	建设部	2000 年
《古建筑木结构维护与加固技术规范》	建设部	1992 年

标准技术委员会还制定了本领域的规范体系表，包括材料检验、现场抽样方法、构件实测、结构可靠性鉴定、结构加固设计、加固改造施工及验收等方面的一系列规范、标准。此外还举办了多次学术活动，进行技术研讨和交流。所有这些都有力地推动了现状鉴定、加固改造设计、施工与工程效果检验等方面的一系列规范和标准的发展。

6.2.2 调查资料

1. 调查目的

地下结构工程在设计前应结合其周边环境的重要性程度进行必要的环境调查工作，从而为设计和施工采取针对性的保护措施提供相关的资料。环境调查工作可能涉及许多部门和单位的配合，需要投入一定的人力和物力。对于重要的历史保护建筑的环境调查，有必要由专业的环境调查单位或工程勘察单位提供相应的专项调查报告，调查报告应能满足环境影响分析与评价的需要。

2. 调查内容

对于基坑工程，环境调查的范围主要由基坑工程围护结构的墙后地表沉降影响范围决定。对于砂土等硬土层，Peck，Clough 和 O'Rourke 及 Goldberg 等研究表明，墙后地表沉降的影响范围一般为 2 倍基坑开挖深度，因此对于这类地层条件下的基坑工程，一般只需调查 2 倍基坑开挖深度范围内的环境状况即可。对于软土地层，Peck 的研究表明，墙后地表沉降的影响范围一般为 4 倍基坑开挖深度；Hsieh 和 Ou 的研究表明，墙后地表沉降可分为主影响区域和次影响区域，主影响区域为 2 倍基坑开挖深度，次影响区域为 2～4 倍开挖深度，即地表沉降在次影响区域由较小值衰减到可以忽略不计的程度。因此，对于软土地层条件下的基坑工程，一般也只需调查主影响区域内的环境情况，但当基坑工程的次影响区域内有重要的建（构）筑物如历史保护建（构）筑物时，为了能全面掌握基坑可能对周围环境产生的影响，也应对这些环境情况进行调查。

对于盾构（顶管）工程，环境调查的范围主要由盾构（顶管）工程的平面尺寸及两侧 2～

4倍地下建(构)筑物埋深(建筑物底部深度)组成。对于砂土等硬土层,一般只需调查盾构(顶管)2倍埋深范围内的环境状况即可;对于软土地层,一般为盾构(顶管)4倍埋深范围。对于盾构(顶管)正上方历史建筑尤其要重视。

对位于环境调查范围内的历史建筑物,调查内容在第2章已详细介绍,这里不再重复。

6.2.3 现状鉴定

对历史建筑进行现状鉴定,目的是为制订加固改造方案提供技术依据。这方面内容已在第2章讨论,这里不再重复。

6.2.4 对历史建筑变形控制要求

盾构(顶管)等暗挖工程及基坑工程施工产生的土体变形对周边历史建筑的影响主要分为:差异沉降、挠度比、角变量、水平应变等四大类。以下将各类变形的含义及控制要求进行具体介绍。

1. 变形分类及定义

(1) 沉降、差异沉降与倾角

如图6-2所示,ρ_i 为第 i 点向下的位移,即沉降值,而 ρ_{hi} 为第 i 点向上的位移,即上抬值。δ_{ij} 为第 i 点和第 j 点之间的差异沉降。倾角 θ 为第 i 点和第 j 点之间的差异沉降 δ_{ij} 与这两点之间的距离 L_{ij} 的比值,用来描述沉降曲线的坡度。

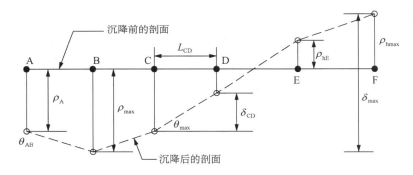

图6-2 沉降值 ρ_i、差异沉降 δ_{ij}、倾角 θ 的定义

(2) 凹陷变形、上拱变形、相对挠度、挠度比

如图6-3所示,建筑物的变形有凹陷和上拱两种模式,其中凹陷意味着建筑物沉降剖面

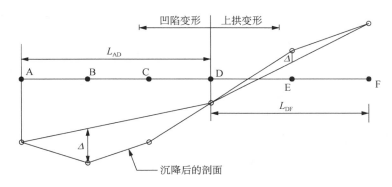

图6-3 凹陷与上拱变形及相对挠度 Δ,挠度比 Δ/L 的定义

曲线上凹,而上拱意味着建筑物沉降剖面曲线下凹,图中的 D 点为凹陷和上拱变形的分界点。相对挠度 Δ 为建筑物沉降剖面曲线与两参考点连线之间的最大距离。挠度比为相对挠度 Δ 与两参考点之间距离的比值,即 Δ/L。挠度比可用来近似地衡量沉降曲线的曲率,它一般与弯曲引起的变形相关。

（3）刚体转动量和角变量

如图 6-4 所示,整个结构的刚体转动量用 ω 表示。建筑物发生刚体转动时并不会引起建筑物构件的扭曲变形,因此建筑物的梁、柱、墙及基础等不会发生开裂破坏。角变量 θ 为转角 β 与刚体转动量 ω 的差值,用来衡量由剪切引起的变形。

（4）水平位移与水平应变

如图 6-5 所示,ρ_{li} 为第 i 点的水平位移。水平应变 ε_1 为第 i 点和第 j 点之间的水平位移之差与这两点之间距离的比值,它是第 i 点和第 j 点之间的一个平均应变。

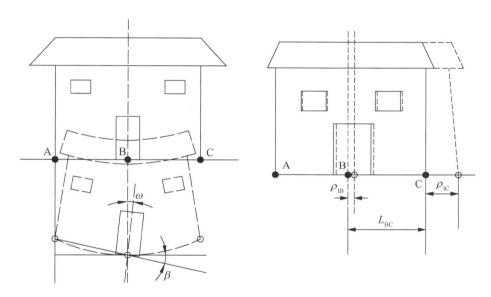

图 6-4 刚体转动量 ω、角变量 θ 的定义　　图 6-5 水平位移 ρ_{li}、水平应变 ε_1 的定义

需要指出的是,上述有关变量的定义适用于平面内的情况,描述建筑物的三维变形行为时还应考虑扭转。上述有关变量中与建筑物的扭曲变形或开裂直接相关的是差异沉降量、角变量、相对挠度(或挠度比)及水平应变。

2. 历史建筑的变形控制要求

历史建筑由于土体变形而引起的开裂与许多因素有关,包括地基土的力学性质、基础的形式、结构的材料、结构的类型与体量、结构所受荷载的分布与大小、沉降的速率与均匀性等。由于影响因素繁多,建筑物因沉降而受损的机理非常复杂,也就难以采用理论分析的方法计算出建筑物的容许沉降量。因此,目前关于建筑物容许沉降量的有关标准都是建立在已有建筑物现场沉降及损坏现象观测的基础上。

目前,建筑物安全评定的大部分标准都是按照建筑物的倾斜度制定的。《建筑地基基础设计规范》(GB 50007—2011),按照各类建筑物的特点和不同类别的地基土,对建筑物倾斜度的设计允许值,即安全容许值给出了明确的规定,见表 6-2。

表 6-2 建筑物的地基变形允许值

变形特征		地基土类别	
		中、低压缩性土/mm	高压缩性土/mm
砌体承重结构基础的局部倾斜		0.002L	0.003L
民用建筑相邻柱基的沉降差	框架结构	0.002L	0.003L
	砌体墙填充的边排柱	0.000 7L	0.001L
	当基础不均匀沉降时不产生附加应力的结构	0.005L	0.005L
柱基的沉降量		(120)	200

注:1. 括号内数据仅适用于中压缩性土。
    2. L 为相邻柱基的中心距离(mm)。

本书 4.1 节也已对建筑物的差异沉降、挠度比、角变量、水平应变等列出了相应的控制值以作参考。

以上列出的历史建筑变形控制值均为建筑物变形总控制值,当采用数值模拟预估出的沉降、差异沉降、角变量等变形量仅为施工期间建筑物所发生的新变形值。施工期间采用的历史建筑变形控制值,应在建筑变形总控制值的基础上扣除已有变形值及后期变形值来合理确定。即

$$\varepsilon_2 \leqslant \varepsilon_0 - (\varepsilon_1 + \varepsilon_3) \tag{6-1}$$

式中,ε_0 为建筑物的变形总控制值;ε_1 为建筑物已有的变形值;ε_2 为施工期间建筑物的变形值;ε_3 为建筑物后期变形值。

ε_1(建筑已有的变形值)可通过邻近施工前的质量保全调查或第三方鉴定工作得出;ε_3(建筑物后期变形值)主要为邻近施工结束后历史建筑物地基在附加应力作用下的最终固结沉降变形,可根据地基土的沉降固结理论计算得出,一般不会大于施工期间变形值的 10%～15%。

若采用数值模拟预估施工期间的建筑变形满足式(6-1)的要求,则可以确定最终的历史建筑保护方案。若不满足,则应修改历史建筑保护设计方案,直至满足要求。

6.2.5 对历史建筑监测要求

在实际施工过程中,虽然历史建筑设计保护方案已能满足上述变形控制值,但由于施工现场情况复杂多变,一旦出现险情须及时采取应急措施,这时现场施工监测及监测信息反馈就显得尤为重要。

为监测方便,将保护方案设计控制参数转换成建筑物的裂缝宽度累计值、沉降累计值、裂缝开展速率及沉降变化速率四个控制指标进行监测,并分为"预警、报警和极限"三阶段。当监测值大于预警值时,应加密监测频率并提高注意,达到报警值时就应采取应急措施控制变形,将变形控制在极限值范围以内。具体数值如表 6-3 所示。

表 6-3 既有建筑物变形控制标准

等级	房屋裂缝宽度累计值/mm	房屋不均匀沉降累计值/‰	房屋裂缝宽度发展速率/(mm·d^{-1})	房屋不均匀沉降发展速率/(mm·d^{-1})
预警值	3	1.0	0.5	6
报警值	4	1.6	0.68	8
极限值	5	2	0.8	10
备注	对于柱、板等主要承载构件,极限最大裂缝宽度不应大于 1.5 mm	本项极限值是根据测点间距 10 m 时得到的。如测点间距不足 10 m,则可以通过折算得到,但总的差异沉降值不能超过 2‰		

注:表中的房屋裂缝宽度控制指标中,预警值、报警值及极限值均包括已有的裂缝在内,同时兼顾房屋的既有状况,即考虑房屋的既有裂缝宽度是否接近或已经超过预警值。

6.2.6 对设计的作用

对环境进行调查和对历史建筑进行检测,可优化基坑工程或盾构(顶管)工程的设计,确定历史建筑的保护设计方案,优化施工工况和应采取的技术措施,从而确定邻近历史建筑的地下工程施工组织设计方案的编制,对地下工程设计和施工方案的确定意义重大。同时,对历史建筑保护设计也具有如下意义和作用:

(1) 历史保护建筑一般都经历了几十年甚至上百年的时间,结构老化明显,问题较多,且往往资料不全,而对其检测及加固要求又较高,因此必须从项目伊始就对其进行整体性规划,在全面检测的基础上进行详细的设计,使整个改造过程有机地结合在一起。

(2) 历史保护建筑的结构有其自身独特的特点,加固设计应充分考虑原结构的现状和受力特性及保护范围和要求。加固设计应充分考虑技术可行、施工方便、经济合理、不损坏原结构、不影响外观的方法,最终达到加固的目的和要求。

(3) 对历史保护建筑的加固设计应尽可能保留原有的结构构件,充分发挥其潜能,并广泛应用新技术、新工艺,在方法的选择上要灵活多样。

(4) 加固设计中应采取可靠措施保证新老构件之间实现相互连接,共同紧密工作。

(5) 在加固方案中尽量使用无机材料,提高结构的耐久性。

6.3 历史建筑的保护设计方案

历史建筑一般受建造时技术、经济水平的限制,往往设计水准较低、施工质量不佳、材料强度偏低、房屋结构整体性较差,且在长期服役期间普遍存在不同程度的损伤与不均匀沉降。在邻近基坑及盾构(顶管)等地下工程施工过程中,由于产生的地基不均匀沉降及位移,往往会对这些历史建筑造成损伤或破坏,而这种损失是难以挽回的,甚至会造成严重的社会影响。

历史建筑物的保护主要从两个方面来考虑,一是减少及隔离地下工程施工导致土体变形的技术措施,这一措施从土体变形的“源头”出发,是最基本的控制措施;二是提高邻近建筑物抵抗变形的能力,包括采取桩基托换、地基灌浆加固、上部结构加固等辅助性技术措施,提高其抵抗不均匀变形的能力。第一种方法将在后续章节中作详细介绍,本节将主要介绍第二种方法的各项技术措施。

6.3.1 基础托换

1. 基础托换的概念

所谓基础托换,就是采用新增加基础工程的方法,对既有建筑物某一部位的基础结构进行部分或完全替换,并与原有基础共同承担上部荷载,以取得预期的沉降和沉降差控制效果。在民用建筑和市政工程中,基础托换常用于工程质量事故桩基的补桩,建筑物改造中基础加固、补强和建筑物纠偏。它是对历史建筑物主动保护加固的一种重要方法。与其他保护方法相比,基础托换结构体系受力更直接、明确。相对而言,它可定量地解决地下工程施工引起的建筑物沉降问题,可将原有几十甚至上百毫米的沉降控制到数毫米之内,而且施工效果安全稳妥。

2. 常用的基础托换方法

常用的基础托换方法大致可分为以下五种:浅基础加宽法、筏板基础托换法、桩-筏板基础托换法、拱形结构托换法和桩基托换法。

浅基础加宽法:通过增大基础支承面积、加强基础刚度对原基础补强,适用于上部荷载较小的情况。当上部荷载较大时,常与小直径短摩擦桩结合使用。

筏板基础托换法:采用厚度≥500 mm 的筏板将浅基础连接,形成整体,以控制结构的差异沉降,常配合筏板下注浆进行。此方法可用于地基承载力较大、上部荷载较小、预测变形不大的情况。

桩-筏板基础托换法:当地基为软弱地层、地基承载力不大时,可在筏板下加设微型摩擦桩基,以提供托换基础的承载力,控制基础变形。

拱形结构托换法:当作业空间允许时,可利用拱形结构承受竖向轴力较大的特点,作为托换承载结构,此方法可用于暗挖隧道穿越既有桩基础的托换,适用于原桩承载力不大的情况。

桩基托换法:新增加桩基础,部分或全部替换既有基础,完全或部分承担上部荷载,桩基托换法控制变形能力好,能将沉降控制在数毫米以内,是一种最常用的基础托换方法,常用于地铁盾构区间隧道下穿历史建筑的情况。

桩基托换从变形控制要求的严格程度来分,有主动托换和被动托换两种。从转换结构的形式来分,有桩式托换和桩-梁托换两种。

(1) 主动托换和被动托换

主动托换:在桩基托换中,在原桩切断之前,采用预顶、稳压、顶升等工艺,消除部分新桩和托换结构的变形,使托换后的桩和托换结构的变形控制在很小范围内。主动托换适用于大吨位和控制变形严格的情况。在顶升过程中,利于千斤顶加载,上部结构有微量顶升,不但初始沉降量大部分被消除,同时也检验了托换节点的可靠性。

被动托换:在原桩切断过程中将荷载传递到新桩上,托换后的桩和结构变形比主动托换时的变形大,适用于小吨位、结构物对变形要求不太严格的情况。

(2) 桩式托换和桩-梁托换

桩式托换:通过新增承台作为转换结构,将上部荷载传递到托换桩上,其特点是托换桩有条件布置在隧道上方。适用条件:区间隧道施工对托换结构体系的影响较小,托换桩所处地层的承载力满足要求,由于隧道施工引起的变形可控制在很小的范围内。

桩-梁托换:采用门架式布置,先将荷载传递到托换大梁上,再通过转换梁将荷载传递到托换桩上。其特点是门架式托换结构横跨隧道上方,地铁隧道施工对托换结构的影响较小,但托换大梁的尺寸较大。

桩基托换中常用的桩形式如下:

① 锚杆静压桩:常采用预制混凝土方桩,截面尺寸为 200 mm×200 mm~300 mm×300 mm,摩擦桩,适用于淤泥质土、黏性土、人工填土和松散粉土。承载力小,对环境影响较小。

② 树根桩:微型混凝土灌注桩,直径 150~300 mm,桩布置可直可斜向,其他同锚杆静压杆。

③ 微型钢管桩:直径为 150~350 mm,摩擦桩或摩擦端承桩,适用于各种地层,承载力可达 250~700 kN。

桩基托换中常用的梁形式如下:

在桩-梁托换体系中,由于梁的刚度较桩的刚度大得多,以及预顶的需要,托换梁按照简支梁设计。根据荷载大小和环境条件的限制,一般采用钢筋混凝土梁、预应力钢筋混凝土梁或型钢混凝土组合梁等形式。

托换梁与被托换结构的连接位置,要根据原建筑物桩、承台、柱的标高关系,以及托换梁的尺寸确定,以不影响原建筑使用为原则,一般有 4 种关系可选择:①托换梁包原柱,可以减小梁的尺寸及其基槽深度;②托换梁包原承台,此时梁截面较大;③托换梁包原桩,此时梁的基槽深度较大,对环境影响较大;④情况②和③的结合,托换梁包部分桩和部分承台,此情况可适当提高梁标高,减少基槽开挖量,也有利于梁钢筋的布置。

3. 基础托换方案和计算要点

（1）托换方案和体系选择

托换方案须根据被托换结构轴力大小、地层物理力学参数、沉降控制要求以及与地下工程之间的关系等综合确定。对桩基托换,需要事先确定以下方案:①采用主动托换还是被动托换;②采用什么桩型和梁型;③采用单梁还是主次梁托换梁体系;④托换梁与被托换结构采用何种包裹关系;⑤被托换桩在什么位置断桩,采用何种方法切割。

（2）计算模式

基础托换结构的计算模型有两种,一种是荷载-结构模型,另一种是地层-结构模型。

荷载-结构模型又可以分为两种:①考虑房屋结构和托换结构共同作用的计算;②简化模型,将上部结构作为荷载输入到托换结构上,简称平面框架梁计算模型。平面框架梁计算模型简单、方便,能满足工程需要,是目前托换结构的主要计算方法。

地层-结构模型考虑了地层、托换结构、地下工程结构的共同作用,能模拟地下工程施工引起的托换结构(包括桩)的内力及变形情况。该计算模型用于环境条件较复杂的情况,主要解决地下工程施工引起的原桩基的沉降情况,为设计方案阶段是否需要托换提供数据支持和方案评估。

（3）变形计算

托换工程中的变形计算包括:托换桩压缩变形计算、托换梁挠度计算和梁裂缝宽度计算。对条件复杂的托换工程,还应计算由于地层变形或者失水引起的桩身沉降。

（4）承载力计算

承载力计算内容包括:桩、梁的承载力计算;桩身强度计算;施工期间的原桩承载力验算;梁的内力、预应力计算;梁的正、斜截面承载力验算;托换梁截面抗剪计算;承台受冲切、受剪、受弯、局部受压计算。其中,施工期间的原桩承载力计算应特别注意不能忽视。

6.3.2 上部结构加固

历史建筑结构加固技术与一般的工业或民用建筑相比,既有它的一般性,又有它的特殊性。我们可以借鉴一般工业或民用建筑先进、成熟的加固修复理论与技术成果,采用新材料、新技术、新工艺提高结构加固和保护的质量,但更要体现历史建筑保护的原真性或原风格的统一性。即在最大限度地保持原有格局、结构及空间的前提下,对历史建筑进行适宜的加固设计,并尽可能保留和利用原有结构构件,避免不必要的拆除和更换。以下将根据历史建筑的上部结构类型介绍不同的加固方法。

1. 混凝土结构历史建筑

（1）加大截面加固法

采用钢筋混凝土或钢筋网砂浆层增加原结构截面面积,从而达到提高结构承载能力的目的。该法工艺简单、适应性强,并具有成熟的设计和施工经验,适用于梁、板、柱、墙和一般构造物的混凝土加固。但现场施工的湿作业工作量大,养护时间长,对生产和生活有一定的影响,且加固后的建筑物净空会有一定的减小。

（2）置换混凝土加固法

该法的优点与加大截面法相近,且加固后不影响建筑物的净空,但同样存在施工的湿作业工作量大的缺点。适用于受压区混凝土强度偏低或有严重缺陷的梁、柱等混凝土承重构件的加固。

（3）外包钢加固法

该法是用型钢(一般为角钢)外包于构件四角(或两角)的加固方法。根据外包型钢与构件之间采用的黏结方式的不同,可分为湿式和干式两种情况。该法受力可靠、施工快速、现场工作量较小,且加固后对原结构外观和原有净空无显著影响,但用钢量较大。适用于使用上不允许显著增大原构件截面尺寸,但又要求大幅度提高其承载能力的混凝土结构加固。

（4）预应力加固法

该方法具有加固、卸荷、改变结构内力的三重效果,能有效提高结构整体承载能力、刚度及抗裂性。适用于大跨度或重型结构的加固以及处于高应力、高应变状态下的混凝土构件加固。但在无防护的情况下,不能用于温度在 600 ℃ 以上的环境中,也不宜用于混凝土收缩徐变大的结构。一般情况下,历史建筑加固不会使用该法。

（5）增加支点加固法

该法是利用增多支撑点来减少结构计算跨度,达到减小结构内力和提高其承载力的加固方法。其优点是施工工艺简便,能有效减少构件变形,缺点是使用空间会受到一定影响。适用于梁、板、桁架、网架等水平结构的加固。

（6）粘钢加固法

该法是在混凝土构件表面用特制的建筑结构胶粘贴钢板,以提高结构承载力的一种加固方法,具有简单、快速、不影响结构外形,施工时对生产和生活影响较小等优点。主要用于承受静力作用的一般受弯及受拉构件的加固,且环境温度不超过 60 ℃ 及相对湿度较小的地区。

（7）粘贴纤维增强塑料加固法

除具有与粘贴钢板相似的优点外,还具有耐腐蚀、耐潮湿、几乎不增加结构自重、耐用、维护费用较低等优点,但需要进行专门的防火处理,适用于各种受力性质的混凝土结构构件和一般构筑物的加固。

在我国,历史建筑采用钢筋混凝土结构的较少,上述几种方法应结合历史建筑具体情况和施工条件再作选择。

2. 砌体结构历史建筑

（1）钢筋网水泥砂浆面层加固法

该法是采用钢筋网水泥砂浆(或细石混凝土)层外包于砌筑墙体的两面(或单面),达到提高原结构承载能力及延性的加固方法。面层法加固墙体在一定程度上具有钢筋混凝土组合剪力墙的功效,结构承载力和抗震性能均可得到较大程度的提高,且施工工艺简单,外观质感也比较理想,但现场施工的湿作业时间较长。

（2）捆绑式加固法

该法是从房屋外面设置构造柱、圈梁及纵横拉杆,将房屋相关结构捆绑拉结为一个整体,达到增强结构整体性、改善结构破坏形态及增大结构延性的目的,适用于地震设防区房屋的抗震加固。

（3）增设扶壁柱加固法

该法属于加大截面加固法的一种。其优点与钢筋混凝土外加层加固法相近,但承载力提高有限,且较难满足抗震要求,一般仅在非地震区应用。

（4）无黏结外包型钢加固法

该法属于传统加固方法,其优点是施工简便、现场工作量和湿作业少,受力较为可靠。适用于不允许增大原构件截面尺寸,却又要求大幅度提高截面承载力的砌体柱的加固。其缺点为加固费用较高,并需采用类似钢结构的防护措施。

（5）预应力撑杆加固法

该方法能较大幅度地提高砌体柱的承载能力,适用于高应力、高应变状态的砌体结构的加固。其缺点是不能用于温度在 600 ℃以上的环境中。该法在历史建筑加固中使用的机会较少。

3. 钢结构历史建筑

（1）改变结构计算图形加固法

该法是采用改变荷载分布状况、传力途径、节点性质和边界条件,通过增设附加杆件和支撑、施加预应力、考虑空间协同工作等措施对结构进行加固的方法。

（2）增大构件截面加固法

该法具有施工方便,适用性好的优点,被广泛应用于钢梁、钢柱、桁架杆件等构件的加固,但需注意所选截面形式应有利于加固技术实施并考虑已有缺陷和损伤的状况。

（3）连接的加固与加固件的连接

钢结构连接即焊缝、铆钉、普通螺栓和高强度螺栓等连接方法的选择,应根据结构需要、加固的原因及目的、受力状况、构造及施工条件,并考虑结构原有的连接方法确定。钢结构加固一般宜采用焊缝连接、摩擦型高强度螺栓连接,有依据时亦可采用焊缝和摩擦型高强度螺栓的混合连接。当采用焊缝连接时,应采用经评定认可的焊接工艺及连接材料。

（4）裂纹的修复与加固

结构因荷载反复作用及材料选择、构造、制造、施工安装不当等产生具有扩展性或脆断倾向性裂纹损伤时,应设法修复。在修复前,必须分析产生裂纹的原因及其影响的严重性,有针对性地采取改善结构实际工作或进行加固的措施,对宜修复加固的构件,应予拆除更换。

（5）FRP 钢结构加固法

由于纤维增强复合材料（Fiber Reinforced Polymer，FRP）具有强度和模量高、耐腐蚀及施工方便等特点,用其加固钢结构可以在一定程度上提高原有结构的刚度和承载能力,特别是可以显著提高疲劳损伤钢结构的疲劳寿命,延缓疲劳裂纹的扩展。

4. 木结构历史建筑

（1）嵌补法

柱子可能由于原制时选料的干湿程度不同,年久后由于木料本身的收缩而产生裂缝,可按裂缝深度不同采用腻子勾抹、木条嵌补、加设铁箍等不同的技术处理手段。

（2）剔补法

当柱心或梁板中心完好,仅有表层腐朽,截面尚能满足受力要求时,可将腐朽部分剔除干净后,经防腐处理后用干燥木材依原样和尺寸修补整齐,并用耐水性胶黏剂粘接。

（3）下撑式拉杆加固梁

梁构件的挠度超过规定的限值、承载能力不够以及发现有断裂迹象时,加下撑式拉杆组成新的受力构件以起到加固构件的目的。

（4）夹接、托接方法加固梁

木梁在支承点易产生腐朽、虫蛀等损坏。如果梁上下侧损坏深度大于梁高的 1/3,可经计算后采取夹接或接换梁头的方法加固。当采用木夹板加固构造处理或施工较困难时,可采用槽钢或其他材料托接。

（5）墩接法加固柱

当柱角腐朽严重,但至柱底面向上超过柱高的 1/4 时,可采用墩接柱角的方法,常见的方法有以下三种。①木料墩接:先将腐朽部分剔除,再根据剩余部分选择墩接的榫卯式样,如"巴掌榫""抄手榫"等。②钢筋混凝土墩接:此方法仅用于墙内的不露明柱子,高度不得超过 1 m,柱径应大于原柱径 0.2 m,并留出 0.4～0.5 m 长的钢板或角钢,用螺栓将原件夹牢。③石料墩接:此法用于柱角腐朽部分高度小于 200 mm 的柱。露明柱可将石料加工为小于原柱径 100 mm 的矮柱,周围用厚木板包镶钉牢,同时在与原柱接缝处加设铁箍一道。

（6）柱、梁的化学加固

木材内部因虫蛀或腐朽形成中空时,若柱表层完好厚度不小于 50 mm,可采用不饱和树脂进行灌注加固。该方法施工方便,加固强度高,耐久性强。

（7）FRP 木结构加固法

FRP 是一种纤维增强复合材料,具有几何可塑性大、易裁剪成型及自重轻等优点,特别适用于非规则断面的传统木构件表面粘贴,是木结构加固的首选材料。由于纤维布非常轻薄,加固后木结构经彩绘后不会影响外观,也几乎没有附加重量,可以用它来代替传统加固法中需要加设的铁箍,不仅其强度比铁箍的强度要高很多,而且由于其自身的耐腐蚀性,无需再对其进行防腐处理,达到一举两得的效果。

6.4　基坑支护保护设计方案

基坑支护保护设计方案是指在设计基坑支护方案时,要考虑基坑工程施工给邻近历史建筑带来的影响,从加强基坑支护设计的角度减小或消除对历史建筑的不利影响,确保历史建筑安全。

6.4.1 基坑分区设计

考虑到基坑开挖面积过大,或基坑开挖深度不一,或基坑外轮廓形状复杂,可考虑分区设计、施工。

1. 混合结构

历史建筑往往体型较小,常常只位于基坑一侧的局部范围,当整个基坑开挖面积较大,或开挖深度不一时,可采用混合支护形式,即在历史建筑附近的基坑支护形式可与其他区域分开设计,这样既有利于历史建筑保护,又方便整个基坑设计与施工,而且具有一定的经济性和合理性。对于具体支护形式要结合具体情况确定。

2. 分区设计

基坑分区设计又称为分坑设计,是指将基坑化大为小,分区施工,待一区施工至±0.00后再施工另一区。这样可有效减小基坑工程的时空效应,适应快速施工要求,减少对历史建筑和周边环境的影响。对于基坑开挖面积不大,但基坑轮廓形状复杂,基坑围护体刚度小的基坑,也应考虑按基坑轮廓形状和历史保护建筑位置进行分坑设计,这样可有效减小基坑轮廓形状不规则而引起的基坑变形放大效应。当然,对于这一类基坑也可考虑采用强化内支撑设计的方法进行处理。

6.4.2 基坑支护选型

基坑支护选型是基坑支护设计方案是否合理、可行的关键性和基础性工作。结合基坑性质、开挖面积、平面形状、周边环境和地质条件,可从以下三个方面展开讨论。

1. 基坑开挖深度

一般情况下,如基坑开挖深度在 3 m 以内,可以考虑采用重力坝的围护形式。当然这要求历史建筑与基坑外侧有一定的施工作业面。当基坑开挖深度在 3~5 m 时,可采用排桩加一道内支撑或斜抛撑形式,也可采用 SMW 工法(或二排双轴搅拌桩内插型钢)加内支撑或斜抛撑形式。当基坑开挖深度在 5~10 m 时,应采用排桩加二道内支撑,同时外侧还需施打隔水搅拌桩等。当基坑开挖深度大于 12 m 时,应考虑采用地下连续墙或大直径排桩加止水帷幕围护形式,内支撑道数应不少于三道。

2. 距离较小的情况

当遇到历史建筑与基坑外侧距离较小,基坑开挖深度又大于 10 m 的情况,为保护历史建筑,可考虑采用以排桩或地下连续墙为围护结构,或围护结构与地下室外墙二墙合一的方式,采用逆作法施工。因地下室内部梁板结构作为内支撑能较好地控制基坑位移,而且没有拆除内支撑的施工工序,可减少因内支撑拆除所带来的基坑围护结构再次发生的位移。逆作法可有效保护基坑外侧的历史建筑和周边环境。

3. 施工技术要求

为减少围护体施工对邻近历史建筑的影响,对围护体的施工工艺需提出特别要求,如为防止地下连续墙成槽坍塌,应对槽壁进行加固;为防止双轴或三轴搅拌桩施工的挤土效应,可考虑采用 MJS 施工旋喷桩止水;若特别邻近历史建筑,施工作业面较小,可考虑采用套管桩(咬合桩)进行围护体施工。这些施工技术措施均是为了减少对历史建筑的扰动,可在历史建筑附近一段围护体中采用。

6.4.3 支护结构设计

对于邻近历史建筑的基坑,要加强基坑支护结构本身的设计,严格遵循变形控制准则,控制历史建筑的变形。

1. 围护体刚度

邻近历史建筑的围护体必须具有相应的刚度,这样才能控制变形。对于重力坝,就是增加置换比和墙体宽度,提高水泥掺量;对于排桩,就是加大排桩桩径;对于地下连续墙,就是加大其厚度。

2. 围护体插入比

围护体插入比是指基坑开挖面以下的长度和基坑开挖深度之比。一般情况下,围护体插入比越大越有利于控制基坑变形,同时基坑围护体底部必须进入相对硬土层一定深度,以有效控制基坑位移。一般统计表明,基坑围护体插入比不得小于 0.8,特殊情况下,可大于 1.2。

3. 内支撑设计

内支撑设计主要考虑内支撑方式、道数、间距等。内支撑方式主要是指钢筋混凝土内支撑、钢支撑或混合形式。钢筋混凝土内支撑能适应基坑轮廓形状复杂的内支撑布置,但必须在现场施工,而且需养护,施工工期长,拆除困难;钢支撑可场外加工,无需养护,施工工期短,拆除方便,但施工质量难以保证。对于有两道以上支撑的基坑,其内支撑第一道必须采用混凝土支撑。设计时必须结合具体情况选用内支撑方式。

内支撑的道数必须满足基坑围护体变形控制要求,而且还必须保证历史建筑变形在控制标准以内。理论上,内支撑道数多有利于变形控制,但道数多,会大大增加施工周期,而且换撑和拆除内支撑很不方便,会加大基坑变形的时间效应。内支撑的道数应综合考虑各方面因素,具体通过计算确定。

内支撑的间距在历史建筑附近应适当减小,但不宜过小,以免影响施工和延长基坑施工周期,带来基坑变形的时间效应。

6.4.4 基坑坑内加固

在邻近历史建筑的基坑内侧进行坑内加固,可增加坑内被动区土压力,有效减小基坑变形。

1. 加固方式

基坑内加固一般采用裙边加固方式,这样可有效提高置换比,增加基坑内侧被动区土压力,减小该处基坑变形。

2. 加固宽度与深度

常规坑内加固宽度与深度在 4 m 左右,对于邻近历史建筑附近的坑内加固要求加固宽度与深度不小于 6 m,而且基坑开挖深度以上的区域要求以水泥掺量不低于 10% 的搅拌桩进行加固。

3. 桩型选择

基坑坑内加固应采用三轴搅拌桩进行加固,这样可有效提高加固土体强度,水泥掺量不低于 20%。

4. 加固时间安排

因基坑内布设有工程桩,如先施工工程桩将不利于搅拌桩加固施工,其施工质量和加固效果难以保证。所以,加固区域的施工顺序为先施工加固搅拌桩,再施工工程桩。

6.4.5 基坑止水、降排水设计

1. 基坑止水设计

基坑止水设计就是基坑隔水设计,隔断基坑外侧地下水对基坑内的补给。地下水又分为潜水和承压水,应分别进行讨论。

(1)潜水

在基坑工程施工仅涉及潜水的条件下,主要是使止水帷幕进入相对不透水层,对基坑内地下水采取降水疏干。这样有两个要求:一是基坑止水帷幕要进入相对不透水层;二是采用合理、有效的施工工艺,确保止水帷幕体施工质量和隔水效果。在满足上述两个要求的条件下,基坑内部降水对邻近历史建筑因失水而带来的变形不会太大,影响较小。

(2)承压水

如基坑开挖涉及承压水,问题相对较为复杂。特别是有些情况下,基坑所处承压含水层较厚,如需隔断,止水帷幕体长度太深,不仅经济代价大,而且施工难度大,施工质量难以保证。对此,在后文会专门论述。

2. 降水设计

对于基坑降水设计,与基坑隔水设计相似,必须按潜水和承压水分别讨论。

(1)潜水

在基坑工程施工仅涉及潜水的条件下,当基坑止水帷幕进入相对不透水层,而且止水帷幕体施工质量和隔水效果良好时,基坑内部降水对邻近历史建筑因失水而带来的变形影响较小。可按基坑开挖深度采用轻型井点和深井降水。

(2)承压水

在止水帷幕体隔断承压含水层的情况下,抽取承压水也会带来基坑围护体的变形。对此,在后文会专门论述。

3. 排水

基坑工程施工过程中往往会忽视基坑明排水系统设计,特别是开挖深度不大的浅基坑。当基坑外侧地表水排水系统设计不合理,或地表水未排放到基坑影响范围外时,地表水的排水会将地表水循环回来,加大基坑止水帷幕体外侧的地下水压力,加剧基坑围护体变形,特别是遭遇恶劣降雨天气时,如不及时处理,会造成基坑变形过大而破坏,特别是重力坝围护体。

6.4.6 基坑支护设计细节

对于邻近历史建筑基坑支护设计,应重点细化如下设计。

1. 基坑内局部深坑位置布置

基坑设计时必须考虑局部深坑设计。为减小基坑局部挖深对基坑围护体的影响,基坑内局部深坑不得布置在历史建筑附近。

2. 围檩标高控制

在历史建筑附近的基坑围檩标高不得低于历史建筑的基础标高。第一道内支撑的标高也要与历史建筑基础标高相适应。

3．围护体刚度与插入比

历史建筑附近围护体的刚度和插入比应加大，并提高圈梁和围檩的整体性和刚度。

4．内支撑布置

在历史建筑的两端和中间部位应布设内支撑，以有效控制围护体变形，进而控制历史建筑的变形。

6.4.7　监测要求

基坑工程施工过程中，支护体和历史建筑的变形监测，基坑内支撑轴力监测，基坑内外地下水位监测等是基坑支护设计不可或缺的内容。

1．变形监测

变形监测包括基坑支护体系变形监测和历史建筑变形监测。

对基坑支护体系的变形监测主要包括：围护体顶部的沉降和水平位移，围护体深部水平位移（测斜），围护体外侧地表沉降与水平位移、深部位移（测斜）；基坑内支撑体系立柱的隆起和沉降，内支撑的变形弯曲情况，特别是钢支撑。

历史建筑变形监测包括：基础沉降、沉降差、倾斜等；历史建筑裂缝观测与发展过程观测。

2．内支撑轴力监测

通过基坑内支撑轴力监测，可以分析判断内支撑受力和整个内支撑体系的稳定性，基坑施工工况是否合理，基坑支护体系是否稳定安全，所以必须重视基坑内支撑轴力监测和监测结果分析。

3．基坑内外地下水位监测

基坑内外地下水位监测，与基坑隔水设计相似，必须对潜水和承压水分别讨论。

（1）潜水

如基坑工程施工过程中因抽取基坑内潜水而导致基坑外侧潜水水位下降，可能产生的原因是基坑止水帷幕未进入相对不透水层，或基坑止水帷幕体施工质量和隔水效果不好。上述两种情况如发生一种，都会导致基坑内部降水对邻近历史建筑因失水而带来变形的影响。必须通过加固止水帷幕体才能防止基坑外侧地下潜水的水位下降。

（2）承压水

承压水隔水和降水设计相对较为复杂，必须结合特定基坑和所处区域的水位地质条件具体研究确定。对此，在后文会专门论述。

6.4.8　基坑工程施工要求

基坑支护设计必须对施工提出要求，并要求施工单位严格执行。

1．基坑开挖

对于邻近历史建筑的基坑工程，在其开挖前要编制施工专项方案，分析基坑开挖对历史建筑的影响，并提出相应对策，确保历史建筑的变形满足设计要求。施工专项方案经有关单位组织评审合格后方可实施。

（1）基坑工程开挖方法，支撑、换撑和拆撑顺序应与设计工况一致，并遵循"先撑后挖、及时支撑、分层开挖、严禁超挖"的原则。

（2）根据基坑周边的环境条件、支撑形式和场内条件等因素,合理确定基坑开挖的分区及其顺序。一般先设置对撑,宜先开挖周边环境保护要求较低一侧的土方,然后采用抽条对称开挖、限时完成支撑或垫层的方式开挖环境保护要求高的一侧的土方。

（3）对面积较大的基坑,宜采用分区、对称开挖和分区安装支撑的施工方法,尽量缩短基坑无支撑暴露时间。特别是基坑周边分布有历史建筑时,应考虑分区设计支护体系,分区开挖基坑。

（4）对于饱和软黏土地层中的基坑工程,每个阶段挖土结束后应立即架设支撑等挡土设施,以避免流变的发生。一般而言,开挖完成时及时浇筑垫层能较有效地防止流变。

（5）根据时空效应理论,软土地区的基坑工程在其余条件相同的情况下,基坑规模越大,施工时间越长,基坑变形及对周边的影响越大,应尽量做到分块开挖以减小变形。同一基坑内不同区域的开挖深度有较大差异时,可先挖至浅基坑标高,施工浅基坑的垫层,有条件时宜先浇筑浅基坑基础底板,然后再开挖较深基坑的土方。

（6）基坑开挖过程中如出现围护墙渗漏,应采取相关措施及时进行封堵处理。工程实践表明,因为围护墙渗漏造成的墙后水土流失,引起邻近建筑物或地下管线的沉降量一般难以估计,且往往比墙体的变形大得多。因此当出现渗漏时必须引起重视。

（7）支撑与围护墙之间应有可靠的连接。采用钢支撑时应及时施加预应力,必要时可采用复加预应力的方式进一步控制围护结构的变形。

（8）注意历史建筑附近基坑内支撑的换撑和拆撑施工。严格执行先换撑再拆撑的施工顺序。当采用爆破方法拆除钢筋混凝土支撑时,宜先将支撑端部与围檩交接处的混凝土凿除,使支撑端部与围檩、围护桩分离,以避免支撑爆破时的冲击波通过围檩和围护桩直接传至坑外,从而对周围环境产生不利影响。

2. 止水帷幕体施工要求

目前,止水帷幕体施工通常采用双轴搅拌桩或三轴搅拌桩。在止水要求高的地区,采用三轴搅拌桩施工质量易保证,止水效果好。但三轴搅拌桩水泥掺量高,施工产生的弃土量大,挤土效应明显。为此,邻近历史建筑附近的基坑止水帷幕可采用 MJS 工法施工。具体施工工艺和技术要求在后文会专门介绍。

3. 挡土排桩施工技术要求

当基坑紧邻历史建筑时,施工作业面有限,采用大型施工设备(如地下连续墙施工设备)不可行。由于既要施工挡土排桩,又要施工止水帷幕,可能存在施工空间不足,同时紧邻历史建筑附近还可能存在地下障碍物,清障施工对历史建筑的影响较大,这样就必须考虑特殊工艺。因施工排桩,与此同时还可清障,成孔过程可能引起历史建筑变形,可采用套管法施工咬合桩,这样,施工过程中因采用套管护壁可不扰动地基土和地下水,对历史建筑影响较小,而且咬合桩既能挡土,又可止水。具体施工工艺和技术要求在后文会详细介绍。

6.4.9 其他技术措施

当历史建筑与基坑外侧存在一定距离,为保护历史建筑,或尽量减少扰动历史建筑,可采取外包加固、隔离的方式,以减小基坑工程施工对历史建筑的影响。主要措施有:在基坑外侧和历史建筑之间施打隔离桩、对历史建筑外围进行压密注浆以弥补基坑工程施工带来的地层土体移动损失。

1. 隔断墙法

根据基坑变形的传播路径,可采取隔断法减小基坑施工对周边环境的影响。隔断法可以采用钢板桩、地下连续墙、树根桩、深层搅拌桩、注浆加固等构成墙体。墙体主要承受施工引起的侧向土压力和差异沉降产生的摩阻力,如图6-6(a)所示。隔水墙用以隔断地下水降落曲线,如图6-6(b)所示。图6-6(c)所示为微型桩保护法,采用套管或其他方式钻孔至预定深端,然后放入加劲型材(如钢筋、钢轨、型钢或钢筋笼等),再以压力灌浆的方式注入水泥砂浆,然后逐渐拔出套管,最后进行补浆。这种方式是使微型桩通过可能的滑动面,当此滑动面产生时,微型桩的抗剪力和抗拔力可以抑制地层滑动,从而减小地表沉降的可能。

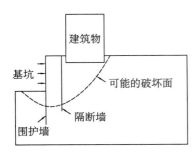 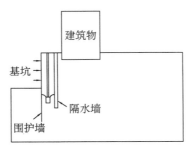 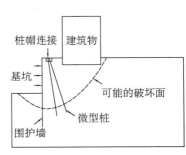

(a) 隔断墙法保护示意图　　　　(b) 隔水墙法保护示意图　　　　(c) 微型桩保护法示意图

图 6-6　隔断法示意图

隔断墙可以在基坑开挖时,同时在水平向和竖向起到变形隔断作用。

(1) 水平向隔断作用

基坑开挖时,当隔离桩的间距小于一定值时,将产生一定的"微拱效应"。通过微拱效应,隔离桩隔断了其内外土体的水平变形,将隔离桩外的土体变形控制在允许范围内。

(2) 竖向隔断作用

基坑开挖过程中,坑外土体除了发生向坑内的水平位移,同时坑外一定范围内的土体会发生竖向沉降,如果没有隔离桩,将形成一个连续的沉降槽,而隔离桩受力体系能很好地承担土体传递过来的摩擦力,限制桩外土体的变形,并且能够将承受的摩擦力进行纵向扩散,将隔离桩内外的竖向变形隔断,减少坑外历史建筑的沉降。

需指出的是,隔断法保护基坑邻近建(构)筑物的机制并不直接,目前对其作用机制的研究尚较少,虽然已有一些工程应用实例,当大部分是依靠经验设计,缺乏理论基础。

2. 压密注浆

基坑开挖引起的地面沉降,在基坑变形影响范围内随着历史建筑与基坑围护距离的不同,产生的沉降变形也不同,且一般历史建筑基础的整体性较差,承受差异变形的能力较小,鉴于此情况,可考虑在历史建筑基础下采用外包式压密注浆加固法抵抗因基坑工程施工所引起的地基变形。

在对历史建筑进行注浆加固前,如建筑物基础为独立基础或条形基础,应先将独立基础或条形基础用现浇的钢筋混凝土底板连成筏式基础,这样可保证建筑物基础与注浆加固地基整体受力,同时又可减少上部结构因基础差异沉降而造成的开裂。

注浆孔布置方法如下:

（1）首先在建筑基础外围布置 2 排及以上注浆孔，并采用不同的入射角注浆形成帷幕，固结地基周边土层，隔断土层潜水和雨水的内浸。注浆帷幕与先前施作的底板把建筑地基分隔为五面封闭的有限空间体，浆液注入后即可在此封闭空间内聚集扩散，充分挤密、固化，防止跑浆和不均匀压缩变形，达到提高地基承载力的目的。

（2）注浆孔间距可按照预估地面沉降值的大小调整，一般距离基坑越近，间距越小，历史建筑中间位置的筏式基础注意预留注浆孔，在基坑开挖时根据建筑物倾斜沉降的监测值以适量的压力和流量，向底板下及时进行双液分层快凝注浆，以调整不均匀沉降并减少沉降对邻近历史建筑的影响。

注浆孔布置的平剖面示意图分别如图 6-7、图 6-8 所示。

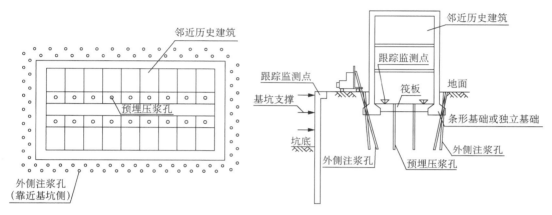

图 6-7　注浆孔布置平面示意图　　　　图 6-8　注浆孔布置剖面示意图

最终注浆孔布置及孔深应充分考虑变形控制的要求，采用数值模拟的方法，将加固处理后的加固土参数输入分析模型中，并不断调整注浆孔布置及孔深，直至满足历史建筑变形控制要求。同时注浆必须穿透软弱土层，只有这样才能比较彻底地、有把握地挤密固化地基土层。因此每次注浆开始前，必须通过试注（单孔或多孔）测算，以确定日注入量（单孔平均注入量），不断校对原设计。

注浆压力是通过浆液施加的，如何保持承载力与负荷的平衡，地基土内水分与注浆固化的平衡，是保证注浆加固顺利进行的关键。因此必须控制日注浆量，定点观测基础底板沉降变化。

6.5　盾构（顶管）保护设计方案

随着城市建设规模的扩大，在盾构及顶管的施工过程中，出现邻近历史建筑的情况也越来越多。盾构（顶管）在施工过程中，对邻近历史建筑物产生损坏的主要原因是地面不均匀沉降，而产生地面不均匀沉降的主要原因是盾构（顶管）在施工过程中引起的地层损失和周边土体受到扰动及剪切变形。而邻近施工可能引起的一些纠纷也会对施工产生不可忽视的影响。

盾构及顶管工程靠近历史建筑施工时，必须进行事前调查，以预测施工推进带来的周围地基的变形和对历史建筑的影响。预测结果认为对历史建筑的功能及结构有可能带来障碍时，应根据情况及时采取对策。施工时必须把安全因素考虑到容许值中，设定管理基准值，以它为指标进行推进,同时能够把监测结果反馈到后续区段的施工管理中。

6.5.1 盾构(顶管)优化设计

盾构(顶管)优化设计包括以下几个方面。

1. 事前调查

掌握历史建筑结构物的形状尺寸、支承条件、周围地基的土层构成、土的性质等。根据设计文件确认设计条件、设计方法、容许值与现在应力和富余量。特别是正在老朽化的历史建筑,必须充分考虑其安全性。另外,类似的施工经验也是宝贵的参考资料。

2. 盾构(顶管)选线

在选定盾构(顶管)线路前,必须对直接障碍物的存在情况以及位于施工影响范围内的各种设施进行详细调查。当发现邻近历史建筑时,在水平距离上应尽量拉大与历史建筑之间的距离,采用规划避让法,如不能避让,可通过增加隧道埋深来增加上覆土层厚度等措施,尽量减小盾构(顶管)对历史建筑物基础及上部结构的影响。

3. 优选盾构(顶管)隧道断面

(1)圆形断面

圆形断面是盾构法使用得最多的断面形状,因此,人们通常把圆形断面称为标准断面。圆形断面隧道具有如下优点:

① 由于圆形断面的拱作用,相对非圆断面而言,其管环上作用的外压小,管环的受损小,寿命长,即隧道的耐久性好、安全性好。

② 圆形断面盾构机掘削机理简单,掘削系统(刀盘,力和扭矩的传递机构)容易制作、造价低。

③ 管片的制作简单容易,拼装方便。

圆形断面的缺点是对某些隧道类型而言,如地铁隧道、公路隧道、城市综合管廊等利用矩形内空的情形下,内空利用率低,即存在空间浪费。在相同空间要求下,圆形断面因圆直径大而对邻近历史建筑扰动大。

(2)矩形断面

矩形断面隧道是顶管法最常使用的断面形状,优点是内空利用率高,与圆形断面隧道相比可以减少30%左右的土体掘削和弃土,有利于降低成本。另外,矩形断面地中占位小,地下空间利用率高。缺点是管片上作用的外压大,不适于大尺寸隧道构筑。对城市地下铁道、综合管廊等隧道而言,是较为理想的断面形状。

(3)双圆搭接断面

这种断面形式多用于铁路、公路往返复线的情形。优点是地中占地面积小,空间利用率高。缺点是盾构机制作复杂、价格高,管片设计、组装、施工复杂。

(4)三圆搭接断面

三圆搭接断面可以说是为构筑地铁车站而设计的盾构断面形状。优点是空间利用率高,使地铁车站的构筑施工完全转入地下。缺点是盾构机、管片的设计、制作及施工均较复杂。

(5)马蹄形断面、椭圆形

这两种断面的优点也是空间利用率高,缺点是盾构机造价高。

因此,各种断面形状的隧道,均有相应的使用场合。当隧道施工影响范围内存在历史建筑时,应在满足盾构及顶管隧道使用用途的条件下,分析各种不同断面隧道对历史建筑的影响程度,在满足经济性及施工便利性的条件下,应优先采用对历史建筑影响最小的断面形状。

6.5.2 主要保护措施

1. 在盾构(顶管)施工时采取措施

在盾构(顶管)施工时采取的措施主要与施工方法有关,其目的是从影响产生的根源入手,减少施工的影响。如在盾构机转弯时尽量减少超开挖,因为超开挖会直接导致地层损失,从而引起地基沉降;由于盾构机的板壳有一定的厚度,盾构机的外径比管片的直径大2%左右,针对其间的空隙,采用同步壁后注浆可以有效地填充盾构机的空隙,减少地层的变位值。

2. 对历史建筑迁移、加固

(1)整体迁移

对历史建筑整体迁移一般通过在历史建筑物墙下设置基础梁及钢滚轴将上部结构托换到已铺设在地基上的轨道梁上,平移后位置的新基础做好后,用多台同步液压千斤顶将历史建筑牵引平移到新的位置。采用这种方法可以完全规避盾构(顶管)施工对历史建筑的影响,能完整保存历史建筑的原状。

(2)加固历史建筑

通过对邻近历史建筑进行加固处理,增强其结构本身抵抗变形的能力。对历史建筑结构进行加固的措施分为两种:一种是直接对历史建筑结构进行加固,增大变形阻力,具体又可分为结构内部加固和下部基础结构加固两种方式,内部加固有加劲、加固墙体、增加支撑等方式;下部基础结构加固方法有加固桩、锚杆静压桩和桩-地基梁托换等手段。另外一种就是当盾构(顶管)穿过历史建筑时,可采用基础托换的方法,让盾构(顶管)从门字形托换梁下穿过。

3. 在管片和历史建筑之间的地基上采取措施

有时即使施工方法掌握得很好,施工准备也很充分,但盾构(顶管)施工对周围环境的影响几乎是不可避免的。为了进一步减轻施工影响,可以在管片和历史建筑之间的地基上采取处理措施,中间地基处理方法有以下三种:加固管片周围的地基;加固历史建筑结构的承载地基;阻断盾构(顶管)施工时产生的地基变形。

加固管片周围的地基,其目的就是增大管片周围的土体强度,减轻盾构机掘进时周围土体的松弛和扰动,使地基变形不至于太大。具体的操作方法多采用化学注浆、喷射搅拌等地基加固施工方法。

如果遇到的历史建筑本身地基承载力不足,那么较小的扰动也可能导致较大的沉降,这时可以有针对性地加固历史建筑的地基,通过提高历史建筑地基承载力来控制历史建筑的沉降量。在上海隧道工程建设施工过程中,很多地方都对邻近的历史建筑或其他建筑物地基进行注浆加固,例如,延安东路隧道施工过程中对某建筑的地基进行注浆加固,施工期间,地基加固之前的沉降速度为 20 mm/d,而注浆加固后的沉降速度为 2 mm/d,加固的效果相当显著。

阻断盾构(顶管)施工产生的地基变形,顾名思义,就是在管片与结构物之间建立一道屏障,使地基变形被阻挡在影响历史建筑或建筑物变形范围之外。通常是在管片与历史建筑或其他建筑物之间打入排桩或者建立隔离墙。值得注意的是,上面所说的地基加固工程本身就是邻近工程施工,故施工加固体时就会对邻近历史建筑或其他建筑物产生不利影响。

保护历史建筑的对策是多样的,应当根据实际情况和经济指标进行优化选择。一般情况下,第一种处理措施是主动控制沉降的产生,从根本上消除不利影响,易于掌握,可行性好,是应当优先考虑的;然后是第二种方法;第三种方法的成本较高,且工程量较大,最后才考虑。

4. 对施工和历史建筑监测

与基坑工程相似,必须对盾构(顶管)施工过程和历史建筑进行监测,在施工前编制监测专项方案,研究报警值,提出应急措施。以监测信息反馈指导施工和控制历史建筑变形在许可范围内。

6.6 降水保护设计方案

邻近历史建筑施工地下工程一般都会涉及降水施工,这会对土体中水的渗流场产生影响。随着地下水位的下降,土层中的含水率也随之减小,地下水对土体的浮托力也相应减小,这就相当于增加了附加荷载,使土体产生固结、压缩变形,土体的这种变形就表现为基坑周围地表的沉降变化,从而对邻近历史建筑产生损害。因此在降水施工前,必须制订详细的降水保护设计方案。

6.6.1 设计原则

历史建筑一般基础老化且整体性较差,抵抗地面差异沉降能力较弱,因此对邻近施工及降水设计的沉降控制要求较高,需对邻近降水设计与施工方案做专项评审。一般来说,降水方案设计需遵循以下原则:

(1)降水不能对周边历史建筑产生破坏性影响,降水施工应采用坑内降水,且设置止水帷幕。当进行数值模型计算分析,发现降水过程中,历史建筑所处地面发生沉降及水平位移,并对历史建筑产生破坏性影响时,应调整设计方案,直至地面沉降及水平位移减小到控制范围以内。

(2)因地下工程施工不仅存在降水,还存在土方开挖、围护结构体施工等情况,当分析对历史建筑的影响时,应综合考虑所有因素产生的土体沉降及水平位移,并将所有因素产生的地面沉降及水平位移叠加起来预估对历史建筑的影响。当分析降水产生的影响时,历史建筑沉降控制值应扣除其他情况的沉降及水平位移预估值。

(3)降水方案设计过程中,应根据现场勘察报告中的水文地质条件,调查是否存在承压水层,以及基坑是否存在坑底突涌的风险。如需要降低承压水头,则需针对土层潜水及承压水层分别进行降水设计,并根据各自的抽水试验报告做相应的细化设计,分析对历史建筑的影响时,也要分别考虑。

(4)当坑内降压井降水施工对历史建筑产生的影响超过允许值时,应在基坑外侧布置回灌井,回灌井及降压井布置应按照抽灌一体化设计原则,即系统布置抽水井与回灌井的数量及空间位置,确保基坑内承压水头降深能够克服基坑底板由于承压水造成基坑突涌的风险,同时又能消除或减少因施工降水引起的基坑周边历史建筑的水位变化,抽水与回灌管路应系统布置,确保抽汲出的水能有效进入回灌管路中。

6.6.2 降水设计流程

降水设计前应查阅施工场地勘察资料,根据资料中的承压水头高度、基坑开挖深度及基坑安全等级等确定基坑是否存在坑底突涌的可能,如不存在突涌可能,则按照潜水降水设计流程展开设计,否则应按照承压水降水设计流程展开设计。具体设计流程如下。

1. 潜水降水设计流程

(1) 收集资料,包括:施工场地的地质勘察报告、抽水试验报告、基坑安全等级及稳定性要求等;

(2) 根据掌握的资料设计止水帷幕的插入深度、降水井布置及深度;

(3) 根据止水帷幕及降水井设计、场地水文地质资料等,采用三维渗流模型分析降水对邻近历史建筑的影响是否可控,否则应调整止水帷幕插入深度,直至满足要求。

2. 承压水降水设计流程

(1) 收集资料,包括:施工场地的地质勘察报告、抽水试验报告、基坑安全等级及稳定性要求等;

(2) 根据掌握的资料设计止水帷幕的插入深度、降压井布置及深度;

(3) 确定止水帷幕是否已隔断承压水层,如未隔断承压水层,则根据止水帷幕及降压井设计、场地水文地质资料等,采用三维渗流模型分析降水对邻近历史建筑影响是否可控,否则应调整止水帷幕体设计或在坑外增设回灌井,并重新进行三维渗流模型分析,直至满足要求。

6.6.3 降水对周边环境影响的分析方法

降水施工对周边环境的分析方法,目前最常用的方法有经典理论计算方法和数值计算方法两类。

1. 经典理论计算方法

假定地层为半空间各向同性体,在荷载作用下,地基中附加应力场是根据半空间各向同性弹性体理论计算的,土的压缩性则由根据一维压缩试验测定的参数来表示,并采用分层总和法计算地基的最终沉降量,计算方法如下。

(1) 影响范围

降水对周围环境的影响范围即降水漏斗曲线的平面内半径,也是井点抽水的影响半径,可用式(6-2)和式(6-3)来进行估算:

潜水含水层: $$R = 2S\sqrt{Hk} \qquad (6-2)$$

承压水含水层: $$R = 10S\sqrt{Hk} \qquad (6-3)$$

式中,R 为降水影响半径(m);S 为水位降低深度(m);H 为含水层厚度(m);k 为土层渗透系数(m/d)。

实际降水施工过程中,抽水引起的附加沉降不仅与降水产生的降落漏斗的形状、深浅等降水水头有关,还与地层的分布情况、可压缩性以及压缩层的厚度等因素有关。此外,抽水的时间长短、抽水强度、抽水的季节、基坑场地的水文地质条件等因素又会影响到降水形成的降落漏斗的形态。由此也可以看出,想要精确计算降水影响范围并寻找出一个能够反映一般规律的统一数学公式是比较困难的,因此,对于邻近历史建筑的基坑,在准确掌握场地的水文地质和现场抽水试验资料以后,还应采用数值模拟方法进一步计算降水沉降的影响范围,具体可根据含水土层情况采用如下计算方法:

对于没有越流的承压含水层,参与计算的地层为降水目标含水层。对于完整井,可直接取一层计算;对于非完整井,则需要按照解析法或数值模拟方法计算层内水位降落值并确定计算范围,依据水位降落情况分层并累加每层的沉降。

对于有越流的承压含水层,参与计算的地层为降水目标含水层以及由于越流水位波动明显的地层。具体需要按照解析法或数值模拟方法计算各层水位降落值并确定计算范围,依据水位降落情况分层并累加每层的沉降。

对于没有越流的潜水含水层,参与计算的地层为降水目标含水层及其以上土层。具体可按照解析法或数值模拟方法计算层内水位降落值并确定计算范围,依据水位降落情况分层并累加每层的沉降。

对于有越流的潜水含水层,参与计算的地层为降水目标含水层以及由于越流水位波动明显的地层。具体需要按照解析法或数值模拟方法计算层内水位降落值并确定计算范围,依据水位降落情况分层并累加每层的沉降。

(2)降水造成地面沉降

在井点降水无大量细颗粒随地下水被带走的情况下,周围地面所产生的沉降可用分层总和法,按照式(6-4)进行计算:

$$S = \sum_{i=1}^{n} \frac{a_{i(1-2)}}{1 + e_{0i}} \Delta p_i \Delta h_i \qquad (6-4)$$

式中,S 为地面最终沉降量;$a_{i(1-2)}$ 为各土层压缩系数;e_{0i} 为各土层起始孔隙比;Δp_i 为各土层因降水产生的附加应力;Δh_i 为各土层的厚度。

在降水期间,降水面以下的土层通常不可能产生较明显的固结沉降,而降水面至原地下水位面之间的土层因排水固结,会在所增加的自重应力条件下产生较大沉降。因此,通常降水所引起的地面沉降即以这一部分沉降量为主,所以可采用式(6-5)的简易方法估算降水所造成的沉降值:

$$S = \Delta P \times \frac{\Delta H}{E_{1-2}} \qquad (6-5)$$

式中　ΔH——降水深度,为降水面和原地下水位面的深度差;

　　　ΔP——降水产生的自重附加应力,$\Delta P = \dfrac{\Delta \bar{H}}{2} \times \gamma_{\mathrm{w}}$,可取 $\Delta \bar{H} = \dfrac{1}{2} \Delta H$,其中 γ_{w} 为水的重度;

　　　E_{1-2}——降水深度范围内土层的压缩模量,可根据钻探试验资料,或查阅有关地基规范确定。

2. 数值计算方法

结合现场抽水试验所确定的计算参数,采用数值模拟进行计算。数值计算方法中,应用比较广泛的有:有限差分法(FDM)、有限单元法(FEM)、边界元法(BEM)、有限分析法(FAM)和有限体积法(FVM)。

在进行数值分析前,应先将潜水及承压含水层概化为三维空间上的非均质各向异性水

文地质概念模型,然后建立与之相适应的三维地下水运动非稳定流数学模型:

$$\begin{cases} \dfrac{\partial}{\partial x}\left(k_{xx}\dfrac{\partial h}{\partial x}\right)+\dfrac{\partial}{\partial y}\left(k_{yy}\dfrac{\partial h}{\partial y}\right)+\dfrac{\partial}{\partial z}\left(k_{zz}\dfrac{\partial h}{\partial z}\right)-W=\dfrac{E}{T}\dfrac{\partial h}{\partial t}, \ (x,y,z)\in\Omega \\ h(x,y,z,t)\,|_{t=0}=h_0(x,y,z), \ (x,y,z)\in\Omega \\ h(x,y,z,t)\,|_{\Gamma_1}=h_1(x,y,z,t), \ (x,y,z)\in\Gamma_1 \end{cases} \quad (6-6)$$

式中,k_{xx},k_{yy},k_{zz} 分别为各向异性主方向渗透系数(m/d);h 为点(x,y,z)在 t 时刻的水头值(m);W 为源汇项(1/d);h_0 为计算域初始水头值(m);h_1 为第一类边界的水头值(m);t 为时间(d);Γ_1 为第一类边界;Ω 为计算域。对于承压含水层,$E=S$,S 为储水系数;$T=M$,M 为承压含水层单元体厚度(m)。对潜水含水层,$E=S_y$,S_y 为给水度;$T=B$,B 为潜水含水层单元体地下水饱和厚度(m)。

对整个渗流区进行离散后,采用数值分析法将上述数学模型进行离散,根据研究区的含水层结构、边界条件和地下水流场特征,就可以得到数值模型,以此为基础编写计算程序,计算、预测降水引起的地下水位的时空分布,将得出的周边地面沉降数值与群井抽水试验报告对比分析,最终确定周边地面的沉降。

经典的理论计算方法应用比较广泛,方法简便,但精度较低,一般仅可用于估算降水产生的周边地面沉降,但对于周边有历史建筑的基坑开挖工况,地面沉降控制较为严格,经典的理论计算方法显然已不能满足其精度要求,而且当遇到需要降低承压水层水头及设置回灌井等复杂情况时,计算参数选取及结果分析均要结合现场抽水试验,因此,虽然数值模拟结合现场抽水试验分析法计算较复杂,但是对于周边有历史建筑的基坑开挖工况,建议采用数值模拟结合现场抽水试验分析法。

6.6.4 降水方案比选

1. 降水方法比选

降水方法有轻型井点(单级、多级轻型井点)、喷射井点、电渗井点、管井井点和深井井点等。各种井点的适用范围不同,在工程应用时可根据土层的渗透系数、降水深度和工程特点及周围环境,经过技术经济比较后确定。表6-4所示为各种降水方法适用的降水深度、土体渗透系数和土体种类。

表 6-4 　　　　　降水方法与降水深度、土体渗透系数及土体种类的关系

降水方法	降水深度/m	土体渗透系数/$(m \cdot d^{-1})$	土体种类
单级轻型井点	6～7	0.1～80	粉质黏土、砂质粉土、粉砂、细砂、中砂、粗砂砾砂、砾石、卵石(含砂粒)
多级轻型井点	7～10	0.1～80	粉质黏土、砂质粉土、粉砂、细砂、中砂、粗砂砾砂、砾石、卵石(含砂粒)
电渗井法	6～7	<0.1	淤泥质土
喷射井点	8～20	0.1～50	粉质黏土、砂质粉土、粉砂、细砂、中砂、粗砂
管井井点	3～5	20～200	粗砂、砾砂、砾石
深井井点	>15	10～80	中砂、粗砂、砾砂、砾石

深井井点具有排水量大、降水深（可达 50 m）、不受吸程限制的优点,可用于疏干深基坑内土体的潜水。由于承压水层为砂土、卵石、砾石层,渗透系数较大,且埋藏较深,一般采用深井井点降水。

2. 止水帷幕类型比选

基坑工程邻近历史建筑时,基坑外侧应设置隔（止）水帷幕,切断降水漏斗曲线的外侧延伸部分,减小降水影响范围,从而把降水对历史建筑的影响减小到最低程度,常用的止水帷幕有下列几种。

（1）深层水泥搅拌桩

深层水泥搅拌桩采用相互搭接的施工方法,由于搅拌桩体的渗透系数不大于 $10^{-4}\,\mathrm{m/d}$,因而可以形成连续的止水墙。当采用深层水泥搅拌桩格栅型坝体作为重力式支护时,可起到既挡土又隔水的作用。

（2）高压旋喷桩

高压旋喷桩所用的材料为水泥浆。它是将水泥浆利用高压经过旋转的喷嘴喷入土层,与土体混合形成水泥土加固体,相互搭接形成桩排,用来挡土和止水。高压旋喷桩的施工费用要高于深层水泥土搅拌桩,但它可用于水管作业面较小的部位。施工时要控制好上提速度、喷射压力和水泥浆喷射量。

（3）TRD 水泥土连续墙

TRD 水泥土连续墙是一种新型的水泥土地下连续墙的施工工法,它是利用附有切割链条及刀头的切割箱插入地下,在进行纵向切割横向推进成槽的同时,向地基内部注入水泥浆以达到与原状地基充分混合搅拌,在地下形成等厚度连续墙的一种施工工艺,其主要优点是止水效果好,施工速度快,而且施工深度可达 60 m,适用于深基坑的止水。

（4）SMW 工法

SMW 工法在三轴搅拌桩的基础上内插型钢,即挡土又止水,而且因水泥掺量可达 $20\%\sim25\%$,所以桩体强度高、止水效果好。受三轴搅拌桩施工深度限制,该类止水帷幕体深度一般在 30 m 以内。

（5）地下连续墙

当基坑开挖深度大,周边环境保护要求较高时,可采用地下连续墙直接挡土和止水。具体形式可分为两类:①地下连续墙全长范围内配筋,既挡土又止水;②地下连续墙上半部配筋,下半部回灌素混凝土,上半部既挡土又止水,下半部仅止水。

止水帷幕的深度应根据基坑安全等级及抗渗透稳定性要求确定,一般应大于降水井滤头以下 2 m。对于需要隔断承压水层的基坑,止水帷幕应优先采用可靠性高、止水效果好、适用深度较深的止水帷幕,如 TRD 水泥土连续墙、地下连续墙,或在地下连续墙已能满足基坑受力要求的情况下,加深部分采用素混凝土地下连续墙也能起到很好的止水效果。

6.6.5 降水过程监控

在基坑井点降水的同时,基坑内及基坑周边地下水位将有较大变化。因此在降水施工过程中,还要对井点的流量、基坑内外的地下水位、降水引起的地面沉降进行观测,以掌握地下水位动态变化规律,以此为依据指导设计施工。当降水监测过程中发现异常时,应及时调整设计及施工方案,并采取措施保证历史建筑的安全。

1. 流量观测

流量观测一般可用流量表或堰箱,若发现流量过大而水位降低缓慢甚至降不下去时,应考虑改用流量较大的离心泵,反之,则可改用小泵,以免离心泵无水发热,并节约电能。

2. 地下水位观测

观测位置和间距可按设计需要布置,可用井点管作观测井。在开始抽水时,每隔 4~8 h 测一次,以观测整个系统的降水机能,3 d 后或降水达到预定标高前,每日观测 1~2 次,地下水位降到预期标高后,可数日或一周测一次,但若遇下雨特别是暴雨时,需加密观测。

需要降低承压水头的降压井,在启动降压井后,每 6 h 监测一次坑内外承压水层的水头高度,并视水位下降的速度相应调整监测时间间隔和降压井的启停数量、井位,以保证按需降压。

对于坑外回灌井,回灌监测系统必须在基坑侧及保护建筑物区域设置有效的水位观测系统及地面沉降监测系统,利用其数据指导回灌运行控制。

3. 地面沉降及分层沉降观测

观测降水工程的水准点应设置在井点影响范围以外,以便作为降水过程中附近地面及建筑物沉降的基准点。另外,处于影响范围内或降水工程附近的建筑物,亦应布置沉降观测点。若遇降水较深,且土层较多时,可增设分层标(即分层观测水准点),以便了解各土层的沉降,从而校核沉降计算。

6.6.6　应急措施

1. 潜水止水帷幕出现渗漏

对渗水量较小,不影响施工也不影响周边环境的情况,可采用坑底设沟排水的方法。

对渗水量较大,但没有泥沙带出,造成施工困难,而对周围影响不大的情况,可采用"引流-修补"方法。即在渗漏较严重的部位先在支护墙上水平(略向上)打入一根钢管,内径 20~30 mm,使其穿透支护墙体进入墙背土体内,由此将水从该管引出,而后将管边支护墙的薄弱处用防水混凝土或砂浆修补封堵,待修补封堵的混凝土或砂浆达到一定强度后,再将钢管出水口封住。如封住管口后出现第二处渗漏,按上面方法再进行"引流-修补"。如果引流出的水为清水,周边环境较简单或出水量不大,则不作修补也可以,只需将引入基坑的水设法排出即可。

对渗漏水量很大的情况,应查明原因,并采取相应的措施:如漏水位置离地面不深,可将支护墙背开挖至漏水位置下 500~1 000 mm,在支护墙后用密实混凝土进行封堵。如漏水位置埋深较大,则可在墙后采用压密注浆方法,浆液中应掺入水玻璃,使其能尽早凝结,也可采用高压喷射注浆方法。采用压密注浆时应注意,其施工对支护墙体会产生一定压力,有时会引起支护墙体向坑内产生较大的侧向位移,这在重力式或悬臂式支护结构中更应注意,必要时应在坑内局部回土后进行,待注浆达到止水效果后再重新开挖。

2. 承压水降水施工过程中出现管涌

如果止水帷幕已隔断承压水层而出现管涌,造成管涌的原因是由于坑底下部位的支护排桩中出现断桩,或施打未及标高,或地下连续墙出现较大的孔洞,或由于排桩净距较大,其后止水帷幕又出现漏桩、断桩或孔洞,发生这类管涌,一般范围不大,在基坑开挖前,应先行对该桩位及桩背进行压密注浆或高压喷射注浆,保证其在开挖后不发生严重漏水,以便开挖后处理。断桩如发生在基坑底面以上,则开挖后可将断桩部位的泥浆、黏土、浮浆及不密实的混凝土凿除干净,支模后用混凝土补浇填实。如断桩部位发生在基坑底面以下,则应在基坑开挖前在该桩前(如基坑内许可)或桩后,增加 2~3 根桩,桩径可比原桩适当减小,桩长一般与原桩相同。如果管涌十分严重,也可在支护墙前再打设一排钢板桩,在钢板桩与支护墙之间进行注浆,钢板桩底应与支护墙底标高相同,顶面与坑底标高相同,钢板桩的打设宽度应比管涌范围宽 3~5 m。

如果止水帷幕未隔断承压水层而出现管涌,应采取增加降水井点,加大抽水速度的方式,降低动水压力。同时相应增加坑外回灌井点,并加强坑外水位观测及周边地面沉降监测,确保历史建筑的安全。

3. 基坑降水过程中,周边土体位移或沉降值大于允许值

对建筑的沉降控制一般可采用跟踪注浆的方法。根据基坑开挖进程,连续跟踪注浆。注浆孔可在支护墙背及建筑物前各布置一排,两排注浆孔间则适当布置一些。注浆深度应在地表至坑底以下 2~4 m,具体可根据工程条件确定。此时注浆压力不宜过大,否则不仅会对支护墙造成较大侧压力,对建筑本身也不利。注浆量可根据支护墙的估算位移量及土的孔隙率来确定。采用跟踪注浆时,应严密观察建筑的沉降状况,防止由注浆引起土体扰动而加剧建筑物的沉降或将建筑物抬起。

对沉降很大,而压密注浆又不能控制的建筑,若其基础是钢筋混凝土的或需改造其基础,可考虑采用静力锚杆压桩的方法加固历史建筑(图 6-9)。

4. 抽灌一体化运行

当需抽取承压水,而且承压含水层未隔断时,应遵循抽灌一体化运行思路设计降水施工。回灌井的工作原理如图 6-10 所示。

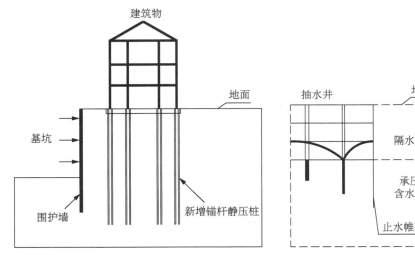

图 6-9　锚杆静压桩托换建筑物基础示意图

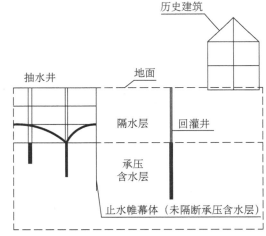

图 6-10　地下水回灌井工作原理

抽灌一体化系统包括基坑降水回灌一体化运行系统和基坑降水回灌一体化监测系统,其中,基坑降水回灌一体化运行系统主要包括回灌井结构系统、地下水水质处理系统及抽灌管路系统。抽灌一体化系统设置如图 6-11 所示。抽灌一体化按图 6-12 所示的流程运行。

(1)基坑工程抽灌一体化运行控制标准按地下水位进行控制,其中控制水位包括不同开挖阶段基坑内水位控制值和保护建(构)筑物区的水位控制值。地下水回灌系统的运行控

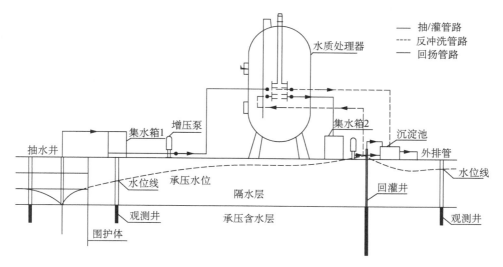

图 6-11 基坑抽灌一体化系统

制应遵循以下原则：以控制保护建（构）筑物区地下水位变化最小为原则，地下水位抬升后应不超过保护建（构）筑物处初始水位为准，同时必须保证基坑内水位满足降水要求。当坑内外水位设计存在矛盾时，设计的首要任务是使基坑内水位满足承压水抗突涌的计算要求，在此基础上尽量减弱保护建（构）筑物区的地下水位变化。

（2）根据基坑开挖进度计划，制订抽灌一体化运行方案，运行方案应包括以下内容：基坑内部和保护建（构）筑物处不同阶段地下水位控制值，抽水井与回灌井不同阶段的开启数量、单井出水量及单井回灌量，不同阶段备用抽水井和回灌井的开启方案，现场管路布设。

（3）抽水井群中抽出的地下水经排水管路送至曝气水箱后，通过增压泵将曝气水箱中的水送入水质处理系统，然后通过增压泵将处理后水质符合标

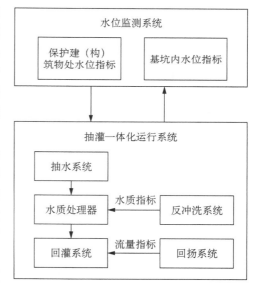

图 6-12 抽灌运行控制流程

准的水压入回灌井。该过程中回灌流量应确保满足回灌监测系统中设定的水位控制值。

（4）回灌期间应定期进行水质分析，严格监控回灌水质，当水质出现异常时，应进行水处理器的反冲洗，如反冲洗仍不能使出水水质变好，则应更换过滤介质。对于现场具有多个水质处理器的抽灌一体化系统，应错开各处理器的反冲洗时间，同时在某一水处理器反冲洗时应临时加大其余水质处理器的水处理量，以确保回灌水源充足，保证抽灌正常运行；对于单一水质处理器系统，应设置1套与自来水管路系统相连的备用回灌管路，以确保反冲洗阶段可采用自来水回灌，保证抽灌的正常运行。

（5）随着回灌的进行，回灌井内流量将逐渐变小，当其回灌流量不能满足控制水位要求时，应对回灌井采取回扬措施。回灌井回扬时应开启备用回灌井，以确保回灌量能满足回灌监测系统中设定的水位控制值。

7 邻近历史建筑的地下工程施工要求

7.1 概述

本章所指邻近历史建筑的地下工程的基坑或土建施工工程,既有一般基坑工程具备的特点,如基坑作为地下工程结构临时性工程或措施,相比永久结构而言,在强度、变形、防渗等方面要求相对低些,安全储备较小,风险较大,以及基坑工程所在地域地层变化、岩土特性差异不确定性,现有基坑支护理论不完善的特征;又有比一般基坑工程更苛刻的环境条件制约,表现在"邻近历史建筑"上,由于历史建筑距离所施工的地下建(构)筑物的边界较近,在基坑工程施工影响范围内,同时也因历史建筑本身年代久远,历经风霜,原有的结构构件、墙体强度降低,装饰等大多老化,加之历史建筑受当时建筑技艺所限且多未设置构造柱和圈梁等诸多因素,建筑本身脆弱,稍有"风吹草动",如振动、地基变形等,可能造成"伤筋动骨",导致其结构受力体系受损,甚至导致历史建筑严重破坏。为此,必须从施工前、施工过程中和施工后对地下工程施工对历史建筑的影响进行全程控制。

历史建筑是城市历史的沉淀和文脉的延伸,是文化的传承和地域风貌的展现,更是当代城市建设中不可或缺的宝贵历史文化遗产和城市资源,为此对邻近历史建筑的施工必须提出更高的要求,以及采取合理而更为严格有效的应对措施。作为抓手,必须严格审查施工组织设计,完善施工方案,从技术、施工设备和施工组织等方面做好地下工程施工过程中历史建筑保护方案的实施准备。考虑施工前、施工过程中和施工后的影响,具体分析地下工程施工对历史建筑影响的整个流程(图 7-1)。

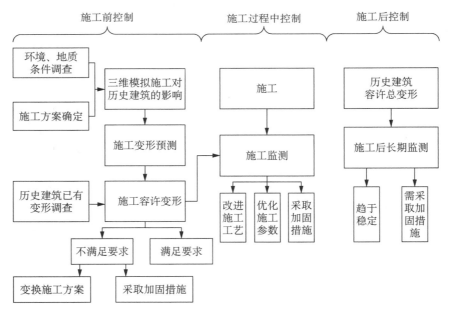

图 7-1 考虑地下工程施工对历史建筑影响的整个流程

7.1.1 施工方案比选原则

地下工程施工方案是指完整的地下工程技术资料和设计图纸(施工图),对地下工程施工进行规划和部署的技术管理文件。

邻近历史建筑的施工方案必须根据不同历史建筑的实际情况,结合地质条件、施工场地条件、设计方案和施工要求进行编制,为确保地下工程的顺利施工,同时也有效保障邻近历史建筑的安全,必须比选施工方案,对施工方案进行专项评审。比选原则如下:

1. 安全性原则

由于地下工程施工具有较大的风险性,对施工方案应在设计安全性评估的基础上对其施工方案进行安全评估,施工方案应以地下工程施工和邻近历史建筑以及周边环境安全为首要目的。历史建筑的变形控制往往需要比一般的建筑采取更严格的控制标准,必须确保其安全性。施工方案应对工程施工的各种影响因素进行分析,特别是不利因素和不良施工影响,对施工中可能产生的风险进行预测,准备相应的预防和加固处理措施,以及应急预案等。

2. 合理性原则

施工方案编制应结合该地段的工程地质和水文地质条件、现场的施工条件和工程设计的特点,施工方案内容包括施工方法、施工顺序、施工工艺等。施工方案应具有针对性、可行性,施工工艺应具有操作性。

3. 经济性原则

不同施工方案的建设成本因其施工方式、工艺特点以及对施工材料和施工设备的选择不同而存在差异,有时差异还特别大。因此应在数值模拟分析地下工程施工对历史建筑影响的基础上,合理选择地下工程施工技术和历史建筑加固方案,既要确保地下工程施工自身安全和邻近历史建筑安全,又要尽可能从工期、材料、设备、人工以及保护措施等多方面综合考虑其经济合理性。

4. 施工便利原则

施工便利是指结合场地条件,施工方案应考虑施工作业空间,施工平面布置紧凑合理,运输方便流畅,符合施工流程,特别要考虑施工各工艺之间的关系,地下工程施工与历史建筑加固保护方案实施的时间、工序安排要合理。

7.1.2 施工方案比选依据

施工方案应具有安全性、合理性、经济性以及施工便利性,施工方案的选择必须有理有据,主要依据有以下几个方面。

1. 相关规范、规程

基坑工程施工规范:①《建筑基坑支护技术规程》(JGJ 120—2012);②《建筑桩基技术规范》(JGJ 94—2008);③《建筑地基处理技术规范》(JGJ 79—2012);④《钻孔灌注桩施工规程》(DG/TJ 08-202—2007);⑤《地下连续墙施工规程》(DG/TJ 08-2073—2010);⑥《钢结构工程施工规范》(GB 50755—2012)。

盾构(顶管)施工规范:①《地铁隧道工程盾构施工技术规范》(DG/TJ 08-2041—2008);②《顶管工程施工规程》(DG/TJ 08-2049—2008)。

2. 历史建筑物调查资料

方案的选择必须能达到保护历史建筑的目的,通过对历史建筑的功能、结构形式、基础形式、敏感性等进行调查,将调查结果作为施工方案比选的依据。

3. 地下工程设计资料

方案的确定必须满足地下工程设计的要求,需掌握地下工程如基坑工程、盾构(顶管)工程设计与施工要求的详细资料。

4. 历史建筑物保护要求

确定历史建筑物的保护要求,如沉降、差异性沉降等控制标准,有效而又经济合理地比选施工方案。

5. 其他

方案的确定可借鉴国内外相关工程经验,特别是要汲取失败的教训。

7.1.3 施工方案比选流程

优化施工方案,从源头考虑地下工程施工对历史建筑的影响是至关重要的。根据地质条件、历史建筑本身和周边环境调查,结合施工工艺和施工技术,比选、优化施工方案,通过数值模拟预演施工对历史建筑的影响,最后在满足历史建筑保护要求的前提下,优选出经济、合理、施工便捷的方案。具体流程如图 7-2 所示。

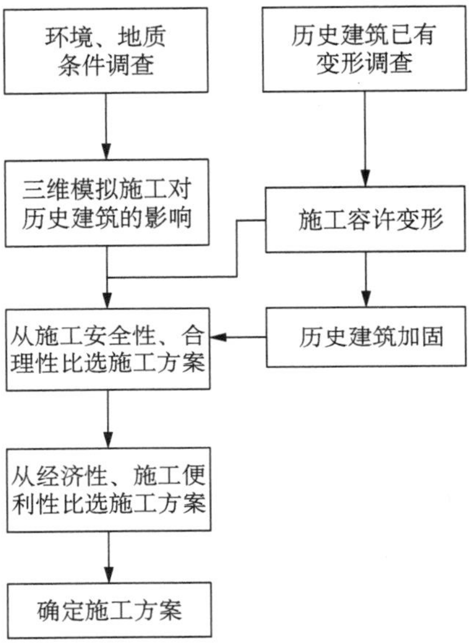

7.2 施工方案比选方法

对于地下工程施工而言,针对周边环境复杂,特别是邻近历史建筑的情况下,需要提出多种方案和施工技术措施,其中施工方案比选尤为关键。比选方法较多,大致可分为定性方法和定量方法,这里仅简单介绍目前常用的两种定性及定量相结合的综合评分法。

7.2.1 层次分析法

图 7-2 施工方案比选流程图

1. 方法简介

层次分析法是传统的定量方法,在方案评价和比选中也是一种有效的方法,其计算方法可参考 3.2.4 节。需要注意的是,应用该方法进行方案比选时,关键在于构造判断矩阵,该矩阵的赋值应由经验丰富的设计和施工专家给出。

基坑开挖会引起周边地表沉降,当其周边存在历史建筑时,需要考虑基坑开挖对历史建筑的影响,以确保历史建筑的安全。将历史建筑保护、影响因子和实施方案通过层次分析法联系起来,根据施工设计各影响因子之间的联系和区别,把这些因子分类、分层构成一个包括若干层级的完整体系,先对体系末端的属性进行评价,通过一定的计算方法,层层向上计算,最后获得一个历史建筑保护的综合的、整体的、较优的方案。

2. 工程实例

影响历史建筑的因素是多方面的,按照各因素性质可分为四大类:历史建筑保护、造价、工期和技术难易程度。历史建筑保护主要包括沉降、差异沉降和上部结构损坏;造价主要包括直接造价、技术措施费用和其他费用;工期有围护体施工、基坑工程施工和上部结构施工;技术难易程度包括技术难度、设备易得、施工操作面和施工质量控制。基坑设计方案中主要考虑地下连续墙顺作法、地下连续墙逆作法和排桩挡土＋止水。

（1）建立层次结构模型

本节以上海外滩源某地块的公共绿地工程为例,该项目是上海外滩源综合改造开发项目一期工程的主要项目之一,建设基地北临苏州河,西至圆明园路,东邻中山东一路,南面与半岛酒店地界相接,总用地面积 22 654 m^2。基坑开挖深度为 17 m,建筑面积约为 12 000 m^2。新建地下空间西侧沿圆明园路红线,东侧距离历史建筑外墙 3 m,南侧与原英国领事馆主楼南山墙齐平,北侧沿南苏州河红线。地下空间车库入口退基地南边界 1.5 m。

以历史建筑保护为目标层,重点考虑历史建筑保护的影响因素,准则层第一层包括历史建筑保护、造价、工期和技术难易,准则层第二层包括沉降、差异沉降、上部结构损坏、直接造价、技术措施费用、其他费用、围护体施工、基坑工程施工、上部结构施工、技术难度、设备易得、施工操作面和施工质量控制。为保护历史建筑,设计三套方案,以地下连续墙顺作法、地下连续墙逆作法和排桩挡土＋止水为解决方案层。层次结构模型如图 7-2 所示。

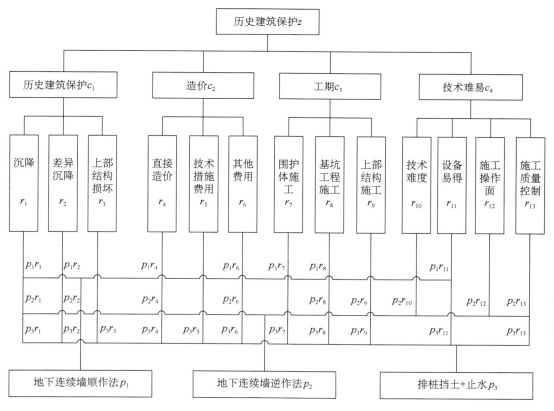

图 7-3　层次结构模型

（2）实例计算

构造准则层对目标层及方案层的判断矩阵,求解特征向量和随机一致性比率,详见表 7-1—表 7-6。

表 7-1   判断矩阵 $z - c$

z	c_1	c_2	c_3	c_4
c_1	1	3	5	7
c_2	1/3	1	3	5
c_3	1/5	1/3	1	2
c_4	1/7	1/5	1/2	1
w	0.568	0.264	0.107	0.061
CR	0.022			

由表 7-1 可知，根据构造的判断矩阵，计算得到构造矩阵的特征向量，即第一层准则层对目标层的权重为 $w^{(1)} = [0.568, 0.264, 0.107, 0.061]^T$。 从权重可以看出，对于第一准则层，历史建筑保护所占比重最大，经济造价次之，反映了历史建筑保护的重要性。

表 7-2   断矩阵 $c_1 - r$

c_1	r_1	r_2	r_3
r_1	1	1/2	3
r_2	2	1	5
r_3	1/3	0.2	1
w	0.309	0.582	0.109
CR	0.001		

由表 7-2 可知，目标层历史建筑保护下各因素的权重为 $w^{(21)} = [0.309, 0.582, 0.109]^T$。 保护历史建筑就必须控制差异沉降。

表 7-3   判断矩阵 $c_2 - r$

c_2	r_4	r_5	r_6
r_4	1	5	7
r_5	1/5	1	3
r_6	1/7	1/3	1
w	0.731	0.189	0.080
CR	0.052		

由表 7-3 可知，目标层历史建筑保护下各因素的权重为 $w^{(22)} = [0.731, 0.189, 0.080]^T$。

表 7-4   判断矩阵 $c_3 - r$

c_3	r_7	r_8	r_9
r_7	1	1/3	5

（续表）

c_3	r_7	r_8	r_9
r_8	3	1	7
r_9	1/5	1/7	1
w	0.278	0.650	0.072
CR	0.052		

由表 7-4 可知,目标层历史建筑保护下各因素的权重为 $w^{(23)} = [0.278, 0.650, 0.072]^T$。

表 7-5　　　　　　　　　　判断矩阵 $c_4 - r$

c_4	r_{10}	r_{11}	r_{12}	r_{13}
r_{10}	1	3	5	2
r_{11}	1/3	1	4	1/3
r_{12}	1/5	1/4	1	1/5
r_{13}	1/2	3	5	1
w	0.457	0.158	0.062	0.323
CR	0.057			

由表 7-5 可知,目标层历史建筑保护下各因素的权重为 $w^{(24)} = [0.457, 0.158, 0.062, 0.323]^T$。

第二准则层对目标层的权重为 $w^{(2)} = [0.176, 0.331, 0.062, 0.193, 0.050, 0.021, 0.030, 0.070, 0.008, 0.028, 0.010, 0.004, 0.020]^T$

表 7-6　　　　　　　　　　判断矩阵 $r - p$

$r_1 - p$	p_1	p_2	p_3	$r_2 - p$	p_1	p_2	p_3	$r_3 - p$	p_1	p_2	p_3
p_1	1	1/3	3	p_1	1	1/3	5	p_1	0	0	0
p_2	3	1	5	p_2	3	1	7	p_2	0	0	0
p_3	1/3	1/5	1	p_3	1/5	1/7	1	p_3	0	0	1
w	0.258	0.638	0.104	w	0.278	0.650	0.072	w	0	0	1
CR	0.032			**CR**	0.052			**CR**	0		
$r_4 - p$	p_1	p_2	p_3	$r_5 - p$	p_1	p_2	p_3	$r_6 - p$	p_1	p_2	p_3
p_1	1	1/5	3	p_1	0	0	0	p_1	1	1/3	3
p_2	5	1	7	p_2	0	0	0	p_2	3	1	5
p_3	1/3	1/7	1	p_3	0	0	1	p_3	1/3	1/5	1
w	0.189	0.731	0.080	w	0	0	1	w	0.258	0.638	0.104
CR	0.052			**CR**	0			**CR**	0.032		

（续表）

r_7-p	p_1	p_2	p_3	r_8-p	p_1	p_2	p_3	r_9-p	p_1	p_2	p_3
p_1	0	0	0	p_1	1	1/5	3	p_1	0	0	0
p_2	0	0	0	p_2	5	1	7	p_2	0	0	0
p_3	0	0	1	p_3	1/3	1/7	1	p_3	0	0	1
w	0	0	1	w	0.189	0.731	0.080	w	0	0	1
CR		0		CR		0.052		CR		0	
$r_{10}-p$	p_1	p_2	p_3	$r_{11}-p$	p_1	p_2	p_3	$r_{12}-p$	p_1	p_2	p_3
p_1	0	0	0	p_1	1	0	1/3	p_1	0	0	0
p_2	0	1	0	p_2	0	0	0	p_2	0	1	0
p_3	0	0	0	p_3	3	0	1	p_3	0	0	0
w	0	1	0	w	0.249	0	0.751	w	0	1	0
CR		0		CR		0		CR		0	
$r_{13}-p$	p_1	p_2	p_3								
p_1	0	0	0								
p_2	0	1	3								
p_3	0	1/3	1								
w	0	0.751	0.249								
CR		0									

方案层对准则层：

$$w^{(3)} = \begin{bmatrix} 0.258 & 0.278 & 0 & 0.189 & 0 & 0.258 & 0 & 0.189 & 0 & 0 & 0.249 & 0 & 0 \\ 0.638 & 0.650 & 0 & 0.731 & 0 & 0.638 & 0 & 0.731 & 0 & 1 & 0 & 1 & 0.751 \\ 0.104 & 0.072 & 1 & 0.080 & 1 & 0.104 & 1 & 0.080 & 1 & 0 & 0.751 & 0 & 0.249 \end{bmatrix}$$

方案层对目标层：

$$w^{(3)} = w^{(3)} \cdot w^{(2)} = [0.195, 0.579, 0.226]$$

总排序随机一致性检验：

$$CR^{(3)} = [CR_1^{(3)}, CR_2^{(3)}, CR_3^{(3)}, CR_4^{(3)}, CR_5^{(3)}, CR_6^{(3)}, CR_7^{(3)}, CR_8^{(3)}, CR_1^{(9)}, CR_1^{(10)},$$
$$CR_1^{(11)}, CR_1^{(12)}, CR_1^{(13)}] \cdot w^{(2)}$$
$$= [0.032, 0.052, 0, 0.052, 0, 0.032, 0, 0.052, 0, 0, 0, 0, 0] \cdot$$
$$[0.176, 0.331, 0.062, 0.193, 0.050, 0.021, 0.030, 0.070, 0.008,$$
$$0.028, 0.010, 0.004, 0.020]^{\mathrm{T}}$$
$$= 0.037\ 1 < 0.1$$

经随机一致性检验可知，满足矩阵构造标准。

历史建筑保护的权重：地下连续墙逆作法为 57.9%，排桩挡土＋止水为 22.6%，地下连

续墙顺作法为 19.5%。

（3）分析与结论

地下连续墙逆作法对历史建筑保护最有利，但造价较高，技术管理难度大；地下连续墙顺作法对历史建筑保护作用次于地下连续墙逆作法，但比排桩的保护效果要好，施工难度较逆作法小；排桩方案施工难度最低，但对历史建筑保护效果差，历史建筑保护加固等其他费用大，但总的费用比地下连续墙低。

本项目在实施过程中，经反复对比和论证，最后采用地下连续墙作为围护体，并采用逆作法施工和"两墙合一"基础设计方案，保护了周边历史建筑和环境，加快了整个施工进度，满足预期设计和建设要求。对此可以得出以下结论：

① 利用定性与定量相结合的分析评价方法优选设计与施工方案，能消除人为决策的盲目性和随意性。

② 在邻近历史建筑处施工基坑工程，控制历史建筑的变形是首要的，造价次之；基坑工程造价应考虑基坑支护体系和历史建筑保护、技术措施等综合费用。

7.2.2 基于区间数属性联系度法

7.2.2.1 方法简介

基于区间数属性联系度法以区间表示指标的可能范围，引入联系数理论将指标区间数矩阵转化为联系数矩阵，建立基于联系数的区间多属性施工评价模型。该模型通过计算指标联系数与绝对正、负理想解的联系数距离来确定各施工方案的相对贴近度，进而对各施工方案进行评价排序。具体计算过程如下。

1. 联系数

集对分析理论中，用联系数来表示两个集合构成集对的同异反关系及其相互联系。一般用 U 表示：

$$U = a + bi + cj \tag{7-1}$$

式中，a，b，c 分别为同一度、差异度、对立度，且 $a+b+c=1$；i 为差异度系数，$i \in [-1, 1]$；j 为对立度系数，$j = -1$。

2. 施工方案属性区间数矩阵

设 m 个施工方案构成方案集：$P = \{P_1, P_2, \cdots, P_m\}$，每个方案有 n 个属性指标，构成指标属性集：$I = \{I_1, I_2, \cdots, I_n\}$，当指标属性为区间数：$I_l = [i^-, i^+]$，且 $i^+ \geqslant i^-$，则得到方案的多属性决策矩阵如下：

$$\boldsymbol{P} = \begin{bmatrix} [i_{11}^-, i_{11}^+] & [i_{12}^-, i_{12}^+] & \cdots & [i_{1n}^-, i_{1n}^+] \\ [i_{21}^-, i_{21}^+] & [i_{22}^-, i_{22}^+] & \cdots & [i_{2n}^-, i_{2n}^+] \\ \vdots & \vdots & \vdots & \vdots \\ [i_{m1}^-, i_{m1}^+] & [i_{m1}^-, i_{m2}^+] & \cdots & [i_{mn}^-, i_{mn}^+] \end{bmatrix} \tag{7-2}$$

3. 区间数矩阵转换为联系数矩阵

设方案 P_k 的属性指标区间 $i_{kr} = [i_{kr}^-, i_{kr}^+]$，则可将其转化为一个三元联系数：$u_{kr} = a_{kr} + b_{kr}i + c_{kr}j$，其中 $a_{kr} = i_{kr}^-$ 为方案属性指标的同一度，$b_{kr} = i_{kr}^+ - i_{kr}^-$ 为方案属性指标的差异度，$c_{kr} = 1 - i_{kr}^+$ 为方案属性指标的对立度。经过转换后的联系度矩阵为

$$U_P = \begin{bmatrix} a_{11}+b_{11}i+c_{11}j & \cdots & a_{1n}+b_{1n}i+c_{1n}j \\ \vdots & \vdots & \vdots \\ a_{m1}+b_{m1}i+c_{m1}j & \cdots & a_{mn}+b_{mn}i+c_{mn}j \end{bmatrix} \tag{7-3}$$

4. 确定联系数距离

借鉴 TOPSIS 法的原理,构造绝对正理想解和绝对负理想解,方案 A_k 的绝对正理想解为 $A^+=\{u_r^+, u_r^+=1+0i+0j, 1 \leqslant r \leqslant n\}$;绝对负理想解为 $A^-=\{u_r^-, u_r^-=0+0i+1j, 1 \leqslant r \leqslant n\}$。 然后分别求取方案属性指标值与绝对正理想解、绝对负理想解的联系数距离:

$$c^+ = \sum_{r=1}^{n} w_r \sqrt{(1-a_r)^2+b_r^2+c_r^2} \tag{7-4}$$

$$c^- = \sum_{r=1}^{n} w_r \sqrt{a_r^2+b_r^2+(1-c_r)^2} \tag{7-5}$$

式中,w_r 为相应的权重。

根据联系数距离构造方案与绝对理想解的相对贴近度:

$$c = \frac{c^-}{c^+ + c^-} \tag{7-6}$$

相对贴近度越大,则表明所对应的方案越接近理想解,方案越佳。

7.2.2.2 工程实例

盾构通过时对土体的扰动将使周边历史建筑物产生一定的不均匀沉降、倾斜等受损情况,甚至可能造成不可挽回的损失。盾构施工过程中需采取一定的施工保护措施,如 FCEC 隔离桩法和泥浆加固法。当采用 FCEC 隔离桩法时,需要考虑工程造价、施工工期和周边环境要求;当采用泥浆加固法时,需要考虑占地面积、施工难易程度和应急措施管理。本节基于区间数属性联系度对盾构施工方案对周边历史建筑物保护进行评价。

1. 建立计算模型

以上海外滩通道工程为例,该通道自北向南穿越整个外滩,采用 ϕ14 270 mm 的土压平衡盾构施工,是国内直径最大的土压平衡盾构隧道。盾构在外滩历史文化风貌保护区和黄浦江的夹缝下穿行而过,沿途浅覆土,近距离穿越浦江饭店、上海大厦、外白渡桥、外滩万国建筑群、地铁、地下通道等设施(图 7-4),特别是外滩万国建筑群云集了和平饭店、海关大楼

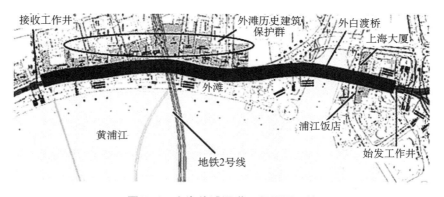

图 7-4 上海外滩通道工程周围环境

等数十幢建筑物,这些建筑物虽经多次修缮,但仍然存在较为严重的老化问题。

以历史建筑保护为目标层,重点考虑历史建筑保护的措施方案,准则层第一层包括 FCEC 隔离桩法和注浆加固法,准则层第二层包括工程造价、施工工期、周边环境要求、占地面积、施工难易程度和应急措施管理。层次结构模型如图 7-5 所示。

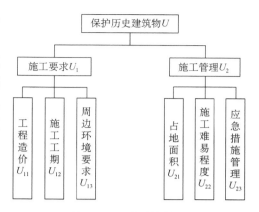

图 7-5　层次结构模型

2. 实例计算

(1)各因素权重计算

① 一级准则层计算

根据区间层次分析法,构造区间判断矩阵,详见表 7-7。

表 7-7　　　　　　　　　　判断矩阵(一级准则层)

项目	U_1	U_2
U_1	[1, 1]	[1/7, 1/3]
U_2	[3, 7]	[1, 1]

计算可得特征向量 $x_1^- = x_1^+ = [0.179, 0.821]^T$, $k_1 = 0.935\ 5$, $m_1 = 1.061$。

由 $w = [kx^-, mx^+]$ 得 $w_1 = \begin{bmatrix} 0.167 & 0.19 \\ 0.768 & 0.871 \end{bmatrix}$。

② 二级准则层计算

根据区间层次分析法,构造区间判断矩阵,详见表 7-8 和表 7-9。

表 7-8　　　　　　　　　　判断矩阵(施工要求二级准则层)

项目	U_{11}	U_{12}	U_{13}
U_{11}	[1, 1]	[1/5, 1/3]	[2, 3]
U_{12}	[3, 5]	[1, 1]	[5, 7]
U_{13}	[1/3, 1/2]	[1/7, 1/5]	[1, 1]

计算可得特征向量 $x_2^- = (0.207, 0.692, 0.101)^T$, $x_2^+ = (0.211, 0.691, 0.098)^T$, $k_2 = 0.947\ 1$, $m_2 = 1.049\ 0$。

由 $w = [kx^-, mx^+]$ 得 $w_2 = \begin{bmatrix} 0.196 & 0.221 \\ 0.655 & 0.725 \\ 0.096 & 0.103 \end{bmatrix}$。

表 7-9　　　　　　　　　　判断矩阵(施工管理二级准则层)

项目	U_{21}	U_{22}	U_{23}
U_{21}	[1, 1]	[1/3, 1/2]	[1/5, 1/3]
U_{22}	[2, 3]	[1, 1]	[3, 5]
U_{23}	[3, 5]	[1/5, 1/3]	[1, 1]

计算可得特征向量 $x_3^- = (0.132, 0.593, 0.275)^T$，$x_3^+ = (0.131, 0.587, 0.282)^T$，$k_3 = 0.902\,5$，$m_3 = 1.028\,1$。

由 $w = [kx^-, mx^+]$ 得 $w_3 = \begin{bmatrix} 0.119 & 0.135 \\ 0.535 & 0.603 \\ 0.248 & 0.290 \end{bmatrix}$。

③ 确定目标权重

由 $w_r^* = w_r^- + \dfrac{(1 - \sum\limits_{r=1}^{n} w_r^-)(w_r^+ - w_r^-)}{\left(\sum\limits_{r=1}^{n} w_r^+ - \sum\limits_{r=1}^{n} w_r^-\right)}$ 计算得：

$w_1^* = [0.179, 0.821]$，$w_2^* = [0.209, 0.691, 0.100]$，$w_3^* = [0.131, 0.588, 0.281]$

各单因素对历史建筑保护的权重 $w = [0.037, 0.124, 0.018, 0.108, 0.483, 0.230]^T$。

（2）构建区间数矩阵

组织建筑行业相关专家共 10 位进行专家打分，详见表 7-10—表 7-13。

表 7-10　　　　　　　　　　FCEC 隔离桩法对施工要求影响因素指标区间

方案	因素	专家级别	总人数	权重	总权重数	重要性评分			合计
						一	二	三	
FCEC 隔离桩法	U_{11}	一类	3	1	8	2	1	0	3
		二类	5	0.8		3	1	1	5
		三类	2	0.5		0	1	1	2
		重要性分值基数				3	2	1	10
平均值		1.91		归一化指标上限		0.353			
标准差		0.85		归一化指标下限		0.920			
方案	因素	专家级别	总人数	权重	总权重数	重要性评分			合计
						一	二	三	
FCEC 隔离桩法	U_{12}	一类	3	1	8	3	0	0	3
		二类	5	0.8		2	2	1	5
		三类	2	0.5		1	1	0	2
		重要性分值基数				3	2	1	10
平均值		2.08		归一化指标上限		0.428			
标准差		0.80		归一化指标下限		0.959			

（续表）

方案	因素	专家级别	总人数	权重	总权重数	重要性评分			合计
						一	二	三	
FCEC隔离桩法	U_{13}	一类	3	1	8	1	2	0	3
		二类	5	0.8		0	3	2	5
		三类	2	0.5		0	2	0	2
		重要性分值基数				3	2	1	10
平均值		1.59		归一化指标上限			0.312		
标准差		0.65		归一化指标下限			0.748		

表7-11　　　FCEC隔离桩法对施工管理影响因素指标区间

方案	因素	专家级别	总人数	权重	总权重数	重要性评分			合计
						一	二	三	
FCEC隔离桩法	U_{21}	一类	3	1	8	2	0	1	3
		二类	5	0.8		3	1	1	5
		三类	2	0.5		2	0	0	2
		重要性分值基数				3	2	1	10
平均值		2.01		归一化指标上限			0.421		
标准差		0.75		归一化指标下限			0.919		

方案	因素	专家级别	总人数	权重	总权重数	重要性评分			合计
						一	二	三	
FCEC隔离桩法	U_{22}	一类	3	1	8	1	2	0	3
		二类	5	0.8		0	4	1	5
		三类	2	0.5		1	1	0	2
		重要性分值基数				3	2	1	10
平均值		1.72		归一化指标上限			0.383		
标准差		0.57		归一化指标下限			0.764		

方案	因素	专家级别	总人数	权重	总权重数	重要性评分			合计
						一	二	三	
FCEC隔离桩法	U_{23}	一类	3	1	8	0	3	0	3
		二类	5	0.8		1	4	0	5
		三类	2	0.5		0	2	0	2
		重要性分值基数				3	2	1	10
平均值		1.73		归一化指标上限			0.544		
标准差		0.42		归一化指标下限			0.898		

表 7-12　　　　　　　　　　注浆加固法对施工要求影响因素指标区间

方案	因素	专家级别	总人数	权重	总权重数	重要性评分			合计
						一	二	三	
注浆加固法	U_{11}	一类	3	1	8	0	1	2	3
		二类	5	0.8		1	1	3	5
		三类	2	0.5		1	1	0	2
		重要性分值基数				3	2	1	10
平均值		1.34			归一化指标上限		0.335		
标准差		0.54			归一化指标下限		0.782		

方案	因素	专家级别	总人数	权重	总权重数	重要性评分			合计
						一	二	三	
注浆加固法	U_{12}	一类	3	1	8	1	1	1	3
		二类	5	0.8		0	2	3	5
		三类	2	0.5		0	2	1	3
		重要性分值基数				3	2	1	11
平均值		1.28			归一化指标上限		0.198		
标准差		0.69			归一化指标下限		0.657		

方案	因素	专家级别	总人数	权重	总权重数	重要性评分			合计
						一	二	三	
注浆加固法	U_{13}	一类	3	1	8	0	0	3	3
		二类	5	0.8		0	1	4	5
		三类	2	0.5		0	0	2	2
		重要性分值基数				3	2	1	10
平均值		0.83			归一化指标上限		0.331		
标准差		0.30			归一化指标下限		0.706		

表 7-13　　　　　　　　　　注浆加固法对施工管理影响因素指标区间

方案	因素	专家级别	总人数	权重	总权重数	重要性评分			合计
						一	二	三	
注浆加固法	U_{21}	一类	3	1	8	1	2	0	3
		二类	5	0.8		2	3	0	5
		三类	2	0.5		1	0	1	2
		重要性分值基数				3	2	1	10
平均值		1.86			归一化指标上限		0.406		
标准差		0.64			归一化指标下限		0.834		

（续表）

方案	因素	专家级别	总人数	权重	总权重数	重要性评分			合 计
						一	二	三	
注浆加固法	U_{22}	一类	3	1	8	2	1	0	3
		二类	5	0.8		0	4	1	5
		三类	2	0.5		1	1	0	3
		重要性分值基数				3	2	1	11
平均值		1.82		归一化指标上限		0.375			
标准差		0.69		归一化指标下限		0.838			

方案	因素	专家级别	总人数	权重	总权重数	重要性评分			合 计
						一	二	三	
注浆加固法	U_{23}	一类	3	1	8	1	2	0	3
		二类	5	0.8		1	3	1	5
		三类	2	0.5		0	1	1	2
		重要性分值基数				3	2	1	10
平均值		1.65		归一化指标上限		0.312			
标准差		0.71		归一化指标下限		0.788			

施工方案属性指标区间值如表 7-14 所示。

表 7-14　　　　　　　　　　　　施工方案属性指标区间值

项目	U_{11}	U_{12}	U_{13}	U_{21}	U_{22}	U_{23}
注浆加固法 A	[0.353, 0.920]	[0.428, 0.959]	[0.312, 0.748]	[0.421, 0.919]	[0.383, 0.764]	[0.544, 0.898]
FCEC隔离桩法 B	[0.335, 0.782]	[0.198, 0.657]	[0.331, 0.706]	[0.406, 0.834]	[0.375, 0.838]	[0.312, 0.788]

由表 7-14 可知,方案属性区间数矩阵为

$$\boldsymbol{P} = \begin{bmatrix} [0.353, 0.920] & [0.428, 0.959] & [0.312, 0.748] & [0.421, 0.919] & [0.383, 0.764] & [0.544, 0.898] \\ [0.335, 0.782] & [0.198, 0.657] & [0.331, 0.706] & [0.406, 0.834] & [0.375, 0.838] & [0.312, 0.788] \end{bmatrix}$$

（3）转换为联系数矩阵

将属性区间数矩阵转换为联系数矩阵:

$$\boldsymbol{U}_P = \begin{bmatrix} 0.353 + 0.567i + 0.080j & 0.428 + 0.531i + 0.041j & 0.312 + 0.436i + 0.252j \\ 0.335 + 0.447i + 0.218j & 0.198 + 0.459i + 0.343j & 0.331 + 0.375i + 0.294 \end{bmatrix}$$

$$\begin{matrix} 0.421 + 0.498i + 0.081j & 0.383 + 0.381i + 0.236j & 0.544 + 0.354i + 0.102j \\ 0.406 + 0.428i + 0.166j & 0.375 + 0.463i + 0.162j & 0.312 + 0.476i + 0.212j \end{matrix}$$

231

（4）综合联系数

根据求得的联系数矩阵，结合指标权重，由 $\boldsymbol{\mu} = \boldsymbol{w} \times \boldsymbol{U}_P = \sum\limits_{r=1}^{n} w_r (a_{pr} + b_{pr}i + c_{pr}j)$ 得各施工方案的综合联系数：

$$\mu_A = 0.427\,4 + 0.413\,9i + 0.158\,7j$$
$$\mu_B = 0.339\,7 + 0.459\,5i + 0.200\,8j$$

分别计算方案指标与绝对正理想解和绝对负理想解的联系数距离，进而确定施工方案与正理想解的相对贴近度 c，最终结果见表 7-15。

表 7-15　　　　　　　　施工方案与正理想解的相对贴近度

方案	综合联系数 U	c^+	c^-	$c = c^- / (c^+ + c^-)$
A	$0.427\,4 + 0.413\,9i + 0.158\,7j$	0.724 4	1.030 4	0.587 2
B	$0.339\,7 + 0.459\,5i + 0.200\,8j$	0.829 1	0.982 5	0.542 3

由表 7-15 可知，按相对贴近度大小可得到方案的先后排序：A＞B，即注浆加固法优于 FCEC 隔离桩法。

3. 分析与结论

（1）分析

两种方法均可行，当采用 FCEC 隔离桩法时，工程造价较高，施工工期较长，施工作业面较大，施工难度相对较高；当采用注浆加固法时，占地面积较小，施工速度快，费用较低。基于区间数属性联系度法分析，注浆加固法略优于 FCEC 隔离桩法。

（2）结论

① 利用定性与定量相结合的分析评价方法优选施工保护技术方案，能消除人为决策的盲目性和随意性，该法切实可行，评价过程简洁直观。

② 在邻近历史建筑处施工盾构工程，在满足历史建筑保护要求的基础上，造价和工期是主要考虑因素。

7.3　基坑工程施工要求

7.3.1　概述

基坑开挖必然引起地层应力场重新分布，受其影响的基坑周边地层必将产生位移、沉降变形，而过大的位移和沉降或差异沉降将对基坑周边历史保护建筑产生损伤。基于此，为加强对邻近深基坑的历史建筑的变形控制，减少和抑制基坑施工对建筑位移、沉降的影响，需要在环境保护、风险管理、安全控制、工期保障以及信息化施工等方面采取加强措施，从产生位移的源头、位移传递路径和保护对象着手，具体体现在基坑围护体、止水帷幕、坑内加固施工过程中所涉及的施工工艺、施工工序和施工设备选择，以及研究解决基坑开挖施工的关键技术问题和比选历史建筑保护措施等方面。

7.3.2　开挖方式

基坑支护结构和地下工程施工可以分为顺作法（敞开式开挖）和逆作法两种。

顺作法施工是先施工支护结构,然后进行土方开挖,边开挖边施工内支撑,直至开挖到基础设计底面标高,然后从下往上逐层回筑地下结构,待地下结构施工至±0.00后,再施工地上建筑。

逆作法施工和顺作法施工的顺序正好相反,在围护体及工程桩完成后,并不是进行土方开挖,而是直接施工地下结构的顶板或者开挖一定深度再进行地下结构的顶板、中间柱的施工,然后再依次逐层向下进行各层的挖土,并交错逐层进行各层楼板的施工,每次均在完成一层楼板施工后才进行下层土方的开挖。

逆作法施工可分为全逆作法和半逆作法。全逆作法是在地下结构施工的同时,进行上部结构施工,上部结构施工层数根据桩基的布置和承载力、地下结构状况、上部建筑荷载等确定。半逆作法是待地下结构完成后再施工上部主体结构。

与顺作法相比,逆作法最主要的特点是对环境影响小,其次是能降低工程能耗,节约资源,现场作业环境更加合理。逆作法施工利用地下室水平结构作为周围支护结构地下连续墙的内部支撑。由于地下室水平结构刚度比临时支撑刚度大得多,所以地下连续墙在水土压力作用下的变形小得多。此外,由于中间支承柱的存在使底板增加了支点,与无中间支承柱的情况相比,坑底的隆起明显减小。逆作法施工能减小基坑变形。因此,为保护邻近历史建筑物,在条件容许的情况下,基坑工程应尽量采用逆作法施工。同时,逆作法上部和下部结构可同时施工,而且以结构楼板代替支撑,无需拆除支撑,可减少施工工序及基坑暴露时间,并可缩短工程施工工期,对历史建筑的保护起到积极的作用。

7.3.3 围护体施工

受场地地质条件、邻近历史建筑与基坑工程外侧距离大小和周边环境的限制,根据围护体设计要求,邻近历史建筑部位的挡土围护体和止水帷幕体的施工工艺应与其他部位有所区别,应结合历史建筑的保护要求,合理确定施工方案,既要可行,又要安全。

1. 套管和搓管法

钻孔灌注桩是常用的排桩挡土围护体。由于地质条件的复杂性,地下施工的不确定性,常规的泥浆护壁钻孔灌注桩施工存在塌孔、扰动钻孔周边土体、扰动地下水位、桩位偏差过大等一系列问题。这些问题不仅影响成桩质量,而且会直接影响邻近历史建筑的稳定性。为了降低成桩风险,减小成桩施工对历史建筑的扰动可以采用套管或搓管法施工围护桩。

（1）套管法

套管成桩方法,即采用取土的方法将钢管沉入土层中形成预先设计的工作空间(桩孔),灌入散粒体材料或混凝土,最后振拔钢管。套管护壁成孔是现场灌注桩施工的一种传统方法,相比于泥浆护壁灌注桩,套管成孔具有以下优点:

① 对周围地基的地下基础无扰动,可靠近历史建筑施工,无泥浆排放,不污染环境,施工现场整洁,振动小、噪声低。

② 由于套管的作用,避免了一般灌注桩可能发生的缩径、扩径等质量问题,在大大提高成桩质量的同时,也减小了对环境的影响。

（2）搓管法

在邻近历史建筑采用套管成桩时,若成桩深度相对较浅,也可以采用搓管机施工。用搓管机进行全套管施工,是目前应用比较普遍的一种全套管施工方法。搓管机由液压泵驱动,夹紧油缸将套管夹紧,由搓管油缸进行搓管,同时由加压油缸加压使套管下行,搓管角度一般为 15°～20°。此种设备较之于全回转套管钻机成本低、简单、适用,便于推广。但由于搓管角度只有 15°～20°,相对于全回转套管钻机而言,下管速度慢,尤其是孔深时,由于管子存在弹性变形及套管之间不可避免地存在连接间隙,使传至套管靴的摆动角度有所衰减,所以此种工法更适合成桩深度相对较浅的桩孔施工。

当成桩深度较深或存在地下障碍物时,可采用全回转套管钻机成孔。其设备动力大,施工速度快,造价较高,对环境保护更有利。

2. 排桩

用于基坑围护的桩型有混凝土钻孔灌注桩、型钢桩、钢管桩、钢板桩、型钢水泥土搅拌桩等,其中混凝土钻孔灌注桩占多数,型钢桩、钢管桩和预制桩在某些条件下使用,有时也会结合 SMW 工法内置型钢水泥搅拌桩。由上述桩型组合而成的排桩作为基坑的挡土构件和围护体,常规成桩或沉桩施工设备、施工工艺、施工工序和施工要求与建筑桩基相同,本节仅对桩用于邻近历史建筑的基坑围护体施工时的关键技术和保护措施进行讨论。

邻近历史建筑施工围护体,一般情况下,止水要求是必需的。为此,如施工作业面满足要求,应考虑先施工止水帷幕搅拌桩,然后再套打施工钻孔灌注桩,或内插型钢、PHC 管桩、钢管桩等,形成挡土和止水帷幕。

如历史建筑离基坑外侧距离较远,有条件在基坑和历史建筑之间设置隔离桩等(如地下连续墙、钢板桩、树根桩、注浆加固形成墙体等)隔断措施,以阻断基坑变形对历史建筑的影响,同时也减少历史建筑的基础荷载产生的侧向压力对基坑围护结构的影响,可以在基坑围护桩和历史建筑之间加打排桩(如树根桩等),施工顺序一般为:先施工隔离桩,其次止水帷幕,再施工围护体排桩。

靠近历史建筑一侧,先施工隔离桩,再施工围护排桩,方向上应由近向远施工,即由邻近建筑方向向另一方向施工。特别需要注意的是,在施工过程中,要加强邻近历史建筑的监测。

3. 地下连续墙

地下连续墙作为围护体,近年来在邻近历史建筑的基坑工程中得到广泛应用。考虑历史建筑对变形敏感,进行地下连续墙施工时,应根据建筑的结构、基础形式、场地的工程地质和水文地质条件等,按照历史建筑变形要求采取相应的工程措施:

(1)地下连续墙施工前与灌注桩类似,也应试成槽确定护壁泥浆配比、槽壁稳定等技术参数。

(2)进行槽壁预加固,控制槽壁变形,特别是松散地层和填土地段。

(3)应注意邻近历史建筑部位的槽段划分,避免划分不当加大位移;加强接口处的外侧止水处理,可采用 MJS 等方式。

4. 二墙合一

在邻近历史建筑的基坑工程中,对于基坑开挖深度较大,基坑与邻近历史建筑之间空间小,较难施工宽体围护桩的情况,设计方案有时会采用基坑围护结构和建筑地下结构相结合的方案,即"二墙合一",形式有:结构外墙与围护体结合,如地下连续墙的"二墙合一",结构中的水平构件与支撑的结合以及结构中的竖向构件与竖向支撑的结合。这样既解决了基坑围护体施工作业面问题,又解决了基坑拆撑、换撑对周边环境带来的扰动。

7.3.4　止水帷幕体施工

对于地下水作业区,无论是支护、围护,还是开挖,均需要降水。对于潜水,由于潜水水位的变化对浅层土体固结的影响明显,降水容易在一定范围内引起较大的地表变形或地面沉降,而邻近的历史建筑对变形敏感,为保护历史建筑不受过大变形的影响,不可以敞开降水,必须设置一定深度的隔水帷幕。对于承压水,当基坑底部有承压水时,为满足基坑抗渗透变形稳定确需降承压水时,也应设置隔水帷幕以隔断降水对邻近历史建筑的影响,即隔断基坑范围内承压水层后再进行坑内疏干降水。

1.　止水帷幕施工方法

止水帷幕常规的施工方法主要有注浆法、水泥搅拌桩法、高压喷射法等。针对历史保护建筑,采用常规施工方法时应注意以下两点:

(1)止水帷幕在平面上需闭合设置,对于双轴搅拌桩应考虑双排布置,相应提高止水桩的水泥掺量,最好采用三轴搅拌桩止水。必须合理安排邻近历史建筑部位的搅拌桩施工进度和施工顺序,加强对历史建筑的监测。

(2)采用旋喷桩止水时,应优先选择 MJS 施工工艺。

2.　止水帷幕施工工序

止水帷幕可结合围护体结构设置,也可以单独设置。施工工序安排上主要考虑止水帷幕施工挤土效应对周边和邻近历史建筑的影响。

(1)水泥搅拌桩帷幕施工顺序有跳打、单侧挤压和钻套方式,可根据实际条件和场地土层情况确定。当结合围护结构设置止水帷幕时,或者止水帷幕与排桩距离较小时,先施工止水帷幕再施工围护桩体;当结合钻孔灌注桩设置止水帷幕时,要先施工搅拌桩,如先施工钻孔灌注桩,则有可能因钻孔灌注桩的局部扩径严重,导致搅拌桩无法按位置施工,使止水帷幕搭接出现困难。

(2)对于旋喷桩止水帷幕的施工,工序上则与搅拌桩相反,应先施工排桩,再施工旋喷桩。

3.　MJS 工法

旋喷桩是使泥浆通过钻杆周边的间隙在地面自然排出,其深处排浆会很困难。因为超深处的钻杆与高压喷射口四周的地内压力增大,由此引起喷射效率下降,从而使地内压力不断增大,导致周围地表隆起。为此,人们研究并推出一种新工艺——全方位高压喷射工法(Metro Jet System),简称 MJS 工法。

(1)工艺原理

传统高压喷射注浆工艺通过气升的效果,使产生的多余泥浆通过土体与钻杆的间隙从地面孔口处自然排出。但是,随着施工深度的增加,气升效果会越来越弱,深处的排泥比较困难,高压喷射的效率会下降,而且这样的排浆方式往往会造成地层内压力偏大,导致周围地层产生较大变形、地表隆起。

为了解决传统帷幕注浆工法存在的这些问题,MJS 工法设备配备了新型的前端切削装置和多孔管(图 7-6)。多孔管是由排泥管、高压水泥浆管、倒吸水管、主空气管、倒吸空气管、排泥阀传感器控制线管路、削孔喷水管、多孔管连接螺栓孔、备用管路等组成。前端切削装置分布有压力传感器、排泥口、喷浆口等,实现了孔内强制排浆和地内压力监测,并通过调整强制排浆量来控制地内压力,以防止地内压力过大造成地面隆起,大幅度地减少了对环境

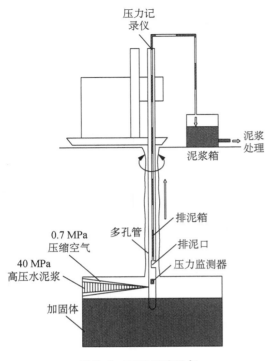

图 7-6 MJS 工法设备

图中标注：
压力记录仪
泥浆处理
泥浆箱
排泥箱
0.7 MPa 压缩空气
多孔管
排泥口
40 MPa 高压水泥浆
压力监测器
加固体

的影响,而地内压力降低也进一步保证了成桩直径,确保了止水帷幕的效果。

（2）MJS 工法特点

① 对周围环境影响小,超深施工有保证。MJS 工法通过地内压力监测和强制排浆的手段,对地内压力进行调控。施工过程中,当压力传感器测得孔内压力较高时,可以通过控制调节泥浆排出量以达到控制地内压力的目的。

② 施工场地要求低,适用工程范围广。MJS 工法通过射流作用强制性破坏原地层结构,只要高压射流能破坏的土层皆可施工,对施工场地要求不高。

③ 可进行多方位任意角度的施工。MJS 工法采用摆喷形式,即喷嘴来回喷射,固结体的形状为扇形。止水帷幕的形状可以自由设定,5°～360°范围内皆可施工,对施工条件的适应性好。由于 MJS 工法独特的排浆方式,使其能够在富水土层进行水平加固施工。

④ 排浆方式独特,环境污染小。MJS 工法配有强制吸浆管,通过倒吸水流的作用,使排泥的内部与外部形成压力差,外面的泥浆被强制吸入,水流具有向上的动力,可以强制排走施工过程中产生的废浆。这种独特的排浆方式有利于废浆的集中处理,以及施工场地的环境保护。同时由于对地内压力的控制,有效地减少了泥浆进入土壤、水体或是地下管线现象的发生,可减少对环境的污染。

⑤ 桩径大,桩体质量好。喷射流初始压力可达 40 MPa,流量为 90～130 L/min,使用单嘴喷射,每米喷射时间可达 30～40 min,喷射流量大,作用时间长,再加上稳定的同轴高压空气的保护和对地内压力的调整,使 MJS 工法成桩直径较大,可达 2～2.8 m。由于直接采用水泥浆液进行喷射,其桩身质量较好。

因此,可以采用 MJS 工法施工邻近历史建筑部位的止水帷幕和地下连续墙接头部位的止水处理。

7.3.5 坑内加固施工

为了确保施工期间基坑本身的安全和基坑周边环境的安全,特别是邻近历史建筑的安全,常常在影响基坑稳定和围护变形的主要区域如坑内被动区、局部深坑区、放坡开挖区、坑外重载区等区域内的软弱土体进行加固处理。加固方式一般有搅拌桩、高压旋喷桩、注浆等。邻近历史建筑的基坑为一级基坑,施工质量要求高,其中搅拌桩和高压喷射旋喷桩施工工艺相对成熟,加固体的深度和强度一般能满足要求,故一般在影响基坑稳定的主要区域应采用搅拌桩和旋喷桩加固。注浆法加固,因其加固体离散性大,且均匀性和强度难以保证,故一般用于环境要求不高的基坑工程或作为基坑工程的辅助措施。

1. 搅拌桩坑内加固

目前搅拌桩施工有喷浆型和喷粉型两种,后者由于本身技术不完善,加之施工质量难以控制,目前在某些地区已停用,主要使用喷浆型。水泥搅拌桩的施工机械常用的有双轴水泥搅拌机和三轴水泥搅拌机,目前双轴成桩深度一般不超过 18 m,三轴成桩深度一般不超过30 m。三轴搅拌桩水泥掺量大,成桩质量较好,当加固深度超过 18 m 时,一般考虑选用三轴水泥搅拌机。

搅拌桩在施工工艺方面应注意:

(1)首先应考虑被加固对象土体的适用性再确定相应的施工工艺,如对于人工填土,三轴、双轴水泥搅拌机应慎用,对于砂土,双轴水泥搅拌机应慎用。

(2)加固体的布置以及加固体的宽度应结合场地条件和环境保护要求而定。平面布置有满堂式、隔栅式、裙边式、抽条式以及墩式。满堂式、隔栅式、抽条式一般用于基坑较窄但环境条件要求较高的情况,裙边式和暗墩式一般用于基坑较宽的情况,但暗墩式对环境保护一般。因此,在邻近历史建筑施工坑内加固时,尽量不选用暗墩式。竖向布置有平板式、回掺式、分层式、阶梯式等。不管是平面布置还是竖向布置,加固体应注意其连续性,应连接形成整体。

(3)正常情况下,搅拌下沉速度宜控制在 0.5～1.0 m/min,提升时宜控制在 1～2 m/min,并上、下各进行 1 次土体喷浆搅拌,砂性大的土层宜在底部 2～3 m 范围内重复喷浆搅拌 1 次。

(4)针对地质条件和水文地质条件的变化,应及时调整施工参数,如注浆泵流量、注浆速度、搅拌次数、水灰比等。当遇到黏性土特别是黏性较大的土时,钻进过程中钻头容易形成泥塞,不易均匀下沉,这时应提高复搅次数和适当增大送气量,水灰比控制在 1.5～2.0;当遇到透水性强的砂性土时,水灰比控制在 1.2～1.5,必要时向水泥浆液添加 5% 的膨润土,堵塞浆液漏失。

(5)因搅拌机械作业对土层扰动等影响,宜在搅拌桩桩顶或开挖基坑底面以上回掺水泥浆,水泥掺量应结合施工工法、环境要求和基坑深度综合确定,一般双轴搅拌桩水泥掺量为 6%～8%,三轴搅拌桩水泥掺量为 8%～12%,针对历史建筑,可相对提高水泥掺量。

邻近历史建筑部位施工坑内加固时,还应采取以下工程措施:

(1)要进行加固工艺的适宜性试验,可通过试桩获得满足设计要求的各种操作参数,验证搅拌均匀程度、成桩直径、成桩下沉和提升阻力情况等。通过室内水泥土的强度试验,确定合适的强度配比参数以及合适的外加剂掺量。

(2)对施工工程中的水泥掺入量、外加剂掺量、喷浆的均匀程度等进行实时监控。

(3)加固体与围护体之间的空隙可采用注浆或旋喷桩加固。

(4)因机械搅拌有时会产生较大的挤土效应,邻近历史建筑地段搅拌时应适当控制搅拌速度,下沉时控制在 0.5～0.8 m/min,提升时也不宜大于 1 m/min,且保持速度均匀。应适当降低注浆压力和流量,注浆压力应小于 0.8 MPa,合理调整水灰比和注浆泵换挡时间。

(5)施工时还应进行邻近历史建筑和周边环境的监控,根据监测信息合理安排施工进度。

(6)采用钻孔取芯进行质量检测,检测数量和检测指标应符合搅拌桩地基处理规范,如不符合设计要求,应采取补强措施。

2. 高压旋喷桩坑内加固

高压旋喷桩对土层适用性强,特别是在砂土标贯击数小于 15、黏土标贯击数小于 10、素填土不含或只含少量石头,加固效果更佳。高压旋喷桩加固深度较大,在软土地区不作深度

237

限制,与搅拌桩桩径相比,高压喷射形成的桩径有一定变化范围。

根据场地勘察、邻近历史建筑的基础形式、招标环境和相关工程经验等资料确定旋喷桩施工方案后,就要确定施工工艺和参数,一般要根据土质条件、加固要求,通过试验或工程经验确定。

为保护历史建筑,保障施工质量,需采取如下工程措施:

(1) 合理安排施工进度,减小因高压旋喷桩施工产生的环境影响。

(2) 先后施工两桩间距不应小于 4~6 m,时间不应小于 48 h。

(3) 采用钻孔取芯进行质量检测。检测数量和检测指标应符合高压喷射桩相关的地基处理规范,如不符合设计要求,应进行补强措施。

7.3.6 内支撑体系施工

内支撑系统由水平支撑和竖向支撑两部分组成。内支撑系统由于具有无需占用基坑外侧地下空间资源、可提高整个围护体系的整体强度和刚度以及可有效控制基坑变形的特点而得到了大量的应用。常用的水平支撑有钢筋混凝土支撑和钢支撑。

传统钢支撑自重小,安装和拆除方便,可重复使用,根据土方开挖进度可做到随挖随撑,施工速度快。但钢支撑整体刚度较差,安装节点较多,容易因节点变形与钢结构支撑变形而造成基坑过大的水平位移,甚至可能由于节点破坏,造成断一点而破坏整体的后果。

钢筋混凝土支撑具有较大的整体刚度,安全可靠,变形小,现浇节点不会产生松动而增加墙体位移。此外,现浇钢筋混凝土支撑的形式具有多样性,有利于浇筑成最优化的布置形式。

因此,在邻近历史建筑开挖基坑布置内支撑时,为减小围护墙体水平位移,提高历史建筑的安全稳定性,尽量采用钢筋混凝土支撑。同时,为满足历史建筑保护要求高的需要,在施工内支撑时,需做到如下几点:

(1) 严格控制挖土量,随挖随撑,严禁超挖。

(2) 提高混凝土等级,提高钢筋混凝土支撑的强度,减小支撑变形。

(3) 添加早强剂,提高混凝土支撑早期强度,减少混凝土凝结时间。加快施工速度,减少基坑的暴露时间,降低历史建筑变形风险。

近年来,为满足邻近地铁、历史建筑等基坑工程的施工要求,出现了自适应支撑系统和鱼腹梁支撑体系新技术。

1. 自适应支撑系统

通常,传统钢支撑体系存在以下问题:

(1) 钢支撑的轴力损失。由于温度的变化、钢支撑自身的应力松弛和钢楔块的塑性变形等因素,钢支撑的轴力会出现损失,对基坑变形控制造成不利。

(2) 轴力下降过头而使墙体出现新的变形。常规的支撑体系很难对某些钢支撑在需要适当释放或降低部分轴力时进行操作,轴力释放或降低的精度控制困难,操作不当往往会导致轴力下降过头而使墙体出现新的变形。

(3) 采用人工间断控制无法满足深基坑变形控制要求。传统钢支撑需要复加预应力来弥补钢支撑的轴力损失,但是所采用的支撑轴力补偿装置都是通过人工间断监测的支撑轴力数据或基坑变形数据来作出调整,这样势必会造成工作量增加且不能及时反映基坑变形,支撑轴力调整相对滞后,不能满足保护历史建筑物的控制要求。

针对传统钢支撑的缺陷,采用智能补偿系统控制液压油缸压力的先进技术,设计了钢支撑自适应轴力补偿系统,并在基坑工程中得到应用。该系统有效提高了支撑轴力监测的精度,当检测数据正常时,在设定范围内可自动补偿,发生特殊情况时以短信的方式告知相关人员及时调整相关参数。该系统可远程查看及视频,所有数据实时共享,具有自动监测、数据传输、实时补偿、实时通信、实时管理等功能,保证了基坑施工的安全稳定。

自适应支撑系统,将传统支撑技术与液压动力控制系统、可视化监控系统等结合起来,实现了对钢支撑轴力的监测和控制,可 24 h 不间断数据传输,解决了常规施工方法无法控制的苛刻变形要求和技术难题,使工程始终处于可控和可知的状态,对邻近变形要求严格的历史建筑的工程施工具有重要意义。

自适应支撑系统具有精度高、安全、可靠、性能稳定、操作方便、维护方便等特点。与传统钢支撑相比,自适应支撑系统可以有效控制围护墙的最大变形及最大变化速率,可以有效控制邻近历史建筑等重要建(构)筑物的变形;可以有效防止和杜绝深基坑施工由于支撑等各种因素引起的施工事故,确保施工安全。施工中,可以做到随挖、随撑和随补,极大地提高了控制效果,减少位移变形。基坑使用自适应系统的道数越多,控制基坑围护墙水平位移变形的能力越强,控制变形的效果越佳。

2. 鱼腹梁

预应力鱼腹梁支撑系统是通过对鱼腹梁弦上的钢绞线、对撑和角撑施加预应力,经与角撑、对撑和三角形连接点组合,实现对基坑边坡支护变形的控制,是一个可回收、可重复装配、可拆卸的平面预应力支撑系统。

预应力鱼腹梁支撑为小刚度组合结构,它无法像混凝土支撑一样通过刚度实现对位移的控制。基坑开挖前,通过对鱼腹梁弦上的钢绞线进行张拉,施加预应力,张紧的钢绞线在鱼腹梁支撑杆件上产生较大的反作用力,形成了具有较大抗弯刚度的大跨度围檩结构,大大减少作用在鱼腹梁围檩上的弯矩。将预应力鱼腹梁通过专用节点与施加预应力的对撑和角撑组合,形成完整的预应力支撑系统,抵抗作用在围檩上的弯矩,控制弯曲变形。

(1)鱼腹梁施工工艺流程

预应力鱼腹梁支撑系统是由鱼腹梁、型钢对撑和三角键等预制构件构成。整个支撑系统的标准件、辅助件和非标准件通过螺栓装配连接而成,安装和拆除方便、快速。鱼腹梁支撑结构形式分别如图 7-7、图 7-8 所示。

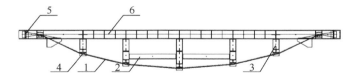

1—下弦(钢绞线);2—连杆;3—直腹杆;4—桥架;5—锚固端;6—上弦梁。

图 7-7 小跨度(小于 18 m)鱼腹梁结构形式

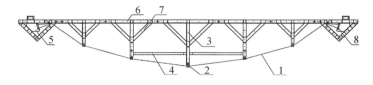

1—下弦;2—桥架;3—直腹杆;4—连杆;5—连接件;6—上弦梁;7—斜腹杆;8—锚具。

图 7-8 大跨度(大于 20 m)鱼腹梁结构形式

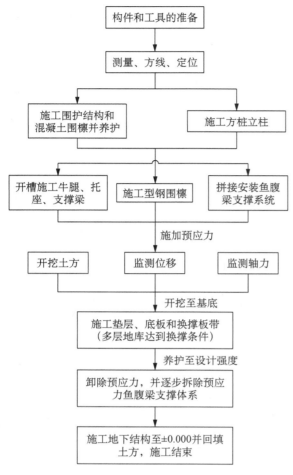

构件和工具的准备

↓

测量、方线、定位

↓

施工围护结构和
混凝土围檩并养护　　施工方桩立柱

↓

开槽施工牛腿、托　　施工型钢围檩　　拼接安装鱼腹
座、支撑梁　　　　　　　　　　　　　　梁支撑系统

施加预应力

开挖土方　　监测位移　　监测轴力

开挖至基底

↓

施工垫层、底板和换撑板带
（多层地库达到换撑条件）

养护至设计强度

卸除预应力，并逐步拆除预应
力鱼腹梁支撑体系

↓

施工地下结构至±0.000并回填
土方，施工结束

图 7-9　预应力鱼腹梁支撑施工工艺流程图

预应力鱼腹梁支撑系统均为预制钢结构构件，可进行现场拼装，其一般施工工艺流程如图 7-9 所示。

（2）鱼腹梁优点

鱼腹梁支撑系统是由各种类型的型钢通过螺栓连接而成，部分节点焊接。因此，型钢可在现场连接或场地加工厂进行螺栓连接。拆撑工序亦较简单快速，只需将预应力卸除后松动螺栓即可完成，然后将型钢托运出场地，可实现完全回收。由于整个结构均由型钢通过螺栓连接，只需人工作业，因此所需的作业面较小，灵活性较大。同时，型钢对撑之间的大片区域没有任何设施，开挖具有很大的作业面，可有多个挖土、运土机械同时施工，大大节约了土方开挖的时间。这样，可通过增加工人数量来加快结构的拼装速度，通过增加挖土设备加快土方开挖，加快施工进度，减少基坑开挖暴露时间，有利于控制邻近历史建筑的变形。

通过支撑系统上预加的预应力使围护结构产生向坑外的超前位移，挤压坑外土体产生被动土压力，基坑开挖过程中，围护结构上的土压力由被动土压力逐渐向主动土压力转化，在一定程度上抵消了一部分土压力和位移，从而实现对位移的有效控制。同时支撑系统具有自动化监测和检测装置，当变形过大时，可通过调节预应力控制围护体水平位移，减小邻近历史保护建筑的变形。

（3）施工措施

① 在邻近历史建筑附近采用鱼腹梁支撑系统，需通过增加对撑等措施增加支撑刚度、减小鱼腹梁宽度，以增强支撑的承载能力，减小围护体的变形。

② 鱼腹梁支撑系统均由型钢通过螺栓或焊接连接成整体，需要施工操作人员的细心和精细化施工以确保支撑系统的安全和零风险，施工精度要求高，需要配备专业的队伍施工。

③ 鱼腹梁支撑系统中螺栓连接或焊接的有效性是保证支撑系统功能的根本，由于连接点数量巨大，误差累积明显，若某处存在薄弱点而破坏，荷载则会直接转移至邻近的连接点，因此，需配备专业技术人员加强日常检查，确保每个连接点的有效性。

④ 增加支撑下方钢立柱，提高鱼腹梁的抗干扰能力。通过精细化施工来避免鱼腹梁系统受到施工机械的撞击。

7.4　盾构施工要求

盾构施工引起地表沉降和邻近历史建筑变形是不可避免的。盾构施工通过历史建筑时，为实现对历史建筑的有效保护，盾构施工应以减少对历史建筑的扰动为核心，以对历史建筑的监测为手段，以合理、科学的流程为指导，优选施工工艺、施工工序，在技术、设备、组织准备充分，安全、质量和文明施工管理体系以及应急措施有效、健全的基础上，编制施工专项方案，并经过有关专家组织评审后方可开始施工。

7.4.1　施工工艺选择

盾构施工引起建筑物变形的主要机理为土体开挖卸荷引起地层损失，带动周边土体移动，进而影响到邻近历史建筑地基的变形和应力。为了减小盾构施工对邻近历史建筑的影响，在盾构通过历史建筑时，尽量以最佳盾构推进。最佳盾构推进是指盾构推进时对周围地层及地面的影响最小，表现在地层的强度下降小、超孔隙水压小、地面隆沉小以及盾尾脱开后的实沉幅度小，这些理想指标也是盾构施工中控制地面不均匀沉降、保护历史建筑的首要条件和治本办法。

盾构施工引起的扰动包括盾构机正面、盾尾空隙、盾构纠偏及姿态改变以及盾构掘进动作，如盾构推进速度、均匀性等，其中最主要的还是盾构正面压力的波动、不平衡以及盾尾空隙填充的及时性、密实性、均匀性两大方面。这两大方面具体可由前仓压力、掘进速度、出土量、盾构千斤顶推力、管片后背同步填充注浆和二次压密注浆的浆压和浆量、盾构每次纠偏量和总的纠偏量等施工参数控制。这几个施工参数既是独立的，又存在互相匹配、优化组合的问题，其根本目的是控制盾构推进轴线偏差不超出允许范围，尽量减少地层变形以及对历史建筑的扰动。盾构推进时参数优化组合的宏观表现就是地表变形的有效控制。同时，为了对历史建筑进行保护，施工前需建立历史建筑变形监测系统，盾构通过邻近历史建筑全过程中对建筑的变形进行监测，将实测的各类数据整理分析、优化组合，指导下一步的盾构推进，实现信息化施工。

1. 前仓压力

土压平衡盾构施工工法的前提是精确设定盾构机土压力，维持盾构开挖面的稳定。从理论上讲，如果盾构刀盘面提供的压力和原静止土压力相当，则周围土体受到的扰动很小，地层不会出现大位移，邻近历史建筑不会出现大的扰动。如果盾构刀盘面提供的压力超过原静止土压力，前方土体处于被动压力状态，土体单元的水平应力大于垂直应力，则前方土体受到水平方向的强烈挤压而发生前移，因竖直方向的泊松效应使土体出现向上位移，发生地面隆起。而当盾构刀盘面提供的压力小于原静止土压力时，开挖面土体处于主动土压力状态，土体单元的水平应力小于垂直应力，则开挖面土体受到较小的支撑力而向后位移，如果出土速度过快，开挖面前上方土体还会塌落，导致地面沉降。

前仓压力应随隧道上覆土厚度的变化而变化，但如果仅凭土压力理论计算值来设定前仓压力显然是不合适的。另外，因土层的复杂性，如地面超载作用力的大小及建筑物基础结构的不确定性，造成了土压力设定值的计算结果不可能十分准确。再则，盾构机内部的土压传感器自动模式控制器存在系统误差，所以在盾构推进过程中需要对土压力设定值进行调整。根据实际施工经验，当历史建筑位于盾构机切口前方 $1.5D+H$（D 为盾构机外径，H

为盾构中心至地面高度)范围内时,历史建筑会因盾构引起的地面沉降而受到扰动,而地面的沉降情况与土压力设定值密切相关,所以盾构前方地面沉降监测结果可直接反映土压力设定值与自然土压力的吻合程度。在实际施工过程中,可控制盾构机的地面沉降量在负沉降(隆起0~2 mm),如负沉降过大,则应适当调低土压力设定值,如发生正沉降,则应适当调高土压力设定值。

在盾构实际施工中,前仓压力与推进速度、出土量是一个动态平衡的过程,前仓压力是在一定范围内来回波动的。因此应根据地面变形监测数据的反馈,及时调整、优化掘进参数,控制好推进速度、螺旋机转速、排土闸门的开度等施工参数,使排土量和开挖量平衡,以保持前仓压力与开挖面的稳定。

2. 推进速度

推进速度参数的选取应使土体尽量被切削而不是被挤压。若推进速度过快而出土率较小,则土仓压力会增大,其结果将导致地表隆起;反之,推进速度过慢,出土率过大将令土仓压力下降,引起地表下沉。盾构推进速度与前仓压力、千斤顶顶力、土体性质等因素相关,需综合考虑。

不同的地质条件,推进速度应不同。因土压平衡是依赖排土来控制的,所以,前仓的入土量必须与排土量匹配。合理设定土压力控制值的同时应限制推进速度,如推进速度过快,螺旋输送机转速相应值达到极限,密封仓内土体来不及排出,会造成土压力设定失控。所以应根据螺旋输送机转速(相应极限值)控制最高推进速度。由于推进速度和排土量的变化,前仓压力也会在地层压力值附近波动,施工中应特别注意调整推进速度和排土量,使压力波动控制在最小幅度。

推进速度控制的原则是要保证盾构机均匀、慢速地通过历史建筑,同时根据地面变形的实时监控数据即时调整推进速度。根据以往工程经验,盾构通过历史保护建筑时的推进速度初步可确定为8~10 mm/min,监测变形数据较大时控制在6~8 mm/min。

3. 出土量控制

盾构排土量多少直接影响到盾构开挖面的稳定,控制排土量是控制地表变形的重要措施。盾构在一定的正面土压力下,其排土量取决于螺旋输送机的转速,而螺旋输送机的转速则与盾构千斤顶推进速度自动协调控制。按国外统计,在主动破坏和被动破坏限界之间的开挖面稳定区间内,压力差和排土量大致成比例关系。假定盾构外直径 D 为 6.15 m,盾构环宽 L 为 1.2 m,盾构推进每环的理论排土量为

$$V = \frac{1}{4}\pi D^2 \times L = \frac{1}{4} \times 3.14 \times 6.15^2 \times 1.2 = 35.63 \text{ m}^3$$

出土量应控制在理论值的 95% 左右,即 $V = 34$ m³/环,保证盾构切口上方土体能微量隆起,以减少土体的后期沉降量。

4. 同步注浆

注浆对改良地层性状、有效降低地面沉降、减少对历史建筑的扰动可起到积极的控制作用。盾尾同步注浆是利用同步注浆系统,对随着盾构机向前推进、管片衬砌逐渐脱出盾尾所产生的间隙进行限域、及时填充的过程。壁后注浆施工具有防止围岩松弛和把千斤顶推力传递到围岩的作用,因此必须进行充分的填充。在盾构工法中,注浆施工是一个必不可少的重要环节,把握好该环节与其他施工环节的配合是盾构施工的关键之一,也是有效降低地面

沉降、减少对历史建筑扰动的关键点。此时,注浆压力和注浆量的控制是保证施工质量的重要手段。

（1）注浆压力

为了使浆液很好地填充于管片的外侧间隙,必须以一定的压力压送浆液。注浆压力大小通常为地层土压力再加上 $0.1\sim0.2$ MPa。

注浆压力在理论上只需使浆液压入口的压力大于该处水土压力之和,即能使管片与周围土体空隙得以充盈。但注浆压力不能太大,否则会使周围土层产生劈裂,管片外的土层将会被浆液扰动而造成较大的后期沉降并影响盾构隧道管片的稳定性。盾构推进阶段,可按 $1.2\gamma_0 h$（γ_0 为土容重,h 为隧道上覆土厚度）确定注浆压力。如实践下来与理论计算有较大差距,原因可能有二:一是浆液管道造成压力损失;二是实际注浆量大于理论注浆量,超体积的浆液必须用高得多的压力方能压入尾隙。

（2）注浆量的确定

盾构推进的理论总空隙 GP:

$$GP = \pi L(R^2 - r^2) \tag{7-7}$$

式中,L 为环宽;R 为盾构外半径;r 为管片外半径。

理论上讲,浆液只需 100% 填充总空隙即可,但尚须考虑下述因素:

① 浆体的失水收缩固结,会使有效注入量小于实际注入量。

② 部分浆液会劈裂到周围地层中。

③ 曲线推进、纠偏或盾构抬头、叩头,会使实际开挖断面成椭圆。

④ 操作不慎,盾构走蛇形。

⑤ 盾构推进时,壳体外周带土,会使开挖断面大于盾构外径。

因此,合适的注浆量应比理论注浆量要大。实际操作过程中,注浆量填充率控制在理论空隙量的 $140\%\sim170\%$ 之间。如在盾构推进时同步注浆的浆液填补空隙后,还存在地面沉降的隐患,可根据实际情况,相应增大同步注浆的压浆量。如监测数据证实地面沉降接近或达到报警值,或历史建筑物沉降量过大时,用壁后补注浆或地面跟踪注浆进行补救。

7.4.2　施工工序选择

在盾构机通过邻近历史建筑时,盾构施工必须以保护历史建筑以及保证工程质量为出发点,充分保证隧道的衬砌质量,保证线路方向的正确性,安全、连续地通过历史建筑。在技术、设备、组织上做到统筹规划。

（1）在技术上,必须严格按照合理流程进行。通过三维数值模拟预演施工过程,分析盾构推进对历史建筑的影响,论证施工的可行性。分析施工中可能遇到的问题,并提出相应的应对措施。

（2）在设备上,必须保证设备的完好性,使盾构能安全、连续地通过历史建筑。并且必须保证二次注浆及纠偏、加固抢险设备的完好性,当出现危及历史建筑稳定性、盾构纠偏等问题时,能做到及时、有效的处理。在盾构推进通过邻近历史建筑时,需做好以下检查,以降低故障率,顺利通过历史建筑:

①检查延伸水管、电缆连接是否正常;②检查供电是否正常;③检查循环水压力是否正常;④检查滤清器是否正常;⑤检查皮带机、皮带是否正常;⑥检查空压机运行是否正常;

⑦检查油箱油位及油温是否正常;⑧检查油脂系统油位是否正常;⑨检查泡沫剂液位是否正常;⑩检查泥水处理系统;⑪检查注浆系统是否已准备好;⑫检查后配套轨道是否正常;⑬检查出渣系统是否已准备就绪;⑭检查盾构机操作面板状态,开机前应使螺旋输送机前门处于开启位,螺旋输送机的螺杆应伸出,盾构处于掘进模式,无其他报警指示;⑮检查测量导向系统是否工作正常;⑯确认注浆系统已经开始工作。

(3) 在施工组织上,针对历史建筑,需制订详细的施工组织设计,具体要求:

① 应结合现场的实际情况,编制有针对性的施工控制措施。

② 施工工艺和措施应详细、具体,并具有可操作性,要有针对性地减少对历史建筑扰动的分析和认识,并要有针对性措施。

③ 施工平面的布置应以减少对历史建筑影响为原则,与现场地貌环境、建筑平面协调一致,并做到紧凑合理、文明、安全、节约、方便。

④ 审核网络图的合理性和均衡性。审核工序、进度的合理性,检查施工安排能否做到均衡连续施工,能否满足总进度计划需求。

⑤ 针对历史建筑建立实时监测系统,监测点的布置须能及时反映盾构对历史建筑的扰动影响。

对于所有作业人员,必须经过一定的培训,熟练掌握本岗位和所操作机械设备的安全操作规程,了解设备的各种性能、构造和维修要求,熟悉相关行业规定的工程施工安全技术规程,遵章守纪,服从指挥,规范作业,专人专岗,其他人员严禁操作。

为确保盾构通过邻近历史建筑时的安全,对于盾构施工,做到"七不":①盾构施工时注浆量无法保证时不能推进;②没有方向测量时不能掘进;③设备有故障时不得施工;④材料不齐全时不得施工;⑤专岗人员不到位不得施工;⑥加固抢险准备不足时不得施工;⑦历史建筑无监测时不得施工。严格执行专业技术人员下达的指令,对掘进中出土量突现异常、地面或历史建筑变形量异常或超过报警值时,要马上报告,及时分析,及时处理。

盾构推进流程如图 7-10 所示。

7.4.3 施工设备选择

盾构机的种类多种多样,根据掘削面不同敞开程度可分为全部敞开式(人工掘削式、半机械式、机械式)、半敞开式(挤压网络式)和封闭式(土压式、泥水式)。

选择盾构机时,一般需考虑下列因素:①满足设计要求;②安全可靠;③造价合理;④工期短;⑤对环境影响小。若盾构需要通过邻近历史建筑,应当优先选择对历史建筑影响小的盾构机型。盾构机机型选择正确与否是盾构施工成败以及控制对历史建筑扰动的关键因素。

由于盾构机通过历史保护建筑时,对地面沉降控制要求高,根据地质条件,尽量选择封闭式(泥水式或土压式)盾构机,并采用相应的辅助工法以防止地层沉降,减少盾构推进对历史建筑的扰动。

1. 盾构刀盘
盾构刀盘的形状主要有属于敞开式的轮辐形和属于封闭式的面板形两种。

当区间隧道穿越的地层大部分为粉土夹粉砂及粉质黏土地层,土层自立性较差,且地下水位高、水压力大时,若选用轮辐形刀盘,则在掘进过程中容易发生喷水、喷泥现象,从而导致掘削面发生坍塌,而面板式刀盘的面板可直接支撑掘削面,具有挡土功能,有利于掘削面

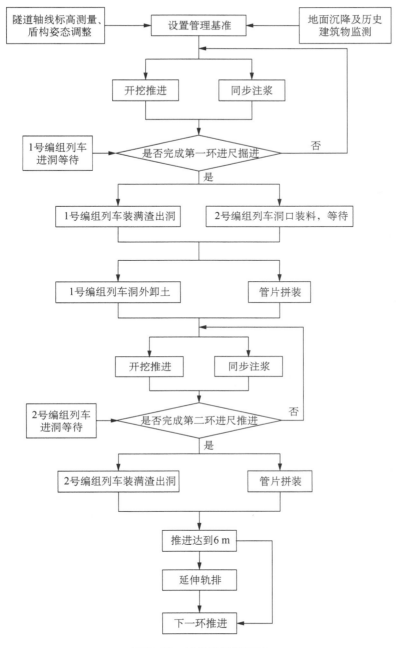

图 7-10　盾构推进流程图

的稳定。因此,在土层自立性较差的地层中通过邻近历史建筑时,为了保障掘削面的稳定,盾构刀盘应选用面板式刀盘。

但面板式刀盘在掘削含黏土的地层时,黏土易黏附在面板表面,从而妨碍刀盘旋转,进而影响掘削质量;在砂质土层中掘进时,因土颗粒间的摩擦角大,故摩擦阻力大,土体自身的流动性、抗渗性均较差,在无其他措施的情况下,保持掘削面稳定也极其困难。若对掘削面土体注入添加材料,使开挖面处作为支撑介质的土体的塑性、流动性、防渗性和弹性等得以改进,从而使开挖土层得到改良,可确保掘削土的流动性、止水性,从而使掘削面稳定,并可减少盾构机掘进驱动功率,同时也可减少刀具的磨损。因此,在刀盘钻头前端加设添加剂注入口,用以向盾构机开挖室中注入添加材料。另外,因添加材料注入口直接与泥土接触,故应在注入口设置防护头和逆流防止阀,以防止泥土和地下水涌入开挖室。

盾构刀盘须带耐磨面板,配耐磨刀具,能够一次完成隧道全长掘进,中途不换刀;配仿形刀,能够实现刀具磨损量连续、自动监测;能在常压下在刀盘后部拆装、更换刀具。

2. 螺旋输送机

螺旋输送机作为控制密封舱压力的关键部件,对其密封性能有很高的要求,为防止在地下水位较高、水压较大的地层中掘进时,因螺旋输送机的密封性不好而发生喷涌水、喷涌砂现象从而导致地层流失,建议采用止水性能好的有轴式螺旋输送机,并对螺旋输送机设置防水闸门。

3. 盾尾密封刷

为防止周围地层的土砂、地下水、管片背后注入浆液、开挖面的泥水、泥土等从盾尾间隙流向盾构机体内,应在盾尾设置 3 道以上密封刷,前端 2 道密封刷可以更换,具有应急密封装置,盾尾间隙可以连续、自动测量。密封油脂由管路压送到盾尾密封刷与管片之间形成的腔室中,以防止注射到管片背后的浆液中并防止地下水等进入盾体内。

7.4.4 施工技术措施

对历史建筑保护措施除盾构本身施工技术外,还应做好历史建筑及施工过程监测,完善并及时优化调整盾构施工方案,以便及时对历史建筑采取加固、隔离等保护措施。

1. 监控测量

监测的目的主要是通过监测及时了解和掌握盾构施工过程中地表沉降情况及规律性,了解施工过程中因地表沉降而引起的历史建筑受扰动的情况,并根据前一步的观测结果预测下一步地表沉降和历史建筑的扰动,研究地层特性、施工参数和地表沉降的关系,以便及时调整施工参数。因此,通过监测手段掌握由盾构施工引起的周围地层的移动规律,及时采取必要的技术措施改进施工工艺,对于控制周围地层位移量,确保邻近历史建筑的安全具有重要意义。

根据工程实际情况,结合类似监测工程的经验,将历史建筑的沉降、差异沉降作为监测的重点,尤其应加强对结构薄弱部位的监测,辅以其他监测项目形成一个严密的监测系统,达到安全监测的目的。

盾构施工影响因素众多,通过历史建筑时对沉降要求严格,且地上地下情况复杂,所以对监测项目、测点布置安排如下:

(1)监测以获得定量数据的专门仪器测量或专用测试元件监测为主,以现场目测检查为辅。

(2)测量数据必须完整、可靠,并及时绘制时态曲线,当时态曲线趋于平衡时,及时进行回归分析,并推算出最终值。

(3)根据对当前测量数据的分析,预报下一施工步骤地层、隧道结构的稳定与受力情况及地表沉降等,并对施工措施提出相应建议。

(4)所有测点均应反映施工中该测点的变形随时间的变化,即从施工开始到完成、测试数据趋于稳定为止。

(5)及时向建设单位、运营单位、设计单位提供测量报告。

通过监测,及时优化、调整盾构施工参数,做到动态信息化施工管理。

2. 施工质量保证措施

(1)同步注浆量控制。随时根据监测情况调整同步注浆量,同步注浆量要控制适中;严格控制注浆压力,既不能因过少而造成地面大幅沉降也不能因过多而造成地面隆起,以免加大对历史建筑的影响。

(2)减少土层损失。加快推进速度,减少因土层损失而对盾构机推进造成的影响。

(3)保持连续掘进,控制平衡土压力。保证盾构机处于良好的运转状态,避免盾构机因机械故障而造成停推或开仓检查机具,减少附加沉降。采用土压平衡施工方法,将土仓压力与地面沉降观测结果相对照,建立合理的土仓压力并保持土压平衡。

(4)提高土体的和易性和防渗性。将添加材料注入开挖面和泥土仓,通过搅拌,使渣土变成具有可塑性、流动性、防渗性的泥土,这种泥土充满土仓和螺旋输送机。当土仓内压力小于开挖面压力时,开挖面渣土继续进入土仓,土仓内土压力升高,达到开挖面内外土压力平衡,稳定前方地层,控制地层变形。注入添加材料后,可以提高强渗透性土体的黏性,降低土体渗透系数,当经过改良处理的土体充满压力仓时,对阻止开挖面地下水的渗入、减少地层失水沉降有积极的作用,同时可以防止喷涌事故的发生,确保施工安全。注入添加材料在提高土体和易性的同时还具有润滑的作用,可以减小盾构掘进中的刀盘扭矩,使盾构机始终处于良好的机械状态下施工作业,减小机械故障发生率,保证掘进施工的连续性。

(5)确保管片质量和制作精度。管片制作精度和抗渗性满足设计和规范要求,严格按设计要求施工管片接头防水,确保管片拼装质量和接头防水效果,减少地下水渗入,同时充分紧固连接螺栓,以免管片衬砌变形而引起土体变形导致对历史建筑的扰动。

3. 历史建筑保护措施

(1)隔离法

在历史建筑附近进行盾构施工时,通过在盾构隧道和历史建筑间设置隔离墙等措施,阻断盾构机掘进造成的地基变形,以减少对历史建筑扰动的工程保护措施,称为隔离法(图7-11)。该法需要建筑物基础和隧道之间有一定的施工空间。

隔离墙墙体可由钢板桩、地下连续墙、树根桩、深层搅拌桩和挖孔桩等构成,主要用于承受由地下工程施工引起的侧向土压力和由地基差异沉降产生的负摩阻力,减小建筑靠盾构隧道侧的土体变形。为防止隔断墙侧向位移,还可在墙顶部构筑联系梁并以地锚支承。同时需注意的是,隔断墙本身的施工也是邻近施工,故施工中要注意控制对周围土体特别是历史建筑的影响。

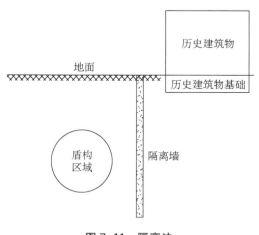

图 7-11　隔离法

(2)历史建筑加固法

在盾构通过历史建筑前,可以对历史建筑本身的地基或基础进行加固,提高其承载强度和刚度而控制历史建筑的沉降和变形,减少盾构对历史建筑的扰动影响(图7-12)。基础加固方法可采用加固桩法,以此来承担盾构施工引起的侧向土压力和差异沉降产生的负摩阻力。地基加固一般采用化学注浆、喷射搅拌等方法进行施工。当地面具有施工条件时,可采用从地面进行注浆或喷射搅拌的方式进行施工;当地面不具备施工条件或不便从地面施工时,可以采用洞内处理的方式,主要是洞内注浆。

（3）土体加固法

土体加固法是对隧道轴线及其周围一定范围内的土体进行加固(图 7-13)。土体加固法的实质是增大盾构隧道及其周围土体的强度和刚度,以减少或防止盾构推进过程对周围土体产生扰动和松弛,从而减少对邻近历史建筑的影响,保证历史建筑的安全和正常使用。加固方法可采用化学注浆、喷射搅拌等。

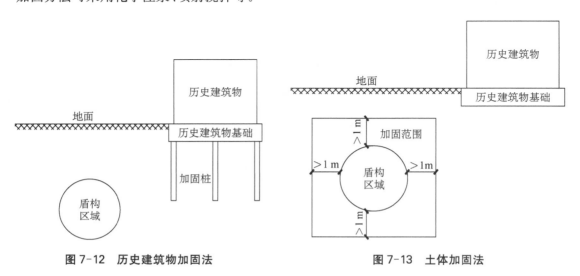

图 7-12　历史建筑物加固法　　　　　　图 7-13　土体加固法

7.5　顶管施工要求

顶管施工引起的土体移动会使顶管附近的建(构)筑物产生不同程度的变形。在邻近历史建筑处进行顶管施工时,为实现对历史建筑的有效保护,减少对历史建筑的扰动,以对历史建筑的监测为手段,以合理的施工流程为前提,合理选择施工工艺、施工工序和施工设备,在技术、设备、组织和应急措施等方面准备充分,并编制施工专项方案,在论证通过后方可正式施工。

7.5.1　施工工艺选择

1. 顶管施工顶力

顶管施工过程是一个复杂的力学过程,推动管道在土中前进,各种阻力需要千斤顶来克服,主要分为两大类:一是工具头承受前面土体或障碍物带来的阻力;二是管道周围土体压住管道,当管道运动时对管道周围施加的摩擦阻力。在不同土层中顶进管道会有不同的影响因素,这些因素具有一定规律,同时存在各自的特征。顶管施工顶力的估算过程如下。

（1）管道上层土压力

顶进管道与周围土层之间的作用关系复杂,无法用简单通用的公式表达。但为说明二者之间的关系,可以构造一些近似的模型(图 7-14)。太沙基(Terzaghi)等曾经将顶管工程的模型与隧道工程的模型等同,得出了一系列理论。

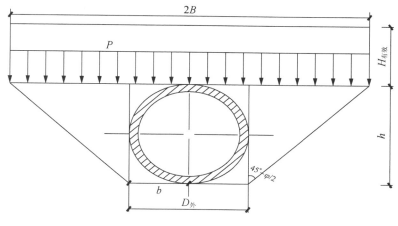

图 7-14　土压力示意图

管道断面分析:

$$2B = 2[b + h \tan(45° - \varphi/2)] \tag{7-8}$$

式中,B 为顶管管道上部对管道有荷载作用的宽度,同时会有一定的变形;$2b = D_外$。

顶管工程管道上面压力值为

$$P = \frac{\gamma B}{\lambda \tan \varphi \left(1 - e^{\frac{-\lambda H \tan \varphi}{B}}\right)} \tag{7-9}$$

当管道为圆形时:

$$P = \frac{\gamma D_外 [0.5 + \tan(45° - \varphi/2)]}{\lambda \tan \varphi \left(1 - e^{\frac{-\lambda H \tan \varphi}{B}}\right)} \tag{7-10}$$

$$P = \gamma H_{有效} \tag{7-11}$$

由式(7-10)、式(7-11)可以得到:

$$H_{有效} = \frac{D_外 [0.5 + \tan(45° - \varphi/2)]}{\lambda \tan \varphi \left(1 - e^{\frac{-\lambda H \tan \varphi}{B}}\right)} \tag{7-12}$$

式中,γ 为土的重度;λ 为土压力系数;φ 为土的内摩擦角。

根据土力学相关理论,顶管管道置入土中,顶进时管道前方土体对管道继续前进会产生阻力(图 7-15),阻力的大小应根据法向土压力、受力面积等确定。若顶管顶进速度不快不慢,则不存在超挖,置入土体管道的体积与排出土体的体积相同,这时管道前方土体不会出现大的变化,而保持相对稳定。此时:

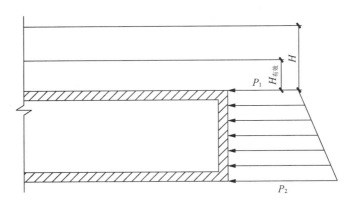

图 7-15　迎面阻力图

$$P_1 = \lambda_0 P \tag{7-13}$$

$$P_2 = P_1 + \lambda_0 \gamma D_{外} = \lambda_0 (P + \gamma D_{外}) \tag{7-14}$$

式中，λ_0 为静止土压力系数。

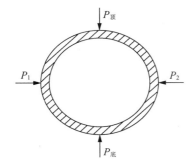

图 7-16　管壁阻力图

（2）顶管管道周围阻力的计算（图 7-16）

管道周围摩擦阻力可表示为

$$F_{摩} = P \cdot \mu \cdot s = M \cdot s \tag{7-15}$$

式中，$F_{摩}$ 为摩擦阻力（kN）；P 为管道周围压力值（MPa）；μ 为摩擦系数；s 为管道与土体接触面积（m^2）；M 为单位面积摩擦阻力值（kN/m^2）。

管道正上方土压力值为

$$P_{顶} = H_{有效} \cdot \gamma \tag{7-16}$$

管道两侧 1 处压力为

$$P_1 = (H_{有效} + 0.5 \cdot D_{外}) \cdot \lambda_1 \cdot \gamma \tag{7-17}$$

管道两侧 2 处压力为

$$P_2 = (H_{有效} + 0.5 \cdot D_{外}) \cdot \lambda_2 \cdot \gamma \tag{7-18}$$

管道正下方底处压力为

$$P_{底} = (H_{有效} + D_{外}) \cdot \gamma + G/D_{外} \tag{7-19}$$

考虑一个断面的压力来求解管道周围单位面积摩擦阻力：

$$M = \mu \cdot P \tag{7-20}$$

由于一个断面的压力值 P 会有多个不同的值，对此可以计算一个压力平均值来代替，同时对于单位面积摩擦阻力 M 值来说也可以计算其平均值。计算方式如下：

$$\bar{M} = \mu \cdot \left[\frac{\bar{\gamma} \cdot (H_{有效} + D_{外}/2) \cdot (2 + \lambda_1 + \lambda_2)}{4} + \frac{0.25G}{D_{外}} \right] \tag{7-21}$$

式中，γ 为土体的平均重度（kN/m³）；G 为单位长度管道重度（kN/m）。

如果顶力超出原有计算结果，将会引起地面沉降或隆起，造成对邻近历史建筑的扰动，同时可能会因此而破坏工作坑、管材甚至可能引起油泵的损坏；如顶力远小于计算结果，这将会造成极大的浪费。因此，顶力计算是顶管工程能否成功的重要一步。施工前可以通过三维数值模拟的方式确定最佳顶力，同时在施工过程中加强监测，根据监测结果调整顶力。

2. 工作坑

顶管施工虽不会大面积破坏地面，但工作坑和接收坑位置需要开挖。工作坑的形式、形状和选址等需考虑对邻近历史建筑的影响。工作坑和接受坑位置设置在永久设施处更合理。如有可能，尽量避免在邻近历史建筑处设置工作坑。

根据结构形式分类，工作坑可分为钢筋混凝土坑、钢板桩坑、地下连续墙坑等。其中钢筋混凝土坑施工作业较简单、造价低、工作强度相对较低，因此设计工作坑时其往往是优先考虑的一种。当需要赶工期时，钢板桩坑是最适合的，其施工速度快、成本低。工作坑较少采用地下连续墙形式，因其造价高，一般当所顶管子管径很大且埋设的深度大时才使用。

总之，对工作坑的选取应综合考虑各种因素，不断优化，尽量减少对邻近历史建筑的影响，一般在选取时可以遵循以下原则：

（1）在软土质及地下水比较丰富的情况下，工作坑应首先考虑用沉井施工法。

（2）在砂性土质中，当其渗透系数为 1×10^{-4} cm/s 左右时，工作坑可以选择沉井施工，在能保证历史建筑安全的前提下，也可以选择钢板桩坑。对于钢板桩坑，应配有降水措施来保证施工安全，且要考虑降水对邻近历史建筑的影响。

（3）对于土质好且地下水少的情况，在能保证历史建筑安全的前提下，可以选择造价低、施工速度快的钢板桩坑。

（4）当覆土深度比较大，宜选用多次浇筑配合多次下沉的沉井施工和地下连续墙工作坑。

为避免历史保护建筑损坏、水土严重流失，同时提高坑的安全性，减少触电事故等的发生，应使工作坑尽量避开房屋、河塘、地下管线、架空电线等工作环境。另外，对于工作坑的数量，应根据顶管周围环境及施工技术现状，同时考虑降低顶管设备的周转次数，方便连续施工，减少工期，选择最合理的工作坑数量。

3. 管道顶进方式

顶管顶进方式的选择是顶管工程成败非常直接的影响因素，也是确定顶管下阶段施工工艺的前提和基础。采用哪种工艺，应根据具体情况，结合历史建筑保护的要求，综合考虑技术、安全、经济、环保等因素进行比较分析，优化得出最适宜的方案。具体选择的原则如下。

首先，对工程概况的了解必须详尽，如覆土深度、顶管管径、地下水位以及历史建筑保护要求等。

其次，从技术角度出发，为了控制地面沉降，保护历史建筑，当在黏性土层中施工顶管时，应使用土压平衡顶管法；当土层为松散的砂粒土时，需采用有支撑功能的工具管或对土层采取加固措施；当在粉砂土层中顶进时，宜采用加泥式土压平衡或泥水平衡顶管法。当顶管管径小的时候，因管内无法进入人去施工，一般都采用泥水顶进施工。当土层障碍物如大颗粒砂、孤石等较多时，应使用有除障碍功能的机械式掘进机，以免引起顶进中断而造成对邻近历史建筑的扰动。

4. 顶管出洞

顶管出洞是将工具头或掘进机从工作坑中顶进土体的过程。顶管出洞对邻近历史建筑的稳定具有很大的影响。如果出洞可靠、安全、连续，可以说顶管施工成功了一半。这个环节的关键要做好以下工作：管道放线、铺设导轨、洞口加固和洞口止水等。

（1）管道放线

管道放线就是将设计坐标值引入实际操作工作坑内，主要包括出洞口及进洞口坐标的控制，用来指导顶管顶进，保证顶进正确的方向和距离。

管道放线是保证顶管轴线正确的关键性工作。一般为缩短工期，先施工完工作坑和接收坑，如轴线错误，工具管很可能无法顺利进入接收坑，从而要进行纠偏，使轴线回到正确的位置，这将引起很大的地层扰动，对邻近历史近建筑会产生较大的影响。

（2）铺设导轨

基坑导轨是顶进的导向设备，同时也为管子出洞提供一个基准，其安装对后续管道的顶进影响非常大。管线轴线、导轨标高和导轨支撑是导轨铺设安装中最重要的三个方面。

① 轴线重合要依据管线轴线测量结果，铺设时，将管线轴线与导轨中线重合。

② 管线标高导轨的铺设高程要根据设计要求，先算出管道底的标高，据其得到导轨铺设标高，最好将导轨铺设成管道要求的坡度，从而减少后续校正的工作。另外，导轨与工作坑底应用混凝土浇筑，不宜采用枕木。

③ 导轨支撑顶管顶进时，会产生很大的摩擦力，如对导轨支撑不稳将造成管道偏差，一般在导轨和工作坑中采用型钢支撑，同时用电焊将其焊牢。

铺设导轨过程中要反复标测，使导轨中线、高程、轨距和坡度均符合设计要求。另外，要根据工作坑槽底土基的类别、管节重量及有无地下水等条件，采取一定的措施来保证导轨不发生任何沉降变形。

（3）洞口加固

在顶管机顶出洞口时，如洞口土体强度不够且没有进行加固措施，大量土体和地下水将涌入工作坑，将导致洞口周围地表大面积沉降，从而影响邻近历史建筑的稳定。

为了减少洞口土体沉降，保护邻近历史建筑，需对洞口土体进行加固处理。如遇土质不差，可采用门式加固法，即对洞口两侧及顶部一定宽度和长度范围内的土层进行加固处理；如土质条件不好，须采用全断面加固。加固方法有高压旋喷桩技术、搅拌桩技术、注浆技术和冻结技术等。

（4）洞口止水

顶管过程中，顶管与洞口总会存在间隙，当土层中地下水位低，且土体整体性好时，并不会对顶管出洞带来太大的影响。但当水位高，地下水丰富时，如间隙不被封住，地下水和泥沙将会流入工作坑，影响工作坑的作业，严重时将造成洞口土体沉降，给邻近历史建筑带来很大的危害。因此，洞口止水是顶管过程中一项不容忽视的工作，应根据不同掘进机种类及环境选择止水方式。

不同工作坑，应选择适合其工作坑的洞口止水方式。工作坑若由钢板桩围成，应在顶进管道前方的坑内，浇筑一道级别较高的素混凝土作为前止水墙，其宽度为 2.0～5.0 m，视管径的不同而不同，厚度为 0.3～0.5 m，高度为 1.5～4.5 m。当土质条件较差时，前止水墙的宽度最好与工作坑内宽尺寸的宽度一致，然后在前止水墙的预留孔内安装橡胶止水圈。如果是圆形工作坑，则必须同样浇筑一堵弓形的前止水墙。

5. 顶进速度

顶管施工时应使土体尽量被切削而不是挤压。过量的挤压,势必会产生前仓内外压力差,增加对地层的扰动。正常推进速度可控制在 20~30 mm/min 之间,不同的地质条件,推进速度亦应不同。因土压平衡是依赖排土来控制的,所以前仓的入土量必须与排土量匹配。合理设定土压力控制值的同时应限制推进速度,如推进速度过快,螺旋输送机转速相应值达到极限,密封仓内土体来不及排出,会造成土压力设定失控。所以应根据螺旋输送机转速控制最高掘进速度,一般控制在 50 mm/min 以内。由于推进速度和排土量的变化,前仓压力也会在地层压力值附近波动,施工中应特别注意调整推进速度和排土量,使压力波动控制在最小幅度。

6. 注浆

注浆对改良地层性状、有效减小地面沉降、减小对历史建筑的扰动可起到积极的控制作用。顶管顶进中,以适当的压力、必要的数量和合理配比的压浆材料,在管道背面环形空隙进行同步注浆,这样能够减小摩擦阻力,有效控制或减小地面沉降,减小对历史建筑的扰动。

注浆压力在理论上只需使浆液压入口的压力大于该处水土压力之和,即能使空隙得以充盈。但压浆压力不能太大,否则会使周围土层产生劈裂,土层受到扰动会造成较大的后期沉降。

常用的注浆材料有以下三种。

(1) 传统触变泥浆

顶管触变泥浆一般是以膨润土为主要材料,以 CMC(粉末化学浆糊)或其他高分子材料等为辅助材料的一种均匀混合溶液。膨润土分散在水中,其片状颗粒表面带负电荷,端头带正电荷。当膨润土含量较多时,颗粒之间由于正负电荷相互吸引而形成一个网架结构,泥土实际呈胶凝状态,经触动后,颗粒之间的连接电键遭到破坏,释放出网架中的水使膨润土分散体随之变稀。如果外界因素停止作用,则分散体又变稠形成胶凝体。这种当浆液受到剪切时,稠度变小,停止剪切时,稠度又增加的性质称为触变性,相应的膨润土分散体称为触变泥浆。

(2) FHDF 高效膨润土泥浆

FHDF 高效膨润土泥浆与传统膨润土泥浆相比有以下优点:

① 造浆性能好,是传统泥浆的 2.5 倍。

② 造浆含砂量低,润滑性能好。

③ 泥浆是粗分散和细分撒的混合分散体,对泥粒有选择性絮凝作用,钻进过程中泥粒在泥壁表面堵塞粗孔隙,泥浆的细分散体堵塞细孔隙,能有效形成致密泥皮,降失水作用较好,滤失量低,渗透距离短。

④ 泥浆具有较好的触变性能,网架结构形成和黏度恢复快,胶凝强度适中,因此停钻后重启动阻力增加有限。

⑤ 现场施工方便,直接打浆即可,无需再添加其他添加剂。

(3) 新型泥浆材料及抗渗泥膜

除了膨润土系的润滑材料外,国外还研究出许多高分子化学减摩剂。如日本生产的 IMG 减摩材料,这种高分子材料具有吸水的功能,当与水接触,它能从一颗很小的颗粒变得很大,直径可以达到 0.5~2 mm,质量可以变成之前的百倍以上。其具有很多优点:

① 这些吸水后的颗粒状材料,附着在管道周围,像很多颗钢珠,减少摩擦的作用很

明显。

② 不像其他润滑剂,当顶管顶进暂停一段时间再次启动时,它的阻力增加不显著,基本和之前阻力保持相同。

③ 这种颗粒材料吸水后直径较大,不容易渗透到周围土层中去,因而使用起来较方便,不会流失太多。

④ 这种浆液的配置十分简单,操作也十分方便。

注浆工艺及技术控制要点如下:

① 在一定的压力下,膨润土含量较高时有利于泥浆套的形成,且向土壤中扩散较少,因而开始顶进时浆液中膨润土含量要高。

② 补充的悬浮液中膨润土含量需进行调整。含量大的悬浮液,运动流限大,顶管阻力大;含量过小时,悬浮液会很快渗入土壤中去。所以要根据顶力情况调整膨润土含量。

③ 注入浆体的量与顶进速度有关,注浆量为管道与周围土体之间空隙体积的7~9倍。

④ 注浆压力值应保持一定,使其不仅能顺利压到管道外壁,而且不会使周围土体产生扰动。

7.5.2　施工工序选择

在顶管顶进通过邻近历史建筑时,顶管施工必须以保护历史建筑以及保证工程质量为出发点,保证顶进轴线的准确性,安全、连续地通过邻近历史建筑。

1. 技术准备

通过对环境、地质条件、历史建筑物的调查论证选择工作坑的位置及数量,然后利用三维数值模拟预演施工过程,分析顶管施工对历史建筑的影响,论证施工的可行性。分析施工中可能遇到的问题,并提出相应的应对措施。

2. 材料准备

(1) 管材由具有相应资质的生产厂家提供,进场时应具有出厂合格证及出厂检验报告,管材外表面应平整,无蜂窝麻面,回弹检测强度应不小于该管道混凝土设计要求,承插口处不得有棱角缺失。

(2) 进场工字钢型号必须与施工方案中要求的型号相同。

(3) 水泥应采用合格厂家生产的符合设计要求的水泥,进场后应对水泥进行取样试验,合格后方可使用。

3. 机具准备

主要机具包括千斤顶、油泵、顶铁、导轨、枕木、卷扬机、水泥浆搅拌机和压浆机,必须保证设备的完好性,使顶管施工能安全、连续地通过历史建筑。此外必须保证纠偏、加固抢险设备的完好性,当出现危及历史建筑稳定性、顶管纠偏等问题时,能做到及时、有效的处理。

4. 施工组织

施工前,针对邻近历史建筑,需制订详细的施工组织设计,具体要求:

(1) 应结合现场的实际情况,分析顶管施工对历史建筑的影响,编制有针对性、可操作性强的施工措施。

(2) 须制订工作坑开挖与围护的详细方案、降水方法以及保护历史建筑的措施,工作坑的形式、形状和选址等需考虑对历史建筑的影响,尽量在施工前期规划上避免顶管施工对历史建筑造成影响。

（3）审核网络图的合理性和均衡性，能做到均衡连续施工，安全通过历史建筑，并能满足总进度计划需求。

（4）针对历史建筑建立实时监测系统，监测点的布置须能及时反映顶管顶进对历史建筑的扰动影响。

组织施工人员认真学习施工技术文件，明确历史建筑的保护要求及保护措施，掌握施工工期，了解施工范围，管道沿线的地形、地貌、水文地质条件及各种原有设施，顶管施工技术规范，质量标准及要求，安全措施等，并向施工队伍进行顶管施工技术交底。

对于所有作业人员，必须经过一定的培训，熟练掌握本岗位和所操作机械设备的安全操作规程，了解设备的各种性能、构造和维修要求，熟悉相关行业规定的工程施工安全技术规程，遵章守纪，服从指挥，规范作业，专人专岗，其他人员严禁操作。

顶管顶进工作流程如图 7-17 所示。

7.5.3　施工设备选择

顶管施工最突出的特点，就是施工工艺的适应性问题。针对不同土质、不同施工条件必须选用不同的顶管施工机具和施工方法。顶管机具选择合理，对保证工程质量，控制并减小地面沉降，减小对邻近历史建筑的扰动，降低工程造价，都具有十分明显的作用。目前主要根据地质条件、地下水情况、施工场地大小、施工环境影响等选用合适的顶管机具。

1. 常见几种工具管的比较分析

工具管装在所顶管道的最前端，用以挖土取土、保持开挖面稳定、确保正确的顶进方向。工具管有多种类型，其选择合适与否是决定顶管成败的关键。

（1）土压平衡式掘进机

土压平衡式掘进机工作原理如下：顶管掘进机在顶进过程中，利用土仓内的压力和螺旋输送机排土来平衡地下水压力和土压力，它排出的土可以是含水率很少的干土，也可以是含水率较多的泥浆，这些排出的土或泥浆一般都不需要再进行泥水分离等二次处理。它与其他形式的顶管施工相比较，具有适应土质范围广和不需要采用任何其他辅助施工手段的优点。

从理论上讲，工具管在顶进过程中，其土仓的压力 P 如果小于工具管所处土层的主动土

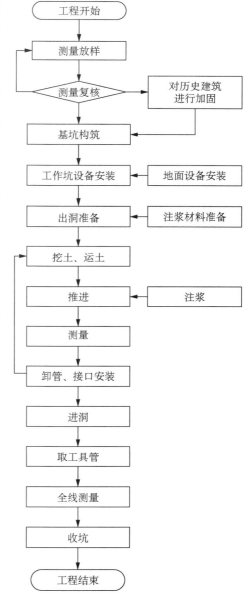

图 7-17　顶管顶进流程图

压力 P_A 时,即 $P < P_A$ 时,地面就会产生沉降。反之,如果在工具管顶进过程中,其土仓的压力大于工具管所处土层的被动土压力时,即 $P > P_P$ 时,地面就会产生隆起。在施工过程中,沉降是一个逐渐演变过程,要达到最终的沉降所经历的时间会比较长;隆起是一个立即反映出来的迅速变化过程,隆起的最高点沿土体的滑裂面上升,最终反映到距工具管前方一定距离的地面上,裂缝自最高点呈放射状延伸。如果把土压力 P 控制在 $P_A \sim P_P$ 范围内,就能达到土压平衡。

从实际操作来看,当覆土比较厚时,从 P_A 到 P_P 这一变化范围比较大,再加上理论计算与实际之间有一定误差,所以必须进一步缩小控制土压力的范围。通常把控制土压力 P 设置在静止土压力±20 kPa 范围之内。普通的土压平衡顶管工具管都设有面板,以平衡挖掘面上的土压力而使挖掘面保持稳定,开口率从 20%～60% 不等。通常在土压平衡顶管中测得的工具管的土压力是指刀盘后面泥土仓内的土压力,而不是指刀盘前挖掘面上的土压力。实际上,土仓内的土压力与挖掘面上的土压力间始终存在一个压力差 ΔP,ΔP 与刀盘的开口率成反比,即开口率越小,ΔP 则越大。在开口率较小的情况下,顶进会引起土压力差反应迟滞现象,不能真正做到土压平衡。

土压平衡式掘进机具有如下特点:①适应各种土质;②设备简单;③施工过程中排出的土或泥浆一般都不需要进行泥水分离二次处理;④土砂泵的出现使泥渣的长距离输送和连续排土、连续推进已成为可能。其最大特点是能在覆土较浅的状态下正常工作。在砂砾层和黏粒含量少的砂层中施工时,需采用添加剂对土体进行改良。通常是通过设置在刀排前面和中心刀上的注浆孔,直接向挖掘面上注入黏土浆,然后充分搅拌,使之具有较好的塑性、流动性和止水性。

土压平衡式掘进机可分为单刀盘式(DK 式)、多刀盘式和大刀盘式。

单刀盘式土压掘进机由日本大丰建设株式会社首创,又称为泥土加压式工具管,在掘进过程中,始终保持泥土仓内的土压力比工具管所处地层的土压力与地下水压力之和高出 20 kPa,工具管输出的是干泥土。据有关介绍,单刀盘式土压掘进机对淤泥质黏土和砾石等土质条件均可适用,并可在管顶离地面仅 1 m 左右的条件下掘进。它有两个显著的特点:①刀盘呈辐条式,没有面板,开口率几乎达 100%;②刀盘的后面设有多根搅拌棒。刀盘切削下来的土被刀盘后面的搅拌棒在土仓中不断搅拌,把切削下来的"生"土搅拌成"熟"土,而这种"熟"土具有较好的塑性、流动性和止水性。

多刀盘式土压掘进机对地下特殊地质构造如水包、暗洪等具有很强的适应能力,是一种技术成熟、安全可靠的优秀机型。使用时需注意严格控制正面土压和严格防止欠挖,以防对正面土体超量挤压。因为当正面土体受挤压而排水后,土体黏性增大,密实度增大,土体变硬,出土机会出泥不畅。

大刀盘式土压掘进机的切削刀盘由中心转轴带动旋转,切削面较大,达 80% 以上,开挖面土体可得到充分搅拌,不存在死角,正面土压力较均匀,纠偏也容易,因前方无附加土压力,只受到侧边土压力的影响。

三种设备各有优缺点。多刀盘与大刀盘相比,价格低廉、结构紧凑、操作容易、维修方便、质量轻;大刀盘掘进机的质量为它所排开土体质量的 0.5～0.7 倍,而多刀盘掘进机的质量只有它所排开土体质量的 0.35～0.4 倍,多刀盘即使在极易液化的土中施工,也不会因掘进机过重而使方向失控,产生超低现象。但多刀盘无论在何种土质中施工都不可在顶管沿线使用降低地下水的辅助施工措施。单刀盘式工具管设备比较简单、操作简便,造价较泥水平衡工具管要低,运输方便、快捷,处理比较简单,对土体扰动小,地面和建筑的沉降较小,适用于在软黏土地层的邻近历史建筑附近进行顶管施工。

(2) 泥水平衡式掘进机

泥水平衡式掘进机的工作原理如下:以含有一定量黏土且具有一定相对密度的泥浆水充满掘进机的泥水舱,并对它施加一定的压力,利用泥水在挖掘面上形成的一层不透水泥膜来阻止泥水向挖掘面内渗透,同时该泥水本身又有一定压力,可以平衡地下水压力和土压力。

泥水平衡式掘进机的工作特点:①适用于地下水变化范围较大的场地和长距离顶管,对周围土层扰动较小,总推力较小,但机头自重大,遇淤泥质场地易下沉;②对于覆土浅的地段,遇有回填石块、木桩等时,因无法进入清理而导致无法顶进;③需要泥浆池、沉淀池,泥浆池占地大;④泥浆需用罐车外运,处理较难,且不利于环境卫生;⑤设备复杂,一旦某部分出现故障,就得全面停工。

对于切削刀盘可浮动的泥水平衡顶管掘进机,小口径称为 TM 型,大口径称为 MEP 型。这种掘进机的整个刀盘是由和刀盘主轴连为一体的一台油缸支承,调定油缸的压力就可以设定土压力。施工前调定好刀盘油缸的最高工作压力,当刀盘前土压力过大时,油缸压力超过最高工作压力,油通过溢流阀溢流,刀盘就往后退,推进速度减慢;当刀盘前土压力过小时,由于刀盘油缸工作时一直有一台油泵为之供油,刀盘就会自动往前伸,推进速度加快。由于刀盘可伸缩的浮动特性以及刀架可开闭的进泥口调节特性,这种掘进机就具有用机械来平衡土压力的功能,以及通过调节刀架的开闭状态来改变泥水压力的功能。这种顶管机比较适用于软土和土层变化比较大的土层,施工后的地面沉降很小,一般在 5 mm 以内。

2. 机具选用依据

采用何种机具应视具体情况而定,因地制宜才能充分显示各种顶管机独特的优越性,具体可按以下原则进行选择:

(1) 详细了解工程概况、工程地质条件、地下水位、顶管管径、埋深、邻近历史建筑物的结构形式及保护要求、管线的埋设情况等。

(2) 进行技术方案比选,可以从以下几个方面进行:

① 对于小口径顶管,因人无法在管内施工,通常都采用泥水顶进。当顶进长度较短、管径较小且为金属管时,宜采用一次性顶进的挤密土层顶管法。

② 对于埋深较大的管段,可以从有无地下水及所处土层特性来考虑。若地下水位高或者变化大以及土质较松软,则须采用全断面掘进机施工。

③ 对于地下障碍物较多的情况,应选用具有除障功能的机械式掘进机。

④ 在黏性或砂性土层,为保护邻近历史建筑,宜选用土压平衡顶管法。

⑤ 当土质为砂砾土时,可采用具有支撑的工具管或采取注浆加固土层的措施。在粉砂土层中,为保护邻近历史建筑,宜采用加泥式土压平衡或泥水平衡顶管法。

⑥ 当土质较软或土层变化较大时,须采用泥水平衡式掘进机。

7.5.4 施工技术措施

顶管顶进通过历史建筑的保护措施除了控制顶管本身施工参数外,还应做好历史建筑及顶管施工过程监测,同时及时对历史建筑采取加固、隔离等保护措施,加固方法和隔离方法可参考 7.4.4 节。

1. 信息化施工

所谓信息化施工就是在施工过程中,以质量控制为目标,通过对大量施工及监测信息的采集、分解、分类以及处理,提取施工参数中影响施工质量的控制变量及其对应的信息因子,通过渐进逼近的方法将控制变量进行全过程调整和优化,指导整个施工过程。同时依据前步施工监测信息及施工参数的变化规律,推断下步施工工况及对策。施工影响与控制贯穿于整个施工过程,它是一个动态跟踪过程。

在顶管施工中对土体位移、应力、管道内力、历史建筑沉降及差异沉降等进行测量,一方面可以验证设计理论的正确性,另一方面可以采用反分析技术对下一步施工的位移、内力等指标进行预测,用于指导施工,避免工程事故的发生和指导周围环境中历史建筑的保护。

信息化施工的两个关键环节是数据信息的采集处理以及数据的分析预测。数据信息的采集直接关系到后面的分析预测,解决这一问题的方法是在施工前根据具体情况,合理确定监测内容和监测点位置。将历史建筑的沉降、差异沉降作为监测的重点,尤其应加强对结构薄弱部位的监测。数据的分析预测是指导下一步施工的理论依据。因此,需要建立施工参数与施工监测之间的信息反馈机制,建立各施工参数与控制参数之间的关系,再由施工监测的数据不断检验修正施工参数,实现信息化施工。

2. 施工参数控制

(1) 坚持信息化施工

在顶管通过历史建筑期间,必须以监测数据为主,采用信息化施工,要求数据采集准确、全面,数据传送快速、及时。利用监测结果指导施工,不断优化施工参数,加强对顶进水土压力、泥浆比重、顶进姿态、顶进速度、同步注浆等的管理,有效控制地层损失,将地面变形控制在最小范围内。

(2) 及时纠偏

顶管在土层中向前顶进,由于受地层土质、千斤顶顶力分布、管道制作误差、测量误差等因素的影响,不可避免地会使顶管姿态发生变化,产生偏移、偏转和俯仰。影响顶管方向的因素有出土量、覆土厚度、推进时顶管周围的注浆情况、开挖面土层的分布情况和千斤顶作用力的分布情况等。例如,顶管在砂性土层或覆土层比较薄的地层中推进就比较容易上抛。解决顶管偏向的办法主要是依靠调整千斤顶以改变顶管姿态的三个参数:推进坡度、平面方向和自身的转角。推进坡度采用上、下两组对称千斤顶的伸出长度(俗称上下行程差)来控制;平面方向采用左、右两侧千斤顶伸出长度(俗称左右行程差)来控制。在穿越历史建筑的推进过程中,每 50 cm 测量一次顶管机的姿态偏差,操作人员根据偏差及时调整顶管机的推进方向,尽可能减少纠偏,特别是要杜绝大量值纠偏,同时在顶管穿越期间,适当降低顶进速度,保持均匀、慢速,顶进速度控制在 20 mm/min,从而保证顶管机平稳地穿越历史建筑。

8 上海国际舞蹈中心基坑支护设计与施工对周边历史建筑影响研究

8.1 概述

8.1.1 工程概况

上海国际舞蹈中心项目(图 8-1)位于上海市长宁区虹桥地区,南临延安西路高架,北侧为虹桥路,西侧为水城南路,东侧为延虹绿地。基地地处虹桥路历史文化风貌保护区核心保护范围,周边历史氛围浓厚,基地内汇集了众多历史建筑,包括 6 幢上海市优秀历史建筑,另外基地西侧原有一幢 6 层的学生宿舍需保留。

8.1.2 建筑概况

本工程基地区位条件优越,被多幢市级优秀历史建筑所环绕。地块位于虹桥路以南,延安西路以北,水城路东侧,三条路将场地围合成一个封闭街区。区域内现有上海芭蕾舞团、上海歌舞团、刘海粟美术馆和延虹绿地四个地块。本项目规划区域在上海芭蕾舞团、上海歌舞团和刘海粟美术馆三个区域内,总用地面积约 39 080 m²,拟建建筑面积约 85 300 m³,估算总投资 1.6 亿元。

8.1.3 结构概况

本工程地下结构为整体地下一层,局部地下二层,地下一层层高 6.0 m,地下二层层高 4.0 m;地上结构 2～3 层,均为 24 m 以下的多层建筑。地上总建筑面积约 44 890 m²,地下建筑面积约 40 040 m²。剧院为框架抗震墙结构,其余建筑为框架结构。基础采用桩筏基础,工程桩采用 φ600 钻孔灌注桩。

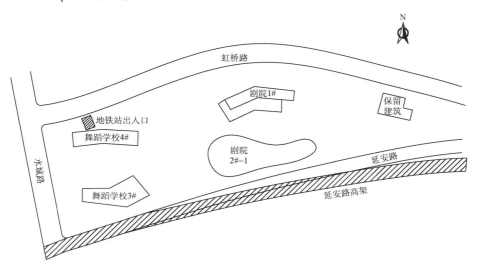

图 8-1 建筑总平面图

8.1.4 基坑概况

本工程地下一层大面积开挖深度为 6.40 m,局部地下二层大面积开挖深度为 10.80 m,局部承台落深 0.9 m,基坑总面积为 26 609 m²,周长约 927 m。如图 8-2 所示,基坑形状极为不规则,基坑东西向最大长度约 317 m,南北向最大长度约 145 m。

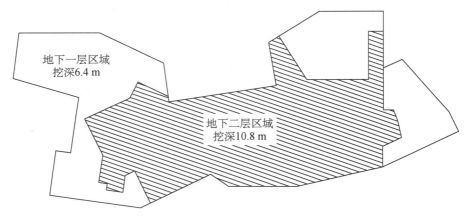

图 8-2　基坑概况

8.1.5 周边环境

本工程基地区位条件优越,地处虹桥路历史文化风貌保护区核心保护范围,被多幢市级优秀历史建筑所环绕,这些历史建筑保护等级均较高,且距离基坑很近。本基坑工程与周边建筑关系见图 8-3。

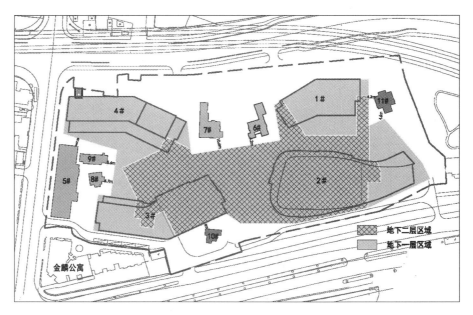

图 8-3　周边建筑概况

基坑周边共有6幢上海市优秀历史建筑,还有1幢公寓和1幢宿舍楼,它们与基坑周边距离关系如下。

1. 6♯楼

6♯楼为上海市优秀历史建筑,该建筑为两层砖混结构,无地下室,位于本基坑工程的北侧。目前建筑外边线南侧距离本工程基坑边线最近距离为5.189 m,东侧与基坑最近距离为8.238 m。该幢历史建筑两侧均被挖空,基础形式为条形基础,基础边线超出外墙0.32 m,基础埋深1.84 m。

2. 7♯楼

7♯楼为上海市优秀历史建筑,该建筑为两层砖混结构,无地下室,位于本基坑工程的北侧。目前建筑外边线南侧距离本工程基坑边线最近距离为10.524 m,西侧与基坑最近距离为8.243 m。该幢历史建筑两侧被挖空,基础形式为条形基础,基础边线超出外墙0.32 m,基础埋深1.7 m。

3. 8♯楼

8♯楼为上海市优秀历史建筑,该建筑为一层砖混结构,无地下室,位于本基坑工程的西侧。目前建筑外边线距离本工程基坑边线最近距离为6.775 m。该历史建筑基础形式为条形基础,基础边线超出外墙0.25 m,基础埋深1.12 m。

4. 9♯楼

9♯楼为上海市优秀历史建筑,该建筑为两层砖混结构,无地下室,位于本基坑工程的西侧。目前建筑外边线东侧距离本工程基坑边线最近距离为6.564 m,北侧与基坑最近距离为5.623 m。该历史建筑基础形式为条形基础,基础边线超出外墙0.33 m,基础埋深0.40 m。

5. 10♯楼

10♯楼为上海市优秀历史建筑,该建筑为两层砖混结构,无地下室。目前建筑外边线西北角距离本工程基坑最近,距离为4.027 m。该历史建筑基础形式为条形基础,基础边线超出外墙0.315 m,基础埋深1.19 m。

6. 11♯楼

11♯楼为上海市优秀历史建筑,该建筑为两层砖混结构,无地下室,位于本基坑工程的东侧。目前建筑外边线西南角距离本工程基坑最近,距离为4.575 m,建筑物东侧与基坑边界最近距离为8.642 m。该历史建筑基础形式为条形基础,基础边线超出外墙0.25 m,基础埋深0.97 m。

7. 宿舍楼

该建筑为原舞蹈学校的学生宿舍楼,位于基坑西侧,地上5层,设有一层地下室。该建筑北侧距离本工程基坑边界最近距离为6.467 m,东侧距离基坑边界最近距离为16.857 m。

8. 金麟公寓

该建筑位于基坑西南侧,是建于1990年的普通住宅,主楼10层,附楼6层,有一层地下室。距离本基坑工程二层开挖区最近距离为14.829 m,一层开挖区最近距离为15.763 m。

本基坑周边建筑物情况如表8-1所列。

表 8-1 周边建筑物信息

建筑名称	保护等级	位置	基坑挖深	建筑边线与基坑边线最近距离	地下室	基础形式	基础埋深	基础边线与离基坑边线最近距离	上部结构形式
6#楼	市级	基坑北侧	10.8 m	5.189 m	无	条形基础	1.84 m	4.869 m	2层砖混结构
7#楼	市级	基坑北侧	10.8 m	8.243 m	无	条形基础	1.7 m	8.923 m	2层砖混结构
8#楼	市级	基坑西侧	6.4 m	6.775 m	无	条形基础	1.12 m	6.525 m	1层砖混结构
9#楼	市级	基坑西侧	6.4 m	5.623 m	无	条形基础	0.40 m	5.293 m	2层砖混结构
10#楼	市级	基坑南侧	10.8 m	4.027	无	条形基础	1.19 m	3.712 m	2层砖混结构
11#楼	市级	基坑东侧	6.4 m (10.8 m)	4.576 m (8.642 m)	无	条形基础	0.97 m	4.326 m (8.392 m)	2层砖混结构
金麟公寓	无	基坑西南侧	6.4 m	15.763 m	1层	桩基			主楼10层/副楼6层
宿舍楼	无	基坑西侧	6.4 m	6.467 m	1层	桩筏	5.40 m	6.267 m	5层框架

8.1.6 地质条件

1. 地形地貌

上海位于东海之滨、长江入海口处,属长江三角洲冲积平原,拟建场地地貌单元属滨海平原地貌类型。

拟建工程位于上海市长宁区虹桥地区。勘察期间实测完成勘探孔孔口高程为 +3.41~+3.75 m,高差为 0.34 m。

2. 地基土的构成与特征

根据岩土工程勘察报告显示,拟建场地在勘察深度最大深度为 100.0 m 范围内揭露的地基土均属第四纪沉积物,主要由黏性土、粉性土、粉砂组成。根据地基土的成因、时代、结构特征及物理力学性质指标等综合分析,划分为 7 个工程地质层及分属不同工程地质层的亚层及次亚层。拟建场地勘察深度范围内地基土构成及特性如下:

(1) 第①层杂填土,普遍分布,大部分区域表层为 10~30 cm 厚水泥地坪,上部以砖块、石子为主,下部以黏性土为主,土质松散不均。延虹绿地区域填土最大厚度达 5.0 m。

(2) 第②层褐黄~灰黄色粉质黏土,钻探 G8 孔及静探 C32、C33 孔处未揭遇,湿~很湿,可塑~软塑,压缩性中等~高等;含云母、氧化铁斑点、铁锰质结核。

(3) 第③层灰色淤泥质粉质黏土,普遍分布,饱和,流塑,压缩性高等,含云母,夹薄层状粉土,4.5~6.0 m 深度范围内较集中,土质不均匀。

(4) 第④层灰色淤泥质黏土,普遍分布,层位稳定,饱和,流塑,压缩性高等,含云母,有机质,偶夹薄层状粉土。

(5) 第⑤层土根据土性不同可分为⑤$_1$、⑤$_2$、⑤$_3$层共三个亚层。

第⑤₁层灰色粉质黏土,普遍分布,很湿,软塑,压缩性高等,含云母、有机质、贝壳碎屑及泥钙质结核,夹薄层粉土。

第⑤₂层灰色黏质粉土,普遍分布,层面标高－14.39～－18.35 m,饱和,稍密,压缩性中等,夹薄层状黏性土。

第⑤₃层灰色粉质黏土,普遍分布,层面标高－20.33～－23.42 m,很湿,软塑,压缩性高等,含云母、有机质、腐殖物及泥钙质结核,夹薄层状粉土。

(6) 第⑧层土根据土性不同可分为⑧₁、⑧₂层共两个亚层。

第⑧₁₋₁层灰色粉质黏土,普遍分布,层面标高－37.38～－40.28 m,很湿～湿,软塑～可塑,压缩性中等,局部夹薄层状粉土。

第⑧₁₋₂层灰色粉质黏土,普遍分布,层面标高－50.92～－53.70 m,很湿～湿,软塑～可塑,压缩性中等,局部夹薄层状粉土。

第⑧₂层灰～青灰色粉质黏土,普遍分布,层面标高－58.44～－63.32 m,湿,可塑,压缩性中等,含云母、有机质,夹薄层粉砂,局部呈互层状。

(7) 第⑨层灰色粉细砂:未揭穿,层面标高－62.24～－66.50 m,饱和,密实,压缩性低等,含云母、石英、长石等矿物颗粒;砂质较均匀,下部夹中粗砂。

3. 水文地质

(1) 地下水

上海地区浅层地下水属潜水,主要补给来源为大气降水及地表径流,埋深一般为地表下0.3～1.5 m。勘察期间实测地下水稳定水位埋深在0.8～1.5 m之间。本次设计取地下水位为自然地面下埋深0.5 m。

(2) 承压水

根据地质资料,拟建场地勘探深度内赋存有第⑤₂层的微承压水及第⑨层的承压水。根据上海市的长期水位观测资料,微承压水水位呈周期性变化,水位埋深3.0～11.0 m;承压水水位呈周期性变化,水位埋深3.0～12.0 m。勘察期间实测⑤₂层承压水水头埋深7.47 m。

根据上海市工程建设规范《岩土工程勘察规范》(DGJ 08-37—2012)第12.3.3条公式,计算坑底开挖面以下至承压水层顶板间覆盖土的自重压力P_{cz}与承压水压力P_{wy}之比:当$P_{cz}/P_{wy}<1.05$时,承压水对本工程基坑开挖有影响;当$P_{cz}/P_{wy}>1.05$时,承压水对本工程基坑开挖无影响。

当基坑开挖深度为7.3 m时,承压水埋深按最不利水位埋深3.0 m考虑,验算承压含水层的上覆土重与承压水头之比如下:

$$k_1 = P_{cz}/P_{wy} = (2.129 \times 17.5 + 8.9 \times 17.0 + 2.6 \times 17.9)/[(20-3.0) \times 10.0]$$
$$= 1.383 > 1.05$$

当基坑开挖深度为11.3 m时,承压水埋深按最不利水位埋深3.0 m考虑,验算承压含水层的上覆土重与承压水头之比如下:

$$k_2 = P_{cz}/P_{wy} = (7.079 \times 17.0 + 2.6 \times 17.9)/[(20-3.0) \times 10.0] = 0.982 < 1.05$$

当基坑开挖深度为11.3 m时,承压水埋深按实测水位埋深7.47 m考虑,验算承压含水层的上覆土重与承压水头之比如下:

$$k_3 = P_{cz}/P_{wy} = (7.079 \times 17.0 + 2.6 \times 17.9)/[(20 - 7.47) \times 10.0] = 1.33 > 1.05$$

计算结果列于表 8-2，由此可以判定：当基坑开挖深度为 11.3 m 时，⑤$_2$ 层承压水存在突涌的可能。在施工中应进行地下水位实时监测，并进行基坑底板突涌验算，有突涌危险时应采取相应的降水措施。建议甲方聘请专业的降水设计单位进行专项基坑降水设计，施工期间实测微承压含水层水位，以合理调整降水方案。

表 8-2 　　　　　　　　　　　　　　　　承压水影响分析结果

承压水含水层号	层面最浅埋深/m	计算承压水头埋深/m	地下室埋深/m	是否会对基坑有影响
⑤$_2$	20.00	3.00	7.3	无影响
⑤$_2$	20.00	3.00	11.3	有影响
⑤$_2$	20.00	7.47	11.3	无影响

4. 不良地质条件

（1）明浜、暗浜、厚填土、浅部粉性土

根据现有勘探资料，本场地内无明浜分布，已完成的勘探孔均未揭遇暗浜分布。

在现有上海芭蕾舞团、上海歌舞团范围内，钻探孔揭遇杂填土，厚度达 3.20 m；在延虹绿地区域揭遇杂填土较厚，最大揭遇厚度达 5.0 m，填土上部以砖块、石子为主，下部以黏性土为主，土质松散不均。

本场地的第③层灰色淤泥质粉质黏土层在 4.5～6.0 m 深度范围内夹粉土较集中，对基坑开挖不利，施工时应予以注意。

（2）地下障碍物、管线

根据现有资料，本场地内分布有大量建筑物及地下管线，待现有建筑物拆除之后，应注意对场地内的废弃基础、地下管线予以清除或搬迁。

（3）古河道

勘察表明，拟建场地局部位于古河道分布区，受古河道切割影响，场地内缺失上海地区常见的第⑥层黏性土及第⑦层粉性土或砂性土，沉积了较厚的第⑤$_3$ 层土，由于古河道切割较深，拟建场地桩基条件较差。

（4）沼气

在勘察施工过程中，在静探孔施工完成时遇少量沼气逸出现象，沼气成分以甲烷为主，属易燃、易爆气体，施工时应予以注意。

5. 基坑支护设计岩土参数

场地工程地质条件及基坑支护设计参数如表 8-3 所示。

表 8-3 　　　　　　　　　　　　　　　　基坑支护设计参数

土层编号	土层	含水率/%	重度/(kN·m^{-3})	内摩擦角 φ/(°)	黏聚力 c/kPa	渗透系数 K/(cm·s^{-1})
②	粉质黏土	32.6	18.5	18.5	21	3.5×10^{-6}
③	灰色淤泥质粉质黏土	42.9	17.5	14.5	15	5.0×10^{-6}
④	灰色淤泥质黏土	48.9	16.9	10.0	11	3.0×10^{-7}

（续表）

土层编号	土层	含水率/%	重度/(kN·m⁻³)	内摩擦角 φ/(°)	黏聚力 c/kPa	渗透系数 K/(cm·s⁻¹)
⑤₁	灰色粉质黏土	36.7	18.0	21.0	18	6.0×10^{-6}
⑤₂	灰色黏质粉土	31.8	18.5	29.0	11	6.0×10^{-4}

8.2 保护建筑检测情况

在基坑施工前，请有关检测单位对邻近建筑进行一次全方面检测，这样做不但可以减少以后许多不必要的争端，而且在基坑施工时，可以进行比较，能更好地指导基坑施工。本节检测资料由上海市建筑科学研究院房屋质量检测站提供。本工程周边部分建筑物拆除后，与新建项目相邻的周边房屋共8幢，其中6幢为市级优秀历史建筑。

8.2.1 6♯楼检测概况

6♯楼建于1930年前后，房屋最初用作住宅，后用作上海歌舞团办公楼，2005年10月被列为第四批优秀历史建筑，无铭牌，于2009年前后重新装修，现状如图8-4、图8-5所示。该建筑主体2层，南侧局部1层，阁楼位于3层，无地下室，主体为砖木结构，局部混凝土。保护等级为三类。保护要求为不得改动建筑原有的外貌，建筑内部在保持原结构体系的前提下允许作适当的变动。立面、环境重点保护部位：单体各立面。内部重点保护部位：空间格局，入口门厅，楼梯间，壁炉，原有装饰。

图8-4 房屋立面　　　　　　　　　图8-5 室内楼梯现状

1. 结构概况

结构主体采用砖木结构，承重墙采用黏土实心砖、石灰砂浆砌筑。基础类型为砖砌大放脚混凝土条形基础，基底标高约−1.84 m，混凝土条形基础宽约860 mm，基础剖面见图8-6。

二层D—E轴间布置3根混凝土大梁（图8-7），截面尺寸为220 mm×870 mm，255 mm×540 mm；木格栅两端搁置在大梁、承重墙上，规格多为50×200@380，45×240@420，80×120@400，80×250@400；1—3/B—D轴间为混凝土密肋板；3—9/A—D轴间为钢梁、现浇板(图8-8);8—10/E—F轴间为现浇板。南北入口处布置装饰性混凝土圆柱,直径约300 mm。

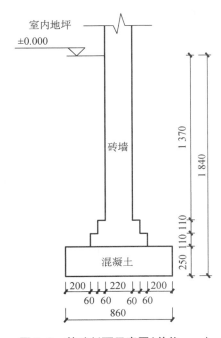

图8-6 基础剖面示意图(单位:mm)

图8-7 混凝土大梁

图8-8 现浇板

2. 完损情况分析

6♯楼内部重点保护部位如入口门厅、楼梯间、壁炉、原有装饰等保护较好,未见明显损伤,外立面少量窗角、勒脚等部位出现裂缝,缝宽0.2～2 mm,一层东侧窗台、二层北侧窗台存在锈胀裂缝,缝宽4 mm。在非重点保护部位,一层A—D轴间室内墙面多处有渗水痕迹,局部粉刷发霉。

房屋角部楼线东西向平均倾斜率为2.33‰,最大向东倾斜3.78‰,南北向平均倾斜率为1.49‰,最大向北倾斜2.33‰,低于《优秀历史建筑修缮技术规程》(DGJ 08-108—2004)中一级修缮的临界值7.00‰。

3. 房屋检测小结

(1) 6♯楼位于虹桥路1650号产权证1648号院内,原称8号楼,主楼建于1930年前后,建筑面积约468 m^2,主体2层,局部1层,最初用作住宅,后用作上海歌舞团办公楼。房屋原设计图纸资料遗失。南侧距基坑最近3.517 m。

(2) 2005年10月,6♯楼被列为第四批优秀历史建筑,保护类别为3类。立面、环境重点保护部位:单体各立面。内部重点保护部位:空间格局,入口门厅,楼梯间,壁炉,原有装饰。

(3) 房屋建筑风格为欧式,平面近方形,立面基本对称,南北入口设塔斯干式圆柱,南北均设有露台,四坡屋面,铺青灰色机制平瓦,南侧屋面有2扇老虎窗。外墙为数年前铺设的红色面砖,墙角、门窗周边采用白色方格砂浆护角。室内东西两侧各设1座壁炉,铺设木地板、护壁板、门窗套,设三跑木楼梯1部。

(4) 6♯楼结构主体采用砖木结构,承重墙厚220 mm和340 mm,二层布置混凝土大梁、木格栅,南侧一层A—D轴间露天平台为混凝土密肋板、钢梁+现浇板。D—F轴间屋面采用三角形木屋架,上铺木檩条、木望板。现场开挖基础,基础类型为砖砌大放脚混凝土条形基础,基底标高约一1.84 m,混凝土条形基础宽约860 mm。

（5）施工前现状检测表明,主楼外立面在少量窗角、勒脚等部位出现裂缝,两处窗台存在锈胀裂缝。内部重点保护部位入口门厅、楼梯间、壁炉、原有装饰等保护较好、未见明显损伤。在内部非重点保护部位,一层 A—D 轴间室内墙面多处有渗水痕迹、局部粉刷发霉。

（6）检测人员在典型损伤部位布置了 5 个裂缝监测点,在房屋四周墙面和地坪分别设置了 11 个和 9 个沉降监测点,测量了各点高程。检测人员按投点法测量了房屋角部棱线的初始倾斜率及方向,共 4 个倾斜监测点,实测房屋角部棱线东西向平均倾斜率为 2.33‰,最大向东倾斜 3.78‰,南北向平均倾斜率为 1.49‰,最大向北倾斜 2.33‰,低于一级修缮临界值。

（7）6♯楼采用砖木结构、刚性基础,整体性较差,距离基坑偏近,易受到土体变形的影响。建议房屋监测报警值为:累计沉降达到 30 mm,沉降速率连续 2 天达到 2 mm/d,墙体裂缝宽度增量或新出现裂缝宽度达到 1.0 mm,倾斜率增量达到 1‰。初步建议的监测项目、频率待施工方案确定再作调整。若监测数据超过报警值,施工单位应会同有关方面采取可靠措施,避免房屋受损。

部分检测结果如图 8-9—图 8-12 所示。

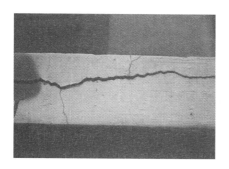

图 8-9　6♯楼东立面一层窗台开裂

图 8-10　6♯楼南立面勒脚竖向裂缝

图 8-11　6♯楼北立面二层窗台开裂

图 8-12　6♯楼一层墙角有水渍

8.2.2　7♯楼检测概况

7♯楼建于 1930 年前后,房屋最初用作住宅,后用作上海芭蕾舞团办公楼,2005 年 10 月被列为第四批优秀历史建筑,无铭牌,于 2009 年前后重新装修,现状如图 8-13、图 8-14 所示。该建筑主体 2 层,南侧局部 1 层,阁楼位于 3 层,无地下室,主体为砖木结构,局部混凝土。保护等级为三类。保护要求为不得改动建筑原有的外貌,建筑内部在保持原结构体系的前提下允许作适当的变动。立面、环境重点保护部位:单体各立面。内部重点保护部位:空间格局,楼梯间,原有装饰。

图 8-13　房屋立面

图 8-14　室内楼梯现状

1. 结构概况

北区结构主体采用砖木结构,承重墙采用黏土实心砖、石灰砂浆砌筑。基础类型为砖砌大放脚条形基础,基底标高约−1.70 m,基底宽约 860 mm,基础剖面见图 8-15。

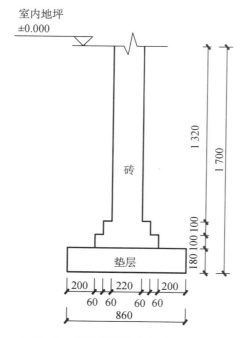

图 8-15　基础剖面示意图(单位:mm)

图 8-16　三角形木屋架

图 8-17　木檩条

二层 8—10/D—E 轴间布置 2 根混凝土大梁,截面尺寸为 250 mm×500 mm;木格栅两端搁置在大梁、承重墙上,规格多为 50×200@400,75×250@400;1—6/E—J、10—12/B—D 轴间为混凝土楼板。屋架均为三角形木屋架(图 8-16),木椽子规格为(45~50)×(80~100)@(320~500),木檩条(图 8-17)截面尺寸为 70 mm×150 mm。木屋架使用情况基本正常。

2. 完损情况分析

7#楼内部重点保护部位局部存在轻微损伤,如:楼梯间 F/6—8 二层窗右下角有竖缝、二层 1/H—J 局部石膏线开裂;各立面为装修后铺设的墙砖,未见明显损伤。在非重点保护部位,一层 M/3—4 窗右下角有竖缝,缝宽 0.1 mm,二层多处窗角存在裂缝,缝宽 0.1~0.5 mm,二层 4/J—K 墙面、5/L—K 墙面有水渍,局部粉刷剥落。

房屋角部棱线东西向平均倾斜率为 0.19‰,最大向东倾斜 0.28‰,南北向平均倾斜率为 0.59‰,最大向南倾斜 1.13‰,低于《优秀历史建筑修缮技术规程》(DGJ 08-108—2004)中一级修缮的临界值 7.00‰。

3. 房屋检测小结

(1) 7#楼位于虹桥路 1650 号,由紧紧相邻的南区、北区两部分组成,建于 1930 年前后,建筑面积约 490 m²,主体 2 层,最初用作住宅,后用作上海芭蕾舞团办公楼。房屋原设计图纸资料遗失。东侧距基坑最近 5.56 m。

(2) 2005 年 10 月,7#楼被列为第四批优秀历史建筑,保护类别为 3 类。立面、环境重点保护部位:单体各立面。内部重点保护部位:空间格局,楼梯间,原有装饰。

(3) 房屋建筑风格为仿古典式,平面近 L 形,立面由 3 段组成,北入口设塔斯干式圆柱,北区多为四坡屋面,铺青灰色釉面瓦,南区为不上人平屋面。外墙为数年前铺设的青灰色中型釉面砖、奶黄色小块釉面砖,立面窗框装饰线条简练。室内东侧、中部各设 1 座壁炉,地面多铺设木地板。北区南端设三跑木楼梯 1 部,西北角设双跑楼梯 1 部。

(4) 7#楼北区主体采用砖木结构,承重墙厚 220 mm,二层布置混凝土大梁、木格栅,局部混凝土楼板,屋架为三角形木屋架,使用情况基本正常。南区为混合结构,外墙为自承重墙,紧贴外墙布置钢结构框架方钢柱、工字钢梁,二层楼面为木格栅、木地板,屋面为混凝土现浇板。现场开挖基础,基础类型为砖砌大放脚条形基础,基底标高约-1.7 m,宽约 860 mm。

(5) 施工前现状检测表明,现有外立面未见明显损伤。内部重点保护部位局部存在轻微损伤:楼梯间 F/6—8 二层窗右下角有竖缝,二层 1/H—J 局部石膏线开裂。在内部非重点保护部位,一层 M/3—4 窗角、二层多处窗角存在裂缝,最大缝宽 0.5 mm,二层 4/J—K 墙面、5/L—K 墙面有水渍,局部粉刷剥落。

(6) 检测人员在典型损伤部位布置了 5 个裂缝监测点,在房屋四周墙面和地坪分别设置了 18 个和 12 个沉降监测点,测量了各点高程。检测人员按投点法测量了房屋角部棱线的初始倾斜率及方向,共 6 个倾斜监测点,实测房屋角部棱线东西向平均倾斜率为 0.19‰,最大向东倾斜 0.28‰,南北向平均倾斜率为 0.59‰,最大向南倾斜 1.13‰,低于一级修缮临界值。

(7) 7#楼采用砖木/混合结构、刚性基础,平面不规则,整体性较差,距离基坑偏近,易受到土体变形的影响。建议房屋监测报警值为:累计沉降达到 30 mm,沉降速率连续 2 天达到 2 mm/d,墙体裂缝宽度增量或新出现裂缝宽度达到 1.0 mm,倾斜率增量达到 1‰。初步建议的监测项目、频率待施工方案确定再作调整。若监测数据超过报警值,施工单位应会同有关方面采取可靠措施,避免房屋受损。

部分检测结果如图 8-18、图 8-19 所示。

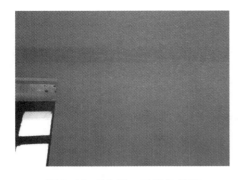 

图 8-18　7♯楼二层窗角斜缝　　　　　　图 8-19　7♯楼二层板墙与砖墙接缝

8.2.3　8♯楼检测概况

8♯楼建于 1930 年前后,房屋最初用作住宅,后用作上海舞蹈学校办公楼,2005 年 10 月被列为第四批优秀历史建筑,无铭牌,于 2009 年前后重新装修,现状如图 8-20、图 8-21 所示。该建筑主体 2 层,南侧局部 1 层,阁楼位于 3 层,无地下室,主体为砖木结构,局部混凝土。保护等级为四类。保护要求为不得改动建筑原有的外貌,建筑内部在保持原结构体系的前提下允许作适当的变动。立面、环境重点保护部位:单体各立面。内部重点保护部位:空间格局,原有装饰。

图 8-20　房屋立面　　　　　　　　　　图 8-21　室内楼梯现状

1. 结构概况

结构主体采用砖木结构,承重墙采用黏土实心砖、石灰砂浆砌筑,墙厚 240 mm。基础类型为砖砌大放脚条形基础,基底标高约－1.12 m,基底宽约 720 mm,基础剖面见图 8-22。

二层 8—10/D—E 轴间布置 2 根混凝土大梁,截面尺寸为 250 mm×500 mm;木格栅两端搁置在大梁、承重墙上,规格多为 50×200@400,75×250@400;1—6/E—J,10—12/B—D 轴间为混凝土楼板。屋架均为三角形木屋架(图 8-23),木椽子规格为(45~50)×(80~100)@(320~500),木檩条截面尺寸为 70 mm×150 mm(图 8-24)。木屋架使用情况基本正常。

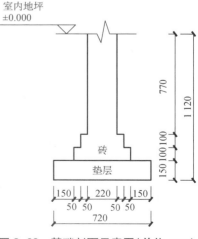

图 8-22　基础剖面示意图(单位:mm)

图 8-23　木屋架上弦杆、腹杆　　　　图 8-24　钢屋架共 2 榀

2. 完损情况分析

8#楼室内灯具已拆除,其他原有装饰吊顶石膏线、装饰线、护壁板等保护较好,未见明显损伤;东、北立面未见明显损伤,西立面 1/C 处墙面竖向裂缝宽 1.0 mm,南立面台阶、勒脚板与立柱脱开,接缝宽 1.0～3.0 mm。在非重点保护部位,西北角屋面瓦片局部破损。

房屋角部棱线东西向平均倾斜率为 0.48‰,最大向东倾斜 0.67‰,南北向平均倾斜率为 2.13‰,最大向北倾斜 4.71‰,低于《优秀历史建筑修缮技术规程》(DGJ 08-108—2004)中一级修缮的临界值 7.00‰。

3. 房屋检测小结

(1) 8#楼位于虹桥路 1674 号,原称 4 号楼,建于 1930 年前后,建筑面积约 84 m²,主体 1 层,最初为住宅,后用作上海舞蹈学校办公楼。房屋原设计图纸资料遗失。南侧距基坑最近 5.299 m。

(2) 2005 年 10 月 8#楼被列为第四批优秀历史建筑,保护类别为四类。立面、环境重点保护部位:单体各立面。内部重点保护部位:空间格局,原有装饰。

(3) 房屋建筑风格为欧式,平面近方形,立面不完全对称,南入口、北走廊设塔斯干式圆柱,四坡屋面,铺红色机制平瓦。外墙为普通粉刷,红色涂料,墙角采用米色花岗石铺砌护角,窗套也为花岗石。室内地面、墙面、门窗分别铺木地板、壁纸/护壁板、门窗套,各类装饰线较为豪华。

(4) 8#楼结构主体采用砖木结构,承重墙厚 240 mm,屋面采用三角形木屋架,南入口上方 2 榀三角形钢屋架,上铺木檩条、木望板,使用情况基本正常。现场开挖基础,基础类型为砖砌大放脚条形基础,基底标高约-1.12 m,宽约 720 mm。

(5) 施工前现状检测表明,8#楼东、北立面未见明显损伤,西立面 1/C 处墙面有竖向裂缝,南立面台阶、勒脚板与立柱脱开。室内灯具已拆除,其他原有装饰吊顶石膏线、装饰线、护壁板等内部重点保护部位保护较好,未见明显损伤。在非重点保护部位,西北角屋面瓦片局部破损。

(6) 检测人员在典型损伤部位布置了 5 个裂缝监测点,在房屋四周墙面和地坪分别设置了 12 个和 5 个沉降监测点,测量了各点高程。检测人员按投点法测量了房屋角部棱线的初始倾斜率及方向,共 4 个倾斜监测点,实测房屋角部棱线东西向平均倾斜率为 0.48‰,最大向东倾斜 0.67‰,南北向平均倾斜率为 2.13‰,最大向北倾斜 4.71‰,低于一级修缮临界值。

(7) 8#楼采用砖木结构、刚性基础,整体性较差,距离基坑偏近,易受到土体变形的影响。建议房屋监测报警值为:累计沉降达到 30 mm,沉降速率连续 2 天达到 2 mm/d,墙体裂缝宽度增量或新出现裂缝宽度达到 1.0 mm,倾斜率增量达到 1‰。

部分检测结果如图 8-25、图 8-26 所示。

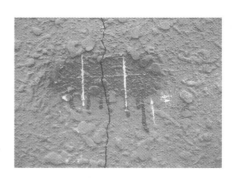

图 8-25　8♯楼南立面台阶与柱脚脱开　　　　图 8-26　8♯楼西立面竖向裂缝

8.2.4　9♯楼检测概况

9♯楼建于 1930 年前后,房屋最初用作住宅,后用作上海舞蹈学校办公楼,2005 年 10 月被列为第四批优秀历史建筑,无铭牌,于 2009 年前后重新装修,现状如图 8-27、图 8-28 所示。该建筑主体 2 层,南侧局部 1 层,阁楼位于 3 层,无地下室,主体为砖木结构,局部混凝土。保护等级为四类。保护要求为不得改动建筑原有的外貌,建筑内部在保持原结构体系的前提下允许作适当的变动。立面、环境重点保护部位:单体各立面。内部重点保护部位及要求:空间格局,原有装饰。

图 8-27　房屋立面　　　　　　　　　　　图 8-28　室内楼梯现状

1. 结构概况

房屋主体采用砖混结构,二层混凝土楼盖、屋顶木/钢屋架,承重墙采用黏土实心砖、石灰砂浆砌筑,墙厚 240 mm。基础类型为混凝土条形基础,基底标高约 −0.4 m,混凝土条形基础宽约 910 mm,基础剖面见图 8-29。

二层 2—4 轴间、6—7 轴间布置混凝土梁,截面尺寸为 210 mm×300 mm, 250 mm×350 mm,一层 C/3、C/4、C/6、C/7、B/6、B/7 布置 6 根构造柱,截面尺寸为

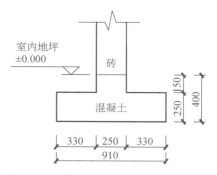

图 8-29　基础剖面示意图(单位:mm)

240×(240/400),二层楼板为混凝土板。2—6 轴间布置 3 榀三角形木屋架,木檩条圆木直径为 130～200 mm,木椽子尺寸为 60×50@250,6 轴东侧布置 1 榀钢屋架工字钢(120 mm×180 mm)、钢檩条槽钢(90 mm×180 mm)、木椽子,木屋架、钢屋架见图 8-30、图 8-31。屋架使用情况基本正常。

图 8-30　木屋架上弦杆、腹杆

图 8-31　钢屋架

2. 完损情况分析

9♯楼内部重点保护部位吊顶石膏线、灯具、铁栏杆、门套等、各立面重点保护部位保护较好,未见明显损伤。在非重点保护部位,一层、二层多处门窗角部、墙面出现裂缝,缝宽 0.1～1.0 mm,二层 5/B 处墙角有水渍,粉刷发霉。

房屋角部楼线东西向平均倾斜率为 0.70‰,最大向东倾斜 0.90‰,南北向平均倾斜率为 0.63‰,最大向北倾斜 0.90‰,低于《优秀历史建筑修缮技术规程》(DGJ 08-108—2004)中一级修缮的临界值 7.00‰。

3. 房屋检测小结

(1) 9♯楼位于虹桥路 1674 号,原称 3 号楼,建于 1934 年,建筑面积约 274 m²,主体 2 层,最初用作住宅,后用作上海舞蹈学校办公楼。房屋原设计图纸资料遗失。北侧距基坑最近 7.084 m。

(2) 2005 年 10 月,9♯楼被列为第四批优秀历史建筑,保护类别为四类。立面、环境重点保护部位:单体各立面。内部重点保护部位:空间格局,原有装饰。

(3) 房屋建筑风格为中国传统式,平面近矩形,北立面基本对称,南立面设一圆门洞与矩形门洞相呼应,双坡屋面,铺青灰色冷摊瓦,外墙为数年前铺设的青灰色面砖,饰以红色线条,外门框、勒脚采用米色花岗石,门窗为铝合金。一层室内为水泥地坪,二层铺木地板,内墙表面普通粉刷,设木质门套,室内装饰简单。房屋南侧中部设三跑木楼梯一部。

(4) 9♯楼主体采用砖混结构,二层混凝土楼盖、屋顶木/钢屋架,承重墙厚 240 mm,一层布置 6 根构造柱,二层楼面布置混凝土梁、板。2—6 轴间布置 3 榀三角形木屋架,6 轴东侧布置 1 榀钢屋架,屋架使用情况基本正常。现场开挖基础,基础类型为混凝土条形基础,基底标高约-0.4 m,混凝土条形基础宽约 910 mm。

(5) 施工前现状检测表明,现有外立面未见明显损伤。内部重点保护部位吊顶石膏线、灯具、铁栏杆、门套等原有装饰保护较好,未见明显损伤。在内部非重点保护部位,一层、二层多处门窗角部、墙面出现裂缝,二层局部墙角有水渍,粉刷发霉。

(6) 检测人员在典型损伤部位布置了 5 个裂缝监测点,在房屋四周墙面和地坪分别设置了 10 个和 6 个沉降监测点,测量了各点高程。检测人员按投点法测量了房屋角部棱线的初始倾斜率及方向,共 3 个倾斜监测点,实测房屋角部棱线东西向平均倾斜率为 0.70‰,最大向东倾斜 0.90‰,南北向平均倾斜率为 0.63‰,最大向北倾斜 0.90‰,低于一级修缮临界值。

(7) 9#楼采用砖混结构、刚性基础,木屋盖整体性较差,距离基坑偏近,易受到土体变形的影响。建议房屋监测报警值为:累计沉降达到 30 mm,沉降速率连续 2 天达到 2 mm/d,墙体裂缝宽度增量或新出现裂缝宽度达到 1.0 mm,倾斜率增量达到 1‰。

部分检测结果如图 8-32、图 8-33 所示。

图 8-32　9#楼二层处墙角有水渍,粉刷发霉　　　图 8-33　9#楼一层墙斜裂缝

8.2.5　10#楼检测概况

10#楼建于 1930 年前后,房屋最初用作住宅,后用作上海舞蹈学校办公楼,2005 年 10 月被列为第四批优秀历史建筑,无铭牌,于 2009 年前后重新装修,现状如图 8-34、图 8-35 所示。该建筑主体 2 层,南侧局部 1 层,阁楼位于 3 层,无地下室,主体为砖木结构,局部混凝土。保护等级为四类。保护要求为不得改动建筑原有的外貌,建筑内部在保持原结构体系的前提下允许作适当的变动。立面、环境重点保护部位:单体各立面。内部重点保护部位及要求:空间格局,原有装饰。

图 8-34　房屋立面　　　　　　　　图 8-35　室内楼梯现状

1. 结构概况

结构主体采用砖木结构,承重墙采用黏土实心砖、石灰砂浆砌筑,墙厚 220 mm。基础类型为砖砌大放脚条形基础,基底标高约 -1.19 m,基底宽约 850 mm,基础剖面见图 8-36。

二层 C/3—4 轴布置混凝土梁,截面尺寸为 240 mm×355 mm,其他部位均以 75×

200@400/420 木格栅承担楼面荷载,局部混凝土板。

屋面采用三角形木屋架(图 8-37),上铺木檩条、木望板(图 8-38),木檩条多为圆木,直径为 120～200 mm。木屋架使用情况基本正常。

2. 完损情况分析

10♯楼内部重点保护部位吊顶石膏线、灯具、铁栏杆、门套、楼梯等原有装饰保护较好、未见明显损伤,外立面总体保护较好,仅个别部位存在损伤,东立面一层 5/B—C 墙面有斜缝,北立面有 1 条竖缝,西立面台阶破损。在非重点保护部位,一层部分窗角、二层多数门窗角部墙面存在开裂现象,裂缝宽 0.1～0.5 mm,局部墙面粉刷龟裂,轻质隔墙与承重墙搭接处出现数条竖向接缝。

房屋角部棱线东西向平均倾斜率为 1.19‰,最大向西倾斜 2.05‰,南北向平均倾斜率为 1.08‰,最大向北

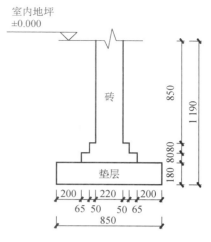

图 8-36 基础剖面示意图(单位:mm)

倾斜 2.22‰,低于《优秀历史建筑修缮技术规程》(DGJ 08-108—2004)中一级修缮的临界值 7.00‰。

图 8-37 三角形木屋架

图 8-38 木檩条、木望板

3. 房屋检测小结

(1) 10♯楼位于虹桥路 1674 号,产权证 1652 号,原称 5 号楼,建于 1930 年前后,建筑面积约 250 m²,主体 2 层,东南侧为 1 层,最初为住宅,后用作上海舞蹈学校办公楼。房屋原设计图纸资料遗失。房屋位于基坑内。

(2) 2005 年 10 月,10♯楼被列为第四批优秀历史建筑,保护类别为四类。立面、环境重点保护部位:单体各立面。内部重点保护部位:空间格局,原有装饰。

(3) 房屋建筑风格为欧式,平面近方形,立面为数年前铺设的淡黄色中型釉面砖,灰色面砖护角,四坡屋面,铺红色机制平瓦,西侧入口处设两个拱门,一层室内地坪铺地砖,二层铺木地板,内墙表面普通粉刷,设木质门套,室内装饰较为简单。东西两侧及西北角各设一座壁炉已封堵,西侧中部设双跑木楼梯一部。

(4) 10♯楼主体采用砖木结构,承重墙厚 220 mm,二层 C/3—4 轴布置混凝土梁,其他部位均以木格栅承担楼面荷载,局部混凝土板。屋面采用三角形木屋架,上铺木檩条、木望板,木屋架使用情况基本正常。现场开挖基础,基础类型为砖砌大放脚条形基础,基底标高

约一1.19 m,宽约 850 mm。

（5）施工前现状检测表明,现有外立面仅个别部位存在轻微损伤。内部重点保护部位吊顶石膏线、灯具、铁栏杆、门套、楼梯等原有装饰保护较好,未见明显损伤。在内部非重点保护部位,一层部分窗角、二层多数门窗角部墙面存在开裂现象,局部墙面粉刷龟裂,轻质隔墙与承重墙搭接处出现数条竖向接缝。

（6）检测人员在典型损伤部位布置了 7 个裂缝监测点,在房屋四周墙面和地坪分别设置了 9 个和 6 个沉降监测点,测量了各点高程。检测人员按投点法测量了房屋角部棱线的初始倾斜率及方向,共 3 个倾斜监测点,实测房屋角部棱线东西向平均倾斜率为 1.19‰,最大向西倾斜 2.05‰,南北向平均倾斜率为 1.08‰,最大向北倾斜 2.22‰,低于一级修缮临界值。

（7）10#楼位于基坑内,采用砖木结构、刚性基础,整体性较差,受基坑施工影响较大,有必要在基坑施工前采取适当的加固措施。

部分检测结果如图 8-39、图 8-40 所示。

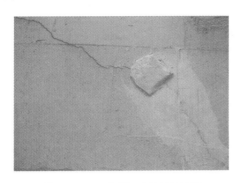

图 8-39　10#楼一层墙面斜缝　　　　　图 8-40　10#楼二层墙面门上角竖缝

8.2.6　11#楼检测概况

11#楼建于 1930 年前后,房屋最初用作住宅,后用作上海芭蕾舞团办公楼,2005 年10 月被列为第四批优秀历史建筑,无铭牌,于 2009 年前后重新装修,现状如图 8-41、图 8-42所示。该建筑主体 2 层,南侧局部 1 层,阁楼位于 3 层,无地下室,主体为砖木结构,局部混凝土。保护等级为三类。保护要求为不得改动建筑原有的外貌,建筑内部在保持原结构体系的前提下允许作适当的变动。立面、环境重点保护部位:单体各立面。内部重点保护部位及要求:空间格局,楼梯间,原有装饰。

图 8-41　房屋立面　　　　　　　　图 8-42　室内楼梯现状

1. 结构概况

结构主体采用砖木结构,承重墙采用黏土实心砖、石灰砂浆砌筑,墙厚 220 mm。基础类型为混凝土条形基础,基底标高约−0.97 m,混凝土条形基础宽约 720 mm,基础剖面见图 8-43。

二层 C/3—4 轴布置混凝土梁,截面尺寸为 240 mm×355 mm,其他部位均以 $75 \times 200@400/420$ 木格栅承担楼面荷载,局部混凝土板。

屋面采用三角形木屋架(图 8-44),上铺木檩条、木望板(图 8-45),木檩条多为圆木,直径为 120～200 mm。木屋架使用情况基本正常。

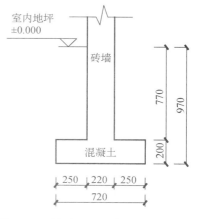

图 8-43　基础剖面示意图(单位:mm)

图 8-44　三角形木屋架

图 8-45　木檩条、木望板

2. 完损情况分析

11#楼内部重点保护部位楼梯间、原有装饰保护较好,未见明显损伤,东立面未见明显损伤,西立面部分窗角、墙面、护栏出现裂缝,缝宽 0.2 mm 左右,西侧烟囱顶部开裂 2 mm,南、北立面个别窗角处开裂。在非重点保护部位,一层2/B—A 墙面有水渍,西南角屋面瓦片局部混杂。

房屋角部楼线东西向平均倾斜率为 0.54‰,最大向东倾斜 0.64‰,南北向平均倾斜率为 2.24‰,最大向北倾斜 6.40‰,低于《优秀历史建筑修缮技术规程》(DGJ 08-108—2004)中一级修缮的临界值 7.00‰。

3. 房屋检测小结

(1) 11#楼位于虹桥路 1650 号,产权证 1590 号院内,原称 9 号楼,建于 1930 年前后,建筑面积约 505 m²,主体 2 层,最初用作住宅,后用作上海芭蕾舞团办公楼。房屋原设计图纸资料遗失。西侧距基坑最近 5.106 m。

(2) 2005 年 10 月,11#楼被列为第四批优秀历史建筑,保护类别为三类。立面、环境重点保护部位:单体各立面。内部重点保护部位:空间格局,楼梯间,原有装饰。

(3) 11#楼建筑风格为欧式,平面近方形,立面基本对称,南北均设露台,四坡屋面,铺红色机制平瓦,南侧、东侧屋面各设 1 扇老虎窗。外墙为普通粉刷,灰色涂料,墙角、窗楣采用灰色面砖铺砌护角。室内东西两侧、中部各设 1 座壁炉,多铺设木地板、护壁板、门窗套,设三跑木楼梯 1 部,二层一部窄木梯通往北露台。

(4) 11#楼结构主体采用砖木结构,承重墙厚 220 mm,二层 1—3/A—D 轴间以木梁、木格栅承重,2—3/D—F轴间布置混凝土大梁、现浇楼板,3—4/A—D轴间则以砖墙、钢柱、工字钢梁、木格栅等混合结构承重。屋面采用三角形木屋架,上铺木檩条、木望板,使用情况基本正常。现场开挖基础,基础类型为混凝土条形基础,基底标高约−0.97 m,混凝土条形基础宽约720 mm。

(5)施工前现状检测表明,11#楼内部重点保护部位楼梯间、原有装饰保护较好,未见明显损伤,东立面未见明显损伤,南、北立面个别窗角处开裂,西立面裂缝相对较多,裂缝多位于窗角、墙面、烟囱顶部。在非重点保护部位,一层内部2/B—A墙面有水渍,西南角屋面瓦片局部混杂。

(6)检测人员在典型损伤部位布置了5个裂缝监测点,在房屋四周墙面和地坪分别设置了11个和7个沉降监测点,测量了各点高程。检测人员按投点法测量了房屋角部棱线的初始倾斜率及方向,共4个倾斜监测点,实测房屋角部棱线东西向平均倾斜率为0.54‰,最大向东倾斜0.64‰,南北向平均倾斜率为2.24‰,最大向北倾斜6.40‰,低于一级修缮临界值。

(7)11#楼采用砖木结构、刚性基础,整体性较差,距离基坑偏近,易受到土体变形的影响。建议房屋监测报警值为:累计沉降达到30 mm,沉降速率连续2天达到2 mm/d,墙体裂缝宽度增量或新出现裂缝宽度达到1.0 mm,倾斜率增量达到1‰。初步建议的监测项目、频率待施工方案确定再作调整。若监测数据超过报警值,施工单位应会同有关方面采取可靠措施,避免房屋受损。

部分检测结果如图8-46、图8-47所示。

图8-46　11#楼西侧烟囱顶部竖向开裂　　　　图8-47　11#楼北立面露台西护栏开裂

8.3　历史建筑保护措施设计

8.3.1　基坑设计控制标准

深基坑工程设计与施工的安全性,不仅指基坑自身的安全性,还包括深基坑施工对周围环境产生的影响。

基坑安全等级:本工程基坑开挖深度分别为6.4 m和10.8 m,承台处局部最大落深0.9 m。根据上海市工程建设规范《基坑工程技术规范》(DG/TJ 08-61—2010),本基坑工程安全等级为二级。

环境保护等级:根据上海市工程建设规范《基坑工程技术规范》(DG/TJ 08-61—2010),

结合周边建筑与基坑边线的距离(表 8-1),本基坑工程环境保护等级及基坑变形控制标准
如表 8-4 所列。

表 8-4 环境保护等级及基坑变形控制标准

位置	基坑环境保护等级	开挖深度/m	围护结构最大侧移/mm	坑外地表最大沉降/mm
地铁区间隧道	二级	7.3	$0.30\%H=21.90$	$0.25\%H=18.25$
地铁出入口	一级	7.3	$0.18\%H=13.14$	$0.15\%H=10.95$
6#楼优秀历史建筑	一级	10.8	$0.18\%H=18.44$	$0.15\%H=16.20$
7#楼优秀历史建筑	一级	10.8	$0.18\%H=18.44$	$0.15\%H=16.20$
8#楼优秀历史建筑	一级	7.3	$0.18\%H=13.14$	$0.15\%H=10.95$
9#楼优秀历史建筑	一级	7.3	$0.18\%H=13.14$	$0.15\%H=10.95$
10#楼优秀历史建筑	一级	10.8	$0.18\%H=18.44$	$0.15\%H=16.20$
11#楼优秀历史建筑	一级	7.3	$0.18\%H=13.14$	$0.15\%H=10.95$
学生宿舍楼北侧	一级	6.4	$0.18\%H=11.52$	$0.15\%H=8.60$
基坑西侧近学生宿舍楼东侧	三级	6.4	$0.70\%H=44.80$	$0.55\%H=35.20$
基坑西侧水城南路信息、电力、给水管道	二级	6.4	$0.30\%H=18.20$	$0.25\%H=16.00$
基坑南侧延安西路管线二层开挖区域	二级	10.8	$0.30\%H=32.40$	$0.25\%H=27.00$
基坑东侧延虹绿地、基坑南侧一层开挖区	三级	6.4	$0.70\%H=44.80$	$0.55\%H=35.20$

注:根据上海市地铁沿线建筑施工保护地铁技术管理暂行规定,在地铁保护区范围内施工时,地铁结构竖向沉降及水平
位移量不超过 20 mm,隧道变形曲线的曲率半径不小于 15 000 m。

保护建筑报警值要求:①房屋主体累计沉降达到 30 mm,沉降速率连续 2 天达到
2 mm/d;②墙体裂缝宽度增量或新出现裂缝宽度达到 1.0 mm;③倾斜率增量达到 1‰。

8.3.2 围护方案总体设计

1. 工程特点

上海国际舞蹈中心项目由于其地段特殊,周边环境复杂,给基坑设计与施工带来了挑
战,具体表现在以下几个方面。

(1)优秀历史建筑分布四周,基坑环境保护要求高

在基坑周边建筑中,有市级优秀历史建筑 6 幢,离基坑边线距离均在 1 倍开挖深度以
内,其中南侧 10#楼距离基坑边线最近为 4.027 m,且历史建筑分布在基坑四周。

(2)基坑开挖面积大,存在两个挖深

本工程一层基坑总面积约 26 609 m²,其中包含二层基坑面积约 14 428 m²。一层挖深
6.4 m,二层挖深 10.8 m,落深 4.4 m。

（3）基坑形状极不规则

本工程是在拆除原有建筑物之后新建项目，同时考虑对保留的6幢市级优秀历史建筑的影响，受场地条件的限制，基坑的形状极不规则，给基坑支护设计中支撑的布置带来困难。

（4）施工组织难度大

本工程地处虹桥路历史文化风貌保护区核心保护范围，被多幢优秀历史建筑环绕，三面邻近交通道路，场地十分紧张，给施工中的材料堆场、机械布置等带来较大的困难。

（5）根据岩土工程勘察报告，本场地存在第⑤₂层的微承压水及第⑨层的承压水，经验算，⑤₂层微承压水层对一层挖深无影响，对二层挖深存在突涌的可能；⑨层承压水层对两个挖深均不存在突涌的可能。

2. 整体思路

在充分考虑上述因素的基础上，基坑设计方案从以下几个方面采取措施，以增加对历史建筑的保护。

（1）基坑分区施工

本工程基坑面积大，挖深不一且落差大，如果不分区，必会放大时空效应，为控制围护体本身的变形及减小对环境的影响，基坑必须进行分区。

针对两个挖深，按"先深后浅"的分区原则，即按挖深进行分区。先施工地下二层区域，后施工地下一层区域。但是，本工程地下一层及地下二层基坑平面形状极不规则，且地下二层基坑最大长度也达到220 m，导致支撑布置困难，因支撑传力不直接而使基坑变形难以控制，环境保护难以符合规范要求。

因此，结合本工程6幢历史建筑的分布情况（即分散在基坑的四周），同时结合基坑的平面形状，本工程根据基坑的挖深同时兼顾基坑平面形状进行分区，将其分成图8-48所示的3个区，则各区基坑形状相对规则，且每个区基坑面积也大约减小到1万 m²。另外，通过分区可以发现，基坑中间区域全部为地下二层，两侧局部为地下二层，同样采取"先深后浅"的施工方案，先施工中间深区3区，后施工两侧的1区和2区。这样既解决了支撑布置难的问题，有效地控制了基坑变形，减小基坑施工对周围环境影响，还能解决施工场地紧张、施工组织困难等问题。

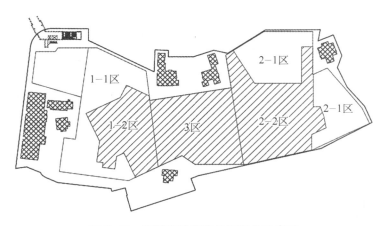

图 8-48　围护设计方案分区顺作示意图

结合本工程的开挖深度、基坑面积、造价和工期等综合因素,特别是考虑到对邻近历史建筑的保护,本工程选用"分区顺作"设计方案,采用如图 8-48 所示的分区开挖方案,将基坑分为 3 个区,先施工 3 区,待 3 区地下结构完成后,再同时进行 1 区和 2 区基坑的施工。

（2）围护体方案

结合本工程 6.4 m 和 10.8 m 两个挖深,基坑围护体方案选用钻孔灌注桩＋三轴止水帷幕体系。为控制邻近保护建筑的位移,首先应控制围护体本身的变形,为此,钻孔灌注桩桩径宜适当加大,桩长宜适当增长,同时针对基坑内被动区土体进行加固,加固体可从第一道支撑底标高开始,以减小基坑开挖过程中对周边建筑的影响。

（3）支撑体方案

本工程基坑形状极为不规则,支撑体选用钢筋混凝土支撑,在邻近历史建筑周边,支撑布置宜适当加密。

（4）消除地下二层开挖的突涌风险

在设计降水方案时,沿地下二层开挖边线用三轴搅拌桩对微承压含水层进行全封闭隔水,在地下二层区域内布置管井对其进行降压疏干、抽水,以消除在地下二层挖深可能引起突涌的风险。

（5）数值模拟对环境的影响

为分析基坑开挖对周边保护建筑可能造成的附加变形影响,采用数值方法对基坑开挖过程进行了模拟分析,计算过程中参数综合考虑了以往大量的类似工程经验进行取值,以确保计算结果的可靠。数值模拟分析的计算结果表明,采用现设计方案,可将基坑开挖施工对历史保护建筑可能造成的不利影响控制在允许范围之内。

（6）各区土方分块开挖

基坑开挖应用时空效应原理,限时开挖,限时支撑。对各层土体,按照"分层、分块、对称、限时"的要求,采用中部盆式、周边抽条式间隔挖土,分块开挖时每块边长不大于 20 m。

3. 施工流程

第一步:场地平整,施工硬地坪后进行围护桩施工,包括钻孔灌注桩、止水帷幕、重力坝、坑内加固、立柱桩和格构柱的施工,并在坑内采取深井降水。

第二步:基坑内 3 区土方开挖第一皮土至第一道支撑面标高,开槽浇筑第一道混凝土圈梁及水平钢筋混凝土支撑系统和栈桥。

第三步:待第一道支撑混凝土强度达到设计强度的 80% 后,开挖 3 区土体至第二道支撑顶面标高,开槽浇筑第二道钢筋混凝土支撑及围檩。

第四步:待 3 区第二道支撑混凝土强度达到设计强度的 80% 后,开挖 3 区土体至基坑底,浇筑基础垫层及底板,设置传力带。

第五步:待 3 区基础底板混凝土强度达到设计强度的 80% 后,拆除第二道支撑,施工 3 区 B1 板,并设置传力带。

第六步:待 3 区 B1 板混凝土强度达到设计强度的 80% 后,拆除第一道支撑,施工 3 区 B0 板。

第七步:待 3 区 B0 板混凝土强度达到设计强度的 80% 后,同时开挖 1 区及 2 区第一皮土至第一道支撑顶面标高,开槽浇筑第一道混凝土圈梁及水平钢筋混凝土支撑系统。

第八步:待 1 区和 2 区第一道支撑混凝土强度达到设计强度的 80% 后,开挖 1 区和 2 区土体至地下一层坑底标高;浇筑 1-1 区及 2-1 区地下一层区域混凝土垫层;同时施工 1-2 区及 2-2 区第二道混凝土围檩,开槽浇筑第二道钢筋混凝土支撑。

第九步:待 1 区和 2 区第二道支撑混凝土强度达到设计强度的 80% 后,开挖 1-2 区及 2-2 区至地下二层坑底标高;浇筑 1-2 区及 2-2 区基础垫层及底板,并设置传力带换撑。

第十步:待 1-2 区及 2-2 区基础底板及传力带达到设计强度的 80% 后,拆除 1-2 区和 2-2 区第二道支撑;顺作法施工 1-2 区、2-2 区至地下一层结构楼板标高,同时浇筑 1-1 区、2-1 区基础底板,并设置传力带换撑。

第十一步:待 1-1 区、2-1 区基础底板,1-2 区、2-2 区地下一层结构楼板及传力带达到设计强度的 80% 后,拆除第一道支撑,顺作法施工 1 区及 2 区地下一层至地下室顶板标高。

第十二步:边拆除分区分隔墙,边施工分隔墙处各层楼板。

8.3.3 围护设计方案总体说明

1. 围护体系

(1) 钻孔灌注桩

基坑周边围护结构采用钻孔灌注桩,具有如下优点:①钻孔灌注桩受力性能可靠、工艺成熟,且桩径可根据挖深灵活调整,土体位移较小;②造价不受施工工期的影响;③施工对周边环境影响小。

保护建筑影响范围内 6.4 m 挖深处钻孔灌注桩直径采用 800 mm,有效桩长 18 m,入土深度 12.7 m;10.8 m 挖深处钻孔灌注桩直径采用 900 mm,有效桩长 21 m,入土深度 11.3 m。临时隔断处钻孔灌注桩直径 700 mm,桩长 20 m,入土深度 10.3 m。

(2) 止水帷幕

止水帷幕采用 $\phi850@1\,200$ 三轴搅拌桩,水泥掺量为 20%。基坑开挖深度 6.4 m 处搅拌桩桩长 14 m,基坑开挖深度 10.8 m 处搅拌桩桩长 17 m。

地下室二层开挖范围内第⑤₂层承压水存在突涌的可能,用止水帷幕隔断第⑤₂层承压水层,地下室二层基坑范围内止水帷幕长度分别为 28 m(基坑四周)和 22 m(基坑内部)。

(3) 地基加固

邻近保护建筑侧:为了减少基坑开挖过程中对保护建筑的影响,在保护建筑侧对坑内被动区土体采用 $\phi850@1\,800$ 三轴水泥土搅拌桩格栅裙边加固,搅拌桩加固体宽度 6.25 m,加固体深度范围从第一道支撑底部至基底以下 6.6 m。三轴水泥土搅拌桩基底以上部分水泥掺量为 15%,基底以下部分水泥掺量为 20%。

普遍侧:基坑西侧及南侧采用 $\phi700@1\,000$ 双轴水泥土搅拌桩格栅暗墩加固,搅拌桩加固体宽度 4.20 m,加固体深度范围为基底以下 4.0 m。

2. 支撑体系

(1) 水平支撑体系

基坑区域普遍设置一道钢筋混凝土支撑体系,局部二层地下室范围内设置第二道钢筋混凝土支撑体系。采用十字正交对撑体系,支撑杆件受力明确,整体性好。钢筋混凝土对撑抗压强度高、变形小、刚度大,对控制基坑侧向变形、保证围护墙整体稳定具有重要作用,可减小对保护建筑的影响。

第一道支撑中心标高为 −2.1 m,围护体第一道混凝土圈梁截面尺寸为 1 200 mm×

800 mm,主撑截面尺寸为 1 000 mm×800 mm,连杆截面尺寸为 600 mm×600 mm;第二道支撑中心标高—7.50 m,混凝土围檩截面尺寸为 800 mm×1 000 mm,主撑截面尺寸为 1 000 mm×1 000 mm,连杆截面尺寸为 800 mm×800 mm。混凝土支撑标号均采用 C30。

（2）施工栈桥

第一道钢筋混凝土支撑的局部对撑杆件可作为施工栈桥,挖土机、运土车、混凝土泵车、运输车等施工设备可在栈桥上运行。栈桥还可作为施工材料的堆放场地,在加快基坑出土速度的同时,加快基坑工程施工进度。根据目前支撑布置情况,栈桥面板应采用现浇钢筋混凝土板。

（3）立柱和立柱桩

支撑立柱均采用型钢格构立柱,其下设置钻孔灌注桩,型钢格构立柱在穿越底板的范围内需设置止水片,立柱锚入桩内长度为 3 m。

立柱及立柱桩尺寸:格构柱采用 4∟140×12 型号,截面尺寸为 440 mm×440 mm,一层地下室区域格构柱长为 7.9 m,二层地下室区域格构柱长为 12.3 m。栈桥区域格构柱采用 4∟160×14 型号,截面尺寸为 460 mm×460 mm。

立柱桩采用 φ800 的钻孔灌注桩,根据地质勘察资料,第⑤₃层为硬持力层,为较好的桩基持力层,立柱桩选择该层为持力层,一层地下室区域桩长 21.5 m,二层地下室区域桩长 25.0 m。

8.3.4 各幢保护建筑围护设计方案

针对每幢保护建筑的实际情况,结合基坑工程的开挖深度,对每幢保护建筑分别设计了其邻近处基坑支护体系的断面。

1. 6♯、7♯及 10♯楼

6♯、7♯楼位于基坑北侧,即位于基坑分区的 3 区内,建筑边线与基坑边线最近距离为 5.189 m;10♯楼位于基坑南侧,建筑边线与基坑边线最近距离为 4.027 m,平面位置见图 8-49。这 3 幢历史建筑均位于基坑开挖深度 10.8 m 范围之内,与基坑开挖边线距离均在 1 倍挖深以内,环境保护等级均为一级,因此围护体剖面相同(图 8-50)。

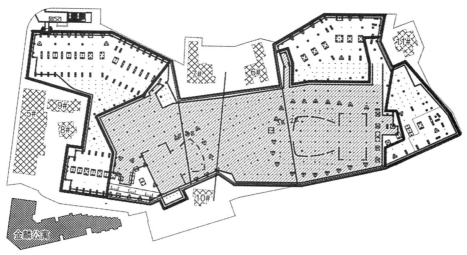

图 8-49 6♯、7♯及 10♯楼平面位置示意图

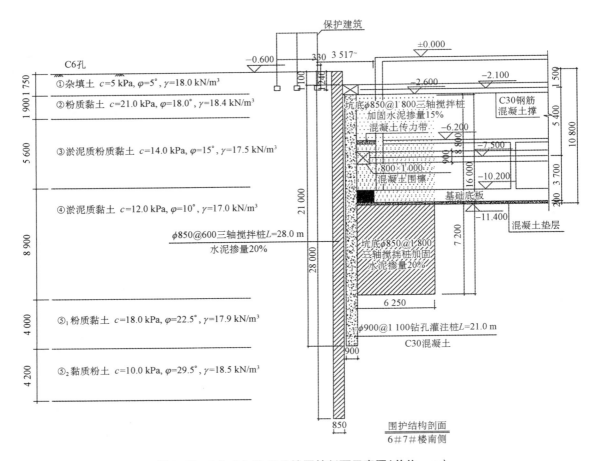

图8-50　6♯、7♯及10♯楼围护剖面示意图(单位:mm)

围护体采用 $\phi900@1\ 100$ 的钻孔灌注桩,有效桩长 21 m,入土深度 11.3 m;止水帷幕采用 $\phi850@1\ 200$ 三轴搅拌桩止水,桩长 17 m。

坑内加固均采用 $\phi850@1\ 800$ 三轴水泥土搅拌桩格栅裙边加固,搅拌桩加固体宽 6.25 m,加固体深度范围从第一道支撑底部至基底以下 7.2 m,桩长 16.0 m。三轴水泥土搅拌桩基底以上部分水泥掺量为 15%,基底以下部分水泥掺量为 20%。

该剖面围护结构设计计算指标均满足上海市标准《基坑工程设计规程》(DG/TJ 08-61—2010)规定的要求,具体结果见表 8-7 中的 3—3 剖面。

由于 10♯楼距离基坑开挖边线最近,因此有限元模拟选取该侧为最不利剖面进行计算,模拟结果见 3—3 剖面,均满足环境保护要求。

2. 8♯、9♯楼

8♯、9♯楼位于基坑西侧,即位于基坑分区的 1 区内,建筑边线与基坑边线最近距离为 5.623 m,平面位置见图 8-49。这 2 幢历史建筑均位于基坑开挖深度 6.4 m 范围之内,与基坑开挖边线距离均在 1 倍挖深以内,环境保护等级均为一级,因此围护体剖面相同(图8-51)。

围护体采用 $\phi800@1\ 000$ 的钻孔灌注桩,有效桩长 18 m,入土深度 12.7 m;止水帷幕采用 $\phi850@1\ 200$ 三轴搅拌桩止水,桩长 14 m。

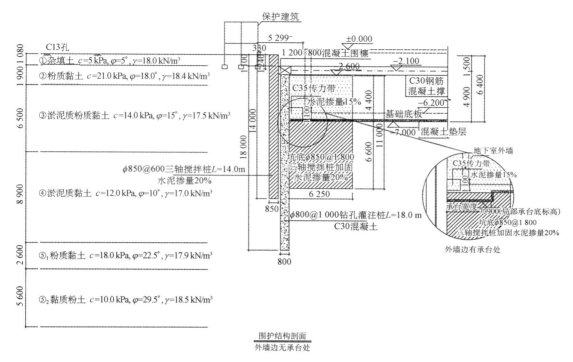

图 8-51 8#、9#楼围护剖面示意图(单位:mm)

坑内加固均采用 φ850@1 800 三轴水泥土搅拌桩格栅裙边加固,搅拌桩加固体宽 6.25 m,加固体深度范围从第一道支撑底部至基底以下 6.6 m,桩长 11.0 m。三轴水泥土搅拌桩基底以上部分水泥掺量为 15%,基底以下部分水泥掺量为 20%。

该剖面围护结构设计计算指标均满足上海市标准《基坑工程设计规程》(DG/TJ 08-61—2010)规定的要求,具体结果见表 8-7 中的 1—1 剖面。

9#楼距离基坑开挖边线最近,为最不利剖面,选取 9#楼进行有限元模拟,模拟结果均满足环境保护要求。

3. 11#楼

11#楼位于基坑东侧,建筑边线与基坑边线最近距离 4.576 m,平面位置见图 8-49。该房屋周围基坑开挖深度有 2 个,分别为 6.4 m 和 10.8 m。

开挖深度 6.4 m 处围护体采用 φ800@1 000 的钻孔灌注桩,有效桩长 18 m,入土深度 12.7 m;止水帷幕采用 φ850@1 200 三轴搅拌桩止水,桩长 14 m。

开挖深度 10.8 m 处围护体采用 φ900@1 100 的钻孔灌注桩,有效桩长 21 m,入土深度 11.3 m;止水帷幕采用 φ850@1 200 三轴搅拌桩止水,桩长 17 m。

坑内加固均采用 φ850@1 800 三轴水泥土搅拌桩格栅裙边加固,搅拌桩加固体宽度 6.25 m,加固体深度范围从第一道支撑底部至基底以下 7.2 m。三轴水泥土搅拌桩基底以上部分水泥掺量为 15%,基底以下部分水泥掺量为 20%。

该剖面围护结构设计计算指标均满足上海市标准《基坑工程设计规程》(DG/TJ 08-61—2010)规定的要求,具体结果见表 8-7 中的 3—3 剖面。11#楼围护剖面与 8#、9#楼的围护剖面相同。该剖面有限元模拟同 10#楼处有限元模拟剖面。

8.3.5　围护结构设计计算

1. 计算条件

基坑围护体的计算采用规范推荐的竖向弹性地基梁法,土的黏聚力、内摩擦角均采用勘察报告提供的固结快剪峰值指标,围护墙变形、内力计算和各项稳定验算均采用水土分算原则,地面超载暂按 20 kPa 考虑。在正式施工、基坑开挖阶段,施工单位应进一步复核场地标高,提交现场实际超载范围及大小予设计复核,若与图纸不符或不满足规范要求,则应会同各方商拟补强措施。

2. 计算工况与计算结果

本方案根据上海市标准《基坑工程设计规程》(DG/TJ 08-61—2010)设计,围护体计算利用同济启明星深基坑支挡结构设计计算软件 FRWS7.0。计算工况见表 8-5、表 8-6 和图 8-52,计算结果见表 8-7。

表 8-5　　　　　　　　　　　　　　　　施工工况

工况	内容
施工步 1	挖土至第一道支撑标高,浇筑第一道压顶梁和支撑
施工步 2	待第一道支撑混凝土强度达到设计强度的 80％后,开挖土体至第二道支撑顶面标高,开槽浇筑第二道钢筋混凝土支撑及围檩
施工步 3	待第二道支撑混凝土强度达到设计强度的 80％后,开挖土体至基坑底,浇筑基础垫层及底板,并设置传力带
施工步 4	待基础底板混凝土强度达到设计强度的 80％后,拆除第二道支撑,施工 B1 板,并设置传力带
施工步 5	待 B1 板混凝土强度达到设计强度的 80％后,拆除第一道支撑,施工 B0 板

表 8-6　　　　　　　　　　　　　　　　钻孔灌注桩情况

区域	直径/mm	开挖深度/m	入土深度/m	有效长度/m
1—1 剖面优秀历史建筑、地铁出入口:地下室一层开挖深度	800	6.4 m 基坑边承台处 7.3	12.7	18.0
1a—1a 剖面隧道沿线	800	6.4 m 基坑边承台处 7.3	12.7	18.0
2—2 剖面水城南路、延安高架、金麟公寓	700	6.4 m 基坑边承台处 7.3	12.7	18.0
3—3 剖面优秀历史建筑:地下室二层开挖深度	900	10.8	11.3	21.0
4—4 剖面延安高架:地下二层开挖深度	900	10.8	11.3	21.0

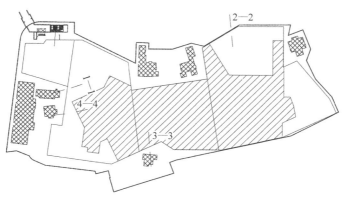

图 8-52　剖面分布示意图

表 8-7　　　　　　　　　　　　　　　　计算结果汇总

剖面	项目	结果	规范要求	环境保护等级
1—1 剖面	整体稳定安全系数	1.79	>1.25	一级
	墙底抗隆起安全系数	4.85	>2.50	
	坑底抗隆起安全系数	2.15	>1.70	
	抗倾覆稳定安全系数	1.44	>1.10	
	围护墙水平位移	13.30 mm	≈13.14 mm	
1a—1a 剖面	整体稳定安全系数	1.78	>1.25	二级
	墙底抗隆起安全系数	4.85	>2.50	
	坑底抗隆起安全系数	2.14	>1.70	
	抗倾覆稳定安全系数	1.45	>1.10	
	围护墙水平位移	18.30 mm	<21.90 mm	
2—2 剖面	整体稳定安全系数	1.77	>1.25	二级
	墙底抗隆起安全系数	4.85	>2.50	
	坑底抗隆起安全系数	2.13	>2.00	
	抗倾覆稳定安全系数	1.35	>1.10	
	围护墙水平位移	22.10 mm	≈21.90 mm	
3—3 剖面	整体稳定安全系数	1.69	>1.25	一级
	墙底抗隆起安全系数	4.09	>2.50	
	坑底抗隆起安全系数	2.18	>1.70	
	抗倾覆稳定安全系数	1.74	>1.10	
	围护墙水平位移	18.20 mm	<18.44 mm	
4—4 剖面	整体稳定安全系数	1.86	>1.25	二级
	墙底抗隆起安全系数	8.34	>2.50	
	坑底抗隆起安全系数	2.42	>1.70	
	抗倾覆稳定安全系数	1.67	>1.10	
	围护墙水平位移	28.30 mm	<32.40 mm	

8.4 邻近建筑物保护措施

8.4.1 针对历史保护建筑采取的施工保护措施

1. 分块施工

本工程一层基坑总面积约 26 609 m²,周长约 927 m,其中二层基坑面积约 14 428 m²,周长约 707 m。基坑形状极不规则。考虑到基坑周边保护建筑较多,基坑面积较大,根据围护设计要求,将整个基坑分为 3 个区域单独先后施工,基坑分区后,各区基坑形状相对规则,利用分区后产生的时空效应减小围护变形,控制开挖对周边历史保护建筑的影响。总体施工顺序为:先施工 3 区,顺作法施工二道支撑与地下室结构;当 3 区完成 ±0.000 顶板后,开始施工 1 区和 2 区。

2. 工程桩施工

在正式施工时,根据每幢历史保护建筑、延安路高架及地铁出入口的监测数据及时调整施工工序、施工工艺,严格控制地面的隆沉。

钻孔灌注桩施工时先选择离历史保护建筑及管线较远的地方进行施工,以取得相邻区域地下地质情况,以便操作人员初步掌握地下土层情况,对不同的土层选择合理的钻进及提升速度,施工时严格控制垂直度。在钻孔灌注桩施工时,对泥浆比重、黏度、浆液高度等指标严格控制,对各个施工流程严格把关,确保各个工序环环相扣,连续施工,避免出现缩径、塌孔现象。

在开孔过程中,严格控制孔径及深度,防止挖到保护建筑基础及相关的管线,挖到障碍物时不得强行挖除,应先通知建设单位及监理单位,查明障碍物,确保障碍物的开挖不影响周边环境及保护建筑安全。

在历史保护建筑区域及地铁出入口等敏感区域施工时注意控制泥浆比重,并按照监测数据放慢施工速度,从而减少施工对土体的挤压效应。施工期间重型车辆应尽可能停靠在远离保护建筑一侧,同时避免重型车辆在保护建筑及管线周围不必要的行走,减小对周边土体的扰动。

3. 围护桩施工

本工程基坑围护采用钻孔灌注桩施工,围护结构边线距离历史保护建筑较近,且围护结构轴线曲折多变,因此需要对围护结构的轴线加强控制。认真复核由业主或设计单位提供的数个水准点标高,在进行闭合水准测量时应选定合理的路线将这些永久水准点全部纳入闭合水准测量,在施工时应严格保护临时水准点和永久水准点,并定期巡视和复核,确保正确无误。

在施工顺序的选择上,选择跳打的施工顺序,确保施工的桩位与刚浇筑完成的桩位之间的间距大于 4D 的距离,以减少对邻近土体的扰动。

本工程围护结构体系为钻孔灌注桩及三轴搅拌桩止水帷幕,在基坑开挖过程中止水帷幕的质量直接关系到基坑开挖的安全,因此在施工工艺的优先级中,先施工三轴搅拌桩,在搅拌桩达到施工强度后,再施工钻孔灌注桩,确保围护结构施工质量。

4. 降水施工

(1)基坑降水方式确定

本工程采用真空管井的降水方式,地下一层区域每 250 m² 左右设一口井,共设 68 口;地下二层区域每 200 m² 左右设一口井,共设 85 口。

承压水降水:本工程含有第⑤₂层的微承压水,地下二层基坑存在突涌的风险,计划布置 20 口减压井与 6 口减压观测井。

（2）深井疏干井施工

疏干管井结构:管井成孔孔径为 550 mm,井管采用 ϕ250 焊接管,管井深度根据基坑开挖深度确定,深度为 15.00～25.40 m。

成孔:采用 2 台 GPS-10 工程钻机成孔。在特殊土层的井位,成井要快速,保障滤水管畅通。

安装水泵、真空泵:安装前须检查电机和泵体,确认完好无误后方可安装;施工过程中必须保证各连接部位密封可靠、不漏气;安装完毕须进行试运转,有不正常现象必须及时排除;真空泵进出水、进出气调节好,保证正常运转。

安装管路系统:管路在基坑边缘汇入总管,将水排入下水道（清水）;抽水第一天,水质可能浑浊带泥沙,应经沉淀后排出;管路上应装有真空表、水表、闸阀、单向阀,以便于控制和管理。气管连接处必须注意密封,防止漏气。

8.4.2　邻近建筑物的保护技术

为了避免基坑工程施工对周边保护建筑造成破坏,在项目实施之前分析地下工程施工对周边保护建筑的影响,并相应采取一定的保护措施,将地下工程施工对保护建筑的影响降低至最小。

本工程基坑周边的 6 幢市级历史保护建筑距离基坑较近,其中根据分区施工情况:3 区基坑开挖阶段,6♯、7♯、10♯建筑分别邻近地下二层开挖边线,为主要保护区域。1 区基坑开挖阶段,7♯、10♯建筑分别邻近地下二层开挖边线,8♯、9♯邻近地下一层开挖边线,为主要保护区域。2 区基坑开挖阶段,6♯、11♯建筑邻近地下二层开挖边线,为主要保护区域。

根据上述情况,在基坑施工之前对保护建筑进行预加固处理方案设计作为应急预案,以 10♯建筑为例,采用基础托换及加固的方式对 10♯建筑进行保护。

1. 加固方法比选

基础加固托换的方法目前有很多,其中比较成熟和常用的有锚杆静压桩与树根桩。

树根桩是一种小直径的钻孔灌注桩,其直径通常为 100～300 mm,在托换工程中使用时,往往要钻穿既有建筑物的基础进入地基土中直至设计标高,清孔后下放钢筋,同时放入注浆管,再用压力注入水泥浆,边灌、边拔管而成桩。

锚杆静压桩是在既有建筑物基础上按设计要求开凿压桩孔和锚杆孔,用黏结剂埋好锚杆,然后安装压桩架与建筑物基础连成一体,并利用既有建筑自重作反力,用千斤顶将预制桩段逐段压入土中,桩段间用硫磺胶泥或焊接连接。当压桩力或压入深度达到设计要求后,再将桩头与原基础用微膨胀混凝土浇筑在一起,桩即可迅速受力,从而达到控制沉降的目的。

根据本工程的特点,从施工难易程度和实施效果对树根桩法与锚杆静压桩法进行比选。

锚杆静压桩基础托换方案要先对原基础进行基础托换,再进行压桩,该方案需要到房屋内施工,因此施工难度相对较大,施工工期也相对较长;而树根桩加固仅需在建筑物外侧施工,施工相对简单。该两种方案施工前均需摸清建筑物管线情况,但锚杆静压桩基础托换方案对建筑物正常使用影响相对较大。

保护建筑自身基础由于是大放脚基础,整体性差,刚度弱。树根桩隔离加固方案是在建筑物外侧施工,仅对土体起到隔离作用,保护建筑自身刚度未得到加强;而锚杆静压桩基础托换方案是将建筑外墙基础进行整体加固,同时施工锚杆静压桩又能对土体起到隔离作用,进而减小围护桩桩基施工以及土体开挖对建筑物的影响。因此,锚杆静压桩实施效果要比树根桩隔离加固好。

综上所述,本方案拟采用锚杆静压桩基础托换加固。

2. 受力分析及计算

(1)大放脚基础托换

原结构砖墙两侧增设基础梁 JCL-1,同时通过设置穿墙连梁 JCL-2 连接两侧基础梁与结构砖墙为一整体,从而达到基础托换的目的。

条形基础梁宽度应满足锚杆静压桩基础承台的构造要求:①承台周边至边桩的净距不宜小于 200 mm;②承台厚度不宜小于 350 mm;③桩顶嵌入承台内长度应为 50~100 mm。

(2)托梁设计

托梁承受由墙体传递过来的集中荷载,再将荷载传递给条梁,最后传递给托换桩。由图 8-53 可以看出,其受力与深受弯构件比较相近。因此,在设计过程中按照深受弯构件的要求进行设计。托梁截面尺寸取 $h \times b = 340$ mm$\times 350$ mm,托梁长度 $l_0 = 950$ mm。

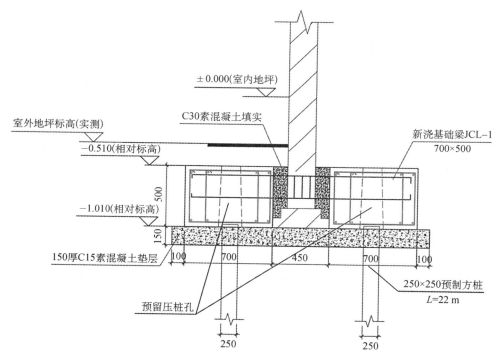

图 8-53 基础托换加固示意图(单位:mm)

$l_0/h = 950/340 = 2.794, 2 < 2.794 < 5$,属于一般深受弯构件。

根据《混凝土结构设计规范》(GB 50010—2010)(2015 年版)附录 G,正截面受弯构件符合以下公式:

$$M \leqslant f_y A_s z \tag{8-1}$$

$$z = \alpha_d (h_0 - 0.5x) \tag{8-2}$$

$$\alpha_{d} = 0.8 + 0.04 l_0 / h \qquad (8-3)$$

墙体传递给托梁的弯矩为 26 kN/m;纵向受拉钢筋 $A_s = 345$ mm^2。

受剪截面验算:

$$V \leqslant \frac{1}{60}(10 + l_0/h)\beta_c f_c h_0 \qquad (8-4)$$

墙体传递给托梁的剪力为 110 kN,经验算,斜截面受剪满足要求。

斜截面受剪承载力设计:

$$V \leqslant \frac{1.75}{\lambda+1}f_t b h_0 + \frac{(l_0/h - 2)}{3}f_{yv}\frac{A_{sv}}{s_h}h_0 +$$
$$\frac{(5 - l_0/h)}{6}f_{yh}\frac{A_{sh}}{s_v}h \qquad (8-5)$$

经验算,仅需按构造要求配箍筋,$A_{sh} = 70$ mm^2。

(3)锚杆静压桩

在新增基础梁上预留压桩孔,布设锚杆静压桩进行基础加固(图 8-54)。

① 按桩身结构强度确定的单桩承载力设计值

根据上海市工程建设规范《地基基础设计规范》(DGJ 08-11—2010)第 7.2.8 条,预制方桩的承载力设计值为:$Q'_d \leqslant 0.75 f_c A_p = 0.75 \times 16\ 700 \times 0.25 \times 0.25 = 783$ kN。

② 按地基土确定的单桩承载力设计值

采用的计算孔号为 G4,孔口标高为 3.45 m,桩长 22 m,桩顶标高为 2.15 m。

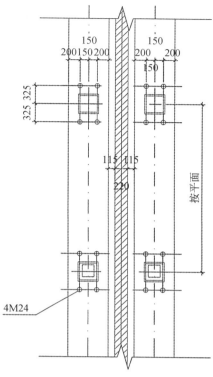

图 8-54　锚杆静压桩平面布桩大样图(单位:mm)

表 8-8　土层参数

土层编号	土层名称	层底深度/m	预制桩桩侧极限摩阻力标准值/kPa	桩端极限摩阻力标准值/kPa
②	褐黄～灰黄色粉质黏土	3.2	15	
③	灰色淤泥质粉质黏土	5.8	15<6 m	
			25>6 m	
④	灰色淤泥质黏土	8.2	20	
⑤₁	灰色黏质黏土	2.4	35	
⑤₂	灰色黏质粉土	4.9	45	
⑤₃	灰色粉质黏土	17.8	70	1 500

根据上海市工程建设规范《地基基础设计规范》(DGJ 08-11—2010)第 7.2.4 条,根据土层条件(表 8-8)估算:$R_d = \dfrac{R_{sk}}{\gamma_s} + \dfrac{R_{pk}}{\gamma_p} = \dfrac{U_p \sum f_{si} l_i}{\gamma_s} + \dfrac{f_p A_p}{\gamma_p} = 269$ kN。

综合以上,预制方桩单桩竖向承载力标准值为 538 kN,单桩竖向承载力设计值取 269 kN。

③ 整体承载力验算

上部结构荷载基本组合值:$F_d = 3\,200$ kN

基础自重:$G_d = A \times h \times r = 200 \times 0.34 \times 20 = 1\,360$ kN

$F_d + G_d = 3\,200 + 1\,360 = 4\,560$ kN

桩基提供支承力 $n \times R_d = 49 \times 269 = 13\,181$ kN,由于基坑开挖会引起周边建筑物桩基侧向位移,导致基坑外侧一定范围内桩基承载力减小,按 50% 折减后,桩基支承力为 $13\,181 \times 50\% = 6\,591$ kN,$50\% \times n \times R_d > (F_d + G_d)$。本次布桩为常规桩基全托换加固方式,建筑物沉降将主要由桩侧土提供,可有效控制建筑物沉降。

3. 设计

(1) 基础托换

由于原基础为砖砌大放脚条形基础,不能满足锚杆静压桩施工条件,所以在压桩前需对原基础进行托换,在原结构砖墙两侧增设基础梁 JCL-1,同时通过设置穿墙连梁 JCL-2 连接两侧基础梁与结构砖墙为一整体。新增基础梁截面尺寸为 700 mm×500 mm,采用 C30 混凝土,梁底设置 150 mm 厚 C15 素混凝土垫层,梁底混凝土保护层厚 35 mm。梁内主筋设置应避开预留压桩孔位。托梁截面尺寸为 340 mm×350 mm,采用 C30 混凝土,梁底混凝土保护层厚 35 mm。

(2) 锚杆静压桩加固

锚杆静压桩是锚杆和静力压桩结合形成的一种桩基础工艺。它是通过在基础上设置锚杆固定压桩架,用建筑物自重作为压桩反力,用千斤顶将桩段逐段压入土中,然后将桩与基础连接在一起,从而达到提高地基承载力和控制沉降的目的。

锚杆静压桩桩型选用 MGZa25-211,桩长总长为 22 m,单节长度为 2 m,共 11 节,采用焊接接头接桩,桩端进入第⑤$_2$ 层粉质黏土层约 3 m,桩身混凝土强度为 C35。

压桩力不得大于该加固部分的结构自重,压桩力为 300 kN。锚杆静压桩施工前需进行压桩力测试,如结构自重不满足压桩力要求,可适当增加配重,防止墙体开裂。

4. 加固时间安排

考虑到 6 幢历史建筑使用功能未定,并通过加强基坑支护体设计与基坑施工管理,基坑工程对 6 幢历史建筑不会产生严重破坏,所以地基加固时间放在国际舞蹈中心建成后,在对 6 幢历史建筑加固改造时一起进行。

8.5　工程监测

8.5.1　监测目的

在岩土工程中,由于地质条件、荷载条件、材料性质、地下构筑物的受力状态和力学机理、施工条件以及外界其他因素的复杂性,很难单纯从理论上预测工程中可能遇到的问题,而且理论预测值还不能全面而准确地反映工程的各种变化。所以,在理论分析指导下有计划地进行现场监测是十分必要的。

通过监测工作,可以达到以下目的:①发现不稳定因素。由于土体成分的不均匀性、各向异性及不连续性决定了土体力学的复杂性,加上自然环境因素的不可控影响,必须借助监测手段进行必要的补充,以便及时获取相关信息,确保基坑稳定安全。②验证设计,指导施工。通过监测可以了解结构内部及周边土体的实际变形和应力分布,用于验证设计与实际的符合程度,并根据变形和应力分布情况为施工提供有价值的指导性意见。③保障业主及相关社会利益。通过分析周边地下管线监测数据,调整施工参数、施工工序等一系列相关环节,确保地下管线的正常运行,有利于保障业主及相关社会利益。

8.5.2 监测方案

1. 基坑监测内容

基坑施工时,应根据监测的数据及时调整施工进度和方法,必要时对个别薄弱处进行加固处理。现场监测的对象包括支护结构、地下水位、周围建构筑物、周边地下管线、与基坑相邻的城市道路路面。

本项目监测的具体内容包括:①周边地下管线垂直位移、水平位移监测;②周边建(构)筑物垂直位移监测;③周边地表沉降监测;④围护桩顶垂直位移、水平位移监测;⑤围护桩侧向变形监测;⑥支撑轴力监测;⑦立柱沉降监测;⑧坑内外地下水位监测。

沉降观测一般采用相对高程系,通过高程控制点间联测一条水准线路,把线路中的一个高程控制点作为工作基点与各观测点构成高程闭合环来测得各观测点高程,观测点高程的初始值必须在施工前测定,至少测量 2 次取平均。某监测点本次高程减前次高程的差值为本次沉降量,本次高程减初始高程的差值为累计沉降量。

水平位移观测采用视准线法、小角法、前方交会、导线法等进行测量。围护墙深部水平位移采用测斜仪进行测量。随着基坑开挖施工,土体内部的应力平衡状态被打破,从而必将导致深部墙体的水平位移。在围护结构内部预埋测斜管,测斜探头滑轮沿测斜套管内壁导槽渐渐下放至管底,配以伺服加速度式测斜仪,自下而上每隔相应距离测定该点偏角值,然后将探头旋转 180°,在同一导槽内再测量一次,合起来为一测回,由此通过叠加推算各点的位置值。每个测斜管每测点的初始值为测斜管埋设两周后并在开挖前取 2 测回观测的平均值。施工过程中的日常监测值与初始值的差为其累计水平位移量,本次值与前次值的差值为本次位移量。

基坑施工过程中土体水位的变化将直接影响地基的稳定性。管口顶至管内水位的高差一般由钢尺水位计测出,由此计算水位与自然地面的相对标高。各孔水位高程的初始值在观测管埋设两周后并在基坑开挖前测定两次,取平均值作为初始值。日常监测值与初始值的差值为其累计变化量,本次值与前次值的差值为本次变化量。

支撑轴力测量是通过对埋设的应力计在不同受力情况下传感器的频率变化值进行相应计算可得到应力的变化值。日常监测值与初始值的差值为其累计变化量,本次值与前次值的差值为本次变化量。

2. 邻近建筑物监测内容

考虑到地下工程中可能存在不明确的不利因素,必须根据保护方案对坑周土体位移的控制要求,进行必要的、严格的监测。监测系统中要有理论分析和经验判断,确定监测内容、点位、频率及警戒值。在监测数据达到警戒值时增加监测频率和外观观测(如房屋裂缝、管道渗水等),在开始出现细微征兆时,就及时调整施工工艺,采取防护措施,以确保周围建筑物的安全。

现场监测要求必须对基坑施工实施全过程监测,及时提供监测信息和预报,以便评估基坑施工对建筑物的影响程度,预报可能发生的安全隐患。在监测过程中,对各监测项目的监测值可采用预警值、报警值和极限值三个等级进行控制:

(1)预警值是在保证建筑物不产生破坏的前提下所能达到的最大差异沉降值,预警值取极限值的60%。

(2)报警值是指当沉降过大或过快而接近控制值时,须采取必要措施和手段进行预防,报警值取极限值的80%。

(3)极限值是指施工过程中所能达到的最大沉降或差异沉降、水平位移控制值,超过这个值,建筑物结构将发生破坏。当指标到达或接近极限值时,应立即停止施工,上报专家组进行论证分析,确定具体保护措施。

上海国际舞蹈中心新建项目周边共6幢历史建筑,需保留并予以保护。根据上海市工程建设规范《房屋质量检测规程》(DG/TJ 08-79—2008)规定,该项目的检测及监测工作分为三个阶段,具体工作内容如下:

(1)第一阶段基坑施工前现状检测

① 调查房屋图纸资料以及建造、改建和使用历史;明确历史建筑的保护要求、保护范围和保护内容;调查并确认房屋基本结构体系,测绘建筑、结构平面示意图。

② 现场局部开挖检测基础形式、埋深。

③ 测量房屋不均匀沉降、倾斜的变形现状。

④ 检测并记录房屋已有损伤状况,重点保护部位的损伤着重检测。

⑤ 布置沉降、倾斜和裂缝观测点并测试其初始值。

⑥ 提出施工期间的监测方案,包括监测时间、监测设备、测点布置、监测方法、监测频率、成果提交形式等。

⑦ 提出沉降、裂缝报警值,报警值应根据房屋的保护级别、影响源的情况以及现行相关规范的要求合理确定。

(2)第二阶段施工期间监测

根据施工方案及相关工程经验,采用的监测频率如下:

① 桩基/围护开始施工—基坑开挖,沉降观测3次/周,裂缝观测2次/月,倾斜观测2次/季度。

② 基坑开挖—大底板浇筑完成,沉降观测1次/天,裂缝观测1次/周,倾斜观测1次/月。

③ 大底板浇筑完成—地下结构完成一层楼板浇筑前,沉降观测2次/周,裂缝观测1次/月,倾斜观测1次/季度。

④ 地下结构完成—主体结构封顶期间,沉降观测1次/周(或月),裂缝观测1次/2月(或半年),倾斜观测1次/年。

⑤ 主体结构封顶后一年内,沉降观测1次/季度,共4次。

上述监测频率为正常情况下的监测频率,现场监测时根据施工进度、监测数据变化情况调整监测频率、增减监测项目,达到报警值时及时报警。累计沉降达到报警值后,若变化速率同时达到报警值,沉降监测频率加密为2次/天。变形或损坏严重时补充屋盖构件位移监测。

(3)第三阶段结构完工后复测

① 所有新建主体结构封顶后,最终观测一次周边房屋的沉降及倾斜值,调查裂缝监测点变化情况。

② 综合分析施工过程中环境监测数据、沉降监测数据、倾斜及裂缝变化情况。

3. 监测频率安排

监测工作必须与施工进度相结合,监测频率应满足施工工况的要求,监测频率安排见表8-9。

表8-9 监测频率安排

施工阶段	监测频率	监测内容
施工前	至少测2次初值	施工区周边管线、建筑物等
围护结构及桩基础施工	1次/天	施工区周边管线、建筑物等
坑内加固、降水	1次/天	施工区周边管线、建筑物等
基坑开挖支撑—浇筑底板	1次/天	基坑及周边环境所有监测项目
浇筑底板—±0.00	1~2次/周	基坑及周边环境所有监测项目

上述监测频率为正常情况下的监测频率。当现场监测发现变形过大或出现险情时,应及时提高监测频率,以满足施工要求,保证工程安全顺利进行。

4. 监测数据报警值

根据上海市工程建设规范《基坑工程技术规范》(DG/TJ 08-61—2010)中提出的二级基坑及环境保护等级要求下的控制指标,结合基坑监测经验,对主要监测项目提出报警控制值,如表8-10所列。

表8-10 监测报警值

序号	监测内容	报警值
1	围护测斜	速率2 mm/d连续2天,累计20 mm
2	围护顶部沉降与位移	速率2 mm/d连续2天,累计20 mm
3	坑外水位	速率200 mm/天,累计500 mm
4	支撑轴力	达到设计轴力80%
5	立柱隆起	速率2 mm/d连续2天,累计10 mm
6	地表沉降	速率2 mm/d连续2天,累计30 mm
7	建筑物沉降	速率2 mm/d连续2天,累计20 mm
8	建筑物墙体裂缝	裂缝宽度增量或新出现裂缝宽度达到1.0 mm
9	建筑物倾斜	倾斜率增量达到1‰
10	管线沉降	速率2 mm/d连续2天,累计10 mm

注:表中数据为绝对值。

8.5.3 基坑监测的实测数据分析

由于本工程的监测数据量极大,无法将所有监测数据列出。在能说明问题的前提下,将基坑开挖阶段和地下工程施工阶段的各项监测数据列出。表8-11为基坑施工阶段围护桩及支撑轴力监测数据,图 8-55 为各施工工况下的围护桩变形曲线。

表 8-11   基坑施工阶段围护桩及支撑轴力监测数据

基坑施工阶段	围护桩水平位移/mm	围护桩垂直位移/mm	围护桩测斜/mm	第一道支撑轴力/kN
开挖第一皮土浇筑第一道支撑	0.6	0.24	0.14	
开挖第二皮土浇筑第二道支撑	3	2.46	1.35	195
开挖至基底	5.9	8.52	8.23	533
底板浇筑完成	8.3	14.01	10.48	755
拆除第二道支撑完成 B1 板	10.2	18.62	20.84	1 097
拆除第一道支撑完成 B0 板	16.6	20.46	27.3	

注:围护桩监测点号为 Q76,测斜点号为 CX4,支撑轴力点号为 ZC12。

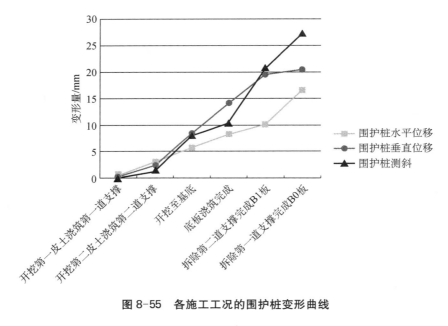

图 8-55　各施工工况的围护桩变形曲线

根据实测数据显示,基坑施工阶段围护桩水平位移基本控制在报警值范围内;围护桩垂直位移在拆除第一道支撑阶段达到了报警值;围护桩测斜在拆除第二道支撑阶段达到了报警值;支撑轴力控制在报警值范围内。在整个基坑施工阶段,基坑监测项目的实测数据均呈递增趋势,直至地下室结构封顶。这充分说明了基坑施工阶段各个工况必须连续施工,尽量减少基坑的暴露时间。

8.5.4　周边管线监测的实测数据分析

基坑管线的监测阶段主要分为围护桩施工阶段和基坑施工阶段两部分。监测数据由上海地矿工程勘察有限公司提供。

围护桩施工阶段的监测数据如表 8-12 所列。

表 8-12　　　　　　　　　　　　围护桩施工阶段监测数据

项目	单次变化最大值/mm	编号	单次报警值	累计最大值/mm	编号	累计报警值
信息	0.46	X14		−4.22	X14	
煤气	0.56	M12		−4.31	M12	
电力	0.62	DL7		−4.43	DL7	
电话	0.46	H9	>2 mm 或 <−2 mm	−3.98	H7	>10 mm 或 <−10 mm
上水	0.46	S8		−4.94	S14	
雨水	−0.26	Y1		−2.66	Y1	
污水	−0.29	W3		−2.18	W1	
高架	−0.26	GJ10		−1.21	GJ16	

基坑开挖阶段的监测数据如表 8-13—表 8-15 所列。

表 8-13　　　　　　3 区基坑开挖第一皮土,浇筑第一道支撑时的监测数据

项目	单次变化最大值/mm	编号	单次报警值	累计最大值/mm	编号	累计报警值
信息	−0.51	X1		−4.83	X8	
煤气	−0.35	M13		−4.61	M5	
电力	−0.37	DL14		−4.69	DL6	
电话	−0.34	H4	>2 mm 或 <−2 mm	−4.01	H5	>10 mm 或 <−10 mm
上水	−0.51	S9		−5.06	S8	
雨水	−0.33	Y1		−3.41	Y1	
污水	−0.34	W1		−2.86	W4	
高架	−0.31	GJ13		−1.69	GJ15	

表 8-14　　　　　　3 区基坑开挖第二皮土,浇筑第二道支撑时的监测数据

项目	单次变化最大值/mm	编号	单次报警值	累计最大值/mm	编号	累计报警值
信息	−0.31	X2		−5.97	X4	
煤气	−0.27	M8		−5.65	M10	
电力	−0.36	DL9		−5.37	DL6	
电话	−0.31	H3	>2 mm 或 <−2 mm	−5.10	H7	>10 mm 或 <−10 mm
上水	−0.33	S5		−5.40	S9	
雨水	−0.35	Y1		−3.91	Y1	
污水	−0.28	W3		−4.19	W4	
高架	−0.17	GJ21		−1.55	GJ15	

表 8-15　　　　　　　基坑开挖至基底并浇筑完垫层时的监测数据

项目	单次变化最大值/mm	编号	单次报警值	累计最大值/mm	编号	累计报警值
信息	−0.42	X15		−6.57	X4	
煤气	−0.45	M15		−6.32	M5	
电力	−0.41	DL14		−5.35	DL8	
电话	−0.44	H15	>2 mm 或 <−2 mm	−5.75	H7	>10 mm 或 <−10 mm
上水	−0.37	S10		−5.90	S9	
雨水	−0.26	Y3		−4.41	Y3	
污水	−0.34	W4		−4.88	W4	
高架	−0.31	GJ17		−1.96	GJ19	

根据表 8-12—表 8-15 数据显示,在围护桩及基坑施工阶段,基坑周边管线的位移均控制在报警值之内。本基坑的围护设计方案及基坑的施工安全措施对控制基坑周边管线的变形起到了显著的作用。

8.5.5　邻近建筑物的实测数据分析

邻近建筑物的监测阶段主要分为围护桩(主要是止水帷幕)施工阶段和基坑施工阶段两部分。监测数据由上海市建筑科学研究院提供。

根据邻近建筑物的分布情况(图 8-3)及现状检测结果(第 8.2 节),选取 10♯楼为重点分析对象。

1. 第一阶段:围护桩(主要为止水帷幕)施工阶段

三轴止水搅拌桩于 2013 年 5 月 7 日开始施工,沿基坑南边向西推进。打桩计划:5 月 20 日前后打到 10♯楼附近,5 月 26 日开始在 3 区北侧施工。搅拌桩施工计划及路线见图 8-56。

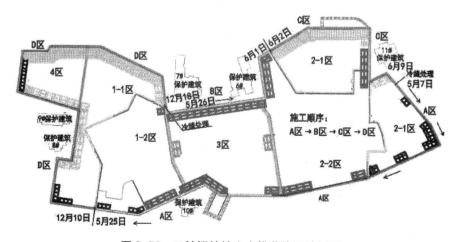

图 8-56　三轴搅拌桩止水帷幕施工计划图

实际情况:5 月 18 日,三轴搅拌桩开始施工至 10♯楼周边 1 倍搅拌桩长度范围内,此时施工方放慢了速度;5 月 26 日、27 日三轴桩施工离 10♯楼最近,距离仅为 2.2 m;5 月

31日,三轴桩施工至1-2区西侧;6月1日开始施工3区及1-2区之间的中隔墙,中隔墙围护为钻孔灌注桩,灌注桩两侧均有三轴搅拌桩止水。为及时了解三轴止水搅拌桩施工对房屋的影响情况,房屋监测人员对10♯楼的沉降、倾斜及裂缝进行了跟踪监测。图8-57及图8-58为10♯楼监测点布置情况。

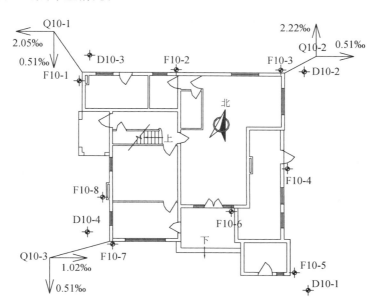

（注：图中倾斜测点箭头所标为初始倾斜方向）

图 8-57　10♯楼沉降及倾斜测点布置图

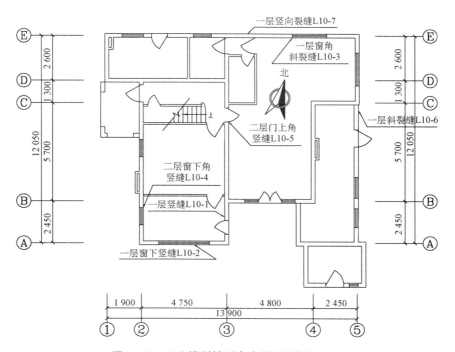

图 8-58　10♯楼裂缝测点布置图(单位:mm)

三轴止水搅拌桩施工至 10♯ 楼周边时,加密监测频率,从 5 月 18 日开始,沉降监测频率改为 1 次/天,其中 5 月 27 日监测 2 次,截至 6 月 6 日,期间沉降观测共进行了 22 次。同时于 5 月 8 日、5 月 26 日及 6 月 3 日对 10♯ 楼进行倾斜和裂缝观测。

垂直位移典型测点数据如表 8-16 所列。沉降时程曲线如图 8-59 所示。

表 8-16 垂直位移典型测点数据

测点编号	累计变化量/mm	期间平均沉降速率/(mm·d⁻¹)	报警情况
F10-1	−8.8	−0.35	5 月 27 日沉降速率报警
F10-2	−7.9	−0.30	
F10-3	−6.0	−0.23	

注:"−"表示沉降,"+"表示隆起。报警值:累计位移 20 mm 或沉降速率连续 2 天达到 2 mm/d。

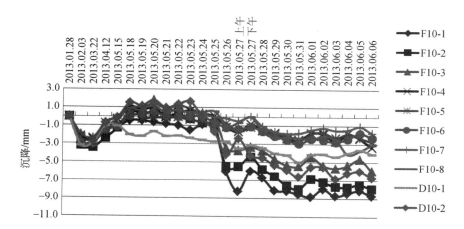

图 8-59 10♯ 楼沉降监测数据

沉降监测数据显示,三轴止水搅拌桩在离房屋 1 倍搅拌桩长 28 m 范围外施工时,搅拌桩施工对房屋沉降影响不明显;在离房屋 1 倍搅拌桩长 28 m—离房屋约 8 m 范围内施工时,搅拌桩施工对房屋沉降有轻微的影响,沉降变化量不大;在离房屋 8 m 范围内施工时,房屋沉降速率最大,且靠近三轴搅拌桩一侧的房屋沉降相对另一侧的房屋沉降要大。

在三轴止水搅拌桩经过 10♯ 楼周边施工期间,10♯ 楼最大沉降点为 F10-1,期间变化量为 −7.7 mm,沉降速率为 −0.35 mm/d,累计沉降值为 −8.8 mm。二者均未报警。在 5 月 27 日,搅拌桩离 10♯ 楼最近距离 2.2 m 施工时,测点 F10-1 达到了沉降速率报警值,其他测点无报警,除此次报警以外,均未发现有沉降速率报警情况。从连续三天的监测数据显示,10♯ 楼沉降趋于平稳,处于可控范围。

倾斜典型测点数据如图 8-17 所示。

表 8-17 倾斜典型测点数据

测点编号	累计变化量/‰	报警值/‰
Q10-1	向西 1.0;向北 1.2	±1
Q10-2	向东 0.0;向北 0.9	±1

房屋倾斜监测显示,在三轴止水搅拌桩经过10♯楼周边施工期间,10♯楼北侧靠搅拌桩施工区域的两角点的倾斜累计增量达到1‰左右,处于报警边界。从连续监测数据显示,倾斜发展较平稳,未发现异常突变情况。

10♯楼房屋裂缝监测显示,三轴止水搅拌桩在10♯楼周边施工期间,裂缝无明显变化。

2. 第二阶段:基坑施工阶段

(1)基坑开挖第一皮土浇筑第一道支撑

垂直位移变化较大的监测点数据如表8-18所列。

表8-18　　　　　　　　　　　垂直位移变化较大的监测点数据

房号	测点编号	累计变化量/mm	周变化量/mm	周平均速率/(mm·d⁻¹)	报警情况
10	F10-2	−24.9	−1.3	−0.19	累计变化量报警

房屋倾斜监测显示,10♯楼倾斜在开挖第一皮土浇筑第一道支撑期间无明显变化。

(2)基坑开挖第二皮土浇筑第二道支撑

垂直位移变化较大的监测点数据如表8-19所列。

表8-19　　　　　　　　　　　垂直位移变化较大的监测点数据

房号	测点编号	累计变化量/mm	周变化量/mm	周平均速率/(mm·d⁻¹)	报警情况
10	F10-2	−31.4	−5.1	−0.25	累计变化量报警

倾斜典型测点数据如表8-20所列。

表8-20　　　　　　　　　　　　倾斜典型测点数据

测点编号	累计变化量/‰	报警值/‰
Q10-1	向西0.5;向北1.6	±1
Q10-2	向西0.2;向北1.4	±1

10♯楼倾斜已达到1‰。

(3)基坑开挖至基底并浇筑垫层

垂直位移变化较大的监测点数据如表8-21所列。

表8-21　　　　　　　　　　　垂直位移变化较大的监测点数据

房号	测点编号	累计变化量/mm	周变化量/mm	周平均速率/(mm·d⁻¹)	报警情况
10	F10-2	−45.4	−3.8	−0.55	累计变化量报警

(4)大底板浇筑完成

垂直位移变化较大的监测点数据如表8-22所列。

表8-22　　　　　　　　　　　垂直位移变化较大的监测点数据

房号	测点编号	累计变化量/mm	周变化量/mm	周平均速率/(mm·d⁻¹)	报警情况
10	F10-2	−48.9	−2.5	−0.36	累计变化量报警

（5）拆除第二道支撑并浇筑 B1 板

垂直位移变化较大的监测点数据如表 8-23 所列。

表 8-23　　　　　　　　　　　　垂直位移变化较大的监测点数据

房号	测点编号	累计变化量/mm	周变化量/mm	周平均速率/(mm·d⁻¹)	报警情况
10	F10-2	−56.3	−2.2	−0.31	累计变化量报警

（6）拆除第一道支撑并浇筑 B0 板

垂直位移变化较大的监测点数据如表 8-24 所列。

表 8-24　　　　　　　　　　　　垂直位移变化较大的监测点数据

房号	测点编号	累计变化量/mm	周变化量/mm	周平均速率/(mm·d⁻¹)	报警情况
10	F10-2	−68.8	−1.6	−0.23	累计变化量报警

从 10♯楼监测数据显示，止水帷幕施工期间对邻近建筑 10♯楼沉降、倾斜及裂缝的影响较小，在报警值控制范围以内。基坑施工阶段，从开挖第一皮土开始，邻近建筑 10♯楼沉降监测点超过报警值，但是房屋倾斜无明显变化，房屋变形基本可控。随着基坑施工进展，10♯楼累计沉降不断增加，基坑开挖至基底并浇筑大底板完成时，10♯楼累计沉降值达到 2 倍报警值。基坑结构封顶之后 10♯楼累计沉降达到 3.5 倍报警值。

3. 多因素分析

基坑开挖引起周边历史建筑物沉降，考虑到基坑开挖的影响因素较多，基于监测资料，统计土方开挖量、土方中心到 10♯楼距离（中心距）和不同区块开挖时间，研究三者与 10♯楼在各施工工况下的沉降变化量的关系，统计资料详见表 8-25。

表 8-25　　　　　　　　　　　　归一化处理

开挖区块	土方/m³	土方归一化 x_1	中心距/m	中心距归一化 x_2	时间/d	时间归一化 x_3	沉降变化量 y/mm
1-1	33 748.00	1.00	56.63	0.62	100.00	0.45	0.08
1-2	55 382.60	1.63	72.82	0.80	140.00	0.63	3.27
1-3	73 553.22	2.17	138.18	1.52	175.00	0.79	1.50
1-4	872.95	0.03	140.50	1.54	190.00	0.86	0.20
2-1	22 325.60	0.66	56.63	0.62	290.00	1.31	0.13
2-2	16 908.46	0.50	52.86	0.58	310.00	1.40	5.98
2-3	34 507.50	1.02	119.16	1.31	350.00	1.58	0.01

由归一化数据可得沉降量与土方开挖量、中心距和开挖时间的关系：

$$y = 0.625x_1 - 2.166x_2 + 1.087x_3 + 2.043 \qquad (8-6)$$

由表 8-25 和式(8-6)可知：

（1）基坑开挖引起周边历史建筑物沉降，其沉降量与基坑土方开挖量正相关，即土方开挖量越大，10♯楼的沉降越大；建筑物沉降量与土方中心距负相关，即中心距越大，建筑物基础受基坑开挖的影响越小;建筑物沉降量与基坑开挖时间正相关,随着时间的加大,基坑周边土体固结沉降越来越大,固结程度越来越大。

(2) 由式(8-6)可知,中心距对 10♯楼变形的影响程度最大,时间影响次之,土方开挖量影响较小,说明基坑周边邻近历史建筑物与基坑距离的影响最为明显,基坑开挖会引起周边土体应力释放和地下水的下沉,进而引起土层产生沉降变形,随着时间的加大,由降水引起的地层固结沉降也越来越明显。

(3) 在监测方案上,需要着重对基坑周边历史建筑物的基础沉降监测,结合相应地区的差异沉降标准进行防护控制,以期达到保护周边历史建筑物的目的。

8.6   数值计算分析

随着大量基坑工程的涌现,基坑工程本身的结构安全设计已经不能满足当前的建设需要。有些基坑工程周边环境相当复杂,在基坑开挖施工过程中稍有不慎就会对周边环境造成破坏,尤其是邻近历史保护建筑物的情况,需要进行实时监控,一旦有不利情况出现,要及时采取补救措施。基坑开挖不仅引起基坑本身的结构变形,也会引起周边邻近历史建筑物的变形。当建筑物基础产生不均匀沉降时,可能导致建筑物墙体产生裂缝,甚至会引起建筑物倒塌,所以研究基坑开挖对邻近历史建筑物的影响要得到重视。

有限元法是建立在现代计算机技术和工程问题基本理论的基础上,用于解决复杂工程问题的一种数值方法。由于它能较容易地处理分析域的复杂形状及边界条件,材料的物理非线性和几何非线性问题,所以应用发展非常迅速。目前,该方法已经被广泛用于分析基坑开挖问题,成为土工数值分析的重要手段。

8.6.1   MIDAS 有限元软件介绍

本工程采用专业的大型岩土有限元分析软件 MIDAS-GTS,建立三维实体单元进行基坑开挖分析。GTS 是一个专门用于岩土工程变形和稳定性分析的有限元计算程序,可以模拟土体的非线性、时间性以及各向异性的行为。通过几何模型的图形化输入实现计算剖面的结构和施工过程以及荷载和边界条件的模拟。通过自动化生成网格模拟土体、结构和接触单元。采用 Mohr-Coulomb、修正 Mohr-Coulomb、Duncan-Chang 等本构模型模拟土体的不同特性。采用不同的迭代过程计算控制方法,模拟分步施工、单元生死和荷载激活。同时可以模拟土体的初始自重应力、地铁隧道、桩基、地下水等地下结构和土体界面影响,在国内外岩土工程数值分析中得到广泛的应用。

8.6.2   基本假定

在岩土分析中应尽量使用实体单元模拟土体,以真实地模拟岩土的非线性特点、地基应力状态、基坑开挖过程,以便得到较为真实的模拟结果。采用 MIDAS 有限元分析软件对基坑支护体系在开挖过程中的工作性状进行数值模拟,分析在各阶段开挖过程中连续墙位移、支撑轴力、土体沉降等情况,并将实测数据与其对比分析,以验证模型的正确性及实测数据的可靠性。基本假定如下:

(1) 考虑基坑的形状以及空间效应,土层和基坑的应力应变均在弹塑性范围内变化。

(2) 在土体开挖之前已经进行了坑内降水,在此不考虑基坑降水和渗流等影响。

（3）假定周边土层为线性均匀分层分布。

（4）考虑坑内加固限制了桩底的水平位移，对桩底水平位移进行限制。

8.6.3 计算范围的设定

基坑开挖的影响范围取决于基坑开挖的几何形状、竖向开挖深度以及土质条件等很多因素，一般是开挖深度的 2～4 倍，考虑到基坑开挖对周边历史建筑物的影响，故计算平面范围需向外扩延。在确定计算边界的时候，一般根据土层相对坚硬程度来确定下边界，计算模型深度取至 25 m。因此，整个有限元计算区域取为 480 m×260 m×25 m，如图 8-60 所示。对计算区域内涉及的基坑支护结构进行了三维精细建模，如图 8-61 所示。

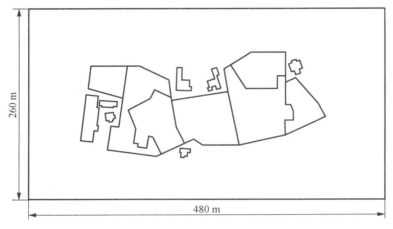

图 8-60　计算平面图

图 8-61　三维计算模型

8.6.4 围护结构数值模型

基坑支护结构采用钻孔灌注桩，围护灌注桩外侧采用三轴搅拌桩作为隔水体系。由于基坑范围较大，可以采用刚度代换法，在模型中采用等刚度的地下连续墙进行模拟，立柱部分采取位移固定约束替换,围护结构详见图 8-62。

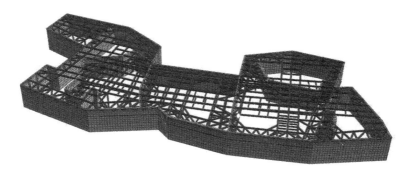

图 8-62　围护结构模型

8.6.5　土体参数选取

根据勘察报告所提供的资料,整个基坑数值模型主要包括土体、地下连续墙、钢筋混凝土支撑等部件。综合勘察报告和常用材料的参数,将所涉及土体的物理力学参数列于表 8-26。

表 8-26　　　　　　　　　　　　　　　　土体物理力学参数

材料	土层序号	土层名称	深度 /m	重度 /(kN·m⁻³)	黏聚力 c /kPa	内摩擦角 φ/(°)	压缩模量 E_s/MPa
场地土层	1	杂填土	0～1	18.0	5	5	8.0
	2	粉质黏土	1～3	18.4	21	18	6
	3	淤泥质粉质黏土	3～9	17.5	14	15	8.5
	4	淤泥质黏土	9～18	17.0	12	10	14
	5	粉质黏土	18～20	17.9	18	22.5	16

8.6.6　边界及荷载处理

模型的边界设置情况如下:设置基坑模型土体四周为平面的水平位移约束,对模型底部施加固定约束,模型中支护桩等代地下连续墙单元与土体单元之间采用节点耦合,支撑单元与等代地下连续墙之间采用节点耦合,立柱与支撑的连接处用固定约束代替立柱。荷载方面考虑各单元的自重应力。围护结构与周边土体的接触采用摩擦接触,周边地表超载20 kPa,周边历史建筑物按层高进行计算,每层 15 kPa。

8.6.7　数值计算开挖步骤

为真实模拟基坑的实际施工过程,数值计算过程严格依照其施工工况开展,工程实际施工过程是分步开挖、先撑后挖、严禁超挖。本基坑一共有两道支撑,为了方便计算统计,将基坑开挖的区块分为图 8-63 和图 8-64 所示的两层。将计算过程分解为 16 步,如表 8-27所示。

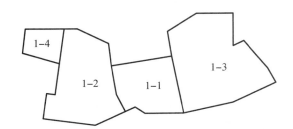

图 8-63 开挖第一层土区块

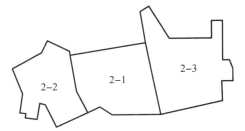

图 8-64 开挖第二层土区块

表 8-27   基坑开挖数值模拟步骤

计算工况	分析步	计算内容
1	地应力平衡	移除所有支撑体系,对土体和周边历史建筑物施加重力,进行场地的地应力平衡
2	激活围护结构	将基坑周边围护结构激活
3	钝化 1-1 层土体	钝化开挖区厚 6.4 m 的土层
4	激活第 1-1 区支撑	加第一层混凝土支撑,并施加支撑重力
5	钝化 1-2 层土体	钝化开挖区厚 6.4 m 的土层
6	激活第 1-2 区支撑	加第一层混凝土支撑,并施加支撑重力
7	钝化 1-3 层土体	钝化开挖区厚 6.4 m 的土层
8	激活第 1-3 区支撑	加第一层混凝土支撑,并施加支撑重力
9	钝化 1-4 层土体	钝化开挖区厚 6.4 m 的土层
10	激活第 1-4 区支撑	加第一层混凝土支撑,并施加支撑重力
11	钝化 2-1 层土体	钝化开挖区厚 4.4 m 的土层
12	激活第 2-1 区支撑	加第一层混凝土支撑,并施加支撑重力
13	钝化 2-2 层土体	钝化开挖区厚 4.4 m 的土层
14	激活第 2-2 区支撑	加第一层混凝土支撑,并施加支撑重力
15	钝化 2-3 层土体	钝化开挖区厚 4.4 m 的土层
16	激活第 2-3 区支撑	加第一层混凝土支撑,并施加支撑重力

按照上述计算策略可得到每一步施工工况下基坑周边土体、支护桩、支撑梁等各部件的位移和内力情况。

8.6.8 数值计算结果与分析

由邻近历史建筑物与基坑的相对位置可知,10♯楼离基坑的距离较近,基坑长边的土体开挖影响较大,经数值模拟结果比较分析得到了验证。

1. 方向规定

为便于叙述,先统一方位,T1X 向和 T2Y 向表示水平向,T3Z 向表示垂直向,且以垂直向上为正方向。

2. 地应力平衡

图 8-65 为地应力平衡后的应力分布,从图中可看出,地应力平衡后垂直向的应力自上而下递增,即表层土体的自重应力小,底层土层的自重应力大,符合实际情况。由于地下连续墙的重度大于土体自身的重度,在地应力平衡时,地下连续墙会拖拽土体,地下连续墙周边边缘处的应力会大于周边土体的应力。

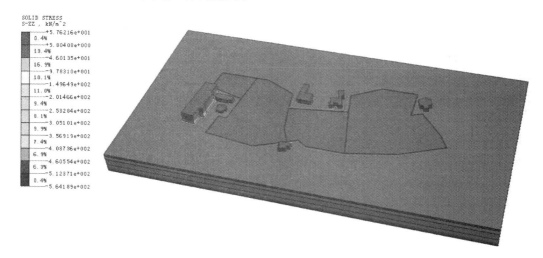

图 8-65 地应力平衡

3. 周边地表沉降

基坑开挖不仅影响其本身的结构变形,也会影响周边土体的变形。当周边地表产生沉降时,会带动基坑周边邻近建筑物沉降,随着基坑开挖深度的加大,邻近建筑物的沉降也会越来越大。应用有限元,根据实际工程工况,设定模型计算步骤,基坑开挖对邻近建筑物的沉降影响如图 8-66 所示。由图可知:

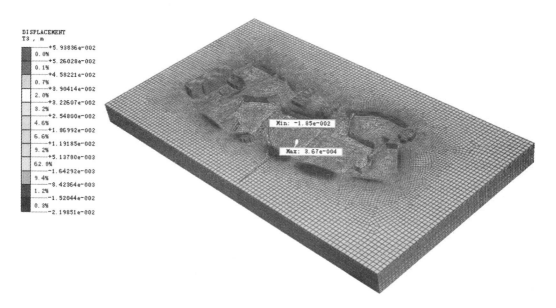

图 8-66 基坑周边地表沉降

（1）考虑到基坑开挖的空间效应及其自身复杂的几何形状,基坑开挖引起坑内土体应力释放,从而引起基坑周边地表沉降。对应于不同的基坑位置,第二层土开挖的长条边处的变形较大。

（2）土体应力释放较大,造成坑底隆起较大,导致基坑周边地表沉降较大,从而带动邻近建筑物沉降加大,所以为了保护邻近建筑物的安全,需要采取先期保护措施。

（3）周边历史建筑物楼体因其整体刚度较大,基坑开挖可能引起周边历史建筑物产生差异沉降,10♯楼的差异沉降较为明显。

基坑开挖的过程是基坑开挖面上卸荷的过程,由于卸荷而引起坑底土体产生以向上为主的位移,同时也引起围护墙在两侧压力差的作用下而产生水平向位移以及因此而产生的墙外侧土体的位移。可以认为,基坑开挖引起周围地层移动的主要原因是坑底的土体隆起和围护墙的位移。

由图 8-67、图 8-68 可知,围护墙体最大水平位移随开挖深度的加深而增大,原因是随着开挖深度的增大,坑内土体不断被取出,坑内应力卸荷,围护结构两侧应力差值增大,导致围护结构的变形逐渐增大。围护墙体剖面的水平位移呈现两头小、中间大的抛物线形态,在基坑底部附近处位移最大;墙体水平变形偏向坑内,由于插入比较大,墙底变形量很小。

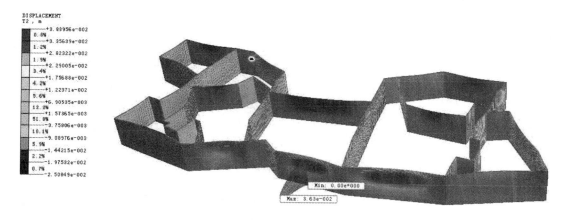

图 8-67　围护结构水平变形

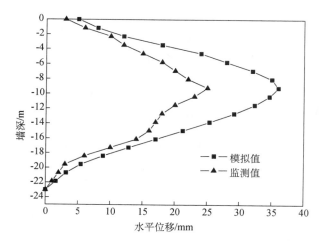

图 8-68　墙深与水平位移的关系

4. 10♯楼沉降分析

在实际工程中,基坑周边历史建筑物竖向沉降需要得到重视。事实上由于基坑开挖,土体自重应力的释放引起周边地表沉降,当周边存在历史建筑物时,会使建筑物基础产生沉降,由于建筑物与坑边的距离有远近之分,建筑物基础会产生差异沉降,基础的不均匀沉降会产生较大的危害,实际工程中就出现过建筑物因差异沉降而产生裂缝的情况。根据设计要求,差异沉降需要进行控制。

（1）基坑开挖引起的 10♯楼基础沉降

基坑的整体开挖见图 8-69，主要研究不同区块土方开挖量及其形心到建筑基础距离对建筑基础沉降的影响。不同区块土方开挖数据如表 8-28 所列。

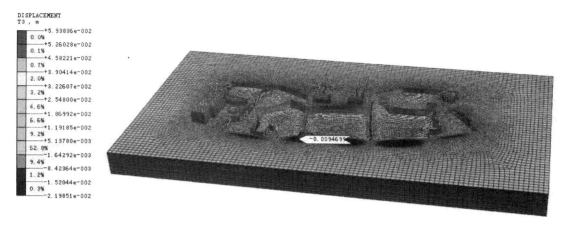

图 8-69　基坑开挖引起的 10♯楼基础沉降

表 8-28　　　　　　　　　不同区块土方开挖数据统计

开挖区块		面积/m²	开挖深度/m	土方开挖量/m³	形心与 10♯楼距离/m
第一层开挖	1-1	5 192	6.5	33 748	56.63
	1-2	8 520.4	6.5	55 382.6	72.82
	1-3	11 315.88	6.5	73 553.22	138.18
	1-4	134.3	6.5	872.95	140.5
第二层开挖	2-1	5 192	4.3	22 325.6	56.63
	2-2	3 932.2	4.3	16 908.46	52.86
	2-3	8 025	4.3	34 507.5	118.16

表 8-29　　　　　　　　　归一化处理

开挖区块	土方/m³	土方归一化 x_1	距离/m	距离归一化 x_2	沉降变化量 y/mm
1-1	33 748.00	1.00	56.63	0.62	0.08
1-2	55 382.60	1.63	72.82	0.80	3.27
1-3	73 553.22	2.17	138.18	1.52	1.5
1-4	872.95	0.03	140.50	1.54	0.2
2-1	22 325.60	0.66	56.63	0.62	0.13
2-2	16 908.46	0.50	52.86	0.58	5.98
2-3	34 507.50	1.02	118.16	1.31	0.01

由归一化数据(表 8-29)可得 10♯楼基础沉降与土方开挖和形心与建筑距离的关系：

$$y = 0.395x_1 - 2.113x_2 + 3.31 \tag{8-7}$$

由图 8-69 和式(8-6)可知：

基坑开挖引起周边历史建筑物沉降，其沉降量与基坑土方开挖正相关，即土方开挖量越大，10♯楼的沉降越大；建筑物沉降量与土方形心距负相关，即形心距越大，建筑物基础受基坑开挖的影响越小。

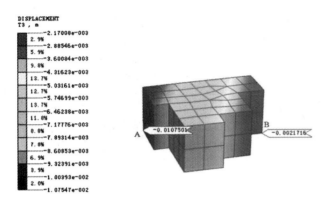

图 8-70 10♯楼差异沉降模拟

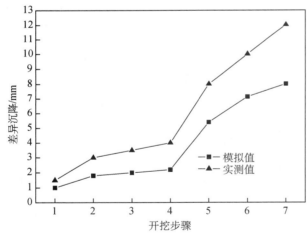

图 8-71 10♯楼差异沉降模拟值与实测值对比

由图 8-69 可知，开挖 1-2 区和 2-2 区对 10♯基础沉降影响较大，由于两区开挖离 10♯楼较近，所以建筑基础沉降受到的影响较大；其他离 10♯楼较远的土方开挖对 10♯楼的影响较小；在实际工程中，需要着重关注 1-2 区和 2-2 区开挖对 10♯楼的沉降影响。

由式(8-6)可知，土方开挖形心距相较于土方开挖量的影响更大，所以在实际工程监测中，需要重点监测离基坑边较近的建筑物基础沉降。

(2) 10♯楼基础差异沉降

研究基坑开挖引起邻近建筑物基础差异沉降的影响，如图 8-70 和图 8-71 所示。由图可知：

随着基坑开挖的进行，10♯楼基础差异沉降越来越大，说明基坑开挖随着开挖深度的加大，周边土层的变形量会越来越大，对于周边建筑而言，差异沉降控制的难度加大。

分区开挖过程中，离建筑物越近，对建筑物差异沉降的影响越大，在实际工程中尤其要注意离建筑物较近区块基坑土体的开挖对建筑物基础沉降的影响，要进行实时监测。

相较于第一层开挖，第二层开挖对 10♯楼的影响较大，整体来看，第二层开挖离 10♯楼的中心距较近，在第一层开挖的基础上，第二层的开挖引起坑内外应力差增大，引起的沉降值也增大。

8.6.9 小结

本节以实际基坑工程为依托，采用有限元建立三维数值模型，分步分工况模拟了基坑开挖的全过程，主要研究了基坑围护结构变形及邻近历史建筑物基础沉降的变化，得出以下结论：

（1）在基坑开挖过程中，空间效应影响较为明显，基坑开挖引起坑内土体应力释放，从而引起基坑周边地表沉降，对应于不同的基坑位置，第二层土开挖的长条边处的变形较大。

（2）周边历史建筑物因其整体刚度较大，结合建筑物距离基坑边的远近不同，基坑开挖可能引起周边历史建筑物产生差异沉降，10#楼的差异沉降较为明显。

（3）围护墙体最大水平位移随开挖深度的加深而增大，原因是随着开挖深度的增大，坑内土体不断被取出，坑内应力卸荷，围护结构两侧应力差增大，导致围护结构的变形逐渐增大。围护墙体剖面的水平位移呈现两头小、中间大的抛物线形态，在基坑底部附近处位移最大；墙体水平变形偏向坑内，由于插入比较大，墙底变形量很小。

（4）基坑开挖引起周边历史建筑物沉降，其沉降量与基坑土方开挖正相关，即土方开挖量越大，10#楼的沉降越大；建筑物沉降量与土方形心距负相关，即形心距越大，建筑物基础受基坑开挖的影响越小。

（5）基坑开挖引起周边历史建筑基础的差异沉降，为了适应基础的差异沉降，建筑上部结构将产生水平位移，当水平位移过大时会引起建筑结构的损伤，甚至会影响到建筑结构安全。所以在基坑开挖过程中，需要对周边历史建筑物基础的差异沉降进行实时监控。

参考文献
REFERENCE

曹明霞,2007.灰色关联分析模型及其应用的研究[D].南京:南京航空航天大学.

曹振,2013.西安地铁盾构施工安全风险评估及施工灾害防控技术[D].西安:西安科技大学.

陈颖文,2009.某软土基坑开挖对临近建筑物影响的有限元分析[J].土工基础,23(4):19-22.

陈志龙,刘宏,2011.城市地下空间总体规划[M].南京:东南大学出版社.

丛茂强,2013.软土中大直径顶管的施工扰动机理与控制研究[D].上海:上海交通大学.

代朋,等,2012.城市地下空间开发利用与规划设计[M].北京:中国水利水电出版社.

丁智,魏新江,魏纲,等,2009.邻近建筑物盾构施工地面沉降数值分析[J].岩土力学,30(S2):550-554.

丁智,魏新江,魏纲,等,2011.邻近不同基础建筑物地铁盾构施工相互内力影响研究与分析[J].岩土力学,32(S1):749-754.

樊勇强,2013.顶管穿越建筑物及地下管线时的沉降控制[J].城市道桥与防洪,(9):152-153,14.

范益群,钟万勰,刘建航,2000.时空效应理论与软土基坑工程现代设计概念[J].清华大学学报(自然科学版),40(S1):49-53.

房明,刘镇,周翠英,等,2011.交叉隧道盾构施工与邻近不同位置建筑物的相互影响研究[J].中山大学学报:自然科学版,50(1):64-69.

冯海宁,2003.顶管施工环境效应影响及对策[D].杭州:浙江大学.

耿永常,赵晓红,2001.城市地下空间建筑[M].哈尔滨:哈尔滨工业大学出版社.

龚晓南,2008.地基处理手册[M].3版.北京:中国建筑工业出版社.

郭秋生,2010.城市建设环境保护[M].北京:中国建筑工业出版社.

郭志宇,2012.富水软土地区大直径盾构对邻近建筑影响研究[D].石家庄:河北工业大学.

韩煊,2007.隧道施工引起地层位移及建筑物变形预测的实用方法研究[D].西安:西安理工大学.

贺昆海,2012.顶管工程关键技术及其实施的风险分析与应用[D].长沙:湖南大学.

侯建设,2006.上海近代历史建筑保护修复技术[J].时代建筑,(2):58-61.

侯学渊,杨敏,1996.软土地基变形控制设计理论和工程实践[M].上海:同济大学出版社.

胡新朋,孙谋,王俊兰,2007.盾构隧道穿越既有建筑物施工应对技术[J].现代隧道技术,43(6):60-65.

黄宏伟,胡昕,2003.顶管施工力学效应的数值模拟分析[J].岩石力学与工程学报,22(3):400-406.

黄建涛,2006.近代历史建筑的修复研究[D].武汉:武汉理工大学.

黄亮,2010.顶管近距离穿越建(构)筑物及地下管线的保护措施[J].建筑施工,32(4)：304-306.

姬海东,张顶立,2008.厦门机场路某标段深基坑开挖对建筑物的开裂影响研究[J].河南理工大学学报(自然科学版),27(6)：678-684.

吉迪恩 S 格兰尼,尾岛俊雄,2005.城市地下空间设计[M].许方,于海漪,译.北京：中国建筑工业出版社.

姜宏伟,2014.建筑桩基在施工中的沉降问题及解决方法[J].黑龙江科学,5(9)：28.

姜忻良,崔奕,赵保建,2008.盾构隧道施工对邻近建筑物的影响[J].天津大学学报,41(6)：725-730.

姜峰,2011.基坑开挖对紧邻建筑物沉降影响的数值分析[J].城市道桥与防洪,(5)：229-232,251.

蒋志英,2010.城市历史建筑的保护与振兴[J].科技风,(9)：40.

寇润胜,2014.深基坑周边建筑物沉降预测及安全性评估[D].重庆：重庆大学.

李大鹏,唐德高,闫凤国,等,2014.深基坑空间效应机理及考虑其影响的土应力研究[J].浙江大学学报,48(9)：1632-1639.

李二兵,谭跃虎,张尚根,等,2004.深基坑围护中地下连续墙变形的解析计算[J].解放军理工大学学报(自然科学版),5(2)：57-60.

李锋,2007.翔安隧道强风化层施工的风险管理[D].上海：同济大学.

李慧民,李庆森,2015.基于层次分析法沉降观测精度影响因子应用研究[J].建筑技术开发,42(1)：29-31.

李建清,2014.预应力鱼腹梁受力机理及设计方法分析研究[J].山西建筑,40(18)：91-93.

李俊,2006.滨海城市工程建设浅层地下水水文地质条件评价研究[D].成都：西南交通大学.

李磊,2012.盾构开挖对地表沉降的影响分析[D].沈阳：沈阳建筑大学.

李朋朋,王玳莹,严铭,2013.对于完善我国历史建筑保护体系的思考[J].中国科技纵横,(23)：272-273.

李涛,2005.现代建筑物加固技术概述[J].林业科技情报,37(1)：17-18.

李相然,岳同助,2000.城市地下工程实用技术[M].北京：中国建材工业出版社.

李志帅,2013.软土地层盾构掘进姿态控制技术研究[D].北京：北京交通大学.

李志伟,2011.软土地区深基坑开挖对邻近建筑物影响的三维有限元分析[D].天津：天津大学.

李志伟,郑刚,2013.基坑开挖对邻近不同刚度建筑物影响的三维有限元分析[J].岩土力学,34(6)：1807-1814.

林源,2012.中国建筑遗产保护基础理论[M].北京：中国建筑工业出版社.

林志斌,李元海,赵耀强,等,2012.地下水对软土盾构隧道施工的影响规律分析[J].地下空间与工程学报,8(2)：375-381＋389.

刘国彬,王卫东,2009.基坑工程手册[M].2 版.北京：中国建筑工业出版社.

刘晖,梁励韵,2013.历史建筑保护的制度建构[J].城市建筑,(5)：19-20.

刘坤,2012.盾构隧道洞门承压水控制技术[J].建筑机械化,(S2)：239-242.

刘涛,2009.历史建筑平移保护与加固改造的研究[J].工程抗震与加固改造,31(6)：84-87.

卢锐,2013.深基坑旁建筑物基础托换与加固[J].工程勘察,41(2)：27-30.

卢颖,谢红涛,李波,等,2015.基于区间数属性联系度的地铁绿色施工方案评价[J].施工技术,44(5):107-110.

陆志坚,1980.上海地区水文地质条件简介[J].上海地质,(2):3-11.

罗伯特 A 杨,2012.历史建筑保护技术[M].任国亮,译.北京:电子工业出版社.

吕剑英,2013.我国地铁工程建筑物基础托换技术综述[J].施工技术,39(9):8-12.

马威,丁烈云,伍雨林,等,2007.深基坑开挖对邻近建筑物影响的数值分析[J].施工技术,36(10):97-99.

欧章煜,2004.深开挖工程分析设计理论与实务[M].台北:科技图书股份有限公司.

彭畅,伍雨林,骆汉宾,等,2008.双线盾构施工对邻近建筑物影响的数值分析[J].岩石力学与工程学报,27(S2):3868-3874.

彭秀涛,2006.中西方历史文物建筑保护原则的比较研究[J].南方建筑,110(6):15-17.

秦建荣,2013.中国历史建筑保护的现状与前景[J].科技创业月刊,26(9):157-159.

日本土木学会,2001.隧道标准规范(盾构篇)及解说[M].北京:中国建筑工业出版社.

上海地矿工程勘察有限公司,2012.上海国际舞蹈中心项目基坑及周边环境监测报表[R].

上海海洋地质勘察设计有限公司,2012.上海国际舞蹈中心项目岩土工程勘察报告[R].

上海市房地产科学研究院,上海市房屋检测中心,2008.房屋质量检测规程:DG/TJ 08-79—2008[S].

上海市建工设计研究院有限公司,2012.上海国际舞蹈中心加固设计与施工方案[R].

上海市建筑科学研究院,2012.上海市舞蹈学校周边六幢房屋受新建项目施工影响监测报表[R].

上海市建筑科学研究院房屋质量检测站,2012.上海国际舞蹈中心新建项目施工前周边优秀历史建筑现状检测报告[R].

上海市勘察设计行业协会,上海现代建筑设计(集团)有限公司,上海建工(集团)总公司,2010.基坑工程技术规范:DG/TJ 08-61—2010[S].

上海市市政工程管理局,1994.上海市地铁沿线建筑施工保护地铁技术管理暂行规定[R].

上海市市政工程管理局,2000.上海地铁基坑工程施工规程:SZ-08—2000[S].

上海市岩土工程勘察设计研究院有限公司,2012.岩土工程勘察规范:DGJ 08-37—2012[S].

上海市住房保障和房屋管理局,上海市房地产科学研究院,上海市历史建筑保护事务中心,2014.优秀历史建筑保护修缮技术规程:DG/TJ 08-108—2014[S].

邵甬,2010.法国建筑城市景观遗产保护与价值重现[M].上海:同济大学出版社.

施成华,黄林冲,2005.顶管施工隧道扰动区土体变形计算[J].中南大学学报(自然科学版),36(2):323-328.

史佩栋,2008.桩基工程手册(桩和桩基础手册)[M].北京:人民交通出版社.

孙宇坤,关富玲,2012.盾构隧道掘进对砌体结构建筑物沉降的影响[J].中国铁道科学,(4):38-44.

孙岳,2007.基坑开挖对既有桩基础影响的数值分析[D].大连:大连理工大学.

谭鹏,曹平,2012.基于灰色关联支持向量机的地表沉降预测[J].中南大学学报(自然科学版),43(2):632-637.

陶龙光,刘波,侯公羽,2011.城市地下工程[M].北京:科学出版社.

童林旭,祝文君,2009.城市地下空间资源评估与开发利用规划[M].北京:中国建筑工业出版社.

王斌,陈帅,陶柏峰,等,2010.顶管穿越路堤实测地基变形和扰动程度分析[J].岩石力学与工程学报,29(S1):2805-2812.

王浩然,王卫东,徐中华,2009.基坑开挖对邻近建筑物影响的三维有限元分析[J].地下空间与工程学报,5(S2):1512-1517.

王红军,2009.美国建筑遗产保护历程研究[M].南京:东南大学出版社.

王凯椿,2014.莞惠城际轨道交通工程深基坑施工对邻近建筑物的影响及控制分析[J].隧道建设,34(4):303-310.

王梦恕,2010.中国隧道及地下工程修建技术[M].北京:人民交通出版社.

王琴,2012.历史建筑的文化保护与再生性研究[J].科技风,(4):195-196.

王卫东,王浩然,徐中华,2012.上海地区板式支护体系基坑变形预测简化计算方法[J].岩土工程学报,34(10):1792-1800.

王永维,罗苓隆,吴体,等,2010.优秀历史建筑保护的基本原则[J].四川建筑科学研究,36(3):1-4.

王远征,2012.某基坑施工全过程邻近建筑物沉降控制研究[D].武汉:华中科技大学.

王芸生,赖万章,李福枝,1982.天津滨海平原水文地质工程地质问题论述[J].水文地质工程地质(2):21-24.

王允恭,王卫东,应惠清,2011.逆作法设计施工与实例[M].北京:中国建筑工业出版社.

王占生,王梦恕,2002.盾构施工对周围建筑物的安全影响及处理措施[J].中国安全科学学报,12(2):45-49.

魏春明,2011.上海洛克外滩源历史建筑加固与邻近深基坑施工[J].施工技术,40(340):86-88.

魏纲,2003.顶管施工中土体性状及环境效应分析[D].浙江:浙江大学.

魏纲,魏新江,徐日庆,2011.顶管工程技术[M].北京:化学工业出版社.

魏秀玲,2011.中国地下空间使用权法律问题研究[M].厦门:厦门大学出版社.

翁家杰,1995.地下工程[M].北京:煤炭工业出版社.

吴荣良,2012.基坑开挖对周边建筑物安全性影响及评定方法研究[D].重庆:重庆大学.

吴贤国,陈跃庆,丁烈云,等,2008.长江隧道盾构施工对建筑物的影响及其保护研究[J].铁道工程学报,118(7):57-60.

吴修锋,2004.顶管施工引起的地层移动与变形控制研究[D].南京:南京工业大学.

熊巨华,王远,刘侃,等,2013.隧道开挖对邻近单桩竖向受力特性影响[J].岩土力学,34(2):475-482.

徐浩峰,2003.软土深基坑工程时间效应研究[D].杭州:浙江大学.

徐中华,王建华,王卫东,2008.上海地区深基坑工程中地下连续墙的变形性状[J].土木工程学报,41(8):81-86.

薛莲,傅晏,刘新荣,2008.深基坑开挖对临近建筑物的影响研究[J].地下空间与工程学报,4(5):847-851.

闫力,杨昌鸣,汝军红,2009.论历史建筑保护设计导则[J].天津大学学报(社会科学版),11(5):407-410.

杨开忠,2009.西安地铁建设中的古建筑保护研究[D].武汉:中国地质大学.

杨其新,等,2009.地下工程施工与管理[M].成都:西南交通大学出版社.

杨雪强,刘祖德,何世秀,1998.论深基坑支护的空间效应[J].岩土工程学报,20(2):74-78.

杨引娥,2009.全套管旋挖钻进技术及其应用[J].北京:探矿工程·岩土钻掘工程,36(12):39-42.

姚爱军,向瑞德,侯世伟,2009.地铁盾构施工引起邻近建筑物变形实测与数值模拟分析[J].北京工业大学学报,35(7):910-914.

由广明,朱合华,刘学增,等,2007.曲线顶管施工环境影响的三维有限元分析[J].地下空间与工程学报,3(2):218-223.

余琦,严芬,2013.历史建筑保护浅议与实例分析[J].城市建设理论研究,(15):76-80.

余蓉,2010.地基基础形式的变化对邻近基坑性状影响的研究[D].太原:太原理工大学.

余振翼,魏纲,2004.顶管施工对相邻平行地下管线位移影响因素分析[J].岩土力学,25(3):441-445.

余志锋,1993.大型建筑工程项目风险管理和工程保险的研究[D].上海:同济大学.

喻军,龚晓南,2014.考虑顶管施工过程的地面沉降控制数值分析[J].岩石力学与工程学报,33(S1):2605-2610.

袁振国,2008.盾构穿越北京地铁国贸站—双井站区间施工技术[J].铁道建筑,(6):41-45.

岳升阳,2001.历史文化街区保护的几个问题[J].北京联合大学学报,15(1):105-107.

张飞进,2006.盾构施工穿越既有线地表沉降规律与施工参数优化[D].北京:北京工业大学.

张飞龙,2013.兰州地铁盾构施工对邻近建筑物影响分析[D].兰州:兰州交通大学.

张凤祥,傅德明,杨国祥,等,2005.盾构隧道施工手册[M].北京:人民交通出版社.

张凤祥,朱合华,傅德明,2004.盾构隧道[M].北京:人民交通出版社.

张复合,2012.中国近代建筑研究与保护(八)[M].北京:清华大学出版社.

张季超,等,2011.城市地下空间开发建设的管理机制及运营保障制度研究[M].北京:科学出版社.

张健,张宇亭,2014.天津滨海软土地区地铁车站开挖基坑稳定性分析[J].铁道工程学报,(4):103-106.

张明聚,刘晓娟,杜永骁,2013.复合地层中盾构施工对邻近建筑物群的影响分析[J].北京工业大学学报,39(2):214-219.

张庆贺,2005.地下工程[M].上海:同济大学出版社.

张姗磊,2010.北京地铁土压平衡盾构施工对既有建筑物影响分析[D].北京:中国地质大学.

张世宏,2015.上海轨道交通龙漕路站基坑近距离下穿低净空高架施工技术研究[J].地下工程与隧道,(1):19-22.

张向东,陈洪伟,李牧,2011.基坑开挖对邻近建筑物影响的数值模拟[J].微计算机信息,27(2):50-52.

张晓春,2013.保护与再生写在同济大学"历史建筑保护工程"专业建立十周年之际[J].时代建筑,(3):92-95.

张亚勇,薛新枝,2012.地铁盾构区间侧穿建筑物施工控制技术[J].铁道标准设计(7):111-119.

张勇,赵云云,2008.基坑降水引起地面沉降的实时预测[J].岩土力学,29(6):1593-1596.

赵代英,2004.大型工程项目灾难性事件风险评价模型研究[D].沈阳:沈阳航空工业学院.

赵仪娜,1996.经济评价中多因素敏感性分析的探讨[J].当代经济科学,(6):82-86.

郑刚,焦莹,2010.超深基坑工程设计理论及工程应用[M].北京:中国建材工业出版社.

郑刚,李志伟,2012a.基坑开挖对邻近不同楼层建筑物影响的有限元分析[J].天津大学学报,45(9):829-837.

郑刚,李志伟,2012b.基坑开挖对邻近任意角度建筑物影响的有限元分析[J].岩土工程学报,34(4):615-624.

郑刚,李志伟,2012c.考虑初始不均匀沉降的建筑物受基坑开挖影响的有限元分析[J].岩土力学,33(8):2491-2499.

郑刚,李志伟,2012d.坑角效应对基坑周边建筑物影响的有限元分析[J].天津大学学报,45(8):688-699.

郑晓燕,2007.盾构技术在城市地铁施工中的应用研究[D].哈尔滨:哈尔滨工程大学.

钟山,2006.盾构法隧道施工监测数据处理与预警、报警研究[D].上海:同济大学.

周诚,2011.地铁盾构施工地表变形时空演化规律与预警研究[D].武汉:华中科技大学.

周岚,2011.历史文化名城的积极保护和整体创造[M].北京:科学出版社.

周天红,1994.深基坑降水对邻近建筑物的影响[J].西北地质,15(3):57-60.

朱晓明,2007.当代英国建筑遗产保护[M].上海:同济大学出版社.

邹昌波,2014.基坑开挖对邻近建筑桩基础承载性能的影响[J].江西建材,(20):70.

API(American Petroleum Institute),2000. Recommended practice for planning, designing and constructing fixed offshore platforms-working stress design[S].Washington:API Publishing Service.

BOONE S J, 1996. Ground-movement-related building damage[J]. Journal of Geotechnical Engineering, 122(11): 886-896.

BOONE S J, GARROD B, BRANCO P, 1988. Building and utility damage assessments, risk and construction settlement control [J]. Balkema: Tunnels and Metropolises: 243-248.

BOSCARDIN M D, CORDING E J, 1989. Building response to excavation-induced settlement[J]. Journal of Geotechnical Engineering, 115(1): 1-21.

BURLAND J B, WROTH C P, 1974. Settlement behavior of buildings and associated damange[C]// Proceedings of Conference on Settlement of Structures, Pentech Press, London, 611-654.

BURLAND J B, BROMS B B, MELLO V F B, 1977. Behavior of foundation and structures[C]// Proceedings of the 9th International Conference on Soil Mechanics and Foundation Engineering Ⅱ, State of the Art Report, Tokyo, 495-546.

ENDICOTT L J, 2006.Nicoll highway lessons learnt[C]//Singapore:Key Note Lecture 3. International Conference on Deep Excavations :28-30.

FINNO R J, VOSS F T, ROSSOW E, et al., 2005. Evaluating damage potential in buildings affected by excavations[J]. Journal of Geotechnical and Geoenvironmental Engineering, 131(10): 1199-1210.

KOTHEIMER M J, BRYSON L S, 2009. Damage approximation method for excavation-induced damage to adjacent buildings[C]//International Foundation Congress and

Equipment Expo，Florida.

RANKIN W J，1988. Ground movements resulting from urban tunnelling：predictions and effects[J]. Geological Society，London，Engineering Geology Special Publications，5 (1)：79-92.

SCHUSTER M，KUNG G T C，JUANG C H，et al.，2009. Simplified model for evaluating damage potential of buildings adjacent to a braced excavation[J]. Journal of Geotechnical and Geoenvironmental Engineering，135(12)：1823-1835.

SKEMPTON A W，MACDONALD D H，1956. The allowable settlements of buildings [C]//ICE Proceedings：Engineering Divisions，Thomas Telford，5(6)：727-768.

SON M，2003. The response of buildings to excavation-induced ground movements[D]. Illinois：University of Illinois.

SON M，CORDING E J，2005. Estimation of building damage due to excavation-induced ground movements[J]. Journal of Geotechnical and Geoenvironmental Engineering，131(2)：162-177.

索引

INDEX

后 记
POSTSCRIPT

城市历史建筑是城市历史文化的记录和见证,它忠实地反映了当时社会的政治、经济、思想与文化。然而,在目前我国城市建设和经济社会高速发展的大潮下,那些镌刻着传统的历史建筑,正在以"破旧建新"之名而"灰飞烟灭"。可是,当我们回头凝思时,才发现我们引以为豪的五千年文明,没有被高楼大厦、城市地下工程等所承载,而是被这些浸润着岁月、风物、更迭的历史建筑所彰显。不幸的是,越来越多的历史建筑正在因城市地下空间开发利用而远去,我们只能在仅存的图片中瞻仰,在回忆中追寻,在叹息声中失去……

基于此,我们从保护历史建筑的视角出发,参考、引用了众多工程技术人员和科研工作者关于城市地下空间开发利用所引起的历史建筑保护问题的工程实践经验和科研成果,尝试研究解决城市地下空间开发过程中历史建筑保护的规划、设计、施工和管理问题,旨在引起人们对这方面问题的关注,促使人们在规划、设计、施工和运维地下空间建(构)筑物时,能高度重视历史建筑的保护,为城市和后代保留一点历史的记忆。如能达到上述目的,哪怕是万一,我们的劳动就没有白费。

感谢为本书编写给予指导、提供资料和帮助的所有领导、同事和朋友,感谢同济大学出版社,特别要感谢本书引用的那些原著作者们,正是你们无私的帮助,本书才得以出版面世。

我们深知,正是因为历史建筑的存在,才使得一座城市有历史、有灵魂,并且深远而厚重。现代城市是人们工作、生活的重要载体,我们希望城市的发展与建设能源远而流长。所以,我们的努力只是万里长征第一步,希望能与更多的同仁们一道继续努力,为城市历史建筑保护尽微薄之力。

著者

2019 年 6 月